无师自通

AutoCAD 2014

中文版 制图快捷命令

self-learning

◎ 张军 主编
◎ 史宇宏 编著

人民邮电出版社
北京

图书在版编目（ＣＩＰ）数据

无师自通AutoCAD 2014中文版制图快捷命令 / 张军
主编；史宇宏编著. -- 北京：人民邮电出版社，
2016.10
ISBN 978-7-115-43185-1

Ⅰ. ①无… Ⅱ. ①张… ②史… Ⅲ. ①AutoCAD软件
Ⅳ. ①TP391.72

中国版本图书馆CIP数据核字(2016)第201471号

内 容 提 要

本书以 AutoCAD 2014 中文版为平台，通过"知识点+实例+疑难解答+经验分享"的形式详细介绍了 AutoCAD 图形设计中的所有命令及其使用技巧，并在目录中列出了该命令的快捷方式，以帮助读者快速掌握 AutoCAD 制图技巧，提高工作效率。

本书共 12 章，第 1～10 章为绘图环境与绘图辅助功能快捷方式、二维线快捷命令、编辑二维线快捷命令、二维图形快捷命令、二维图形编辑快捷命令、图形控制与资料共享快捷命令、特殊图形与文字标注快捷命令、尺寸标注与编辑快捷命令、三维建模快捷命令、编辑三维模型快捷命令。第 11～12 章为建筑设计与机械设计的综合实例，基本涵盖了 AutoCAD 命令的所有应用。

本书适合所有使用 AutoCAD 的制图人员阅读，尤其适合零基础的读者自学。同时，也可以作为工程技术人员的参考工具书。

◆ 主　　编　张　军

　　编　　著　史宇宏

　　责任编辑　李　莎

　　责任印制　杨林杰

◆ 人民邮电出版社出版发行　　北京市丰台区成寿寺路 11 号
　　邮编　100164　　电子邮件　315@ptpress.com.cn
　　网址　http://www.ptpress.com.cn

　　印张：15
　　字数：386 千字　　　　　　　2016 年 10 月第 1 版
　　　　　　　　　　　　　　　　2016 年 10 月北京第 1 次印刷

定价：29.00 元

读者服务热线：(010)81055410　印装质量热线：(010)81055316
反盗版热线：(010)81055315

编者的话

在所有应用软件中，都有操作简单且非常实用的快捷命令。对软件应用者来说，熟练掌握并使用这些快捷命令进行软件操作，对提高软件的应用技能有很大的帮助。基于此，本书针对 AutoCAD 设计人员的实际需要，将 AutoCAD 图形设计中涉及的所有快捷命令进行了分类整理，并对每一个快捷命令从启动到实际应用，都精心设计了相关案例，并做了技术分析与实现，旨在帮助那些希望快速掌握 AutoCAD 制图技巧的读者找到一条自学的终南捷径。

本书特色

1. 覆盖所有绘图快捷命令，查阅方便快捷

AutoCAD 是一款功能强大的图形设计软件，广泛被应用于建筑设计、室内装饰装潢设计、机械设计、服装设计等领域。其知识点多、内容繁杂，即使是有一定 AutoCAD 操作基础的人员，要想完全掌握 AutoCAD 快捷命令也绝非易事，更不要说零基础的读者自学了。

本书根据 AutoCAD 软件的知识结构和特点，以"知识点 + 实例 + 疑难解答 + 经验分享"的形式对 AutoCAD 图形设计中的所有命令及使用技巧进行了分类整理，使其真正成为一本速查类工具图书。读者通过查阅本书目录，即可快速定位到所有与软件操作和图形设计有关的快捷命令及使用方法，既简单又方便。

2. 不仅是速查手册，更是实用技法宝典

本书并非只是将所有快捷命令进行了整理这么简单，在将所有快捷命令进行分类整理的同时，还穿插了与快捷命令有关的实际应用方法与相关案例，使您在掌握快捷命令的同时，也掌握了使用快捷命令进行图形设计的相关技能。

3. 极具特色的写作方式，零基础也能轻松学会

本书注重根据初学者的特点进行庖丁解牛式的分析与引导。除了快捷命令的全知识点及其实际应用案例的全面而细致的讲解外，还特设"功能验证""技术看板""练一练""疑难解答"4 个特色小栏目。

- ♦ 功能验证：通过具体案例对相关命令功能进行验证。
- ♦ 技术看板：对容易出现的操作错误及时提点和分析；对所涉及的相关技巧进行补充和延伸介绍。
- ♦ 练一练：在重要命令讲解后，让读者通过实操练习，加深对该命令的理解和掌握。
- ♦ 疑难解答：对学习及操作过程中遇到的疑难问题进行详细分析和专业解答，帮助读者彻底消除疑惑，扫清学习障碍。

即使您是一位 AutoCAD"菜鸟"级人员，通过学习本书，也能快速掌握 AutoCAD 的基本操作和实际应用技能。

配套学习资源

为了使读者更好学习本书的内容，本书将相关资源进行了整理，具体内容如下。

- ♦ 素材文件：本书实例调用的素材文件。
- ♦ 图块文件：本书案例调用的图块文件。
- ♦ 样板文件：本书案例绘图样板文件。
- ♦ 效果文件：本书案例的最终效果文件。
- ♦ 附赠资源：涵盖建筑、机械、室内装饰装潢 3 大应用领域的 121 套设计图纸和 205 个图

块文件。

　　读者如果需要本书的配套立体化学习资源，可发邮件至 auocad2014kjml@126.com 获取。

创作团队

　　本书由张军主编，史宇宏执笔完成。另外，参与本书资料整理的人员有张传记、白春英、陈玉蓉、林永、秦真亮、史小虎、唐美灵、张伟、郝晓丽、翟成刚、罗云风、张伟、史嘉仪等，在此一并表示感谢。

　　尽管在本书的编写过程中，我们力求做到精益求精，但也难免有疏漏和不妥之处，恳请广大读者不吝指正。若您在学习的过程中产生疑问，或者有任何建议，可发送电子邮件至 lisha@ptpress.com.cn.

编　者

第 5 章 | 二维图形编辑快捷命令 071

第 9 章 | 三维建模快捷命令 150

第 1 章
绘图环境与绘图辅助功能快捷方式

在使用 AutoCAD 2014 绘图时，设置绘图环境与绘图辅助功能，可以使绘图操作更加便捷、简单、精确。本章介绍设置 AutoCAD 2014 绘图环境与绘图辅助功能的相关快捷命令。

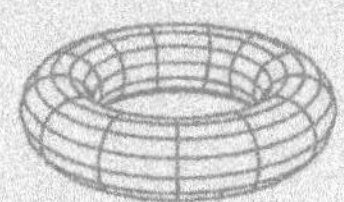

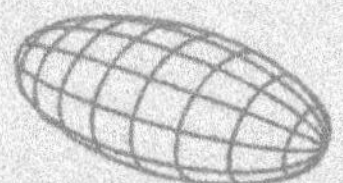

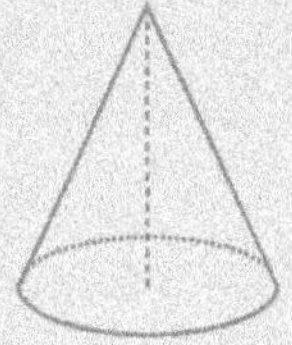

| 第 1 章 |

绘图环境与绘图辅助功能快捷方式

本章快捷命令概览

名称		快捷命令	功能 / 用途
绘图环境的快捷方式	打开【选项】对话框（P3）		设置绘图背景、十字光标大小、文件保存格式、文件安全措施等内容
	设置绘图背景颜色（P3）		设置绘图背景颜色
	设置十字光标大小（P4）		设置十字光标大小
绘图文件的快捷方式	设置文件保存格式（P4）	OPTIONS OP	设置文件保存格式，以便文件能在更低版本的 Auto CAD 中打开并编辑
	设置文件安全措施（P5）		设置文件自动保存以及保存间隔时间，系统会定时自动对当前文件进行保存
	设置最近使用的文件数（P5）		设置最近使用过的文件，使其显示在文件菜单下，以便快速打开
绘图显示提示的快捷方式	设置"标记"（P6）		当光标捕捉到图形的特征点时，光标下方显示"标记"提示
	设置"磁吸"（P7）		将光标自动吸附到图形特征点上，确保正确绘图
	设置"自动捕捉工具提示"（P7）		光标捕捉到图形特征点时显示文字提示，以确保正确绘图
	Auto Track 设置（P8）		显示捕捉追踪矢量，以捕捉追踪矢量上的点进行精确绘图
栅格和追踪的快捷方式	打开【草图设置】对话框（P9）	DS SE	设置捕捉、追踪等绘图辅助功能，确保正确绘图
	显示、隐藏或启用栅格（P9）	F7 键 F9 键	显示、隐藏或启用栅格捕捉，以辅助绘图
	启用"极轴追踪"功能（P9）	F10 键	使光标沿某一角度进行极轴追踪，捕捉追踪矢量上的点以使精确绘图
	启用"正交"功能（P11）	F8 键	将光标强制控制在水平和垂直方向，绘制水平或垂直的线段
捕捉的快捷方式	启用"对象捕捉"功能（P11）	F3 键	捕捉图形特征点以精确绘图
	设置"对象捕捉追踪"功能（P12）	F11 键	以对象上的某些特征点作为追踪点，引出向两端无限延伸的对象追踪虚线，以捕捉图形外的一点
	设置"三维对象捕捉"功能（P13）	F4 键	在三维空间捕捉对象特征点

1.1　绘图环境的快捷方式

　　一般情况下，一个应用程序的界面环境，都是以满足大众化需求为宗旨进行设计的，这或许并不能满足您的个性化要求，不过，您可以通过相关设置，使您的工作环境更具个性化特征。这样不仅有助于提高您的工作效率，而且还能给您的工作带来无限乐趣，使枯燥、乏味的工作变得其乐无穷。本节介绍设置绘图环境的快捷方式。

1.1.1　打开【选项】对话框（OPTIONS，OP）

在 AutoCAD 2014 中，所有与绘图环境有关的相关设置，如绘图背景颜色、窗口元素、布局元素、显示精度、十字光标大小、文件保存格式、文件安全措施、默认输出设备等一系列设置，都需要在【选项】对话框中进行。打开该对话框，分别进入各选项卡，可根据自己的需要进行相关设置。

1. 快捷命令

OPTIONS，OP

2. 功能 / 用途

设置绘图背景、十字光标大小、文件保存格式、文件安全措施等内容。

3. 设置方式

（1）在命令行中输入"OP"或"OPTIONS"。

（2）按 Enter 键，打开【选项】对话框，如图 1-1 所示。

4. 设置方式

（1）在【选项】对话框中单击"显示"选项卡。

（2）在"窗口元素"选项组中单击 颜色 (C)... 按钮。

（3）打开【图形窗口颜色】对话框。

（4）在"界面元素"选项组选择"统一背景"选项。

（5）单击"颜色"下拉按钮，选择"白色"。

（6）单击 应用并关闭(A) 按钮，如图 1-2 所示。

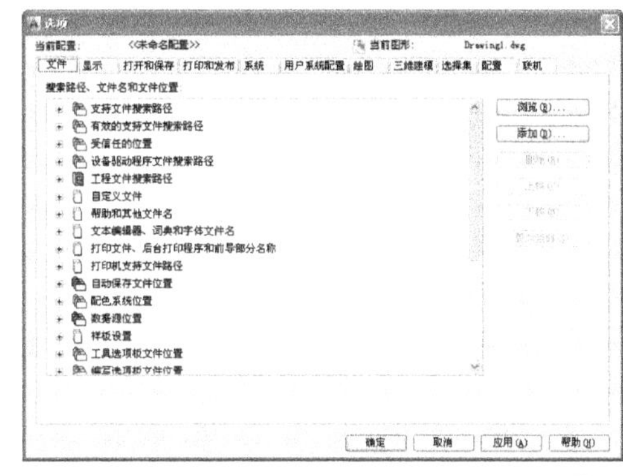

图 1-1

1.1.2　设置绘图背景颜色

初始状态下，AutoCAD 2014 的绘图背景颜色为黑色，如果您对这种背景颜色不满意，可以将其设置为其他颜色，如白色。

1. 快捷命令

OPTIONS，OP

2. 功能 / 用途

设置绘图背景颜色。

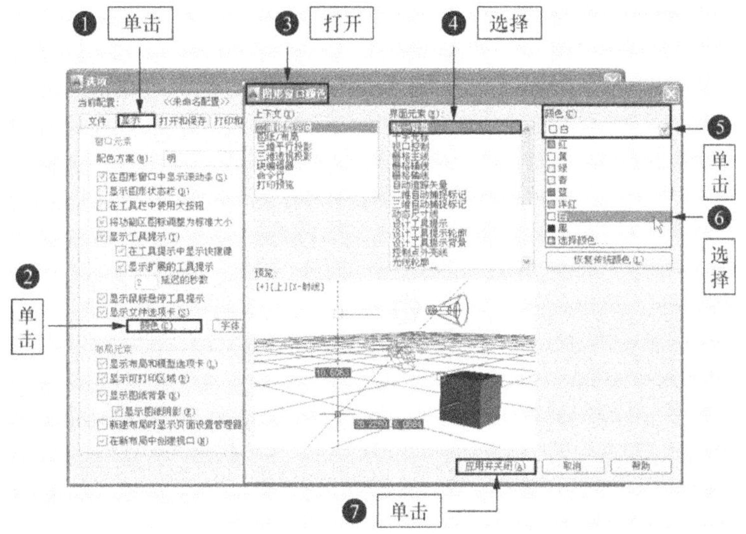

图 1-2

（7）返回到【选项】对话框，单击 确定 按钮关闭该对话框，此时您会发现绘图背景颜色由黑色变成了白色。

| 技术看板 | 在【图形窗口颜色】对话框中除了设置绘图背景颜色之外，还可以设置其他界面元素的颜色。方法是：在"界面元素"选项组中选择其他界面元素选项，然后在"颜色"下拉列表中选择所需颜色；如果想恢复到系统默认的颜色，可以单击 恢复传统颜色(L) 按钮，然后依次单击 应用(A) 按钮和 确定 按钮即可。

1.1.3　设置十字光标大小

十字光标是呈十字相交的两条线，它是您绘制时的主要操作工具。默认情况下，十字光标大小为 100，即布满整个绘图区，如果对十字光标的这种显示效果不满意，可以重新设置其大小。

1. 快捷命令

OPTIONS，OP

2. 功能／用途

设置十字光标大小，如设置十字光标大小为 5。

3. 设置方式

（1）在【选项】对话框中单击"显示"选项卡。

（2）在"十字光标大小"输入框中输入所需参数，如"5"。

（3）依次单击 应用(A) 按钮和 确定 按钮。

（4）设置结果如图 1-3 所示。

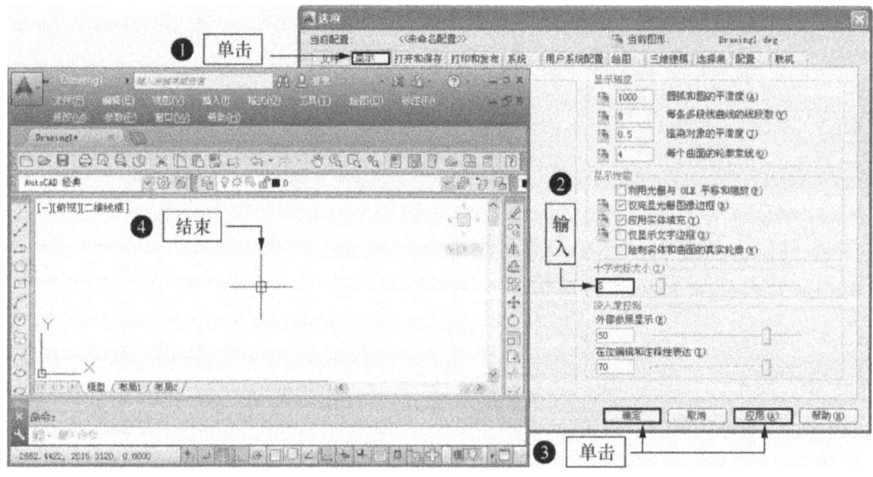

图 1-3

| 技术看板 | 也可以直接拖曳十字光标滑块，设置其大小。除此之外，还可以根据自己的喜好设置其他界面元素的显示效果，其操作方法与设置十字光标大小的类似，在此不再赘述。

1.2　绘图文件的快捷方式

绘图文件是您的设计成果，因此确保绘图文件的安全尤为重要，本节就来学习有关绘图文件设置的快捷方式。

1.2.1　设置文件保存格式

默认情况下，AutoCAD 2014 将文件保存为"AutoCAD 2013 图形（*.dwg）"，这种格式的文件只能在 AutoCAD 2013 以及更高版本的 AutoCAD 中打开并进行编辑。为了能使您的绘图文件在更低版本的 AutoCAD 中打开并编辑，可以设置其他保持格式，例如设置文件的保存格式为 2010 版本格式。

1. 快捷命令

OPTIONS，OP

2. 功能／用途

设置文件保存格式，以便文件能在低版本的 AutoCAD 中打开并编辑。

3. 设置方式

（1）在【选项】对话框中单击"打开和保存"选项卡。

（2）在"文件保存"选项中单击"另存为"下拉按钮。

（3）在弹出的下拉列表中选择保存版本。例 如 选 择"AutoCAD 2010/LT2010 图 形（*dwg）"格式。

（4）依次单击 应用(A) 按钮和 确定 按钮，如图 1-4 所示。

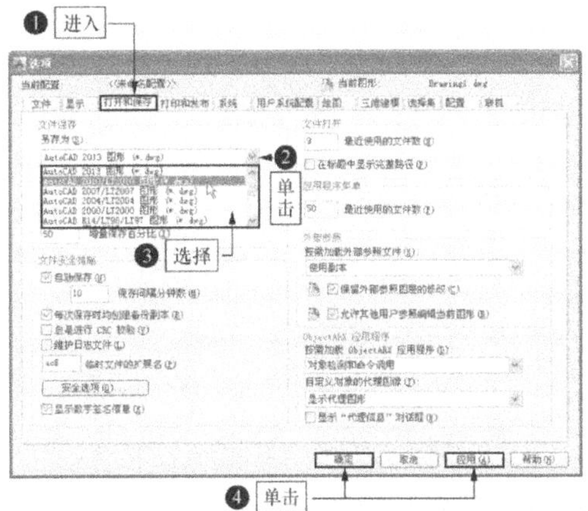

图 1-4

1.2.2　设置文件安全措施

相信大家都遇到过这种情况：在绘图过程中，突然断电或电脑出现故障，结果前面所作的设计全部丢失了。如果您想要避免这种情况的发生，可以为文件设置安全措施，如设置文件自动保存以及保存间隔时间，这样，系统会定时自动对当前文件进行保存，一旦突然断电或电脑出现故障，也不会对您的工作造成太大的影响。

1. 快捷命令

OPTIONS，OP

2. 功能 / 用途

设置文件自动保存以及保存间隔时间，系统会定时自动对当前文件进行保存，以确保文件安全。

3. 设置方式

（1）在【选项】对话框中单击"打开和保存"选项卡。

（2）在"文件安全措施"选项组中勾选"自动保存"选项。

（3）设置保存间隔时间。

（4）勾选"每次保存时均创建备份副本"选项，以创建备份保存。

（5）依次单击 应用(A) 按钮和 确定 按钮，如图 1-5 所示。

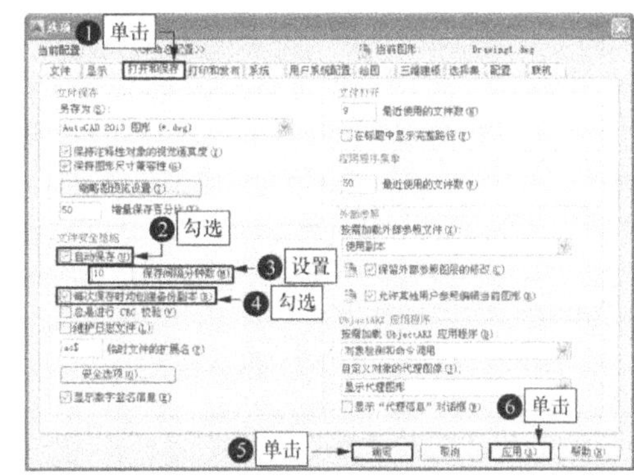

图 1-5

1.2.3　设置最近使用的文件数

想要快速找到并打开最近使用或编辑过的文件并不是一件容易的事，您不仅需要知道该文件的存储路径，还需要一级一级地打开相关文件夹，这样太麻烦了。如果在 AutoCAD 2014 中设置了最近使用过的文件的数目，这件事情就会变得非常简单。

1. 快捷命令

OPTIONS，OP

2. 功能 / 用途

设置最近使用过的多个文件，使其显示在文件菜单下，以便快速打开。

3. 设置方式

（1）在【选项】对话框中单击"打开和保存"选项卡。

（2）在"文件打开"输入框中设置文件数，例如设置为 9。

（3）依次单击 应用(A) 按钮和 确定 按钮，如图 1-6 所示。

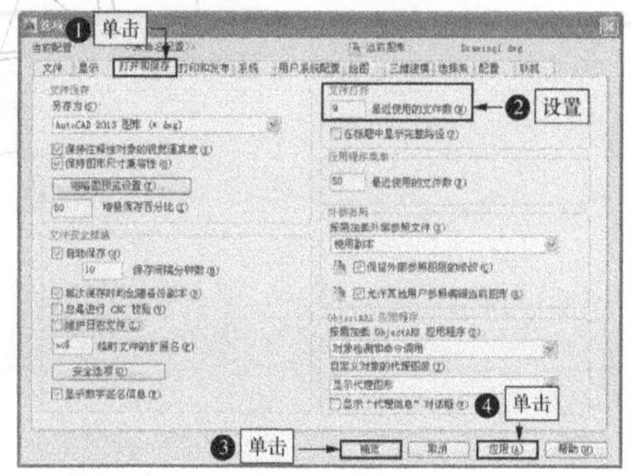

图 1-6

（4）执行【文件】命令，在其菜单底部将显示最近使用过的相关文件及其存储路径，如图 1-7 所示。

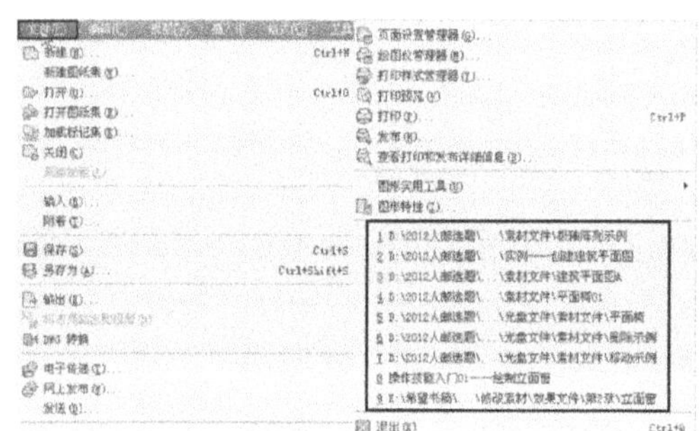

图 1-7

（5）选择要打开的文件，双击即可将其打开。

| 技术看板 | 也可以在"应用程序菜单"选项组中设置最近使用的文件数，设置之后，会在应用程序菜单中显示最近使用过的相关文件，如图 1-8 所示。

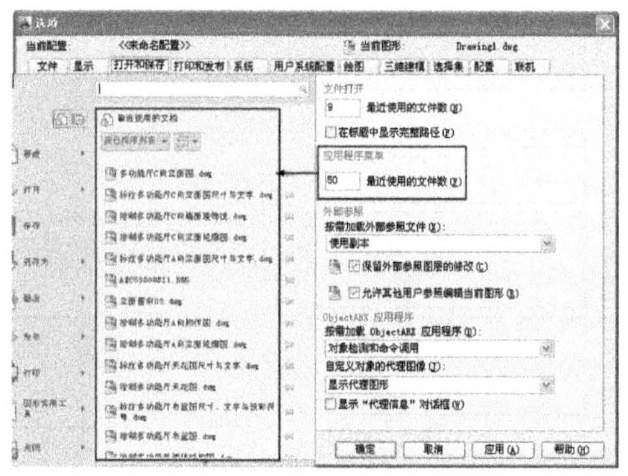

图 1-8

1.3　绘图显示提示的快捷方式

在 AutoCAD 2014 绘图过程中，根据不同的操作，光标下方会有不同的提示，这些提示可以帮助您正确绘图。本节就来学习绘图提示设置的快捷方式。

1.3.1　设置"标记"

"标记"其实就是光标捕捉到图形特征点时的显示符号，该符号可以明确告诉您捕捉到的特征点的属性，例如中点、端点、交点等，这对正确绘图非常有帮助。当然，如果想要显示"标记"，需要您进行相关设置。

1. 快捷命令

OPTIONS，OP

2. 功能 / 用途

当光标捕捉到图形的特征点时，不同的特征点会显示不同的符号。通过设置"标记"选项，可以显示不同的标记符号。

3. 设置方式

（1）在【选项】对话框中单击"绘图"选项卡。

（2）在"自动捕捉设置"选项组中勾选"标记"选项。

（3）依次单击 应用(A) 按钮和 确定 按钮，如图 1-9 所示。

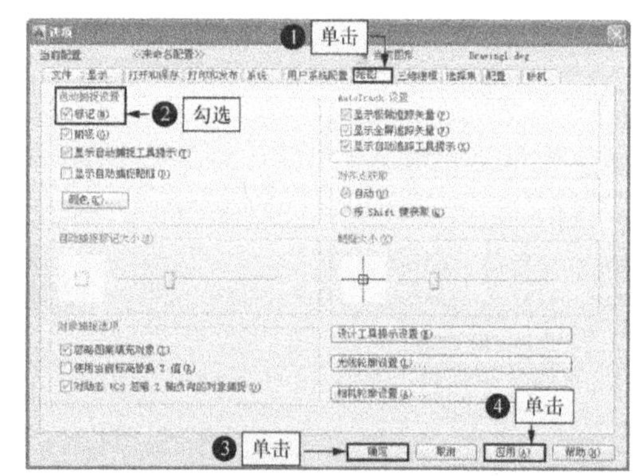

图 1-9

实例验证——启用标记提示

Step 01 ▶ 使用快捷键"REC"激活【矩形】命令绘制一个矩形。

Step 02 ▶ 使用快捷键 "L" 激活【直线】命令。

Step 03 ▶ 将光标移动到矩形的右垂直边中点位置，显示中点标记符号。

Step 04 ▶ 将光标移动到矩形的右上角位置，显示端点标记符号。

Step 05 ▶ 将光标移动到矩形与直线的相交位置，显示交点标记符号，如图 1-10 所示。

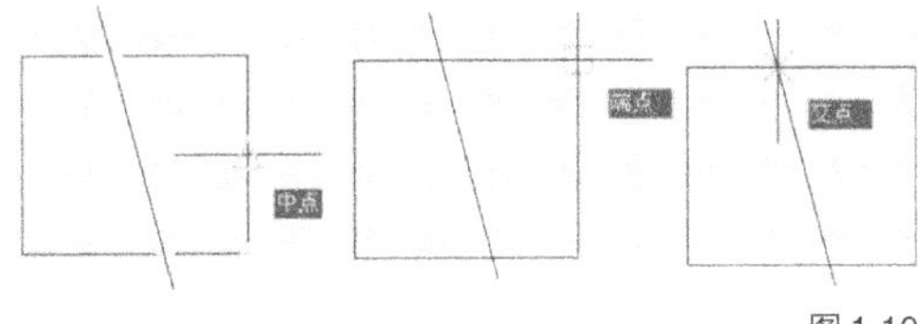

图 1-10

┃ **技术看板** ┃ 绘图前切记一定要勾选 "标记" 选项，如果取消该选项的勾选，则这些标记符号将不显示。这样不利于我们来判断捕捉是否正确。

1.3.2　设置 "磁吸"

"磁吸" 指的是 AutoCAD 中的一种非常重要的捕捉辅助功能。当启用该功能后，它可以像磁铁一样将光标吸附到距离光标最近的图形特征点上，这有助于快速、准确地捕捉到这些点，是绘图者不可缺少的好帮手。

1. 快捷命令

OPTIONS，OP

2. 功能 / 用途

将光标自动吸附到图形特征点上，确保正确绘图。

3. 设置方式

（1）在【选项】对话框中单击 "绘图" 选项卡。

（2）在 "自动捕捉设置" 选项组中勾选 "磁吸" 选项。

（3）依次单击 应用(A) 按钮和 确定 按钮，如图 1-11 所示。

┃ **技术看板** ┃ 绘图前切记要勾选 "磁吸" 选项，如果取消该选项的勾选，要想精确捕捉到特征点，只有将光标移动到特征点上，光标才能锁定到该特征点。

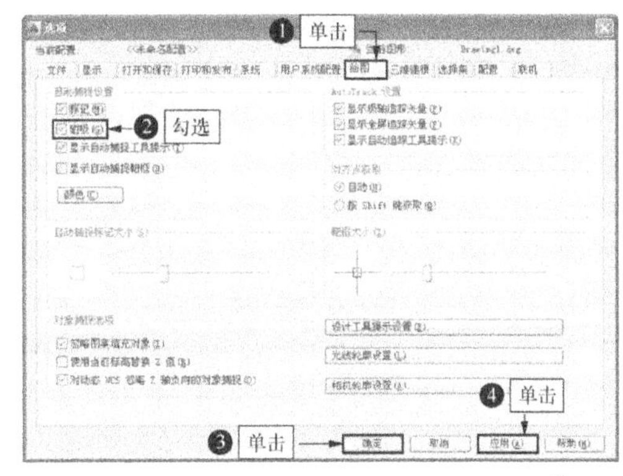

图 1-11

1.3.3　设置 "自动捕捉工具提示"

前面所讲的 "标记" 只能以某种特殊符号来显示捕捉到的点的属性，这样并不是很直观，而 "自动捕捉工具提示" 则可以以文字的形式直接告诉绘图者捕捉的点的名称，从而快速知道捕捉的点的属性，这对于精确绘图更有利。

1. 快捷命令

OPTIONS，OP

2. 功能 / 用途

光标捕捉到图形特征点时显示文字提示，以确保正确绘图。

3. 设置方式

（1）在【选项】对话框中单击 "绘图" 选项卡。

（2）在 "自动捕捉设置" 选项组中勾选 "显示自动捕捉工具提示" 选项。

（3）依次单击 应用(A) 按钮和 确定 按钮，如图 1-12 所示。

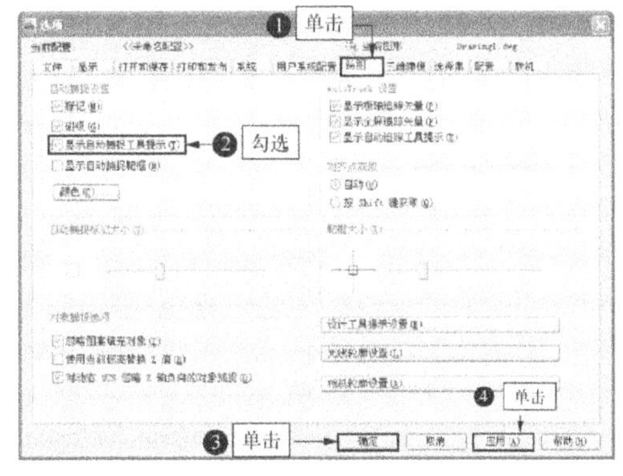

图 1-12

实例验证——启用自动捕捉工具提示

Step 01 ▶ 使用快捷键 "REC" 激活【矩形】命令绘制一个矩形。

Step 02 ▶ 使用快捷键 "L" 激活【直线】命令。

Step 03 ▶ 将光标移到矩形右垂直边中点位置，此时光标下方出现捕捉提示信息。

Step 04 ▶ 取消该选项的勾选，再次将光标移到到矩形右垂直边中点位置，此时光标下方不出现捕捉提示信息，如图 1-13 所示。

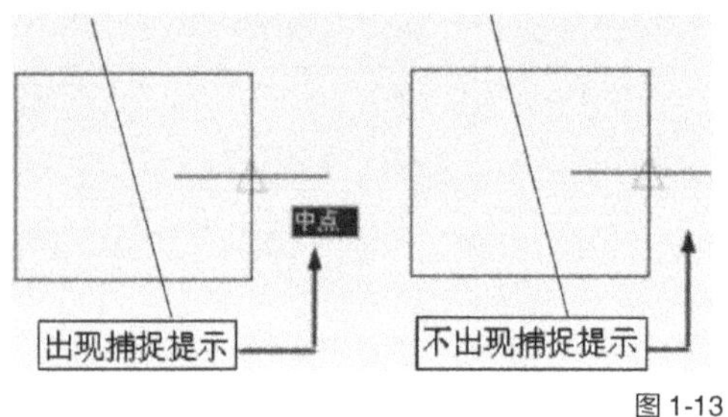

图 1-13

1.3.4 AutoTrack 设置

"AutoTrack 设置"也是一种绘图辅助功能，它可以显示捕捉追踪矢量，这样可以沿捕捉追踪矢量进行捕捉，以精确绘图。

1. 快捷命令

OPTIONS，OP

2. 功能 / 用途

显示捕捉追踪矢量，以捕捉追踪矢量上的点进行精确绘图。

3. 设置方式

（1）在【选项】对话框中单击"绘图"选项卡。

（2）在"AutoTrack 设置"选项组中勾选"显示极轴追踪矢量"选项。

（3）依次单击 应用(A) 按钮和 确定 按钮，如图 1-14 所示。

实例验证——沿极轴角进行追踪

Step 01 ▶ 使用快捷键 "REC" 激活【矩形】命令绘制一个矩形。

Step 02 ▶ 使用快捷键 "L" 激活【直线】命令。

Step 03 ▶ 捕捉矩形左下端点。

Step 04 ▶ 沿矩形右上端点引出 45° 的极轴角度。

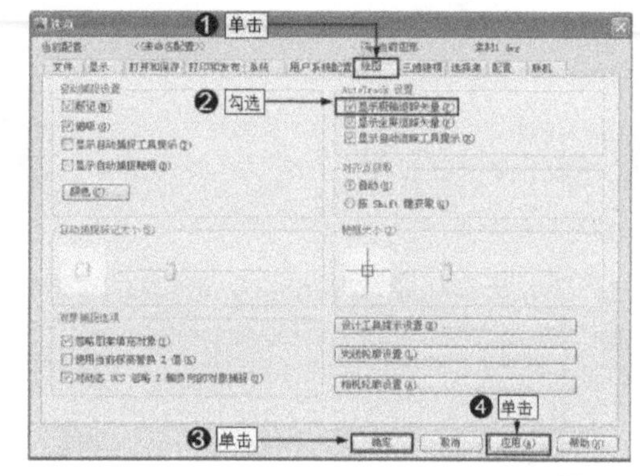

图 1-14

Step 05 ▶ 此时出现追踪虚线，如图 1-15 所示。

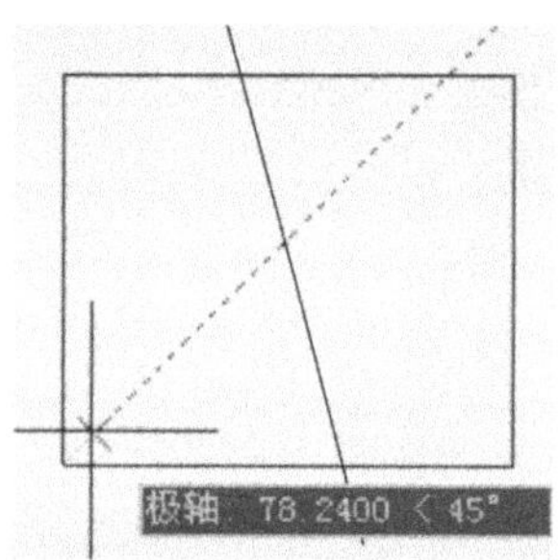

图 1-15

Step 06 ▶ 取消该选项的勾选，再次捕捉特征点或沿特征点引导光标时，不出现追踪虚线，如图 1-16 所示。

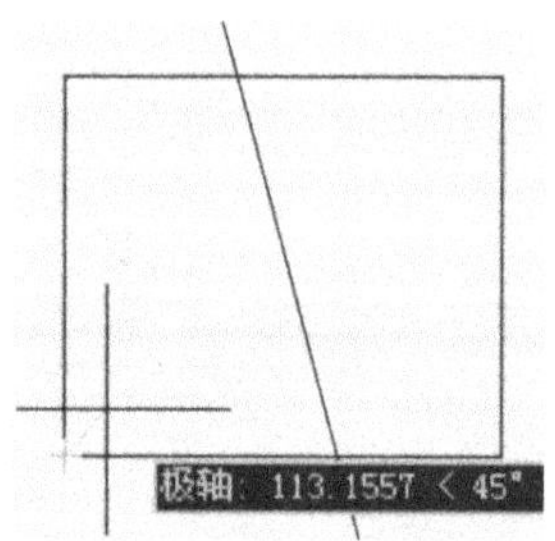

图 1-16

┃ 技术看板 ┃ 以上仅只是对一些常用的选项进行了设置，如果您感兴趣，还可以尝试设置其他选项，这些设置都比较简单，此处不再赘述。

如果您不进行任何设置，[选项] 对话框中的系统默认设置也都比较人性化，完全能满足您的绘图的需要。

1.4 栅格和追踪的快捷方式

在 AutoCAD 2014 绘图中，精确捕捉是绘图的关键，而在捕捉时，应用栅格、启用追踪以及捕捉是不可缺少的捕捉辅助功能，本节就来学习启用栅格和对象追踪的快捷方式。

1.4.1　打开【草图设置】对话框（DS，SE）

在 AutoCAD 2014 绘图中，可以设置许多绘图辅助功能，如捕捉、追踪、栅格等，这些绘图辅助功能都需要在【草图设置】对话框中进行设置。

1. 快捷命令

DS，SE

2. 功能 / 用途

设置捕捉、追踪等绘图辅助功能，确保正确绘图。

3. 设置方式

（1）在命令行中输入"DS"或"SE""草图设计"快捷命令。

（2）按 Enter 键即可打开【草图设置】对话框，如图 1-17 所示。

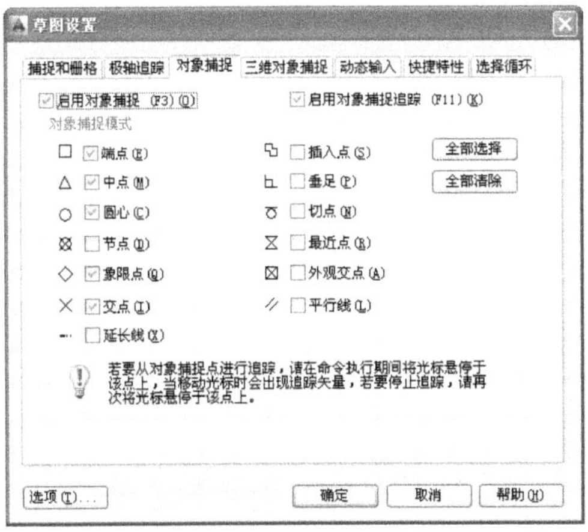

图 1-17

| **技术看板** | 在状态栏中的"对象捕捉"按钮，或"极轴追踪"按钮和"对象捕捉追踪"按钮上右击，选择【设置】命令，也可以打开【草图设置】对话框。另外，执行【工具】/【绘图设置】菜单命令，也可以打开【草图设置】对话框。

1.4.2　显示、隐藏或启用栅格（F7 或 F9 键）

"栅格"也是 AutoCAD 2014 绘图辅助功能之一，可以随时显示、隐藏或启用栅格捕捉来辅助绘图。

1. 快捷命令

显示、隐藏栅格：F7 键；启用栅格捕捉：F9 键

2. 功能 / 用途

显示、隐藏栅格，或启用栅格捕捉，以辅助绘图。

3. 设置方式

（1）按 F7 键，隐藏栅格；再次按 F7 键，显示栅格。

（2）按 F9 键，启用栅格捕捉；再次按 F9 键，取消栅格捕捉。

| **技术看板** | 在【草图设置】对话框中单击"捕捉和栅格"选项卡，勾选"启用栅格"选项，也可以启用栅格捕捉功能。另外，还可以在"捕捉间距"选项组中设置栅格捕捉步数，在"栅格间距"选项组中设置栅格大小，在"栅格行为"选项组中设置栅格的显示范围等，这些操作都非常简单，读者可自行尝试操作。

1.4.3　启用"极轴追踪"功能（F10 键）

"极轴追踪"是指沿某一角度引出极轴追踪矢量，捕捉追踪矢量上的点以便精确绘图。可以在【草图设置】对话框的"极轴追踪"选项卡中，完成启用极轴追踪、设置极轴角等操作。

1. 快捷命令

F10 键

2. 功能 / 用途

使光标沿某一角度进行极轴追踪，捕捉追踪矢量上的点以便精确绘图。

3. 设置方式

（1）按 F10 键，启用"极轴追踪"功能。

（2）再次按 F10 键，取消"极轴追踪"功能。

| **技术看板** | 单击状态栏上的"极轴追踪"

按钮 ，使其弹起，也可启用"极轴追踪"功能；再次单击"极轴追踪"按钮，可以取消"极轴追踪"功能。另外在【草图设置】对话框的"极轴追踪"选项卡中，勾选"启用极轴追踪"选项，单击 确定 按钮也可以启用"极轴追踪"功能，如图 1-18 所示。

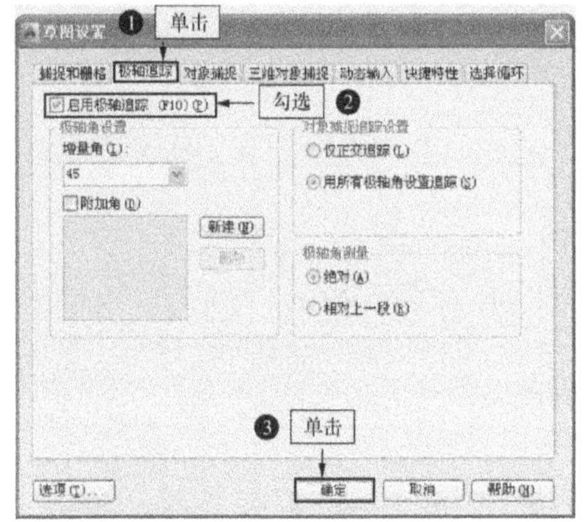

图 1-18

功能验证——绘制倾斜角为 30° 的线段

启用"极轴追踪"功能绘图时，需要先设置极轴追踪角度，这样才能依据极轴追踪角度进行追踪。下面先设置极轴角度为 30°，然后绘制倾斜角度为 30°、长度为 100 的线段。

Step 01 ▶ 单击"极轴角设置"选项组中的"增量角"下拉按钮。

Step 02 ▶ 选择系统预设的一个增量角度，例如选择"30"。

Step 03 ▶ 单击 确定 按钮，如图 1-19 所示。

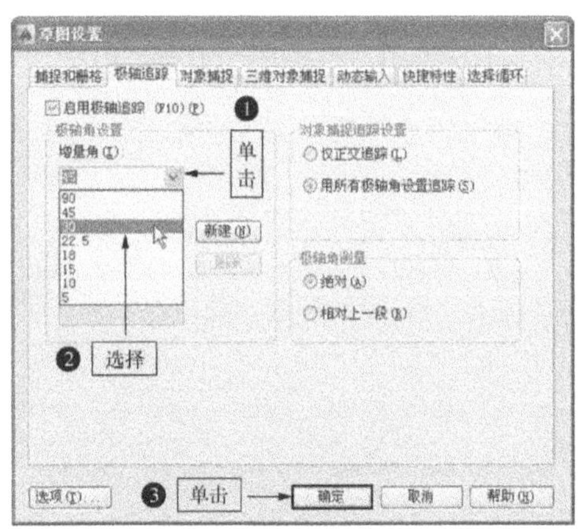

图 1-19

Step 04 ▶ 使用快捷键"L"激活【直线】命令。

Step 05 ▶ 在绘图区单击拾取一点。

Step 06 ▶ 向右上角引出 30° 的极轴追踪矢量，如图 1-20 所示。

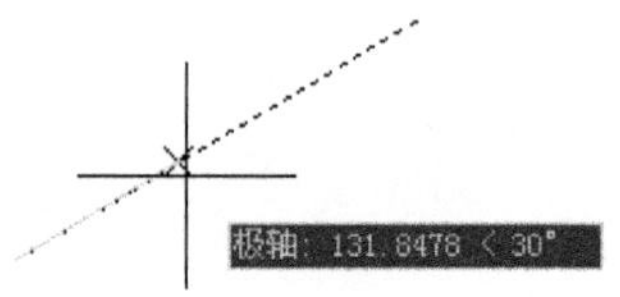

图 1-20

Step 07 ▶ 输入"100"，按 2 次 Enter 键结束操作，结果如图 1-21 所示。

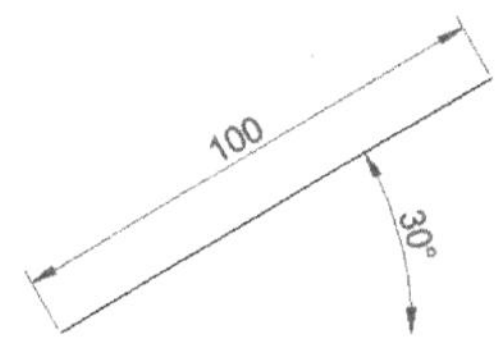

图 1-21

| 技术看板 | 有时系统提供的极轴角度并不能满足绘图要求，这时可以重新设置一个能满足自己绘图需要的极轴角度，例如设置 13° 的极轴追踪角度，方法是：在"极轴角设置"选项组中勾选"附加角"选项，单击 新建(N) 按钮新建一个新极轴角，然后输入所需角度"13"，单击 确定 按钮，如图 1-22 所示，这样就可以使用新建的角度进行极轴追踪了。

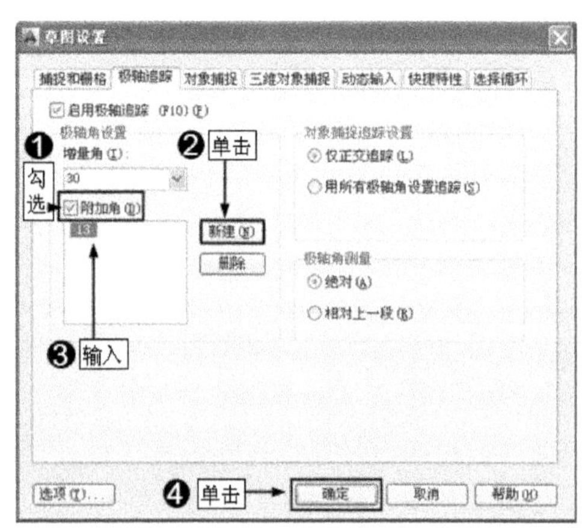

图 1-22

| 技术看板 | 新建附加角后，系统会一直沿用该附加角，如果要删除该附加角，可以在"极轴角设置"组中选择该附加角，单击 [删除] 按钮，即可将其删除。

1.4.4　启用"正交"功能（F8 键）

"正交"是指将光标强制控制在水平和垂直方向。简单地说，就是只能沿水平或垂直方向引导光标进行绘图。

启用"正交"功能后，向右引导光标时，系统定位 0° 方向；向上引导光标时，系统定位 90° 方向；向左引导光标时，系统定位 180° 方向；向下引导光标时，系统定位 270° 方向，如图 1-23 所示。

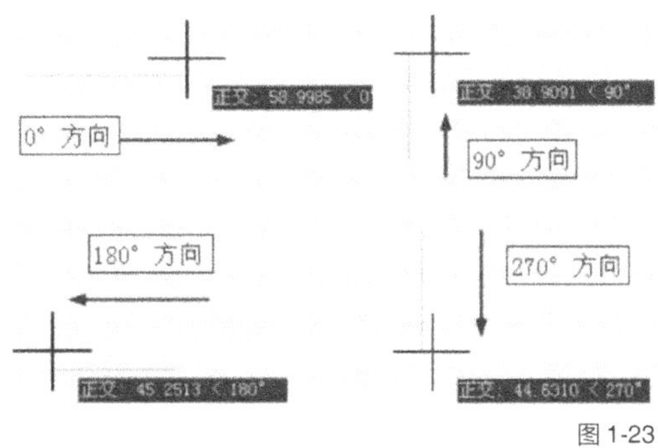

图 1-23

1. 快捷命令

F8 键

2. 功能 / 用途

将光标强制控制在水平和垂直方向，绘制水平或垂直的线段。

3. 设置方式

（1）按 F8 键，启用"正交"功能。

（2）再次按 F8 键，取消"正交"功能。

⚙ **实例验证**——绘制楼梯台阶平面图

Step 01 ▶ 按 F8 键，启用状态栏上的"正交"功能。

Step 02 ▶ 使用快捷键"L"激活【直线】命令。

Step 03 ▶ 在绘图区单击拾取一点作为起点

Step 04 ▶ 向上引导光标，输入"150"并按 Enter 键，绘制台阶高度。

Step 05 ▶ 向右引导光标，输入"300"并按 Enter 键，绘制台阶宽度。

Step 06 ▶ 向上引导光标，输入"150"并按 Enter 键，绘制台阶高度。

Step 07 ▶ 向右引导光标，输入"300"并按 Enter 键，绘制台阶宽度。

Step 08 ▶ 向下引导光标，输入"300"并按 Enter 键，绘制台阶总高度。

Step 09 ▶ 输入"C"，按 Enter 键闭合图形，结果如图 1-24 所示

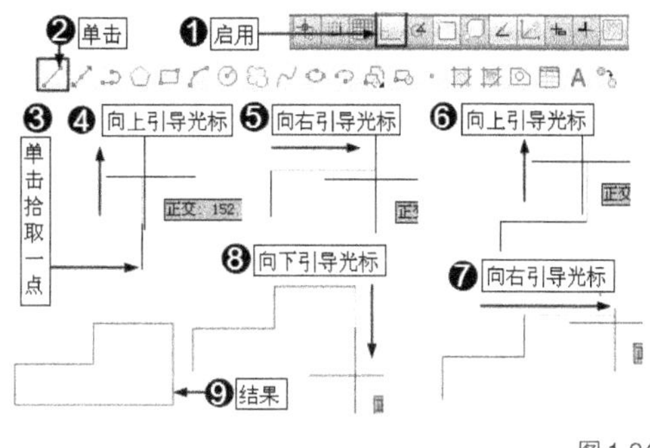

图 1-24

| 技术看板 | 单击状态栏上的"正交模式"按钮 将其激活，也可以启用"正交"功能；再次单击该按钮，即可关闭"正交"功能。

1.5　捕捉的快捷方式

"捕捉"是最常用的绘图辅助功能，它包括多种捕捉模式，如"中点捕捉""端点捕捉""圆心捕捉""象限点捕捉""交点捕捉"等，设置捕捉功能并启用捕捉模式，是精确绘图的有力保证，本节就来学习设置并启用捕捉模式的快捷方式。

1.5.1　启用"对象捕捉"功能（F3 键）

"对象捕捉"就是捕捉对象上的特征点，如图形对象的中点、端点、交点等。

1. 快捷命令

F3 键

2. 功能 / 用途

捕捉图形特征点，以便精确绘图。

3. 设置方式

（1）按 F3 键，启用"对象捕捉"功能。

（2）再次按 F3 键，取消"对象捕捉"

功能。

| 技术看板 | 单击状态栏上的"对象捕捉"按钮▣，将其激活，也可以启用"对象捕捉"功能；再次单击该按钮，即可关闭"对象捕捉"功能。

实例验证——绘制矩形的中心线

启用"对象捕捉"功能的前提是设置了相关的捕捉模式捕捉模式的设置都是在【草图设置】对话框中进行的，下面通过绘制矩形的中心线，对"对象捕捉"功能进行验证。

Step 01 ▶ 使用快捷键"REC"激活【矩形】命令，绘制一个矩形。

Step 02 ▶ 使用快捷键"SE"打开【草图设置】对话框。

Step 03 ▶ 单击"对象捕捉"选项卡，在"对象捕捉模式"选项组中勾选"中点"捕捉模式，如图 1-25 所示。

| 技术看板 | 在【草图设置】对话框中还可以设置其他捕捉模式。如果需要取消一种捕捉模式，单击取消该模式的勾选即可。另外，当设置了某一种捕捉模式后，系统会一直沿用该捕捉模式，除非用户重新设置。

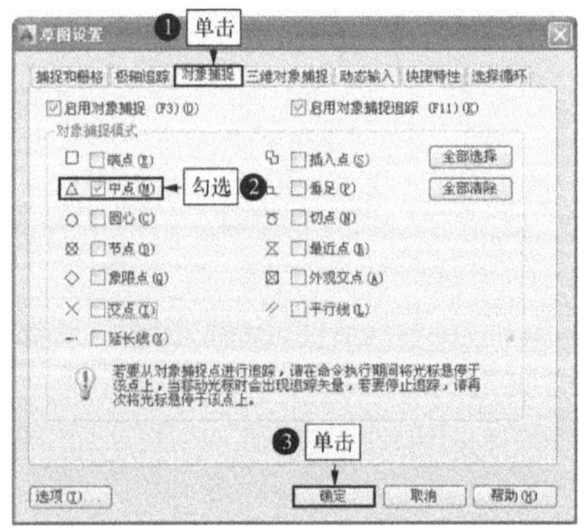

图 1-25

Step 04 ▶ 单击 确定 按钮关闭【草图设置】对话框。

Step 05 ▶ 按 F3 键启用"对象捕捉"功能。

Step 06 ▶ 使用快捷键"L"激活【直线】命令。

Step 07 ▶ 将光标移动到矩形的上水平边中点位置，出现"中点"捕捉符号，如图 1-26 所示。

图 1-26

Step 08 ▶ 单击鼠标左键捕捉该中点。

Step 09 ▶ 将光标移动到矩形的下水平边中点位置，出现"中点"捕捉符号，如图 1-27 所示。

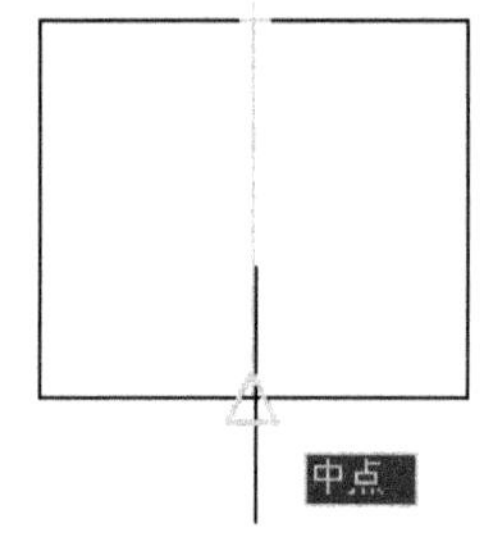

图 1-27

Step 10 ▶ 单击鼠标左键捕捉该中点。

Step 11 ▶ 按 Enter 键结束操作，绘制的矩形水平边中线如图 1-28 所示。

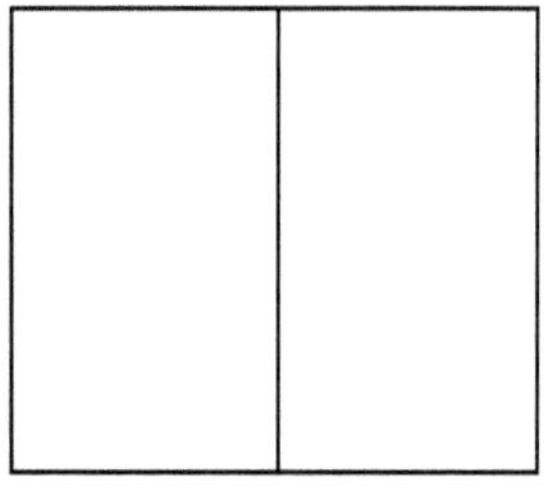

图 1-28

Step 12 ▶ 参照上述操作，继续绘制矩形垂直边的中线，完成矩形中心线的绘制。

1.5.2　设置"对象捕捉追踪"功能

与"对象捕捉"稍有不同，"对象捕捉追踪"是以对象上的某些特征点作为追踪点，引出向两端无限延伸的对象追踪虚线，以捕捉图形外的一点，如图 1-29 所示。

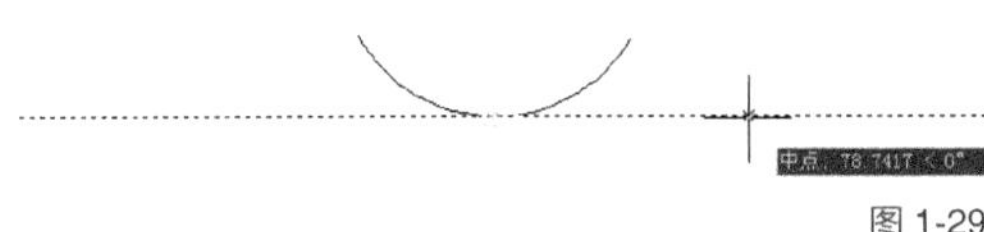

图 1-29

1．快捷命令

F11 键

2．功能 / 用途

以对象上的某些特征点作为追踪点，引出向两端无限延伸的对象追踪虚线，以捕捉图形外的一点进行精确绘图。

3．设置方式

（1）按 F11 键，启用"对象捕捉追踪"功能。

（2）再次按 F11 键，取消"对象捕捉追踪"功能。

｜技术看板｜"对象捕捉追踪"功能只有在"对象捕捉"和"对象捕捉追踪"功能同时启用的情况下才可使用，而且只能追踪对象捕捉类型中所设置的自动捕捉类型。另外，还可以单击状态栏上的"对象捕捉追踪"按钮 启用"对象捕捉追踪"功能；再次单击该按钮，则取消"对象捕捉追踪"功能。

1.5.3　设置"三维对象捕捉"功能（F4 键）

利用"三维对象捕捉"功能可以在三维空间进行对象捕捉，方便用户在三维空间绘图。

1．快捷命令

F4 键

2．功能 / 用途

在三维空间捕捉对象特征点，以便进行

精确绘图。

3．设置方式

（1）按 F4 键，启用"三维对象捕捉"功能。

（2）再次按 F4 键，取消"三维对象捕捉"功能。

｜技术看板｜单击状态栏上的"三维对象捕捉"按钮 ，将其激活，也可以启用"三维对象捕捉"功能；再次单击该按钮，即可取消"三维对象捕捉"功能。需要说明的是，要想进行三维对象捕捉，首先必须在【草图设置】对话框的"三维对象捕捉"选项卡中设置相关捕捉模式，如图 1-30 所示。

如果需要取消某一种捕捉模式，单击取消该捕捉模式的勾选即可。另外，当设置了某一种捕捉模式后，系统会一直沿用该捕捉模式，除非用户重新设置。

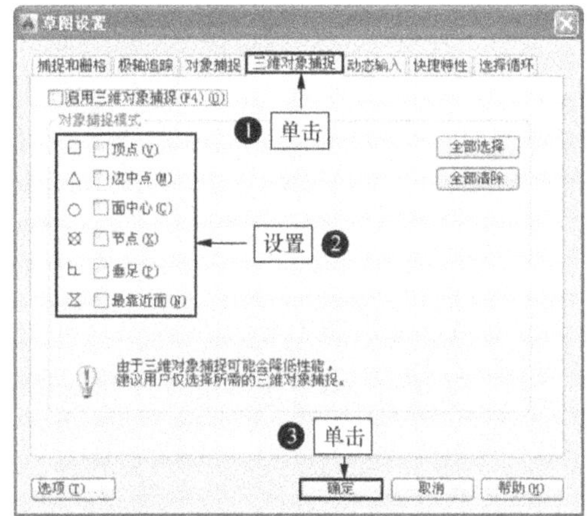

图 1-30

第 2 章
二维线快捷命令

线是 AutoCAD 2014 图形设计中最常用的基本图形之一，AutoCAD 2014 提供了多种创建二维线的相关命令，除了采用传统的方法来启用这些命令之外，最惬意、最快捷的方法就是使用快捷命令，这一章就来了解和掌握最常用的 4 种线图形的快捷命令，其他线图形不常用，在此不做介绍。

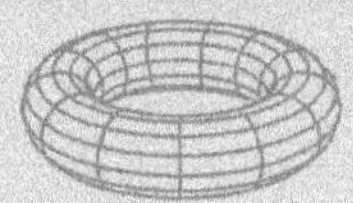

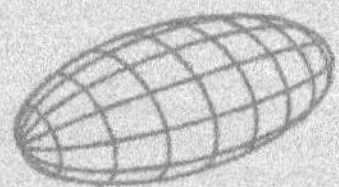

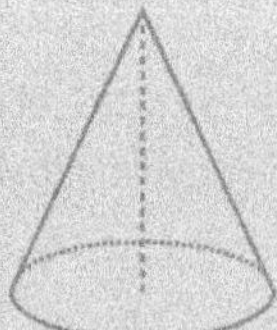

本章快捷命令概览

名称		快捷命令	功能 / 用途
直线	启动【直线】命令（P15）	LINE L	启动【直线】命令，绘制水平、垂直以及任意角度的直线，以创建图形轮廓线
	闭合图形（P16）	C	使用直线绘制闭合图形，以创建闭合的图形对象
构造线	启动【构造线】命令（P17）	XLINE XL	启动【构造线】命令，绘制水平、垂直、任意角度的构造线，创建绘图辅助线或图形轮廓线
	水平构造（P17）	H	绘制 0° 方向的构造线，以创建绘图辅助线或图形轮廓线
	垂直构造线（P18）	V	绘制 90° 方向的构造线，以创建绘图辅助线或图形轮廓线
	角度构造线（P18）	A	沿某角度绘制构造线，以创建绘图辅助线或图形轮廓线
	二等分构造线（P18）	B	绘制某角度的平分线，以创建绘图辅助线或图形轮廓线
	距离偏移创建构造线（P19）	O	通过设置偏移距离创建构造线，以创建绘图辅助线或图形轮廓线
	点偏移创建构造线（P19）	O+T	通过某点偏移创建构造线，以创建绘图辅助线或图形轮廓线
多段线	启动【多段线】命令（P20）	PLINE PL	启动【多段线】命令，以创建图形轮廓线
	直线多段线（P20）	L	创建由直线段连接而成的多段线，以创建图形轮廓线
	圆弧多段线（P21）	A	创建由圆弧连接而成的多段线，以创建图形轮廓线。
	直线和圆弧组合成的多段线（P21）	L+A	创建由直线和圆弧连接的多段线，以创建图形轮廓线
	宽度多段线（P21）	W	创建具有宽度的多段线
多线	启动【多线】命令（P23）	MLINE ML	启动【多线】命令，以创建图形轮廓线
	设置"比例"（P23）	S	设置多线的比例，以创建不同宽度的多线
	设置"对正"方式（P24）	J	设置多线的对齐方式
样条线	启动【样条线】命令（P26）	SPLINE SPL	启动【样条线】命令，绘制拟合点或控制点样条线，以创建图形轮廓线
	设置样绘制方式（P26）	M	以不同方式绘制样条线
	拟合点样条线（P26）	F	绘制由拟合点控制曲率的样条线
	控制点样条线（P26）	CV	绘制由控制点控制曲率的样条线

2.1　直线

在 AutoCAD 2014 中，直线是由两点连成的线段，也是最简单和最常用的二维图元。绘制的每条直线系统都将其看作是一个独立的对象，本节就来学习启动【直线】命令与绘制直线的快捷方式。

2.1.1　启动【直线】命令（LINE，L）

1. 快捷命令

LINE，L

2. 功能 / 用途

绘制水平、垂直或任意角度的直线，以创建图形轮廓线。

3．启动方式

在命令行输入"L"或"LINE"，按 Enter 键，激活【直线】命令。

| 技术看板 | 单击菜单栏中的【绘图】/【直线】命令，如图 2-1 所示；或者单击【绘图】工具栏上的"直线"按钮，如图 2-2 所示，也可以激活【直线】命令。

图 2-1

图 2-2

功能验证——绘制长度为 100 个绘图单位的水平直线

绘制直线的方法比较简单，启动【直线】命令后，首先单击确定直线的起点，然后再次单击确定直线端点（或输入直线端点的坐标），即可绘制直线。

Step 01 ▶ 按 F8 功能键，启用状态栏上的"正交模式"功能。

Step 02 ▶ 输入"L"，按 Enter 键激活【直线】命令。

Step 03 ▶ 在绘图区单击拾取一点作为直线的起点

Step 04 ▶ 水平向右引导光标。

Step 05 ▶ 输入"100"，按 Enter 键确定直线的端点。

Step 06 ▶ 按 Enter 键，结束操作，结果如图 2-3 所示。

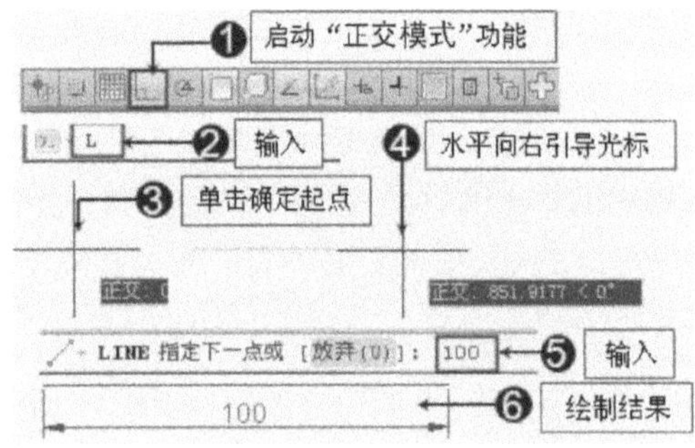

图 2-3

练一练 以上绘制了一条水平直线，下面请读者自己尝试，以水平直线的右端点作为直线的起点，绘制长度为 100 个绘图单位的垂直直线，如图 2-4 所示。

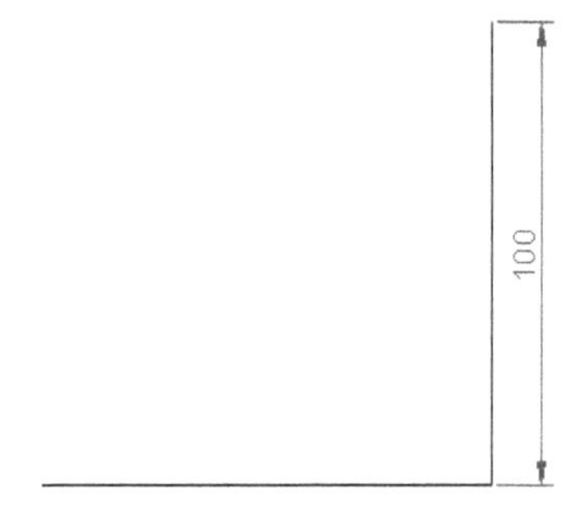

图 2-4

2.1.2　闭合图形（C）

还可以使用【直线】命令来绘制闭合图形，例如矩形、多边形、三角形等。绘制闭合图形时，在结束操作时输入"C"激活"闭合"选项，即可将绘制的图形闭合。

1．选项

C

2．功能／用途

绘制闭合图形。

3．启动方式

（1）在确定直线端点之后输入"C"。

（2）按 Enter 键确认闭合图形。

⚙ 功能验证——绘制边长为 100 的矩形

Step 01 ▸ 输入"L"，按 Enter 键激活【直线】命令。

Step 02 ▸ 在绘图区单击拾取一点作为直线的起点。

Step 03 ▸ 输入"@100,0"，按 Enter 键，绘制矩形下水平边。

Step 04 ▸ 输入"@0，100"，按 Enter 键，绘制矩形右垂直边。

Step 05 ▸ 输入"@-100,0"，按 Enter 键，绘制矩形上水平边。

Step 06 ▸ 输入"C"，按 Enter 键闭合图形，绘制结果如图 2-5 所示。

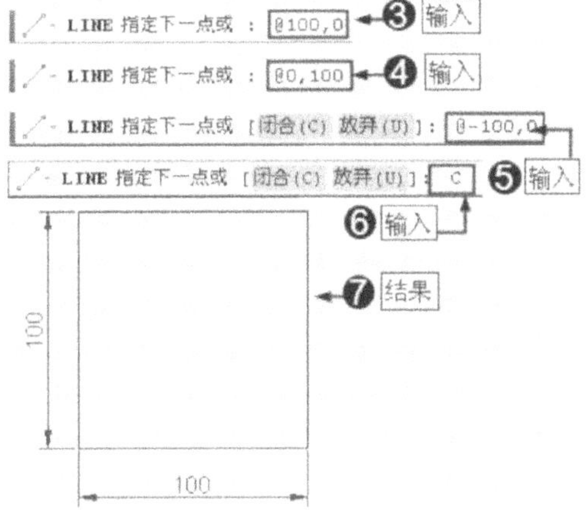

图 2-5

2.2　构造线

"构造线"也是一种二维线图形，与"直线"不同的是，"构造线"是向两端无限延伸的直线。此种直线通常用作绘图时的辅助线或参照线，一般情况线不能直接作为图形轮廓线，但是可以通过修改工具将其编辑为图形轮廓线进行绘图。本节就来学习启动【构造线】命令的快捷方式。

2.2.1　启动【构造线】命令（XLINE，XL）

1. 快捷命令

XLINE，XL

2. 功能 / 用途

绘制水平、垂直或任意角度的构造线，以作为绘图辅助线或图形轮廓线。

3. 启动方式

输入"XLINE"或"XL"，按 Enter 键，激活【构造线】命令。

| 技术看板 | 单击【绘图】工具栏中的"构造线"按钮，或者单击【绘图】/【构造线】菜单命令，如图 2-6 所示，也可以激活【构造线】命令。

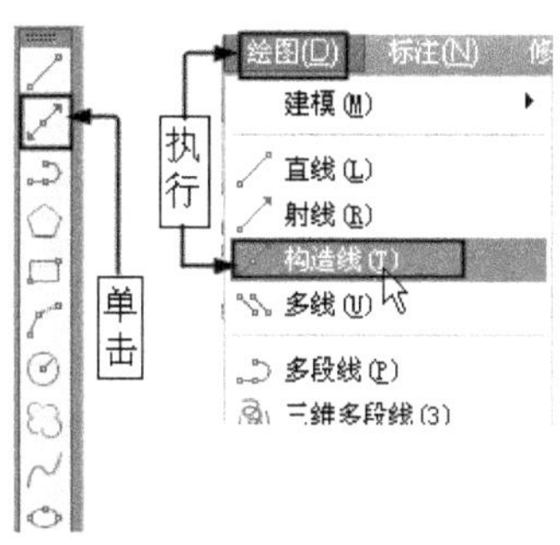

图 2-6

2.2.2　水平构造线（H）

启动【构造线】命令之后，可以绘制任意角度的构造线。如果要绘制水平构造线（0° 有向的构造线），则需要激活"水平"选项。

1. 选项

H

2. 功能 / 用途

绘制水平构造线，以作为绘图辅助线或图形轮廓线。

3. 启动方式

（1）输入"XL"，按 Enter 键，激活【构造线】命令。

（2）输入"H"，按 Enter 键，激活"水平"选项。

⚙ 功能验证——绘制水平构造线

Step 01 ▸ 输入"XL"，按 Enter 键，激活【构造线】命令。

Step 02 ▸ 输入"H"，按 Enter 键，激活"水平"选项。

Step 03 ▸ 单击拾取一点。

Step 04 ▶ 按 Enter 键结束操作，绘制水平构造线，如图 2-7 所示。

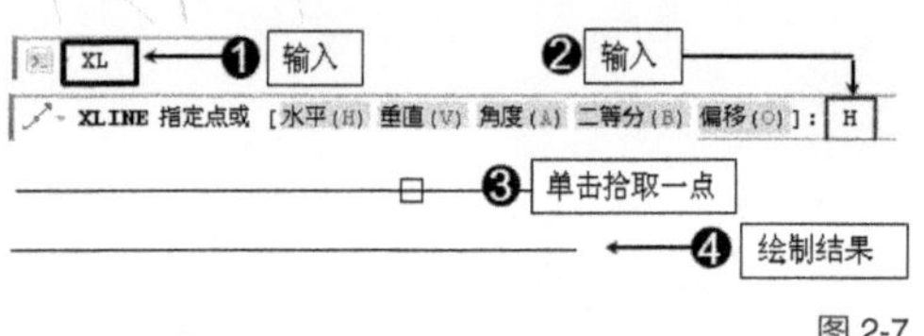

图 2-7

2.2.3　垂直构造线（V）

如果要绘制垂直构造线（90°方向的构造线），在启动【构造线】命令之后，需要激活"垂直"选项。

1. 选项

V

2. 功能 / 用途

绘制垂直构造线，以作为绘图辅助线或图形轮廓线。

3. 启动方式

（1）输入"XL"，按 Enter 键，激活【构造线】命令。

（2）输入"V"，按 Enter 键，激活"垂直"选项。

功能验证——绘制垂直构造线

Step 01 ▶ 输入"XL"，按 Enter 键，激活【构造线】命令。

Step 02 ▶ 输入"V"，按 Enter 键，激活"垂直"选项。

Step 03 ▶ 单击拾取一点。

Step 04 ▶ 按 Enter 键结束操作，绘制垂直构造线，如图 2-8 所示。

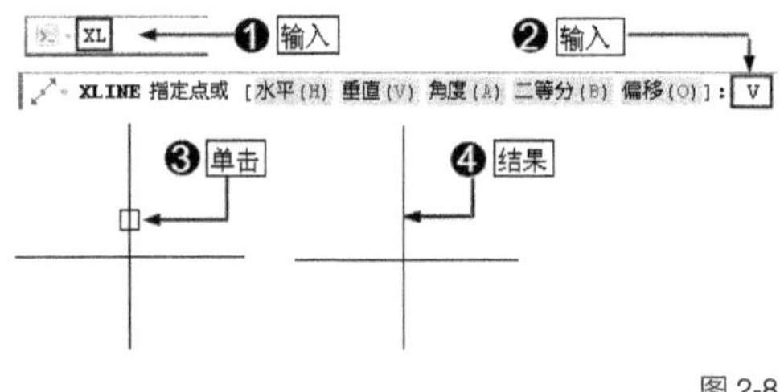

图 2-8

2.2.4　角度构造线（A）

除了绘制垂直和水平的构造线之外，还可以激活"角度"选项，绘制具有一定倾斜角度的构造线，例如倾斜角为 30°、40° 的构造线。

1. 选项

A

2. 功能 / 用途

绘制角度构造线，以作为绘图辅助线或图形轮廓线。

3. 启动方式

（1）输入"XL"，按 Enter 键，激活【构造线】命令。

（2）输入"A"，按 Enter 键，激活"垂直"选项。

功能验证——绘制 30° 的构造线

Step 01 ▶ 输入"XL"，按 Enter 键，激活【构造线】命令。

Step 02 ▶ 输入"A"，按 Enter 键，激活"角度"选项。

Step 03 ▶ 输入"30"，按 Enter 键确认。

Step 04 ▶ 单击拾取一点。

Step 05 ▶ 按 Enter 键结束操作，绘制结果如图 2-9 所示。

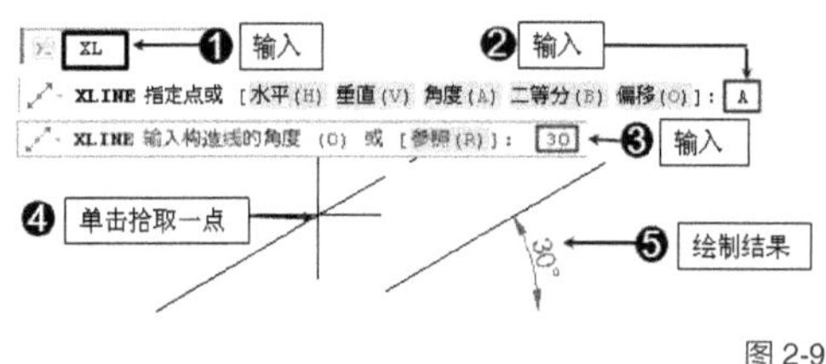

图 2-9

练一练 创建一定角度的构造线的操作非常简单，请尝试绘制角度为 75° 的构造线。

图 2-10

2.2.5　二等分构造线（B）

所谓"二等分"构造线其实就是角度平

分线，其用途就是将一个角度平分为二，例如将一个 30° 的角平分为两个 15° 的角。激活"二等分"选项即可绘制二等分构造线。

1. 选项

B

2. 功能 / 用途

绘制二等分线，以平分角度创建图形。

3. 启动方式

（1）输入"XL"，按 Enter 键，激活【构造线】命令。

（2）输入"B"，按 Enter 键，激活"二等分"选项。

功能验证——绘制 90° 角的平分线

Step 01 ▸ 使用快捷键"L"激活【直线】命令，绘制一个 90° 的角。

Step 02 ▸ 使用快捷键"XL"激活【构造线】命令。

Step 03 ▸ 输入"B"，按 Enter 键，激活"二等分"选项。

Step 04 ▸ 捕捉 90° 角的顶点。

Step 05 ▸ 捕捉水平线的右端点。

Step 06 ▸ 捕捉垂直线的上端点。

Step 07 ▸ 按 Enter 键确认，绘制结果如图 2-11 所示。

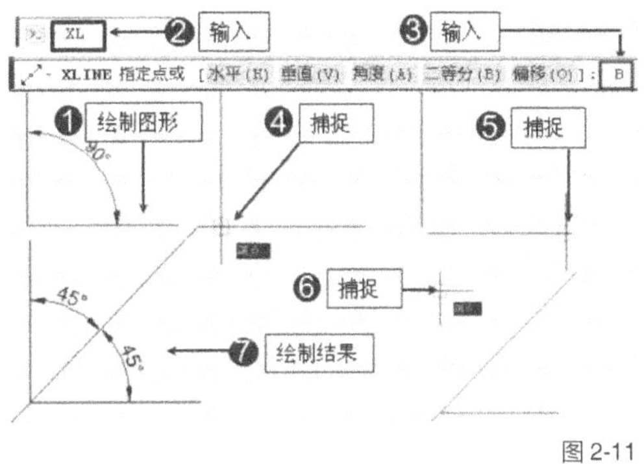

图 2-11

2.2.6　距离偏移创建构造线（O）

距离偏移创建构造线是指通过输入距离，将一条构造线或图线向一边移动，以创建出另一条构造线。

1. 选项

O

2. 功能 / 用途

按照指定距离偏移，创建构造线作为绘图辅助线或图形轮廓线。

3. 启动方式

（1）输入"XL"，按 Enter 键，激活【构造线】命令。

（2）输入"O"，按 Enter 键，激活"偏移"选项。

功能验证——将水平线偏移 100 个绘图单位创建一条构造线

Step 01 ▸ 使用快捷键"L"激活【直线】命令，绘制一条水平线。

Step 02 ▸ 使用快捷键"XL"激活【构造线】命令。

Step 03 ▸ 输入"O"，按 Enter 键激活"偏移"选项。

Step 04 ▸ 输入"100"，按 Enter 键设置偏移距离。

Step 05 ▸ 单击水平直线。

Step 06 ▸ 在水平直线上单击拾取一点。

Step 07 ▸ 按 Enter 键结束操作，偏移结果如图 2-12 所示。

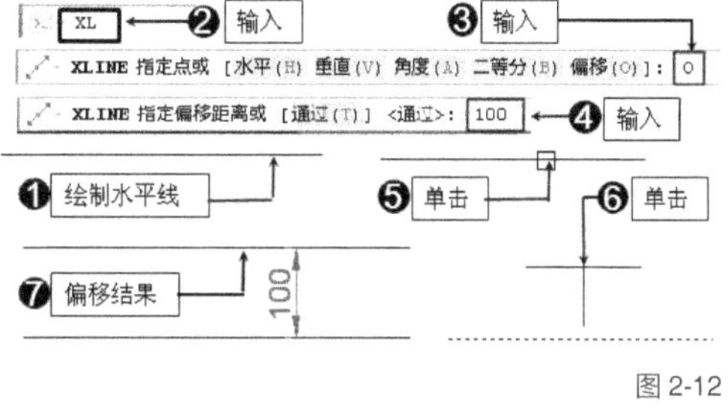

图 2-12

2.2.7　点偏移创建构造线（O+T）

与距离偏移不同，通过点偏移时不用指定距离，只需捕捉某一点。

1. 选项

O+T

2. 功能 / 用途

通过某一点偏移，创建构造线作为绘图辅助线或图形轮廓线。

3. 启动方式

（1）输入"XL"，按 Enter 键，激活【构

造线】命令。

（2）输入"O"，按 Enter 键，激活"偏移"选项。

（3）输入"T"，按 Enter 键，激活"通过"选项。

功能验证——通过偏移圆的直径创建一条构造线作为圆的切线

首先打开"素材文件"目录下的"通过点偏移构造线示例 .dwg"素材文件，这是一个绘制了直径的圆。下面通过圆的上象限点对直径进行偏移，创建一条水平构造线作为圆的切线。

Step 01 ▶ 输入"XL"，按 Enter 键，激活【构造线】命令。

Step 02 ▶ 输入"O"，按 Enter 键，激活"偏移"选项。

Step 03 ▶ 输入"T"，按 Enter 键，激活"通过"选项。

Step 04 ▶ 单击水平直径。

Step 05 ▶ 捕捉圆的上象限点。

Step 06 ▶ 按 Enter 键结束操作，偏移结果如图 2-13 所示。

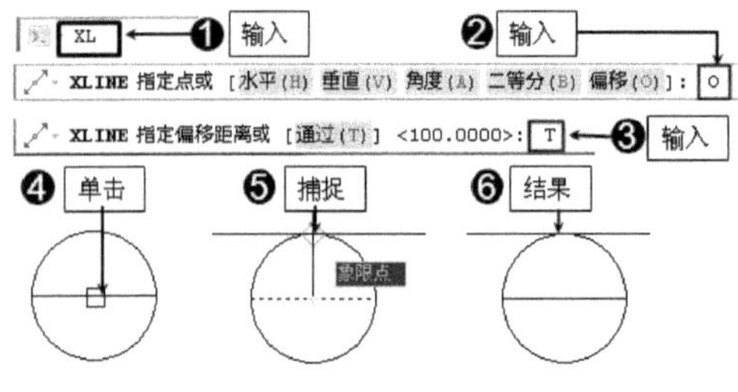

图 2-13

2.3　多段线

"多段线"是由一系列直线段或弧线段连接而成的一种特殊线图元，无论它包含多少条直线或圆弧，它都是一个整体。本节就来学习启动【多段线】命令与绘制多段线的快捷方式。

2.3.1　启动【多段线】命令（PLINE，PL）

1．快捷命令

PLINE，PL

2．功能 / 用途

绘制由直线段或弧线段连接而成的二维线，以创建图形轮廓线。

3．启动方式

（1）输入"PLINE"或"PL"。

（2）按 Enter 键，激活【多段线】命令。

| 技术看板 | 单击【绘图】工具栏或面板上的"多段线"按钮，或者单击菜单栏中的【绘图】/【多段线】命令，也可以激活【多段线】命令。

2.3.2　直线多段线（L）

默认设置下，使用【多段线】命令可以绘制由直线段连接而成的多段线，这类似于使用【直线】命令绘制直线。绘制直线多段线时，需要转入"直线"绘图模式。

1．选项

L

2．功能 / 用途

绘制由直线段连接而成的二维线，以创建图形轮廓线。

3．启动方式

（1）输入"PLINE"或"PL"，按 Enter 键，激活【多段线】命令。

（2）在绘图区单击指定多段线的起点。

（3）输入"L"，按 Enter 键，激活"直线"选项。

功能验证——使用【多段线】命令绘制直线

Step 01 ▶ 输入"PL"，按 Enter 键，激活【多段线】命令。

Step 02 ▶ 在绘图区单击指定多段线的起点。

Step 03 ▶ 输入"L"，按 Enter 键，激活"直线"选项。

Step 04 ▶ 依次在合适位置单击指定下一点。

Step 05 ▶ 最后按 Enter 键结束操作，结果如图 2-14 所示。

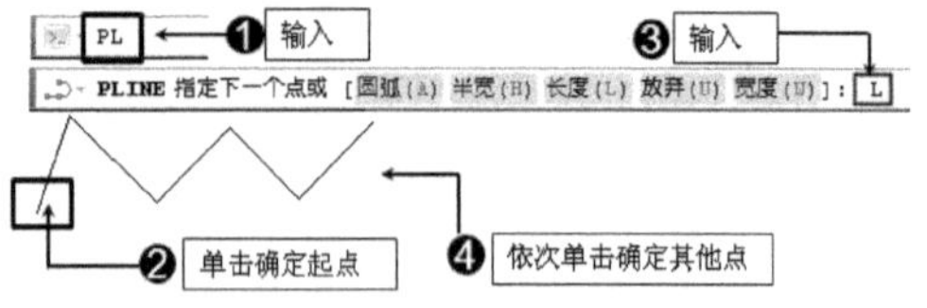

图 2-14

2.3.3　圆弧多段线（A）

绘制圆弧多段线时，需由"直线"模式转换到"圆弧"模式。

1．选项

A

2．功能 / 用途

绘制由圆弧连接而成的二维线，以创建图形轮廓线。

3．启动方式

（1）输入"PLINE"或"PL"，按 Enter 键，激活【多段线】命令。

（2）在绘图区单击指定多段线的起点。

（3）输入"A"，按 Enter 键，激活"圆弧"选项。

功能验证——绘制圆弧多段线

Step 01 ▸ 输入"PL"，按 Enter 键，激活【多段线】命令。

Step 02 ▸ 在绘图区单击指定多段线的起点。

Step 03 ▸ 输入"A"，按 Enter 键，激活"圆弧"选项。

Step 04 ▸ 移动光标到合适的位置后单击指定圆弧的端点。

Step 05 ▸ 继续移动光标到合适的位置后单击指定圆弧的另一个端点。

Step 06 ▸ 按 Enter 键结束操作，结果如图 2-15 所示。

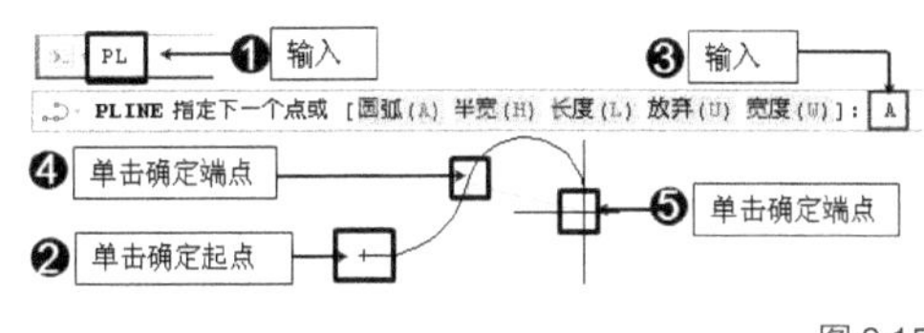

图 2-15

2.3.4　直线和圆弧组成的多段线（L+A）

也可以绘制由"直线"和"圆弧"组成的多段线。

1．选项

L+A

2．功能 / 用途

绘制由直线和圆弧连接而成的二维线，以创建图形轮廓线。

3．启动方式

（1）输入"PLINE"或"PL"，按 Enter 键，激活【多段线】命令。

（2）在绘图区单击指定多段线的起点。

（3）输入"L"，按 Enter 键，激活"直线"选项。

（4）输入"A"，按 Enter 键，激活"直线"选项。

功能验证——绘制直线和圆弧组成的多段线

Step 01 ▸ 输入"PL"，按 Enter 键，激活【多段线】命令。

Step 02 ▸ 在绘图区单击指定多段线的起点。

Step 03 ▸ 输入"L"，按 Enter 键，激活"直线"选项。

Step 04 ▸ 移动光标到合适的位置后单击指定直线的端点。

Step 05 ▸ 输入"A"，按 Enter 键，激活"圆弧"选项。

Step 06 ▸ 移动光标到合适的位置后单击指定圆弧的端点。

Step 07 ▸ 按 Enter 键结束操作，结果如图 2-16 所示。

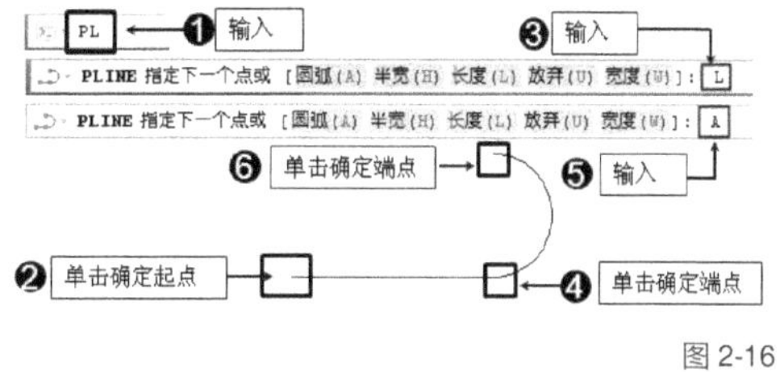

图 2-16

2.3.5　宽度多段线（W）

默认设置下，多段线的宽度为 0，不过可以通过设置多段线的宽度，绘制不同宽度的多段线。多段线的宽度分为起点宽度和端点宽度。

1．选项

W

2．功能 / 用途

绘制具有宽度的多段线，以创建图形轮廓线。

3. 启动方式

（1）输入"PLINE"或"PL"，按 Enter 键，激活【多段线】命令。

（2）在绘图区单击指定多段线的起点。

（3）输入"W"，按 Enter 键，激活"宽度"选项。

功能验证——绘制起点宽度为 10、端点宽度为 50、长度为 300 的多段线

Step 01 ▶ 输入"PL"，按 Enter 键，激活【多段线】命令。

Step 02 ▶ 在绘图区单击指定起点。

Step 03 ▶ 输入"W"，按 Enter 键激活"宽度"选项。

Step 04 ▶ 输入"10"，按 Enter 键，指定起点宽度。

Step 05 ▶ 输入"50"，按 Enter 键，指定端点宽度。

Step 06 ▶ 输入"@300,0"，按 Enter 键，输入端点坐标。

Step 07 ▶ 按 Enter 键，结束操作，结果如图 2-17 所示。

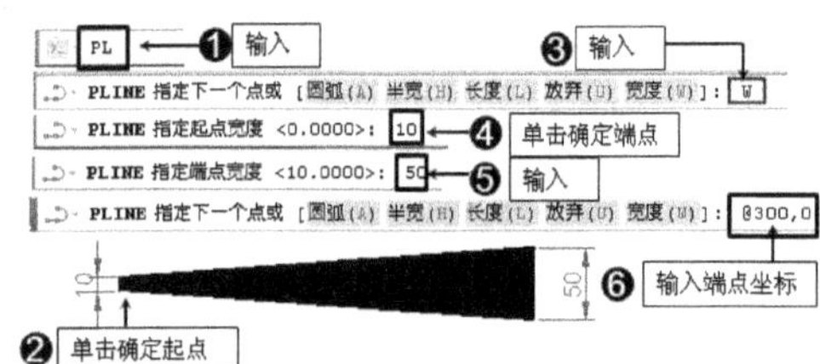

图 2-17

▌技术看板▐ 多段线的起点宽度和端点宽度可以相同，也可以不相同。当起点宽度和端点宽度相同时，其绘制结果如图 2-18（a）所示；当起点宽度为 0、端点宽度为任意值时，则绘制结果类似于一个三角形，如图 2-18（b）所示。

图 2-18

2.3.6 实例——绘制箭头

下面绘制一个箭头线宽度为 10、箭头线长度为 500、箭头起点宽度为 100、箭头端点宽度为 0、箭头长度为 100 的箭头。

操作步骤

Step 01 ▶ 输入"PL"，按 Enter 键，激活【多段线】命令。

Step 02 ▶ 在绘图区单击指定起点。

Step 03 ▶ 输入"W"，按 Enter，激活"宽度"选项。

Step 04 ▶ 输入"10"，按 Enter 键，指定箭头线起点宽度。

Step 05 ▶ 输入"10"，按 Enter 键，指定箭头线端点宽度。

Step 06 ▶ 输入"@500,0"，按 Enter 键，指定箭头线端点坐标。

Step 07 ▶ 输入"W"，按 Enter 键，激活"宽度"选项。

Step 08 ▶ 输入"100"，按 Enter 键，指定箭头起点宽度。

Step 09 ▶ 输入"0"，按 Enter 键，指定箭头端点宽度。

Step 10 ▶ 输入"@100,0"，按 Enter 键，指定箭头端点坐标。

Step 11 ▶ 按 Enter 键，结束操作，结果如图 2-19 所示。

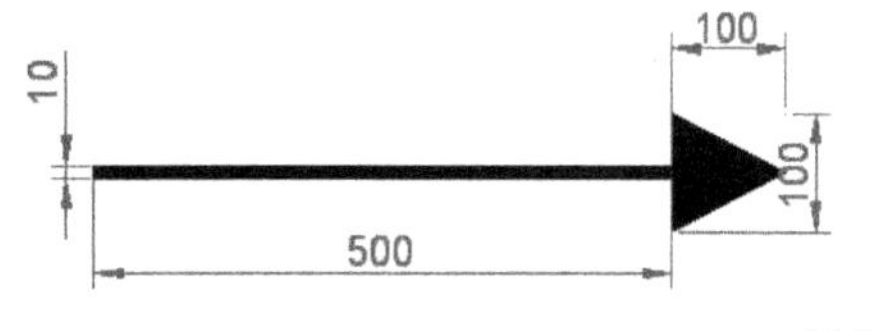

图 2-19

▌技术看板▐ 多段线是一种较常用的二维图线，其选项较多，除了以上介绍的几个常用选项之外，在"圆弧"模式下还有其他选项，这些选项的应用也比较简单，读者可自行尝试操作，在此不再赘述。

2.4 多线

与多段线不同，多线是由两条或两条以上的平行线元素构成的复合对象，如图2-20所示。

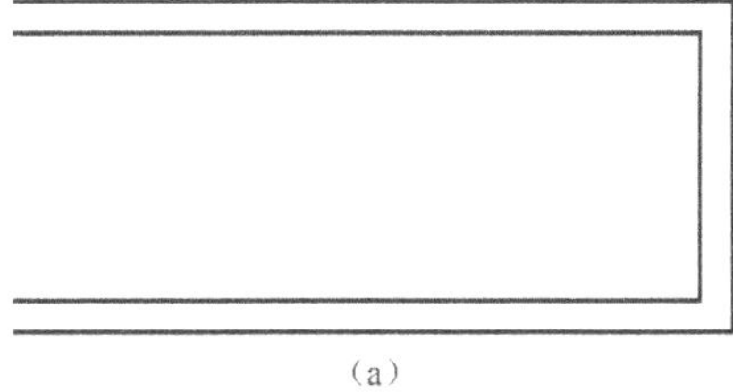

图 2-20

无论多线包含多少条平行线元素，系统都将其看作是一个对象，这一节继续掌握启动【多线】与绘制多线的快捷方式。

2.4.1　启动【多线】命令（MLINE，ML）

1. 快捷命令

MLINE，ML

2. 功能 / 用途

绘制多线，创建墙线、窗线以及其他图形轮廓线。

3. 启动方式

输入"MLINE"或"ML"，按 Enter 键，激活【多线】命令。

| 技术看板 | 单击菜单栏中的【绘图】/【多线】命令，也可以启动【多线】命令。

功能验证——使用【多线】命令绘制多线

Step 01 ▶ 输入"ML"或"Mline"，按 Enter 键，激活【多线】命令。

Step 02 ▶ 在绘图区单击拾取一点。

Step 03 ▶ 移动光标到合适的位置后单击确定下一点。

Step 04 ▶ 继续移动光标到合适的位置后单击确定下一点。

Step 05 ▶ 继续移动光标到合适的位置后单击确定下一点，如图 2-21 所示。

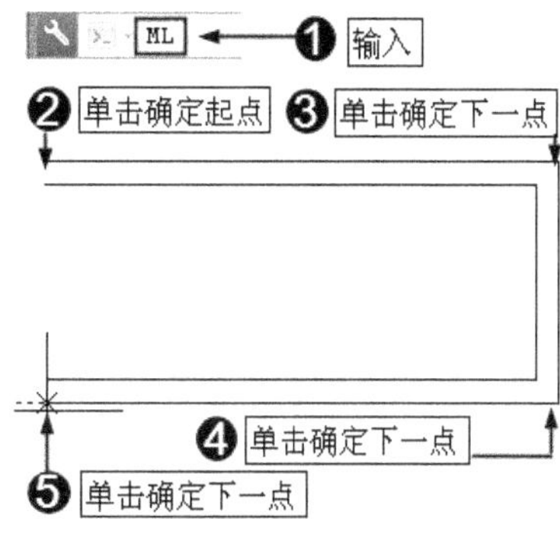

图 2-21

Step 06 ▶ 结束绘制时按 Enter 键，结果如图 2-22（a）所示。

Step 07 ▶ 如果要绘制闭合的多线，则输入"C"，按 Enter 键，结果如图 2-22（b）所示。

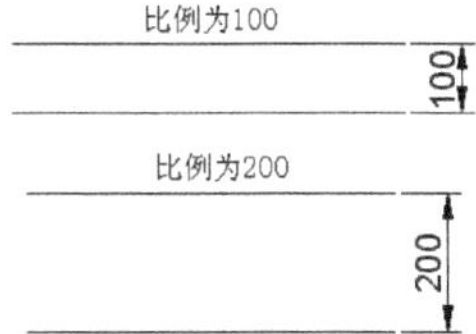

（a）

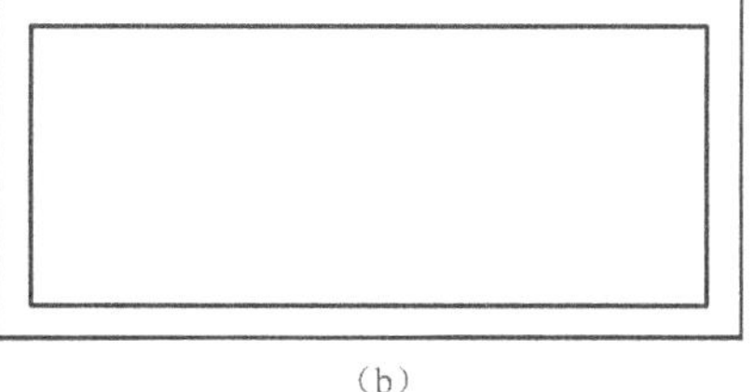

（b）

图 2-22

2.4.2　设置"比例"（s）

实际工作中，在绘制多线前需要设置多线的"比例"。所谓"比例"指的是多线的两条平行线之间的距离。设置不同的"比例"值，绘制的多线的宽度不同，如图 2-23 所示。

图 2-23

1. 选项

S

2. 功能 / 用途

设置多线的比例，以创建不同宽度的多线。

3. 启动方式

（1）输入"MLINE"或"ML"，按 Enter 键，激活【多线】命令。

（2）输入"S"，按 Enter 键，激活"比例"选项。

（3）输入多线比例。

⚙ **功能验证**——设置多线比例为 100 并绘制长度为 1000 的多线

Step 01 ▶ 输入 "ML"，按 Enter 键，激活【多线】命令。

Step 02 ▶ 输入 "S"，按 Enter 键，激活比例选项。

Step 03 ▶ 输入 "100"，按 Enter 键，确认比例值。

Step 04 ▶ 在绘图区单击确定多线的起点。

Step 05 ▶ 输入 "@1000,0"，按 Enter 键确定下一点坐标。

Step 06 ▶ 按 Enter 键结束操作，结果如图 2-24 所示。

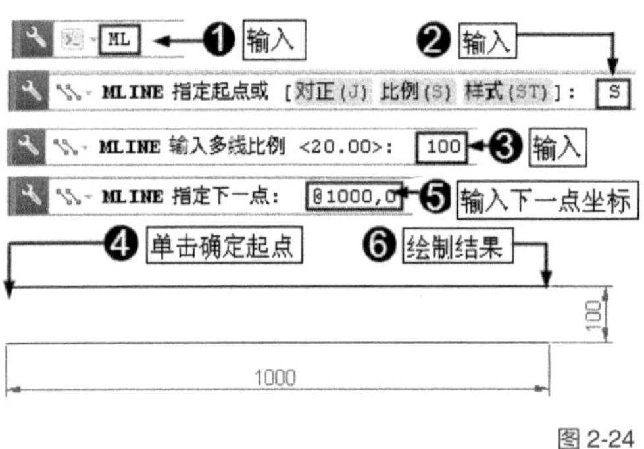

图 2-24

2.4.3 设置"对正"方式（J）

所谓"对正"方式，简单地说就是指多线的对齐方式。设置多线的"对正"方式，对正确绘图非常重要。

1. 选项

J

2. 功能 / 用途

设置多线的对齐方式，以创建二维图形。

3. 启动方式

（1）输入 "MLINE" 或 "ML"，按 Enter 键，激活【多线】命令。

（2）输入 "J"，按 Enter 键，激活"对正"选项。

激活"对正"选项后，此时命令行会显示 3 种对正方式，如图 2-25 所示。

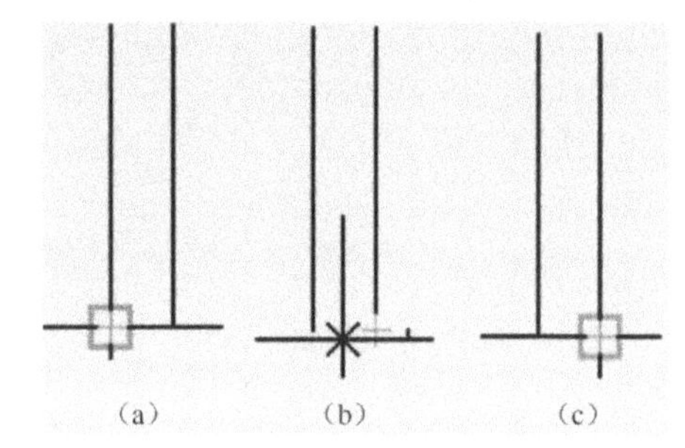

图 2-25

其中，【上（T）】对正是将多线的上方与对象对齐，如图 2-26（a）所示；【无（Z）】对正是将多线的中心与对象对齐，如图 2-26（b）所示；【下（B）】对正是将多线的下方与对象对齐，如图 2-26（c）所示。

图 2-26

2.4.4 实例——使用【多线】命令绘制立面柜图形

下面使用【多线】命令绘制如图 2-27 所示的立面柜图形。

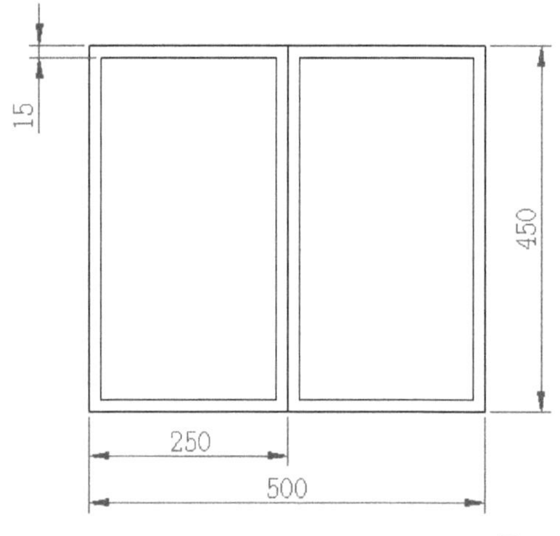

图 2-27

👆 **操作步骤**

1. 设置捕捉模式

Step 01 ▶ 输入 "SE"，按 Enter 键，打开【草图设置】对话框。

Step 02 ▶ 单击 "对象捕捉" 选项卡。

Step 03 ▶ 设置 "端点" 捕捉模式，并勾选 "启用对象捕捉"选项。

Step 04 ▶ 单击"确定"按钮确认，如图 2-28 所示。

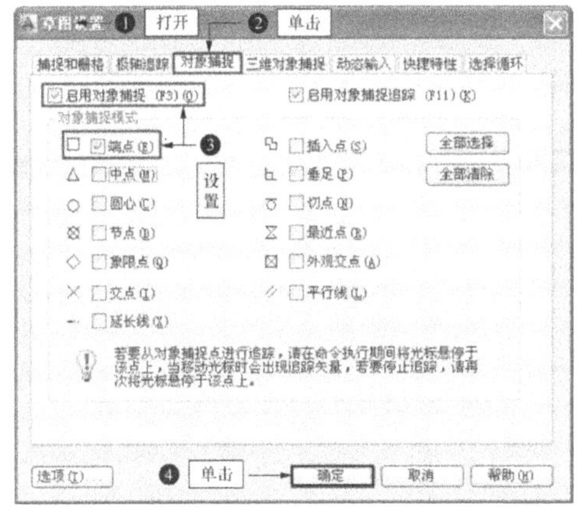

图 2-28

2. 设置多线"比例"与"对正"方式

Step 01 ▶ 输入"ML"，按 Enter 键，激活【多线】命令。

Step 02 ▶ 输入"S"，按 Enter 键，激活"比例"选项。

Step 03 ▶ 输入"15"，按 Enter 键，设置多线比例。

Step 04 ▶ 输入"J"，按 Enter 键，激活"对正"选项。

Step 05 ▶ 输入"B"，按 Enter 键，设置"下"对正方式，如图 2-29 所示。

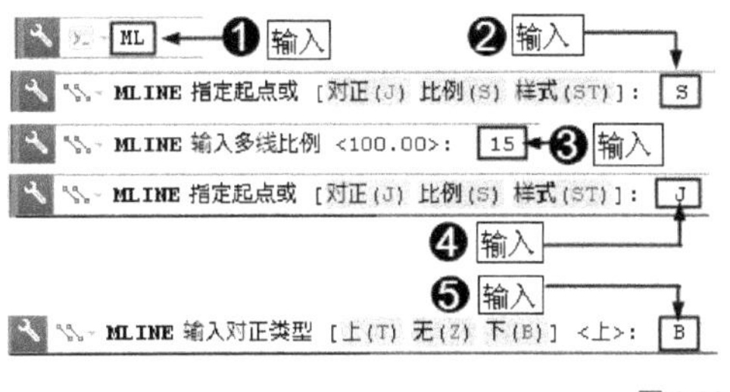

图 2-29

3. 绘制立柜左边图形

Step 01 ▶ 在适当位置拾取一点作为起点。

Step 02 ▶ 输入"@250,0"，按 Enter 键，指定下一点坐标。

Step 03 ▶ 输入"@0,450"，按 Enter 键，指定下一点坐标。

Step 04 ▶ 输入"@-250,0"，按 Enter 键，指定下一点坐标。

Step 05 ▶ 输入"C"，按 Enter 键闭合图形，绘制结果如图 2-30 所示。

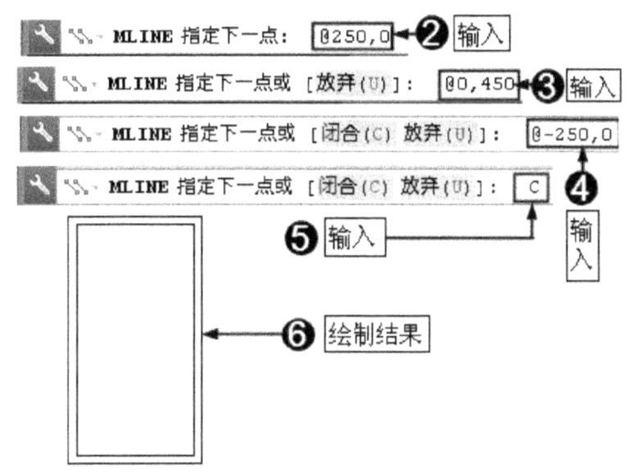

图 2-30

4. 绘制立柜右边图形

Step 01 ▶ 按 Enter 键重复执行【多线】命令。

Step 02 ▶ 捕捉上一节中绘制的图形的右下端点。

Step 03 ▶ 输入"@250,0"，按 Enter 键，指定下一点坐标。

Step 04 ▶ 输入"@0,450"，按 Enter 键，指定下一点坐标。

Step 05 ▶ 输入"@250<180"，按 Enter 键，指定下一点坐标。

Step 06 ▶ 输入"C"，按 Enter 键闭合图形，结果如图 2-31 所示。

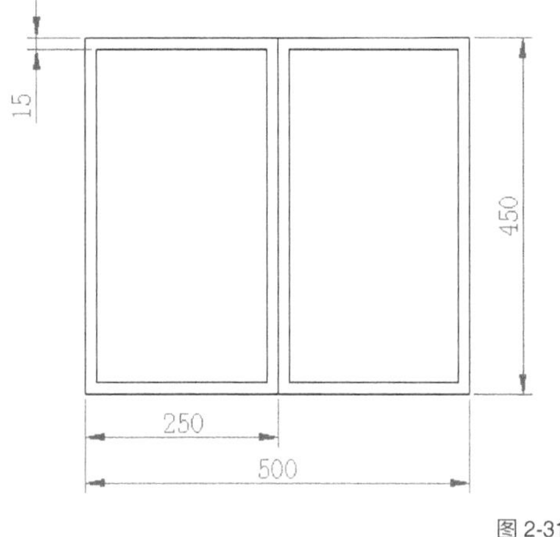

图 2-31

| 技术看板 | 多线是一种较常用的二维图线，除了以上介绍的选项设置之外，在实际工

作中，还需要根据具体情况来设置多线的"样式"、多线"封口"形式以及添加多线的图元、颜色、线型等，这些操作没有对应的快捷方式，只能通过执行相关命令来实现，具体操作请读者自行尝试，在此不再讲述。

2.5　样条线

与其他二维图线不同，样条线是一种平滑的曲线，常用于创建曲面图形轮廓线，本节就来学习启动【样条线】命令的快捷方式。

2.5.1　启动【样条线】命令（SPLINE，SPL）

1. 快捷命令

SPLINE，SPL

2. 功能 / 用途

启动【样条线】命令，绘制拟合点或控制点样条线以创建曲面图形轮廓线。

3. 启动方式

输入"SPLINE"或"SPL"，按 Enter 键，激活【样条线】命令。

2.5.2　设置样条线的绘制方式（M）

样条线的绘制方式有两种：一种是"拟合点"方式，另一种是"控制点"方式。可以根据绘图需要选择不同的绘制方式。

1. 选项

M

2. 功能 / 用途

选择绘制样条线的方式，以创建不同控制点的样条线。

3. 启动方式

（1）输入"SPLINE"或"SPL"，按 Enter 键，激活【样条线】命令。

（2）输入"M"，按 Enter 键，激活"方式"选项。

2.5.3　拟合点样条线（F）

默认设置下，拟合点与样条线重合，也就

是说，拟合点即样条线上的点，调整样条线上的点即可调整样条线的曲率，如图 2-32 所示。

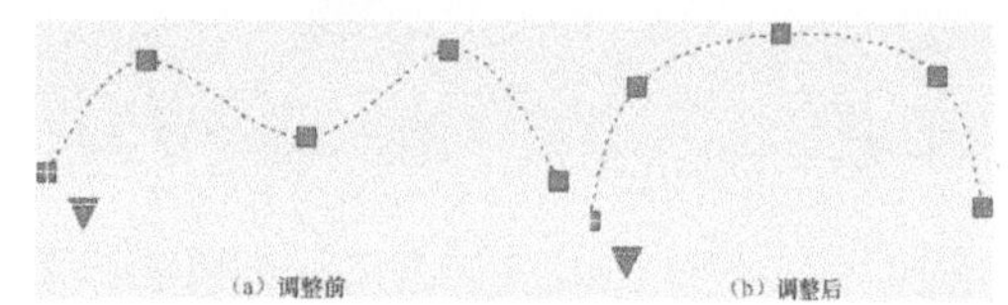

图 2-32

1. 选项

F

2. 功能 / 用途

绘制拟合点样条线，以创建图形轮廓线。

3. 启动方式

（1）输入"SPLINE"或"SPL"，按 Enter 键，激活【样条线】命令。

（2）输入"M"，按 Enter 键，激活"方式"选项。

（3）输入"F"，按 Enter 键，激活"拟合点"绘制方式。

⚙ **功能验证**——绘制拟合点样条线

Step 01 ▸ 输入"SPLINE"或"SPL"，按 Enter 键，激活【样条线】命令。

Step 02 ▸ 输入"M"，按 Enter 键，激活"方式"选项。

Step 03 ▸ 输入"F"，按 Enter 键，激活"拟合点"绘制方式。

Step 04 ▸ 在绘图区单击确定起点。

Step 05 ▸ 移动光标到其他位置后单击确定其他点。

Step 06 ▸ 按 Enter 键结束绘制，结果如图 2-33 所示。

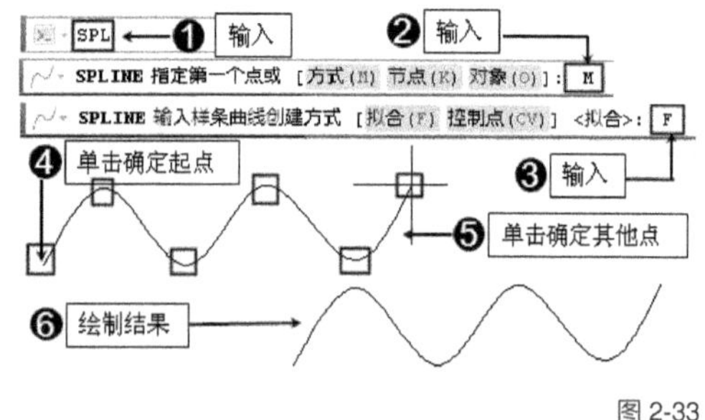

图 2-33

2.5.4　控制点样条线（CV）

与拟合点样条线不同，控制点样条线通

过控制框调整样条线的曲率，如图 2-34 所示。

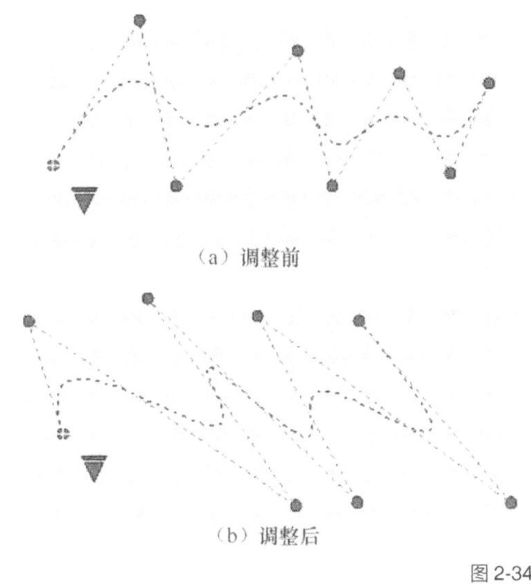

（a）调整前

（b）调整后

图 2-34

1. 选项

CV

2. 功能 / 用途

绘制控制点样条线，以创建图形轮廓线。

3. 启动方式

（1）输入"SPLINE"或"SPL"，按 Enter 键，激活【样条线】命令。

（2）输入"M"，按 Enter 键，激活"方式"选项。

（3）输入"CV"，按 Enter 键，激活"控制点"绘制方式。

功能验证——绘制控制点样条线

Step 01 ▶ 输入"SPLINE"或"SPL"，按 Enter 键，激活【样条线】命令。

Step 02 ▶ 输入"M"，按 Enter 键，激活"方式"选项。

Step 03 ▶ 输入"CV"，按 Enter 键，激活"控制点"绘制方式。

Step 04 ▶ 在绘图区单击确定起点。

Step 05 ▶ 移动光标到其他位置后单击确定其他点。

Step 06 ▶ 按 Enter 键结束绘制，结果如图 2-35 所示。

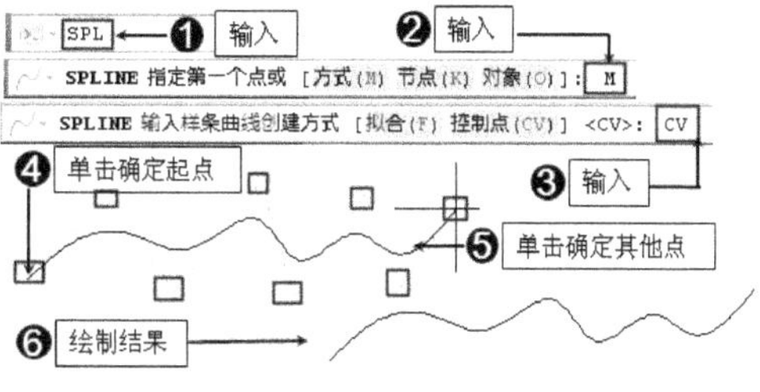

图 2-35

第 3 章
编辑二维线快捷命令

编辑二维线是 AutoCAD 2014 图形设计中的重要操作，这一章就来学习编辑二维线的快捷方式。

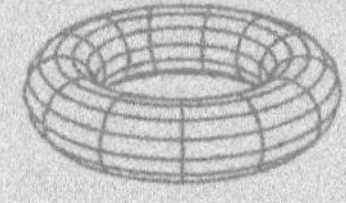

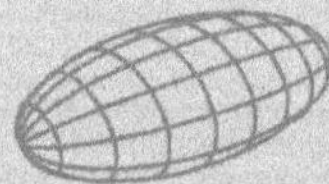

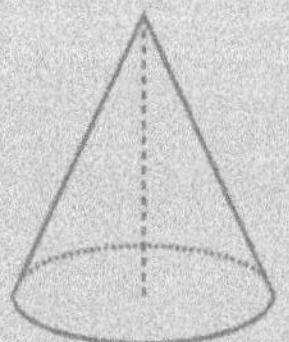

本章快捷命令概览

名称		快捷命令	功能 / 用途
修剪	启动【修剪】命令（P29）	TRIM TR	对图线进行修剪
	"延伸"修剪（P31）	E	修剪没有实际相交的图线
	"不延伸"修剪（P32）	N	只修剪实际相交的图线
延伸	启动【延伸】命令（P32）	EXTEND EX	对图线进行延伸，使其与另一条图线相交
	"边"延伸（P33）	E	延伸图线使其与边界的延伸线相交
拉长	启动【拉长】命令（P35）	LENGTHEN LEN	对图形进行拉长
	"增量"拉长（P35）	DE	按照设置的拉长距离拉长图线
	"百分数"拉长（P36）	P	按照设置图线的百分比拉长图线
	"全部"拉长（P37）	T	按照图线的总长度拉长图线
	"动态"拉长（P38）	DY	将图线拉长到目标点
打断	启动【打断】命令（P39）	BREAK BR	将图线在第 1 点和第 2 点之间打断，并删除断点之间的图线
	设置打断的"第1点"（P39）	F	设置打断的第 1 点
倒角	启动【倒角】命令（P40）	CHAMFER CHA	使用一条图线连接两条非平行图线
	"距离"倒角（P41）	D	通过设置倒角距离倒角图线
	"角度"倒角（P42）	A	通过设置倒角角度和长度倒角图线
	"多段线"倒角（P43）	P	对多段线相邻元素边同时进行倒角
	"多个"倒角（P43）	M	执行【倒角】命令后多对个角连续进行倒角处理
	"修剪"模式（P44）	T	选择倒角模式为"修剪"模式或"不修剪"模式
圆角	启动【圆角】命令（P45）	FILLET F	使用圆弧光滑曲线连接两条图线
	"半径"圆角（P45）	R	设置圆角半径
	"修剪"模式（P46）	T	选择圆角模式为"修剪"模式或"不修剪"模式
	"多段线"圆角（P46）	P	对多段线的多个角进行一次性圆角处理
	"多个"圆角（P47）	M	执行【圆角】命令后多对个角连续进行圆角处理

3.1　修剪

顾名思义，修剪就是将线的一部分剪掉。修剪线的目的是使线符合图形设计要求，这是编辑线常用的方法之一。本节就来学习修剪二维线的快捷方式。

3.1.1　启动【修剪】命令（TRIM，TR）

1. 快捷命令

TRIM，TR

2. 功能 / 用途

将图线沿边界修剪掉多余的部分。

3. 启动方式

输入"TRIM"或"TR"，按 Enter 键，激活【修剪】命令。

｜技术看板｜ 单击菜单栏中的【修改】/【修剪】命令，或者单击【修改】工具栏上的"修剪"按钮，也可以激活【修剪】命令，如图 3-1 所示。

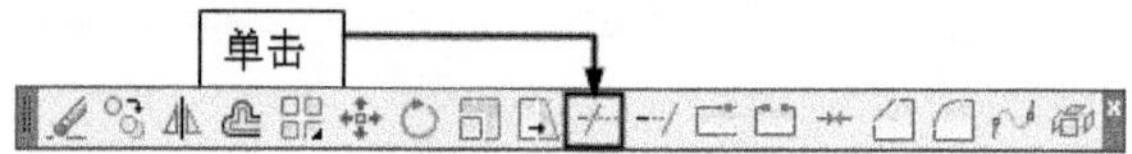

图 3-1

功能验证 ——修剪图线

首先使用【直线】命令绘制一条水平线和一条倾斜线，并使这两条线相交，如图 3-2（a）所示，然后以水平线作为修剪边界，对倾斜线进行修剪，修剪结果如图 3-2（b）所示。

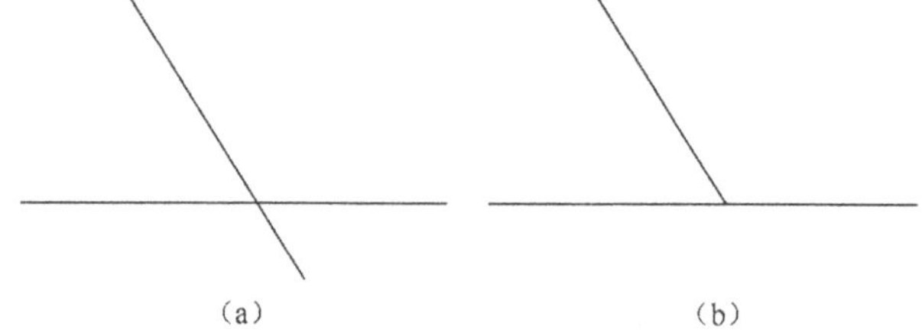

图 3-2

Step 01 ▸ 输入"TR"，按 Enter 键，激活【修剪】命令。

Step 02 ▸ 单击水平线作为修剪边界，然后按 Enter 键确认。

Step 03 ▸ 在倾斜线下方单击。

Step 04 ▸ 按 Enter 键结束操作，被修剪的倾斜线如图 3-3 所示。

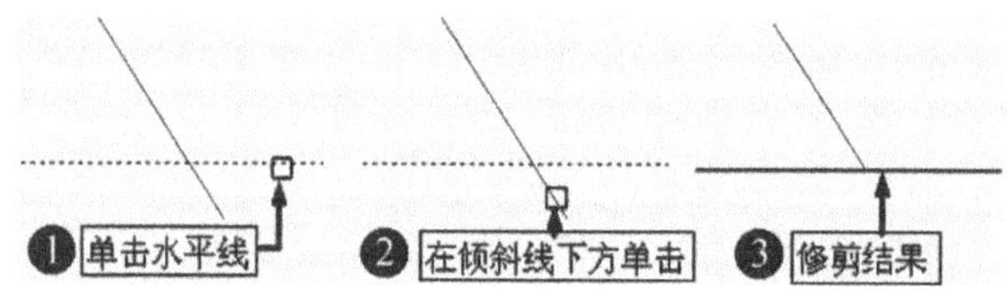

图 3-3

3.1.2　疑难解答——修剪倾斜线时如何确定鼠标单击位置

疑难： 在修剪倾斜线时，为何要在倾斜线的下方单击？在倾斜线的其他位置单击不可以吗？

解答： 其实，修剪的目的就是要剪去多余的部分，因此，在哪个位置单击取决于要修剪掉的部分。如果要修剪掉倾斜线下方部分，就需要在水平线以下单击倾斜线，如图 3-3 所示；如果要修剪倾斜线的上部分，那需要在水平线以上单击倾斜线，如图 3-4 所示。

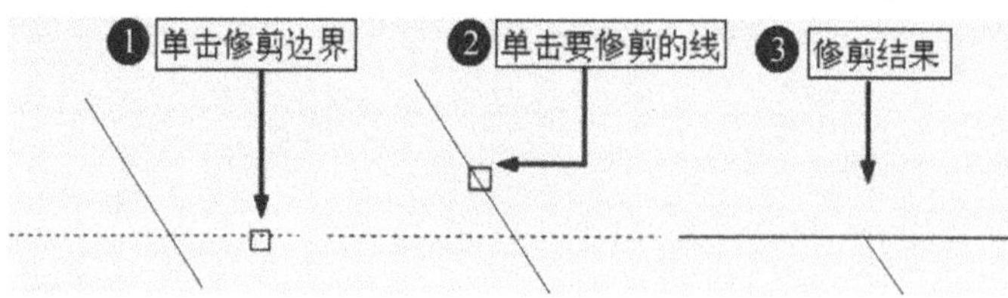

图 3-4

练一练 在图 3-4 的基础上，尝试继续以倾斜线作为修剪边，对水平线的左、右两边分别进行修剪，结果如图 3-5 所示。

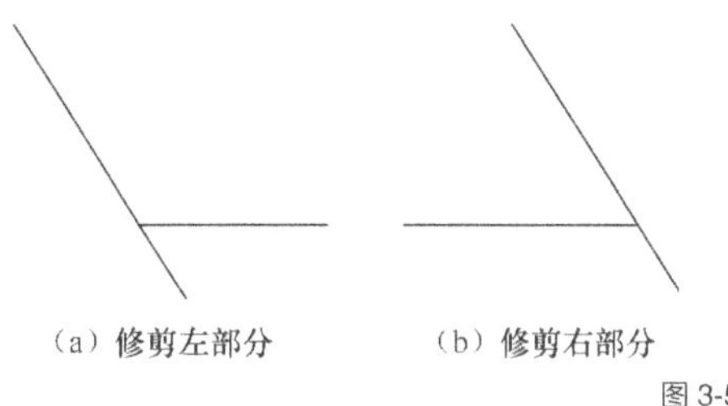

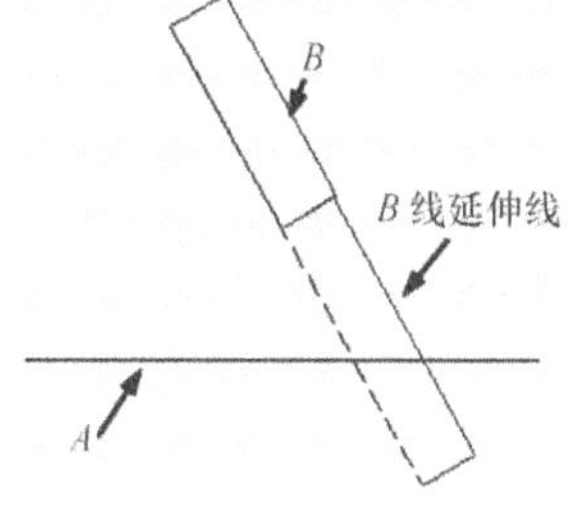

图 3-6

（a）修剪左部分　　　（b）修剪右部分

图 3-5

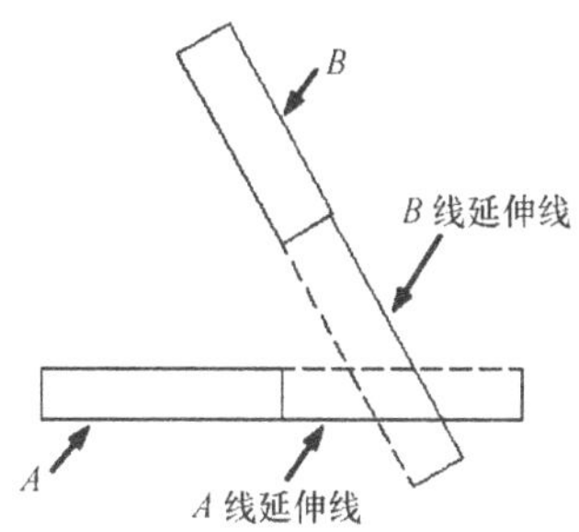

图 3-7

3.1.3　"延伸"修剪（E）

在 AutoCAD 中，线的相交状态分为 3 种情况：一种情况是两条线实际相交于某一点，如图 3-2 所示；另一种情况是两条线并没有实际相交于某一点，但一条图线的延伸线会与另一条线相交于某一点，如图 3-6 所示；还有一种情况是，两条线没有实际相交于某一点，但两条线的延伸线相交于某一点，如图 3-7 所示。

所谓"延伸线"就是图线被延长后的线。延伸线一般情况下看不到，但却是实际存在的，如图 3-8 所示，实线就是源图线，虚线则是该线的延伸线。

图线　　　　　　　　　图线的延伸线

图 3-8

延伸修剪线是指将图线通过延伸作为修剪边界，以修剪另一条与其延伸线相交的图线。延伸修剪时需要激活"延伸"选项。

1. 选项

E

2. 功能 / 用途

将图线进行延伸以作为修剪边界，修剪另一条与其延伸线相交的图线。

3. 启动方式

（1）输入"TRIM"或"TR"，按 Enter 键，激活【修剪】命令。

（2）选择要延伸的图线，按 Enter 键确认。

（3）输入"E"，按 Enter 键，激活"边"选项。

（4）输入"E"，按 Enter 键，激活"延伸"选项。

功能验证 ——修剪图线

首先使用【直线】命令绘制一条水平线和一条倾斜线，并使这两条线不相交，如图 3-9（a）所示。然后以水平线作为修剪边界，对倾斜线进行修剪，结果如图 3-9（b）所示。

Step 01 ▶ 使用快捷键"TR"激活【修剪】命令。

Step 02 ▶ 单击水平线作为修剪边界，按 Enter 键确认。

Step 03 ▶ 输入"E"，按 Enter 键，激活"边"选项。

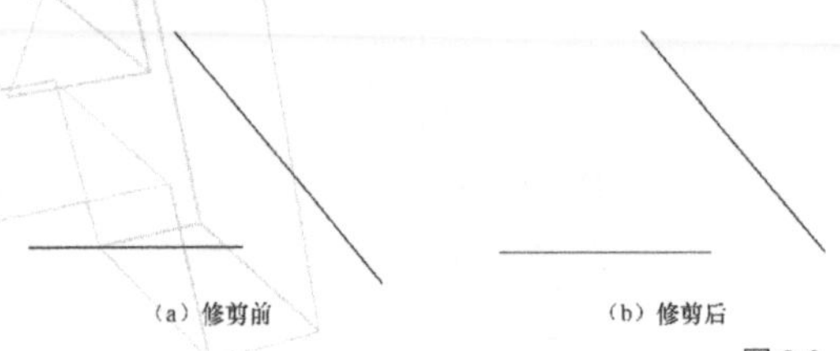

（a）修剪前　　　　　　（b）修剪后

图 3-9

Step 04 ▶ 输入"E"，按 Enter 键，激活"延伸"选项。

Step 05 ▶ 在倾斜线的下方单击。

Step 06 ▶ 按 Enter 键确认，结果倾斜线被修剪，如图 3-10 所示。

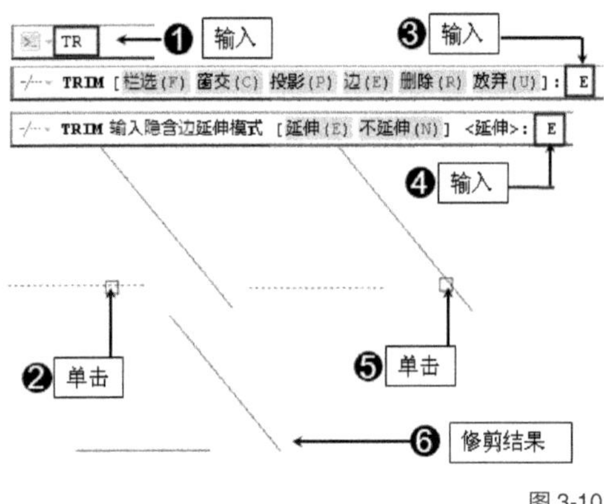

图 3-10

练一练 尝试绘制如图 3-11（a）所示的两条没有相交的线，然后以垂直线作为修剪边界，对水平线进行修剪，结果如图 3-11（右）所示。

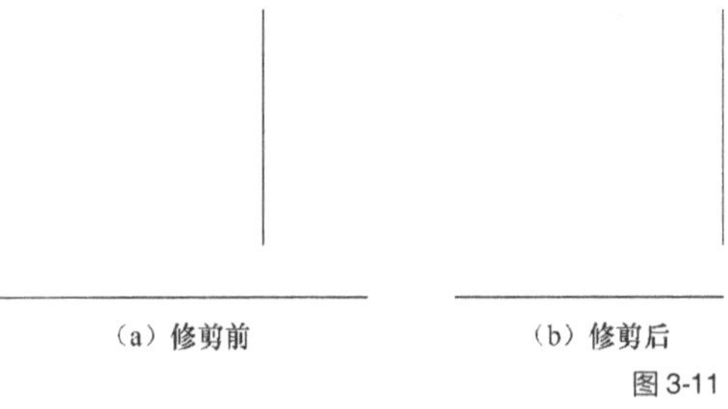

（a）修剪前　　　　　　（b）修剪后

图 3-11

3.1.4 "不延伸"修剪（N）

有时需要只对实际相交的图线进行修剪，而对于没有实际相交但其延伸线相交的图线不进行修剪，这时需要激活"不延伸"选项。

1. 选项

N

2. 功能 / 用途

对没有实际相交但其延伸线相交的图线不进行修剪。

3. 启动方式

（1）输入"TRIM"或"TR"。

（2）按 Enter 键，激活【修剪】命令。

（3）选择要延伸的图线，按 Enter 键确认。

（4）输入"E"，按 Enter 键，激活"边"选项。

（5）输入"N"，按 Enter 键，激活"不延伸"选项。

3.2　延伸

与"修剪"相反，"延伸"是将图线延长，使其与另一条线相交。延长图线时分为两种情况，一种情况是将一条图线通过延伸后与另一条图线有实际的交点；另一种情况是将一条图线通过延伸后与另一条图线的延长线存在一个隐含交点，本节就来学习延伸图线的快捷方式。

3.2.1　启动【延伸】命令（EXTEND，EX）

1. 快捷命令

EXTEND，EX

2. 功能 / 用途

将图线延伸至边界，使其与另一条图线相交。

3. 启动方式

（1）输入"EXTEND"或"EX"，按 Enter 键，激活【延伸】命令。

（2）选择边界，按 Enter 键确认。

（3）单击要延伸的图线。

（4）按 Enter 键确认。

| 技术看板 | 单击菜单栏中的【修改】/【延伸】命令或者单击【修改】工具栏中的"延伸"按钮，如图 3-12 所示，也可以激活【延伸】命令。

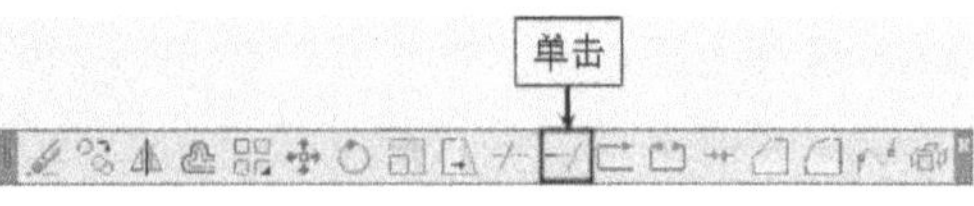

图 3-12

⚙ **功能验证** ——延伸水平图线使其与倾斜图线相交

首先使用【直线】命令绘制一条水平线和一条倾斜线，并使这两条线不相交，如图 3-13（a）所示。然后以水平线作为修剪边界，对倾斜线进行修剪，结果如图 3-13（b）所示。

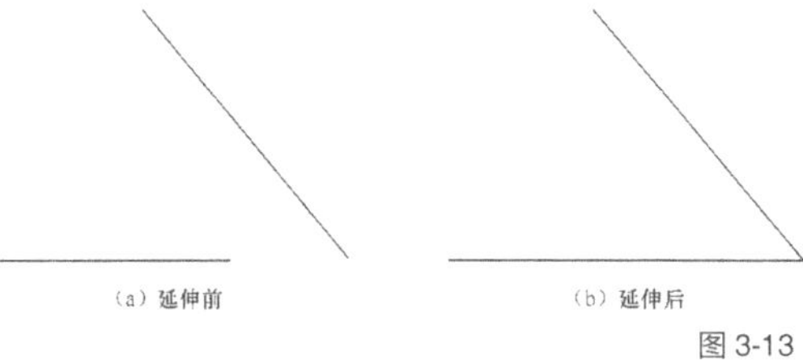

图 3-13

Step 01 ▶ 输 入 "EXTEND" 或 "EX"，按 Enter 键，激活【延伸】命令。

Step 02 ▶ 选择倾斜图线作为边界，按 Enter 键确认。

Step 03 ▶ 在水平图线右侧单击。

Step 04 ▶ 按 Enter 键确认，结果如图 3-14 所示。

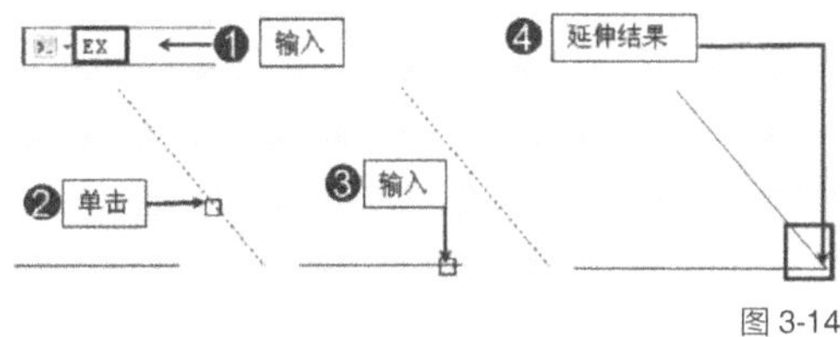

图 3-14

3.2.2　"边"延伸（E）

"边"延伸是指通过延伸，使图线与边界的延伸线相交。

1．选项

E

2．功能 / 用途

将图线延伸，使其与边界的延伸线相交，以编辑图形。

3．启动方式

（1）输入 "EXTEND" 或 "EX"。

（2）按 Enter 键，激活【延伸】命令。

（3）选择边界，按 Enter 键确认。

（4）输入 "E"，按 Enter 键激活 "边" 选项。

（5）输入 "E"，按 Enter 键激活 "延伸" 选项。

（6）单击要延伸的图线。

（7）按 Enter 键确认。

⚙ **功能验证** ——延伸图线使其与边界的延伸线相交

使用【直线】命令绘制如图 3-15（a）所示的一组图线，再通过对水平直线进行延伸，使其与倾斜图线的延伸线相交，结果如图 3-15（b）所示。

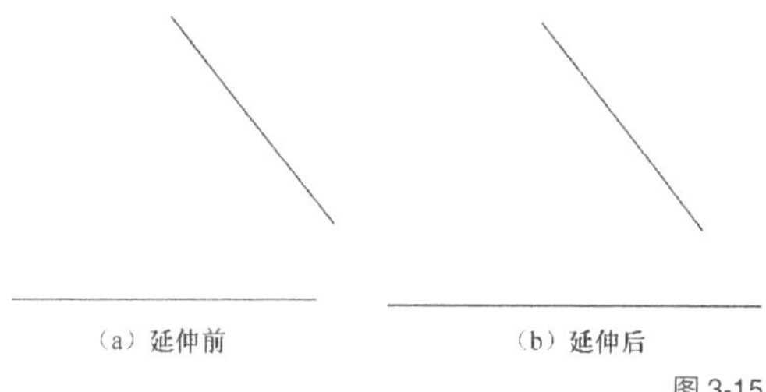

图 3-15

Step 01 ▶ 输入 "EXTEND" 或 "EX"。

Step 02 ▶ 按 Enter 键，激活【延伸】命令。

Step 03 ▶ 选择倾斜图线作为边界，按 Enter 键确认。

Step 04 ▶ 输入 "E"，按 Enter 键激活 "边" 选项。

Step 05 ▶ 输入 "E"，按 Enter 键激活 "延伸" 选项。

Step 06 ▶ 在水平图线右端单击。

Step 07 ▶ 按 Enter 键确认，延伸结果如图 3-16 所示。

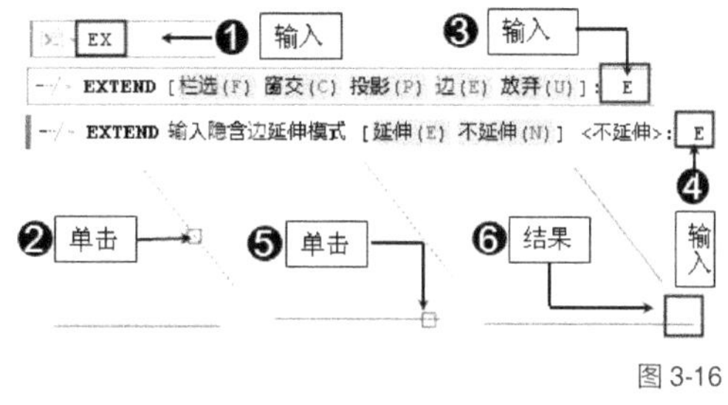

图 3-16

┃技术看板┃ 在延伸图线时，激活 "边界" 选项后，如果输入 "N" 将激活 "不延伸" 模式，此时不能对图线进行延伸。

3.2.3　实例——创建栅栏

打开 "素材文件" 目录下的 "栏杆 . dwg" 图形文件，这是一个半圆形栏杆图形，如图 3-17 所示。下面对栏杆进行延伸，将其创建成一个栅栏造型，如图 3-18 所示。

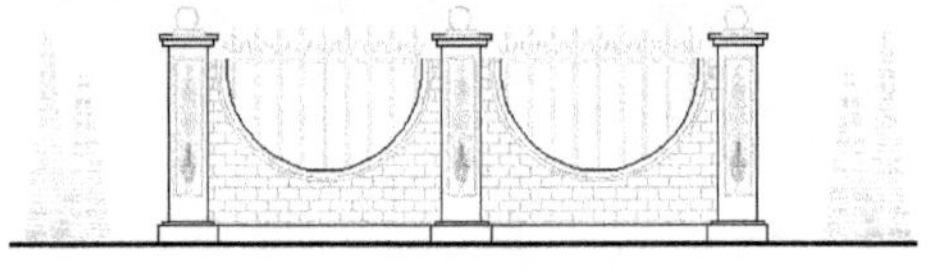

图 3-17

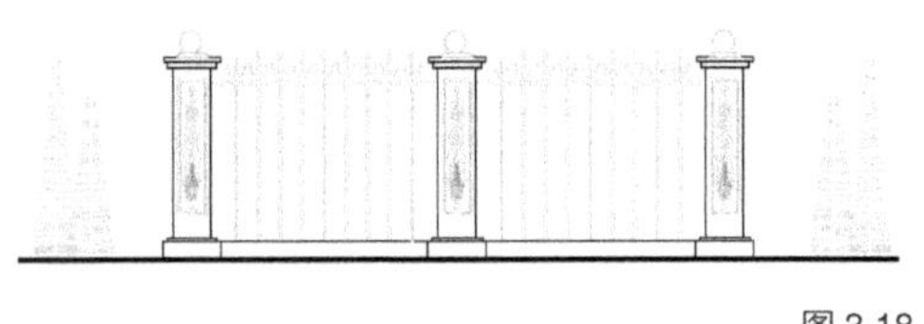

图 3-18

操作步骤

1. 删除多余图线

Step 01 ▶ 输入 "E"，按 Enter 键，激活【删除】命令。

Step 02 ▶ 单击选择栏杆图中的填充图案和圆弧边框。

Step 03 ▶ 按 Enter 键确认删除，如图 3-19 所示。

| 技术看板 | 在无任何命令发出的情况下，分别单击填充图案和圆弧边框，显示其夹点，然后按 Delete 键，也可以将其删除。

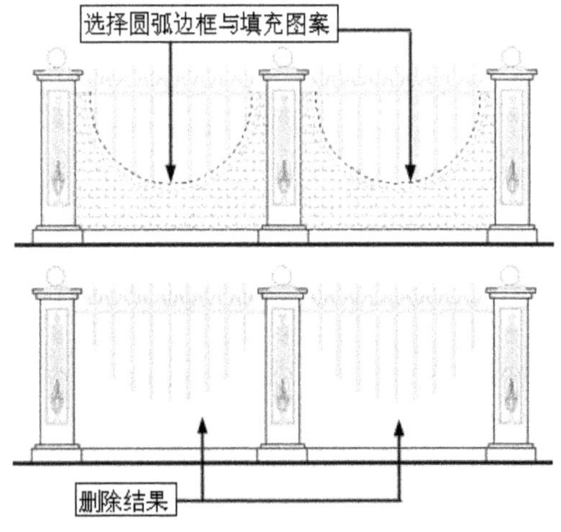

图 3-19

2. 延伸栏杆

Step 01 ▶ 输入 "EX"，按 Enter 键，激活【延伸】命令。

Step 02 ▶ 单击栏杆下方的水平图线作为延伸边界。

Step 03 ▶ 按 Enter 键，然后输入 "C"，按 Enter 键激活 "窗交" 选项。

Step 04 ▶ 窗交选择左边栏杆。

Step 05 ▶ 窗交选择右边栏杆。

Step 06 ▶ 按 Enter 键，结果如图 3-20 所示。

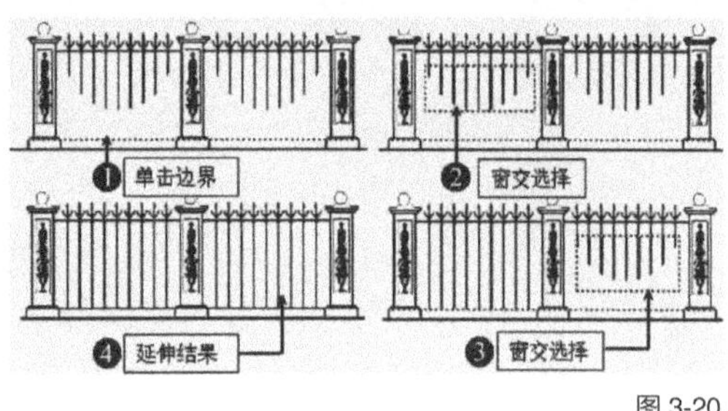

图 3-20

| 技术看板 | 在延伸图线时，如果要对多个对象进行延伸，可以输入 "C" 激活 "窗交" 功能，或输入 "F" 激活 "栏选" 功能，然后通过窗交或栏选方式选择多个对象进行延伸。所谓 "窗交" 是指由右向左拖曳鼠标指针，拖出浅绿色选择框，使其与要选择的对象相交；"栏选" 则是由左向右拖曳鼠标指针，拖出浅蓝色选框，将要选择的对象全部包围，这两种选择方式是较常用的选择方式，如图 3-21 所示。

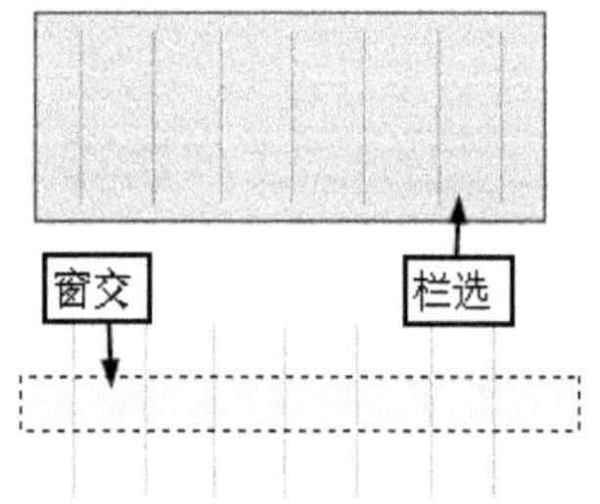

图 3-21

3.3 拉长

　　【拉长】命令与【延伸】命令很相似，都是增加图线的长度。与【延伸】命令不同的是，【拉长】命令可以按照指定的尺寸进行拉长图线。例如，将长度为 100mm 的图线拉长 50mm，使其总长度为 150mm。另外，【拉长】命令还可以根据尺寸缩短图线。例如，将长度为 100mm 的图线缩短 50mm，使其总长度为 50mm 等。本节就来学习拉长图线的快捷方式。

3.3.1　启动【拉长】命令（LENGTHEN，LEN）

1. 快捷命令

LENGTHEN，LEN

2. 功能 / 用途

将图线按照设定尺寸拉长，以编辑图形。

3. 启动方式

输入"LENGTHEN"或"LEN"，按 Enter 键，激活【拉长】命令。

| 技术看板 | 在"草图与注释"工作空间单击【修改】面板上的"拉长"按钮，如图 3-22 所示，也可以激活【拉长】命令。

图 3-22

3.3.2　"增量"拉长（DE）

简单地说，"增量"就是增加，"增量"拉长就是通过增加图线尺寸对图线进行拉长。如图 3-23（a）所示，源图线长度为 100 个绘图单位，增量拉长后为 150 个绘图单位，其增量值就是 50 个绘图单位，如图 3-23（b）所示。

1. 选项

DE

2. 功能 / 用途

按照设置的拉长距离拉长图线。

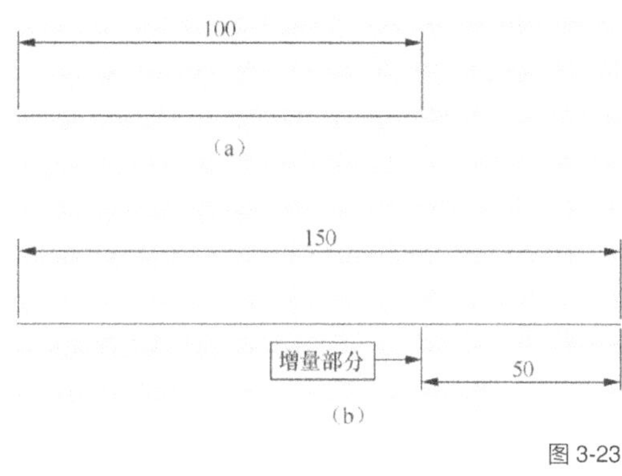

图 3-23

3. 启动方式

（1）输入"LENGTHEN"或"LEN"，按 Enter 键，激活【拉长】命令。

（2）输入"DE"，按 Enter 键，选择"增量"选项。

（3）输入拉长距离值，按 Enter 键确认。

功能验证——将图线"增量"拉长 50 个绘图单位

首先使用【直线】命令绘制一个长度为 100 个绘图单位的直线，然后通过"增量"拉长对图线增量拉长 50 个绘图单位，使其总长度为 150 个绘图单位。

Step 01 ▶ 输入"LEN"，按 Enter 键，激活【拉长】命令。

Step 02 ▶ 输入"DE"，按 Enter 键，激活"增量"选项。

Step 03 ▶ 输入"50"，按 Enter 键，确认增量值。

Step 04 ▶ 在图线右端单击。

Step 05 ▶ 按 Enter 键，拉长结果如图 3-24 所示。

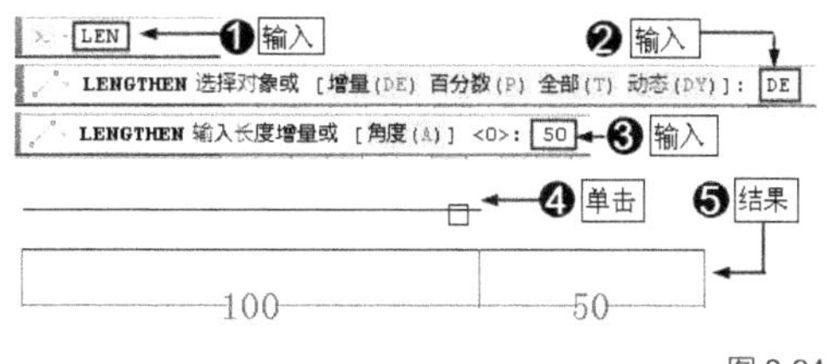

图 3-24

| 技术看板 | "增量"拉长图线时，如果设置"增量"值为负值，则缩短图线。例如，将长度为 100 个绘图单位的图线"增量"拉

长 -50 个绘图单位，其结果就是将该图线缩短 50 个绘图单位，具体操作如下。

Step 01 ▶ 输入"LEN"，按 Enter 键，激活【拉长】命令。

Step 02 ▶ 输入"DE"，按 Enter 键，激活"增量"选项。

Step 03 ▶ 输入"-50"，按 Enter 键，确认增量值。

Step 04 ▶ 在图线右端单击。

Step 05 ▶ 按 Enter 键，结果如图 3-25 所示。

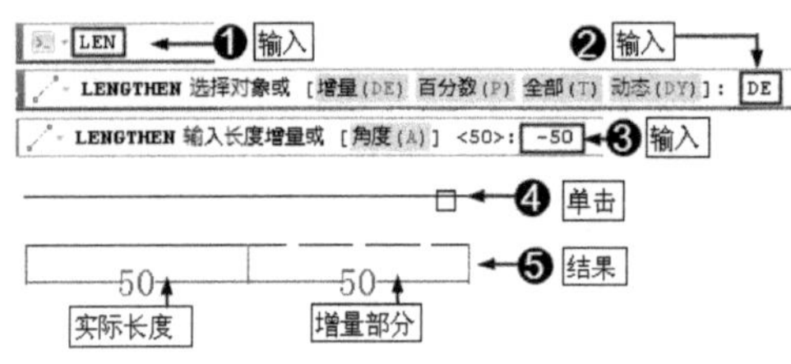

图 3-25

另外，"增量"拉长图线时，想让图线在哪一端拉长，就在哪一端单击，这样图线就会在单击的一端进行拉长。

3.3.3 实例——创建底座零件左视图中心线

打开"素材文件"目录下的"增量拉长示例.dwg"素材文件，这是底座零件左视图，如图 3-26（a）所示，下面通过"增量"拉长为其创建中心线，结果如图 3-26(b)所示。

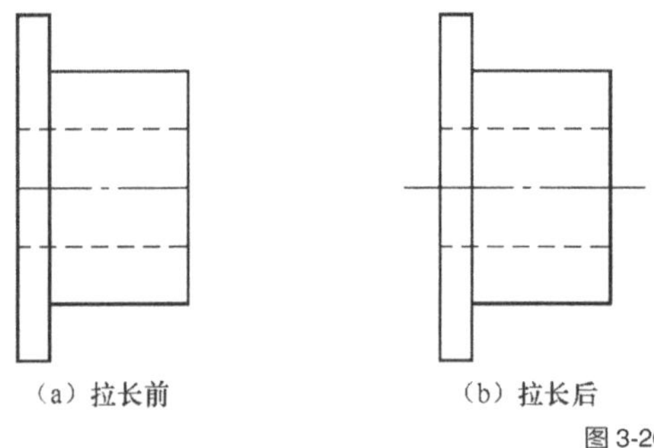

（a）拉长前　　　　（b）拉长后

图 3-26

操作步骤

Step 01 ▶ 输入"LEN"，按 Enter 键，激活【拉长】命令。

Step 02 ▶ 输入"DE"，按 Enter 键，激活"增量"选项。

Step 03 ▶ 输入"10"，按 Enter 键，确认增量值。

Step 04 ▶ 在中心线左端单击。

Step 05 ▶ 在中心线右端单击。

Step 06 ▶ 按"Enter"键，拉长结果如图 3-27 所示。

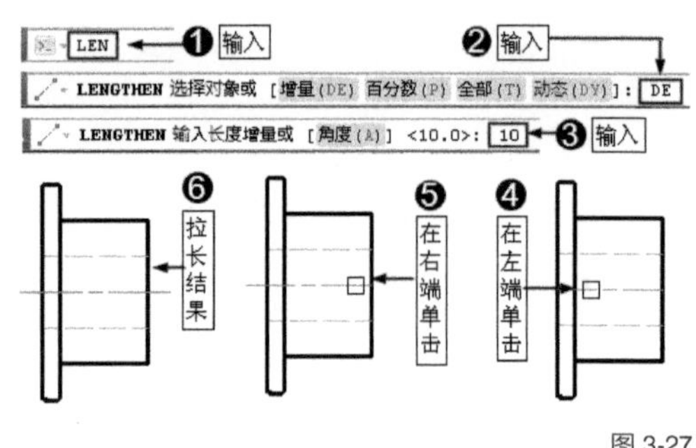

图 3-27

3.3.4 "百分数"拉长（P）

与"增量"拉长不同，"百分数"拉长是按照直线总长度的百分数来拉长图线。例如直线总长度为 100 个绘图单位，如果百分数为 150%，则表示按照直线总长度的 150% 来拉长图线，那么最终图线的长度就是 150 个绘图单位，如图 3-28 所示。

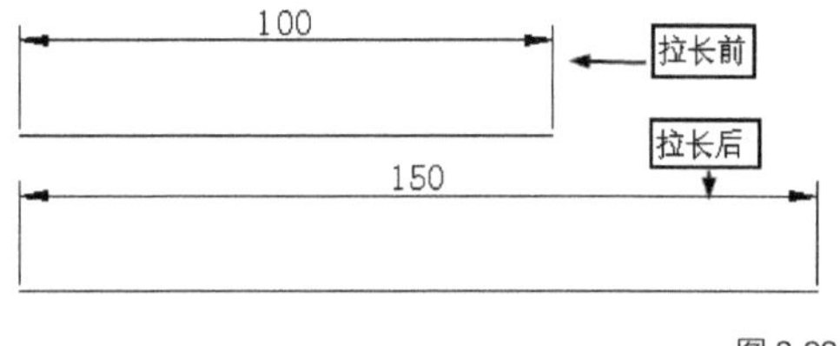

图 3-28

1. 选项

P

2. 功能 / 用途

按照设置的图线总长度的百分比拉长图线。

3. 启动方式

（1）输入"LENGTHEN"或"LEN"，按 Enter 键，激活【拉长】命令。

（2）输入"P"，按 Enter 键，选择"百分数"选项。

（3）输入百分数，按 Enter 键确认。

⚙ **功能验证** ——将图线拉长 150%

Step 01 ▸ 输入"LEN"，按 Enter 键激活【拉长】命令。

Step 02 ▸ 输入"P"，按 Enter 键激活"百分数"选项。

Step 03 ▸ 输入"150"，按 Enter 键，确认百分数。

Step 04 ▸ 在水平线右端单击。

Step 05 ▸ 按 Enter 键，拉长结果如图 3-29 所示。

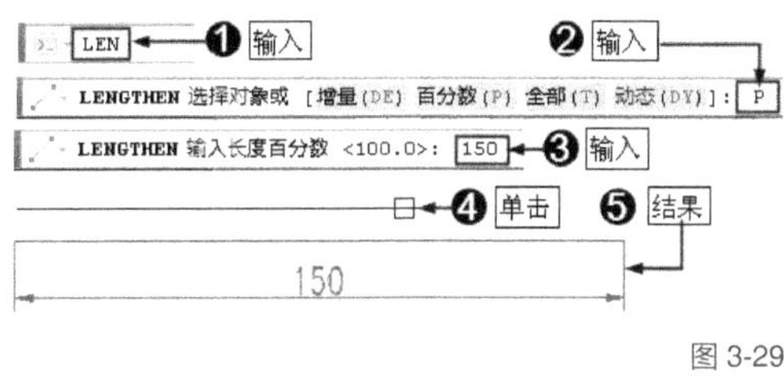

图 3-29

| 技术看板 | "百分数"拉长图线时，百分数必须为正值且非零，如果百分数值小于 100%，则会缩短图线。例如，直线总长度为 100 个绘图单位，如果百分数为 50%，则表示按照直线总长度的 50% 来拉长图线，那么最终图线的长度就是 50 个绘图单位。

练一练 尝试将长度为 100 个绘图单位的图线按照百分数拉长的方法拉长 30%，结果如图 3-30 所示。

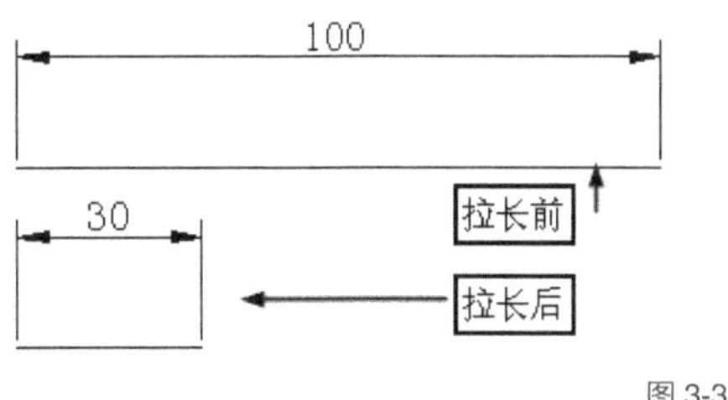

图 3-30

3.3.5 "全部"拉长（T）

所谓"全部"拉长，是指通过指定一个总长度或者总角度拉长或缩短对象。

1. 选项

T

2. 功能 / 用途

按照总长度拉长图线。

3. 启动方式

（1）输入"LENGTHEN"或"LEN"，按 Enter 键，激活【拉长】命令。

（2）输入"T"，按 Enter 键，选择"全部"选项。

（3）输入图线总长度值，按 Enter 键确认。

⚙ **功能验证** ——将长度为 100 个绘图单位的图线拉长为 150 个绘图单位

首先绘制长度为 100 个绘图单位的线段，然后将其拉长，使其总长度为 150 个绘图单位，结果如图 3-31 所示。

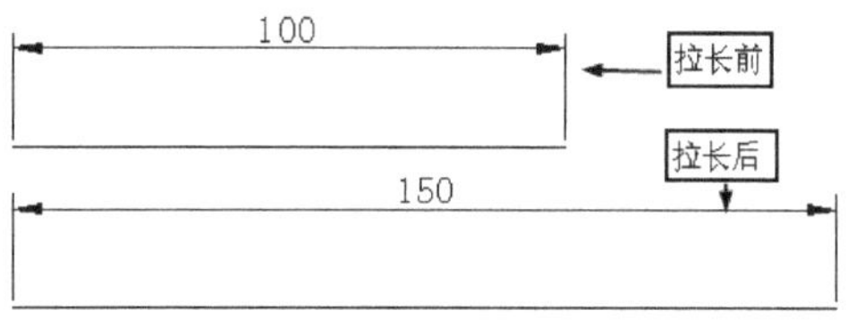

图 3-31

Step 01 ▸ 输入"LEN"，按 Enter 键，激活【拉长】命令。

Step 02 ▸ 输入"T"，按 Enter 键激活"全部"选项。

Step 03 ▸ 输入"150"，按 Enter 键确认总长度。

Step 04 ▸ 在线段右端单击。

Step 05 ▸ 按 Enter 键，拉长结果如图 3-32 所示。

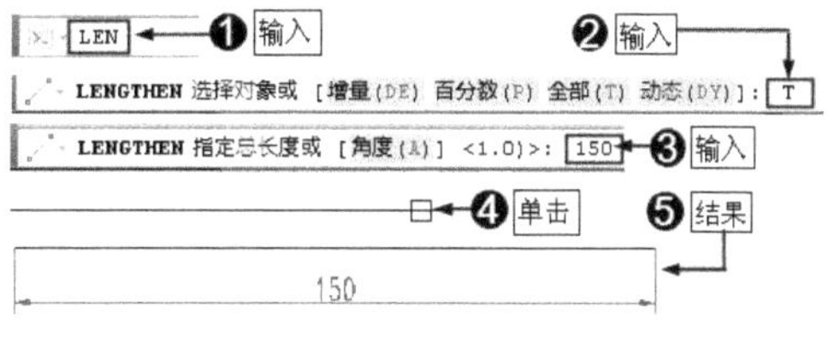

图 3-32

| 技术看板 | "全部"拉长时，如果指定的总长度或总角度小于源对象的总长度或总角度，其结果是源对象被缩小。

练一练 绘制倾斜角度为 30°、长度为 100 的斜线，尝试使用"全部"拉长方式将该斜线进行拉长，使其拉长后的长度为 60，结果如图 3-33 所示。

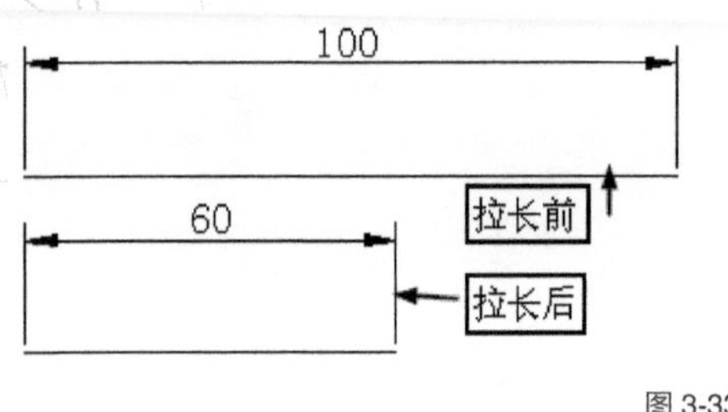

图 3-33

3.3.6 "动态"拉长（DY）

"动态"拉长是根据图形对象的端点位置动态改变其长度，这就像我们捏住橡皮筋的一端进行拖拽，橡皮筋就会被拉长一样。"动态"拉长时，既可以将其拉长到目标点，也可以直接输入拉长的值进行精确拉长。

1. 选项

DY

2. 功能 / 用途

将图线拉长到目标点，或者直接输入目标点的坐标来拉长图线。

3. 启动方式

（1）输入"LENGTHEN"或"LEN"，按 Enter 键，激活【拉长】命令。

（2）输入"DY"，按 Enter 键，选择"动态"选项。

（3）直接将图线拉长到目标点，或输入目标点的坐标，按 Enter 键确认。

功能验证——将矩形上水平边拉长，使其与右侧直线相交

打开"素材文件"目录下的"动态拉长示例 .dwg"图线文件，如图 3-34（a）所示。将矩形上水平边动态拉长，使其与垂直线的一端相交，如图 3-34（b）所示。

Step 01 ▶ 输入"LEN"，按 Enter 键激活【拉长】命令。

Step 02 ▶ 输入"DY"，按 Enter 键激活"动态"选项。

Step 03 ▶ 在矩形上水平边右端单击。

Step 04 ▶ 向右引导光标，捕捉垂直线上端点。

Step 05 ▶ 按 Enter 键，结果如图 3-35 所示。

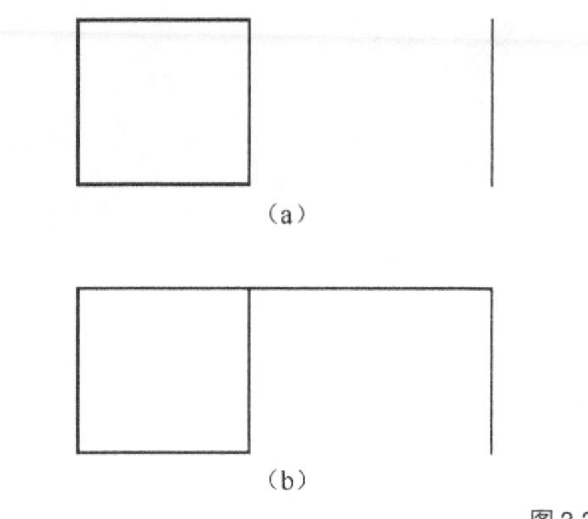

图 3-34

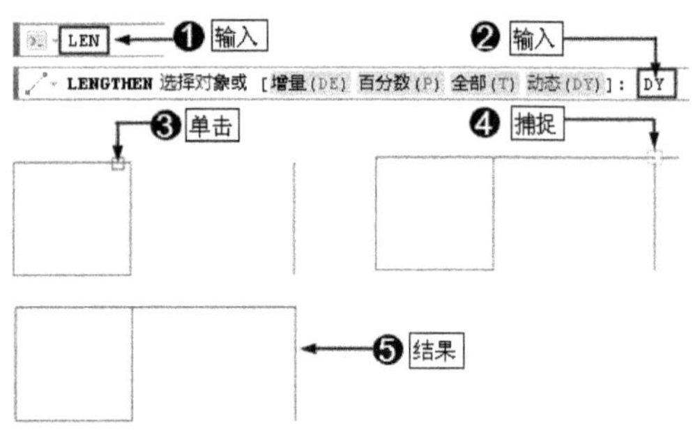

图 3-35

练一练"动态"拉长图线时，如果向图线延伸线相反方向引导光标，或者输入负值，则会缩短图线。下面请尝试以"动态"拉长方式将长度为 100 个绘图单位的图线拉长至 50 个绘图单位，结果如图 3-36 所示。

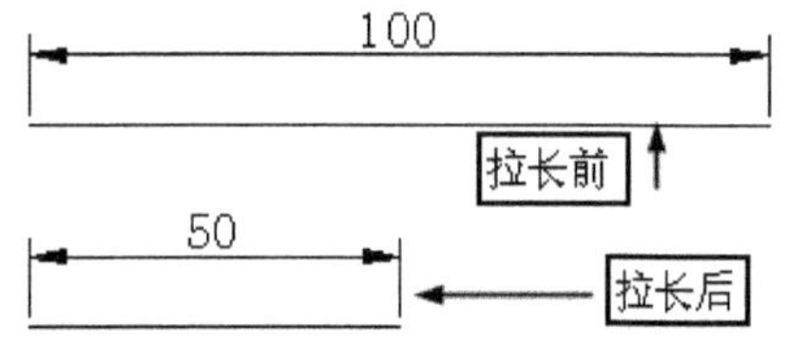

图 3-36

3.4 打断

"打断"是指将一条图线从某两点打断，并删除两点之间的图线，使其成为相连的两部分，如图 3-37（a）所示；或者在图线的一端删除一部分，如图 3-37（b）所示。

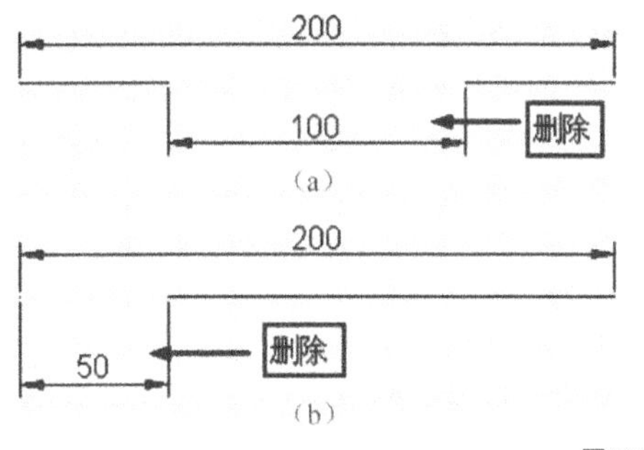

图 3-37

打断图线与修剪图线有些相似，都是删除图线的一部分，不同的是修剪图线需要修剪边界，而打断图线则需要两个断点。在编辑图线时，如果没有修剪边界，使用【打断】命令来对图线进行编辑，同样可以得到与修剪图线相同的编辑效果，如图 3-38 所示。

在建筑制图中，常用【打断】命令创建门洞和窗洞，本节就来学习启动【打断】命令的快捷方式。

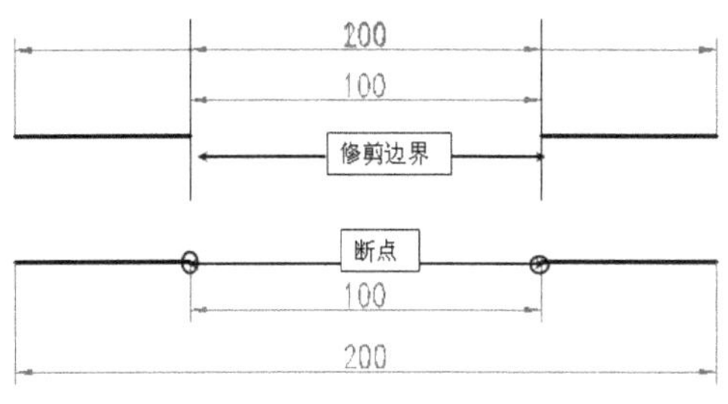

图 3-38

3.4.1　启动【打断】命令（BREAK，BR）

1. 快捷命令

BREAK，BR

2. 功能 / 用途

通过两个断点打断图线，并删除断点之间的图线。

3. 启动方式

输入"BREAK"或"BR"，按 Enter 键，激活【打断】命令。

| 技术看板 | 单击菜单栏中的【修改】/【打断】命令；或者单击【修改】工具栏上的"打断"按钮，如图 3-39 所示，均可激活【打断】命令。

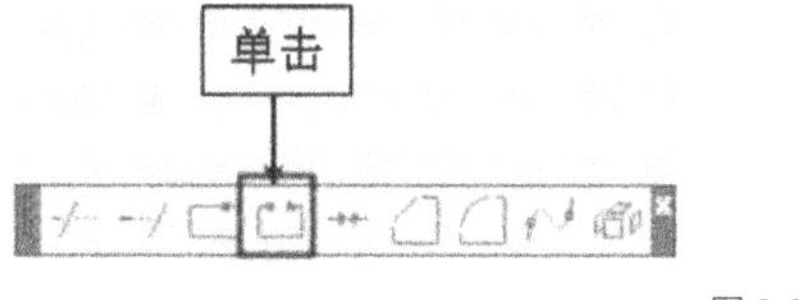

图 3-39

3.4.2　打断的"第 1 点"（F）

打断图线时，首先需要确定"第 1 点"，也就是打断的起点，然后再输入另一点坐标，即可将图线从"第 1 点"到另一点之间的图线打断。

1. 选项

F

2. 功能 / 用途

设置打断的"第 1 点"。

3. 启动方式

（1）输入"BREAK"或"BR"。

（2）按 Enter 键，激活【打断】命令。

（3）选择要打断的图线。

（4）输入"F"，按 Enter 键，激活"第 1 点"选项。

功能验证——"打断"图线

绘制长度为 200 个绘图单位的直线，将该线段从左端点打断并删除长度为 50mm 的线段，如图 3-40 所示。

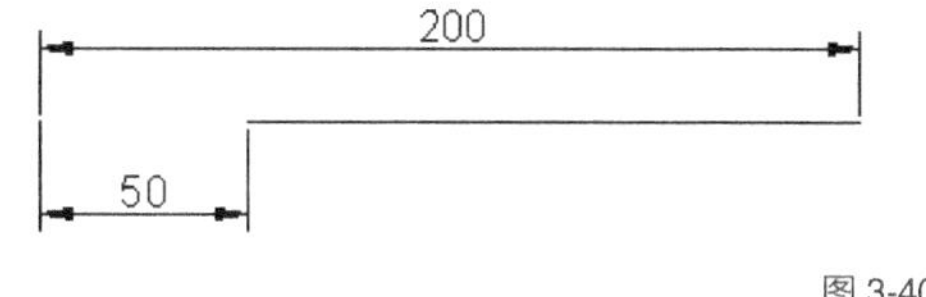

图 3-40

Step 01 ▶ 输入"BR"，按 Enter 键，激活【打断】命令。

Step 02 ▶ 单击直线。

Step 03 ▶ 输入"F"，按 Enter 键，激活"第 1 点"选项。

Step 04 ▶ 捕捉直线的左端点。

Step 05 ▶ 输入"@50,0"，按 Enter 键确认第 2 点坐标。

Step 06 ▶ 结果如图 3-41 所示。

练一练 在图 3-40 的基础上，尝试从该线段右端点起删除长度为 50mm 的线段，结果如

图 3-42 所示。

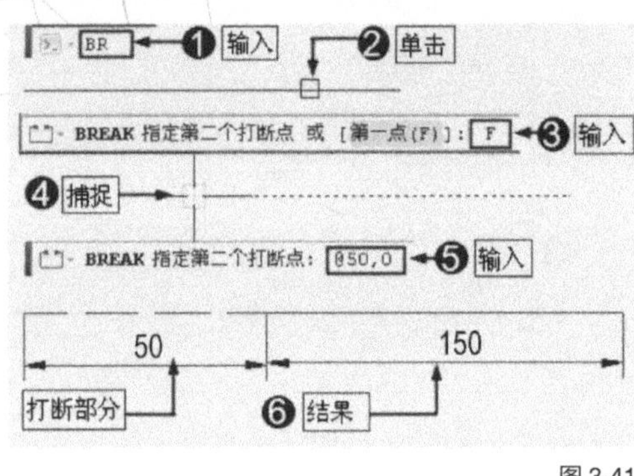

图 3-41

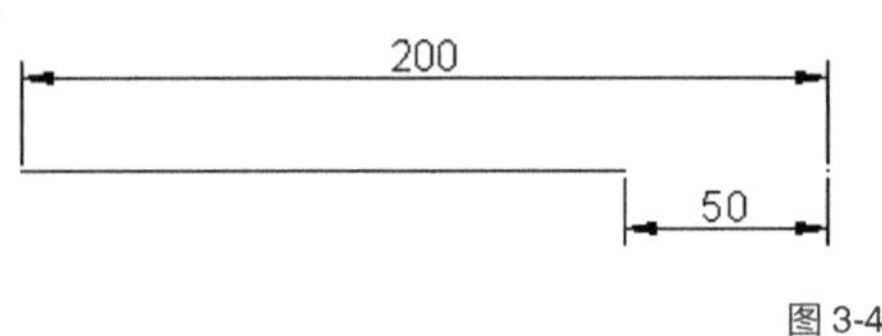

图 3-42

| **技术看板** | 打断图线时需要两个断点，一个是打断的起点，另一个是打断的端点，因此，在打断图线时要输入"F"激活"第1点"选项，拾取第1点，再输入第2点坐标，这样才能按照要求打断图线。例如，长度为 200 个绘图单位的直线，要在该直线距离中点 50 个绘图单位向右创建宽度为 20 个绘图单位的开口，如图 3-43 所示。

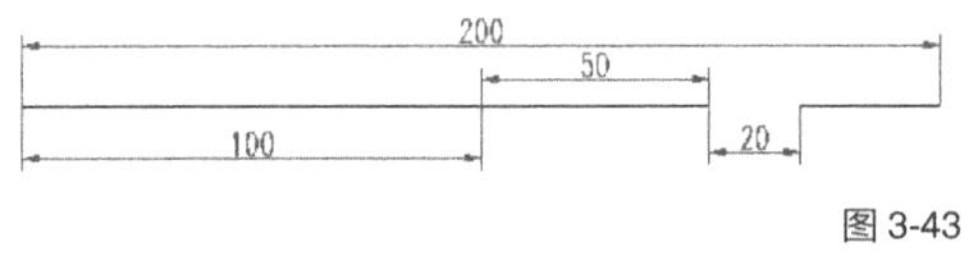

图 3-43

这时首先需要确定"第1点"，即图线中点向右 50 个绘图单位作为打断的"第1点"，而"第2点"则可以直接输入打断的距离，即 20，也就是从"第1点"起向右 20 个绘图单位的位置，具体操作如下。

Step 01 ▶ 输入"BR"，按 Enter 键，激活【打断】命令。

Step 02 ▶ 单击直线。

Step 03 ▶ 输入"F"，按 Enter 键，激活"第1点"选项。

Step 04 ▶ 按住 Shift 键右击，选择"自"选项。

Step 05 ▶ 捕捉图线中点。

Step 06 ▶ 输入"@50,0"，按 Enter 键，确认第1点坐标。

Step 07 ▶ 输入"@20,0"，按 Enter 键，确认第2点坐标。

Step 08 ▶ 结果如图 3-44 所示。

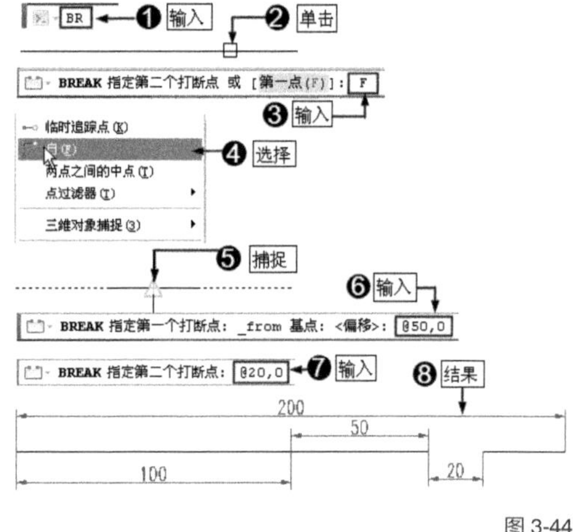

图 3-44

练一练 在图 3-40 的基础上，尝试在距离线段左端点 50 个绘图单位的位置创建宽度为 50 个绘图单位的开口，如图 3-45 所示。

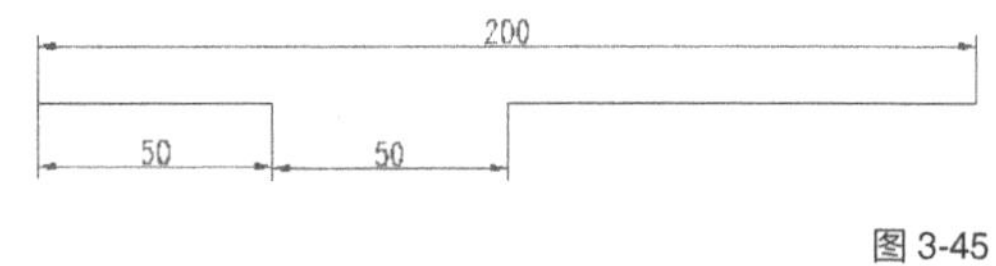

图 3-45

3.5 倒角

所谓"倒角"，就是使用一条线段连接两个非平行的图线，本节就来学习启动【倒角】命令的快捷方式。

3.5.1 启动【倒角】命令（CHAMFER, CHA）

1. 快捷命令

CHAMFER, CHA

2．功能 / 用途

使用一条线段连接两条非平行的图线，使其形成一个倒角。

3．启动方式

输 入 "CHAMFER" 或 "CHA"，按 Enter 键，激活【倒角】命令。

┃**技术看板**┃单击菜单栏中的【修改】/【倒角】命令；或者单击【修改】工具栏中的"倒角"按钮，如图 3-46 所示，也可以激活【倒角】命令。

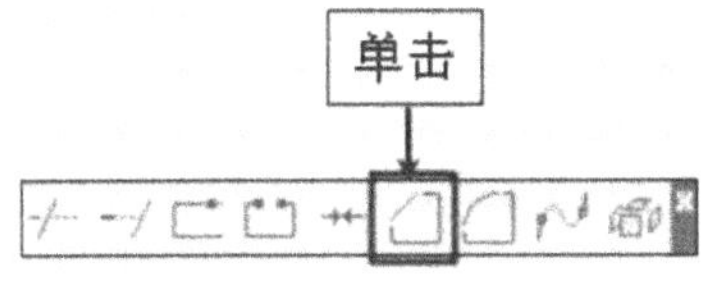

图 3-46

3.5.2 "距离"倒角（D）

顾名思义，"距离"倒角就是通过输入倒角距离进行倒角，这种倒角方式能根据图形的倒角距离对图形进行倒角。

1．选项

D

2．功能 / 用途

通过设置倒角距离对两个非平行的图线进行倒角。

3．启动方式

（1）输入 "CHAMFER" 或 "CHA" 按 Enter 键，激活【倒角】命令。

（2）输入 "D"，按 Enter 键，激活"距离"选项。

（3）输入第 1 个倒角距离，按 Enter 键确认。

（4）输入第 2 个倒角距离，按 Enter 键确认。

功能验证——将非平行图线进行 150 个绘图单位的"距离"进行倒角

首先绘制两条非平行图线，如图 3-47（a）所示。使用"距离"倒角方式对其进行 150 个绘图单位的倒角，如图 3-47（b）所示。

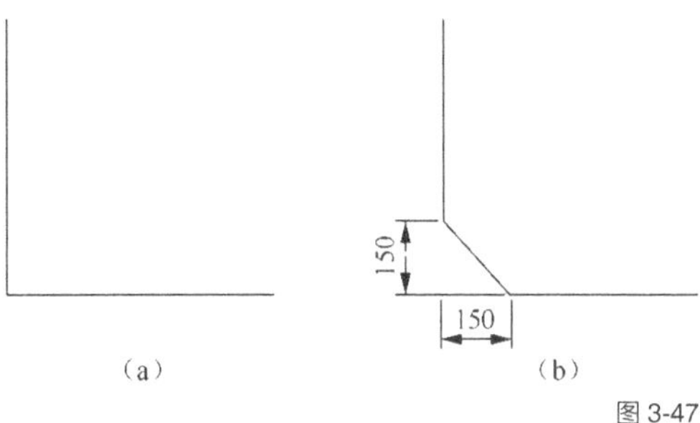

（a）　　　　　　　　　　（b）

图 3-47

Step 01 ▶ 输入 "CHA"，按 Enter 键，激活【倒角】命令。

Step 02 ▶ 输入 "D"，按 Enter 键，激活"距离"选项。

Step 03 ▶ 输入 "150"，按 Enter 键，指定第 1 个倒角距离。

Step 04 ▶ 输入 "150"，按 Enter 键，指定第 2 个倒角距离。

Step 05 ▶ 单击水平图线。

Step 06 ▶ 单击垂直图线。

Step 07 ▶ 按 Enter 键，结果如图 3-48 所示。

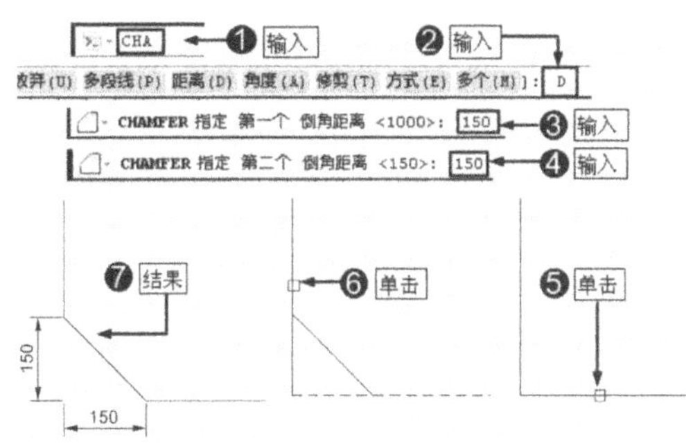

图 3-48

┃**技术看板**┃"距离"倒角是根据图形的倒角距离对图形进行倒角的，因此，"第 1 个倒角距离"与"第 2 个倒角距离"并非一定要相同，您可以根据图形设计要求来设置这两个倒角距离，如图 3-49 所示。

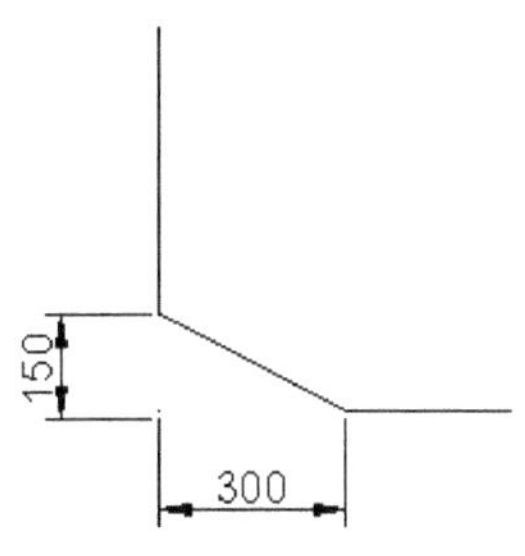

图 3-49

另外，对于如图 3-50 所示的两条非平行，即使但没有实际相交的图线同样可以进行距离倒角处理，具体操作如下。

图 3-50

功能验证 ——"距离"倒角非平行且没有实际相交的图线

Step 01 ▶ 输入"CHA"，按 Enter 键，激活【倒角】命令。

Step 02 ▶ 输入"D"，按 Enter 键，激活"距离"选项。

Step 03 ▶ 输入"150"，按 Enter 键，指定第 1 个倒角距离。

Step 04 ▶ 输入"150"，按 Enter 键，指定第 2 个倒角距离。

Step 05 ▶ 单击水平图线。

Step 06 ▶ 单击垂直图线。

Step 07 ▶ 按 Enter 键，结果如图 3-51 所示。

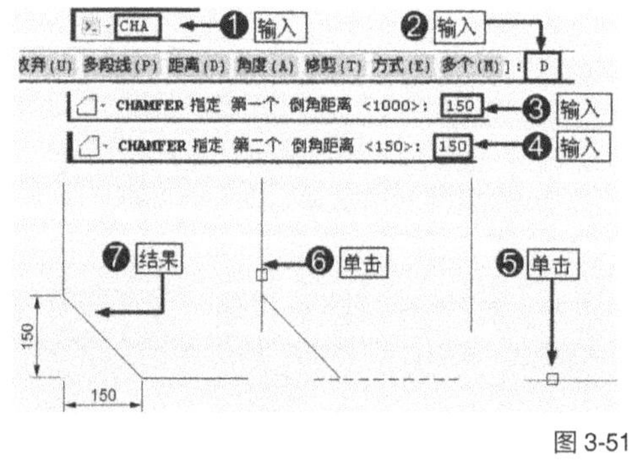

图 3-51

3.5.3 "角度"倒角（A）

与"距离"倒角不同，"角度"倒角是根据倒角角度和长度对图线进行倒角。

1. 选项

A

2. 功能 / 用途

设置倒角角度和长度对两个非平行的图线进行倒角。

3. 启动方式

（1）输入"CHAMFER"或"CHA"，按 Enter 键，激活【倒角】命令。

（2）输入"A"，按 Enter 键，激活"角度"选项。

（3）输入第 1 条直线的倒角长度，按 Enter 键确认。

（4）输入第 1 条直线的倒角角度，按 Enter 键确认。

功能验证 ——"角度"倒角

对图 3-47（a）所示的图线进行长度为 150、角度为 60° 的倒角。

Step 01 ▶ 输入"CHA"，按 Enter 键，激活【倒角】命令。

Step 02 ▶ 输入"A"，按 Enter 键，激活"角度"选项。

Step 03 ▶ 输入"150"，按 Enter 键，指定倒角长度。

Step 04 ▶ 输入"60"，按 Enter 键，指定倒角角度。

Step 05 ▶ 单击水平图线。

Step 06 ▶ 单击垂直图线。

Step 07 ▶ 按 Enter 键，结果如图 3-52 所示。

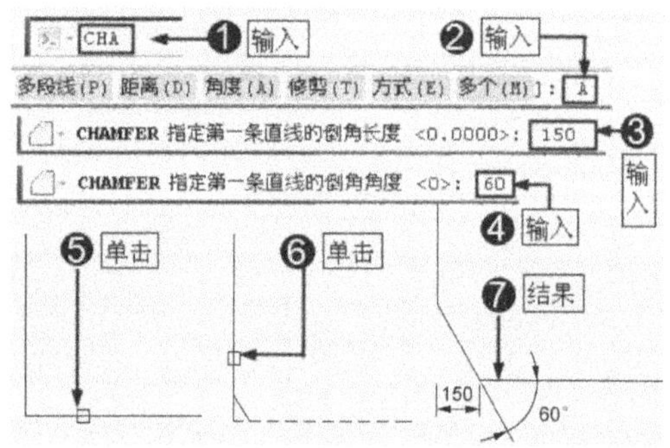

图 3-52

│技术看板│ 在"角度"倒角时，选择图线的顺序不同，其倒角结果也不同，这是因为"角度"倒角的关键是"角度"，单击哪条线就以哪条边设置角度。例如，在图 3-52 的操作中，如果先单击垂直边，再单击水平边，倒角结果为如图 3-53 所示。因此，在实际工作中，一定要根据设计要求，按顺序单击图线进行角度倒角。

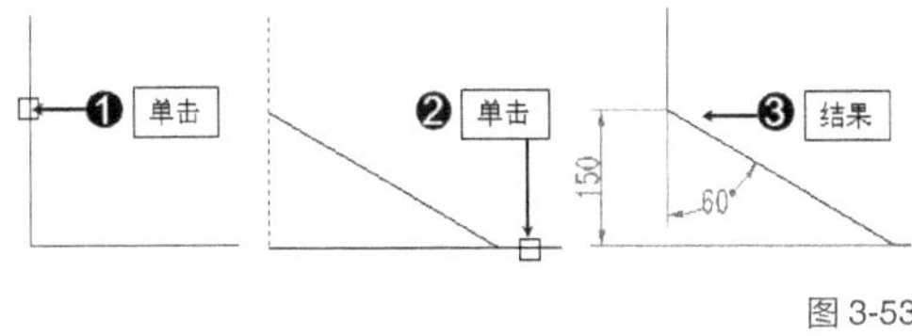

图 3-53

3.5.4 "多段线"倒角（P）

"多段线"倒角是指为"多段线"的所有相邻元素边同时进行倒角操作，这样可以避免多次重复执行【倒角】命令。

1. 选项

P

2. 功能 / 用途

对多段线相邻元素边同时进行倒角。

3. 启动方式

（1）输 入 "CHAMFER" 或 "CHA"，按 Enter 键，激活【倒角】命令。

（2）输入 "P"，按 Enter 键，激活"多段线"选项。

在对"多段线"进行倒角操作时，可以选择"距离"倒角方式或者"角度"倒角方式。使用"距离"倒角方式倒角时，倒角距离值可以相同，也可以不同。

功能验证 ——"多段线"倒角

首先创建一个多段线，如图 3-54（a）所示，然后对该多段线采用"角度"倒角方式进行长度为 10、角度为 45°的倒角处理，如图 3-54（b）所示。

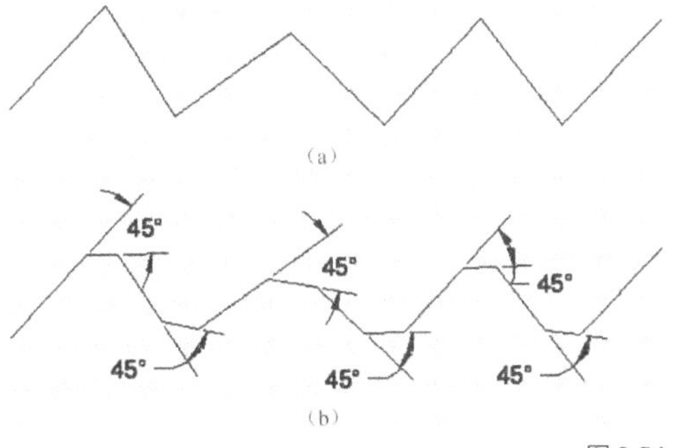

图 3-54

Step 01 ▶ 输入 "CHA"，按 Enter 键，激活【倒角】命令。

Step 02 ▶ 输入 "P"，按 Enter 键，激活"多段线"选项。

Step 03 ▶ 输入 "A"，按 Enter 键，激活"角度"选项。

Step 04 ▶ 输入 "10"，按 Enter 键，指定倒角长度。

Step 05 ▶ 输入 "45"，按 Enter 键，指定倒角角度。

Step 06 ▶ 单击多段线，结果如图 3-55 所示。

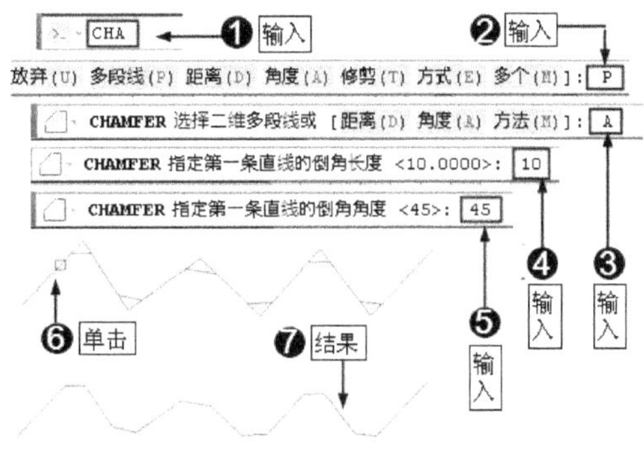

图 3-55

3.5.5 "多个"倒角（M）

在实际绘图中，有时可能需要对多个角进行倒角处理，这时可以激活"多个"选项。激活该选项后，只需执行一次【倒角】命令，即可连续对多个角进行倒角处理。

1. 选项

M

2. 功能 / 用途

执行【倒角】命令后，连续对多个角进行倒角处理。

3. 启动方式

（1）输 入 "CHAMFER" 或 "CHA"，按 Enter 键，激活【倒角】命令。

（2）输入 "M"，按 Enter 键，激活"多个"选项。

┃技术看板┃ 使用"多个"倒角方式倒角时，只能采用一种倒角模式进行倒角。

功能验证 ——"不修剪"模式倒角图线

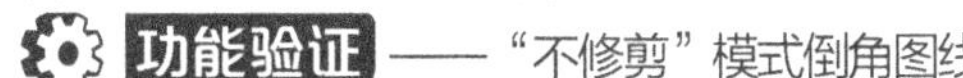

首先使用【直线】命令绘制如图 3-56（a）所示的图线，然后使用"距离"倒角方式，以系统默认的"修剪"模式，连续对该图线的各角进行 50 个绘图单位的倒角，结果如图 3-56（b）所示。

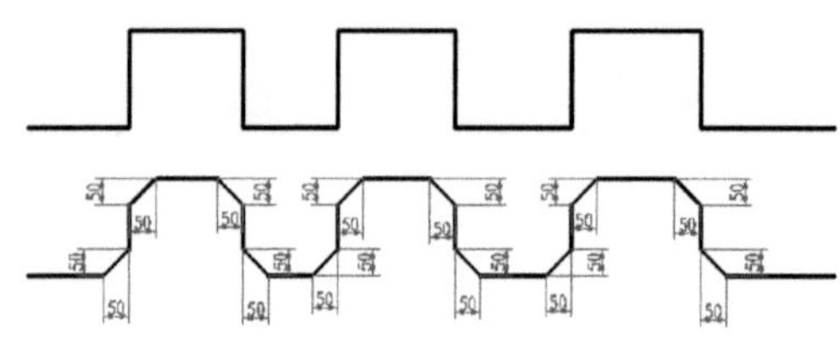

图 3-56

Step 01 ▶ 输入"CHA"，按 Enter 键，激活【倒角】命令。

Step 02 ▶ 输入"M"，按 Enter 键，激活"多个"选项。

Step 03 ▶ 输入"D"，按 Enter 键，激活"距离"选项。

Step 04 ▶ 输入"50"，按 Enter 键，指定第 1 个倒角距离。

Step 05 ▶ 输入"50"，按 Enter 键，指定第 2 个倒角距离。

Step 06 ▶ 单击左边角的水平图线。

Step 07 ▶ 单击左边角的垂直图线。

Step 08 ▶ 继续单击其他角的水平图线和垂直图线，最后按 Enter 键，倒角结果如图 3-57 所示。

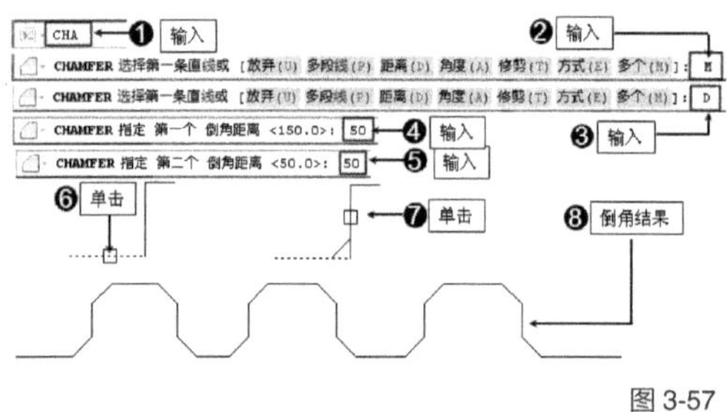

图 3-57

3.5.6 "修剪"模式（T）

在进行倒角处理时，有两种倒角模式可以选择，一种是"修剪"（T）模式，另一种是"不修剪"（N）模式，系统默认下，采用的是"修剪"模式，其倒角结果是将倒角后多余的图线进行修剪。在前面小节的操作中，都是采用系统默认的"修剪"模式进行倒角

的，如果要使用"不修剪"模式进行倒角，需选择"不修剪"选项。

1．选项

T

2．功能 / 用途

倒角时对多余的图线不进行修剪，保留源图线效果。

3．启动方式

（1）输 入"CHAMFER" 或"CHA"，按 Enter 键，激活【倒角】命令。

（2）输入"T"，按 Enter 键，激活"修剪"选项。

（3）输入"N"，按 Enter 键，选择"不修剪"选项。

功能验证——以"不修剪"模式倒角图线

首先绘制两条非平行图线，如图 3-58（a）所示，然后使用"距离"倒角方式，以"不修剪"模式对其进行 150 个绘图单位的倒角，如图 3-58（b）所示。

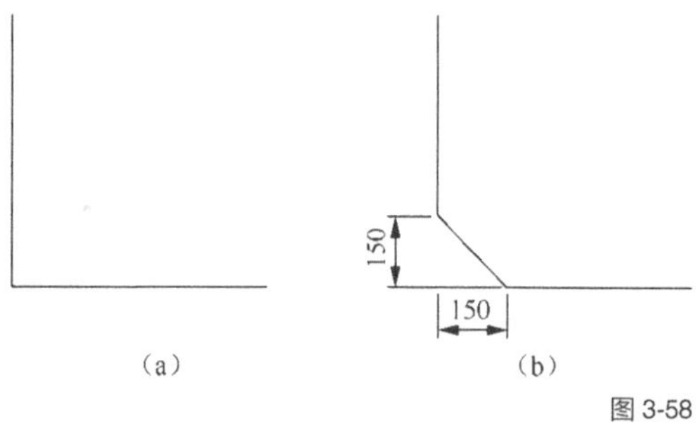

（a）　　　　（b）

图 3-58

Step 01 ▶ 输入"CHA"，按 Enter 键，激活【倒角】命令。

Step 02 ▶ 输入"T"，按 Enter 键，激活"修剪"选项。

Step 03 ▶ 输入"N"，按 Enter 键，选择"不修剪"选项。

Step 04 ▶ 输入"D"，按 Enter 键，激活"距离"选项。

Step 05 ▶ 输入"150"，按 Enter 键，指定第 1 个倒角距离。

Step 06 ▶ 输入"150"，按 Enter 键，指定第 2 个倒角距离。

Step 07 ▸ 单击水平图线。

Step 08 ▸ 单击垂直图线。

Step 09 ▸ 按 Enter 键，结果如图 3-59 所示。

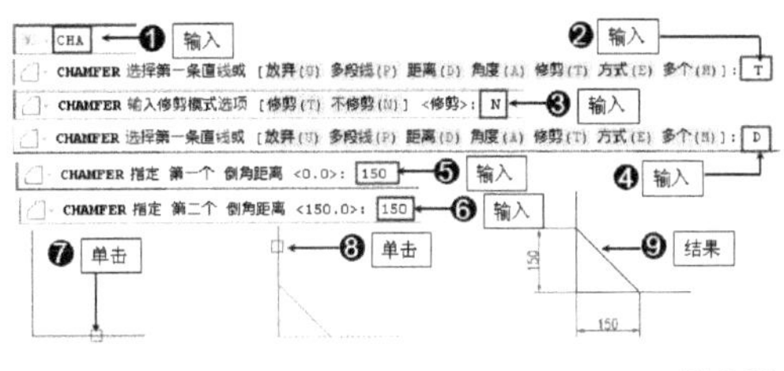

图 3-59

3.6　圆角

　　与"倒角"不同，"圆角"使用圆弧光滑曲线连接两条图线，本节就来学习启动【圆角】命令的快捷方式。

3.6.1　启动【圆角】命令（FILLET，F）

　　1. 快捷命令

　　FILLET，F

　　2. 功能 / 用途

　　使用圆弧光滑曲线连接两条图线。

　　3. 启动方式

　　输入"FILLET"或"F"，按 Enter 键，激活【圆角】命令。

| 技术看板 | 单击菜单栏中的【修改】/【圆角】命令；或者单击【修改】工具栏中的"圆角"按钮□，如图 3-60 所示，也可以激活【圆角】命令。

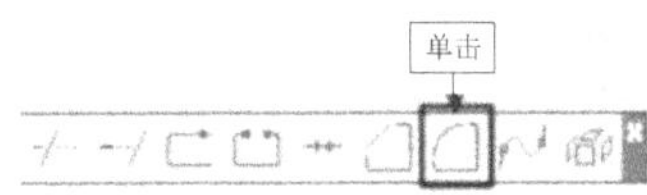

图 3-60

3.6.2　"半径"圆角（R）

　　"圆角"处理图线的关键是"半径"值。"半径"值决定了圆角的大小，启动【圆角】命令后，激活"半径"选项，输入半径值，即可对图形进行圆角处理。

　　1. 选项

　　R

　　2. 功能 / 用途

　　设置圆角半径。

　　3. 启动方式

　　（1）输入"FILLET"或"F"，按 Enter 键，激活【圆角】命令。

　　（2）输入"R"，按 Enter 键，激活"半径"选项。

功能验证——对图形进行半径为 30° 的圆角处理

　　首先绘制如图 3-61（a）所示的 90° 角的图线，然后对其进行半径为 30° 角的圆角处理，结果如图 3-61（b）所示。

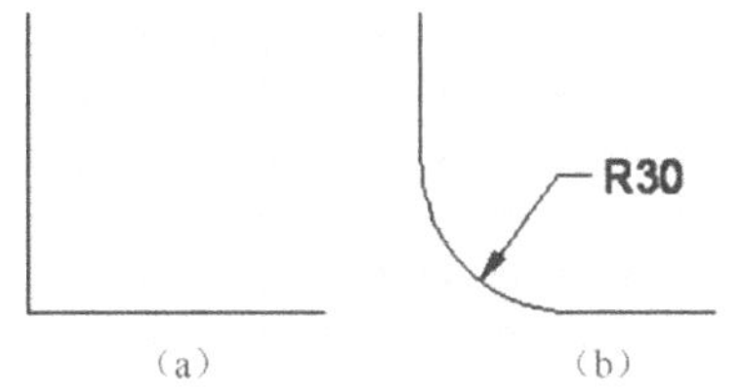

图 3-61

Step 01 ▸ 输入"F"，按 Enter 键，激活【圆角】命令。

Step 02 ▸ 输入"R"，按 Enter 键，激活"半径"选项。

Step 03 ▸ 输入"30"，按 Enter 键，指定圆角半径。

Step 04 ▸ 单击水平图线。

Step 05 ▸ 单击垂直图线，结果如图 3-62 所示。

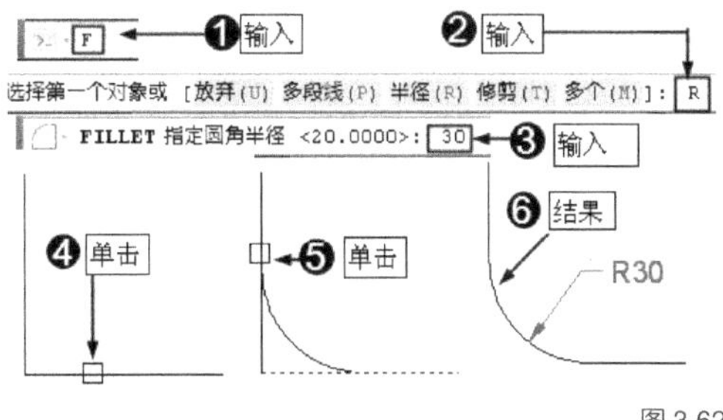

图 3-62

练一练 绘制如图 3-63（a）所示的图线，然后对其进行半径为 500mm 的圆角处理，结果如图 3-63（b）所示。

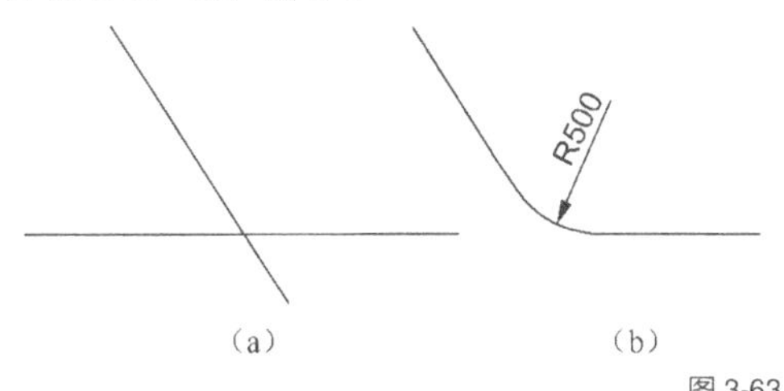

图 3-63

3.6.3 "修剪"模式（T）

与"倒角"相同，系统默认情况下，"圆角"处理图线时，采用的是"修剪"模式，也可以选择"不修剪"模式进行圆角处理。

1．选项

T

2．功能／用途

圆角时对多余的图线进行或不进行修剪。

3．启动方式

（1）输入"FILLET"或"F"，按 Enter 键，激活【圆角】命令。

（2）输入"T"，按 Enter 键，激活"修剪"选项。

（3）输入"N"，按 Enter 键，选择"不修剪"选项。

功能验证——以"不修剪"模式圆角图线

下面继续对图 3-61（a）所示的图线以"不修剪"模式进行 30° 半径的圆角处理。

Step 01 ▶ 输入"F"，按 Enter 键，激活【圆角】命令。

Step 02 ▶ 输入"R"，按 Enter 键，激活"半径"选项。

Step 03 ▶ 输入"30"，按 Enter 键，指定圆角半径。

Step 04 ▶ 输入"T"，按 Enter 键，激活"修剪"选项。

Step 05 ▶ 输入"N"，按 Enter 键，激活"不修剪"选项。

Step 06 ▶ 单击水平图线。

Step 07 ▶ 单击垂直图线，结果如图 3-64 所示。

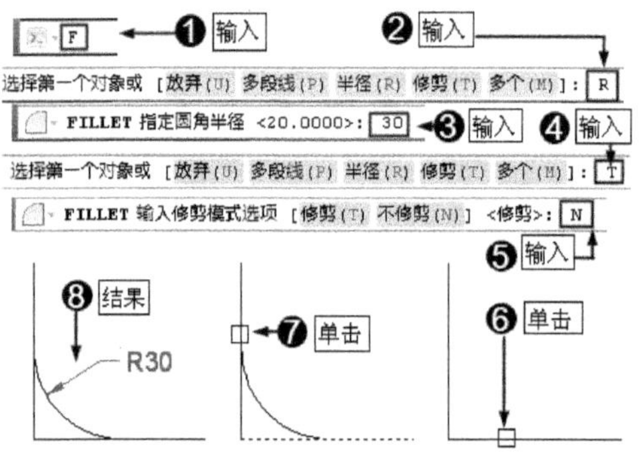

图 3-64

3.6.4 "多段线"圆角（P）

与"多段线"倒角相似，"多段线"圆角是指为多段线的所有相邻元素边同时进行相同半径的圆角操作，这样可以避免多次重复执行【圆角】命令。需要注意的是，如果多段线各相邻元素边采用不同的圆角半径参数，则不能使用"多段线"选项对其进行圆角处理。

1．选项

P

2．功能／用途

对多段线图形的多个角进行一次性圆角处理。

3．启动方式

（1）输入"FILLET"或"F"，按 Enter 键，激活【圆角】命令。

（2）输入"R"，按 Enter 键，激活"半径"选项。

（3）输入圆角半径。

（4）输入"P"，按 Enter 键，激活"多段线"选项。

（5）单击要处理的多段线。

功能验证——对多段线进行 20° 角的圆角处理

首先创建一段多段线，如图 3-65（a）所示。下面对该多段线的所有角以系统默认的"修剪"模式进行半径为 20 的圆角处理，如图 3-65（a）所示。

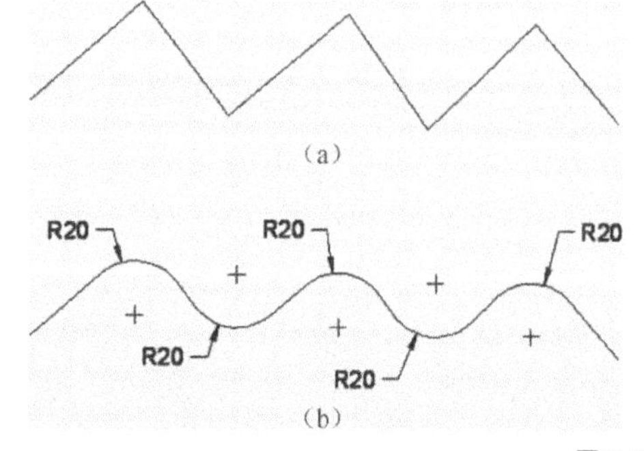

图 3-65

Step 01 ▶ 输入"F"，按 Enter 键，激活【圆角】命令。

Step 02 ▶ 输入"R"，按 Enter 键，激活"半径"选项。

Step 03 ▶ 输入"30"，按 Enter 键，指定圆角半径。

Step 04 ▶ 输入"P"，按 Enter 键，激活"多段线"选项。

Step 05 ▶ 单击多段线，结果如图 3-66 所示。

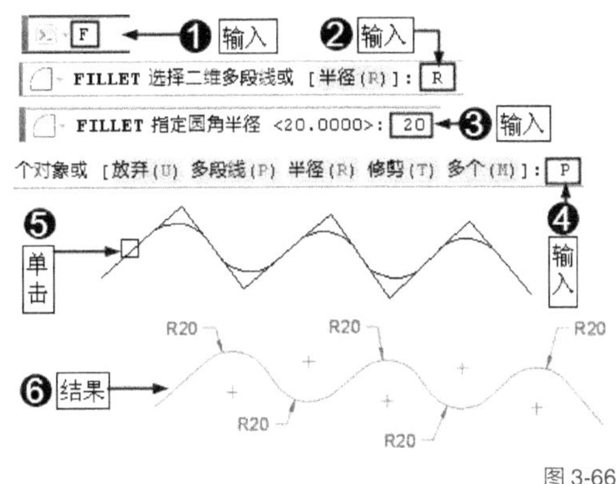

图 3-66

3.6.5　"多个"圆角（M）

在"圆角"图形时，执行一次【圆角】命令，只能对图形的一个角进行处理。如果要对该图形的所有角进行相同半径的圆角处理，可以激活"多个"选项，这样就可以连续对多个角进行相同半径的圆角处理了。

1. 选项

M

2. 功能 / 用途

连续对图形的多个角进行相同半径的圆角处理。

3. 启动方式

（1）输入"FILLET"或"F"，按 Enter 键，激活【圆角】命令。

（2）输入"R"，按 Enter 键，激活"半径"选项。

（3）输入圆角半径。

（4）输入"M"，按 Enter 键，激活"多个"选项。

（5）依次单击要处理的图线。

功能验证——对图形的多个角连续进行 20° 角的圆角处理

首先使用【直线】命令绘制如图 3-67（a）所示的图线，然后对该图线的所有角同时进行 50° 角的处理，结果如图 3-67（b）所示。

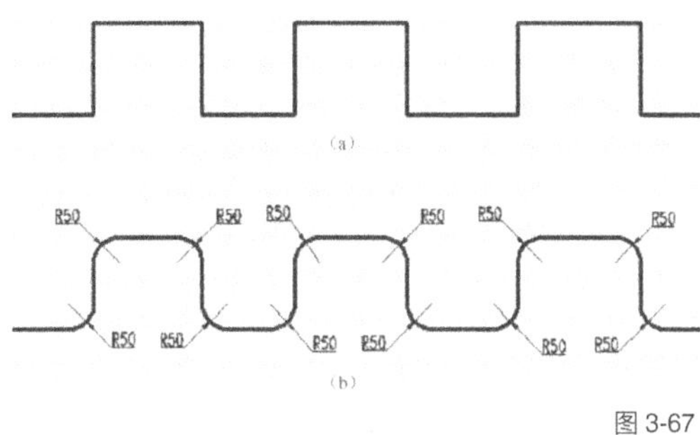

图 3-67

功能验证——"多个"圆角处理

Step 01 ▶ 输入"F"，按 Enter 键，激活【圆角】命令。

Step 02 ▶ 输入"R"，按 Enter 键，激活"半径"选项。

Step 03 ▶ 输入"50"，按 Enter 键指定圆角半径。

Step 04 ▶ 输入"M"，按 Enter 键，激活"多个"选项。

Step 05 ▶ 单击左边角的水平线。

Step 06 ▶ 单击左边角的垂直线。

Step 07 ▶ 连续单击其他角的两条线，圆角处理结果如图 3-68 所示。

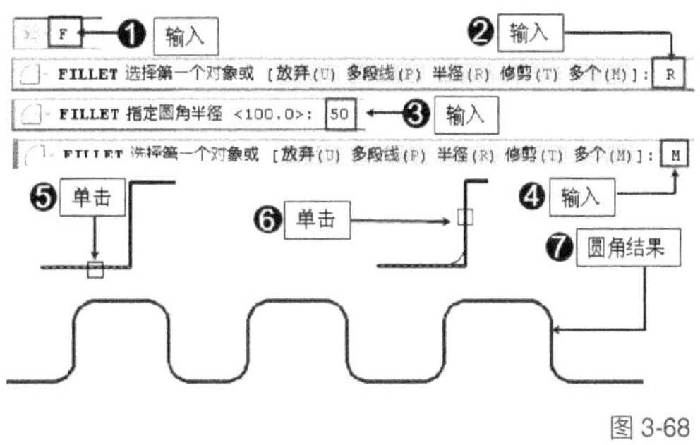

图 3-68

| 技术看板 | 多段线无论包含多少条线段，系统都将其看作是一个整体，而线段则不同，线段中的每一条线段都是一个单独的个体，这就是多段线与线段的区别。

一条线段是否是多段线，从表面来看是很难区分的，但是，我们可以通过一个简单的方式来判断，在没有执行任何命令的情况下单击线段，如果线段的所有对象全部夹点显示，则表示该线段是多段线；如果只有单击的那一段线段夹点显示，则表示该线段不是多段线，如图 3-69 所示。

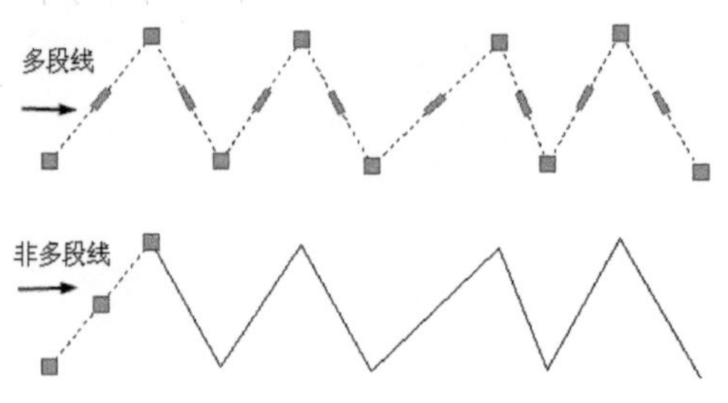

图 3-69

在多数情况下，都可以将非多段线转换为多段线，具体操作如下。

Step 01 ▶ 单击【修改】/【对象】/【多段线】命令，如图 3-70 所示。

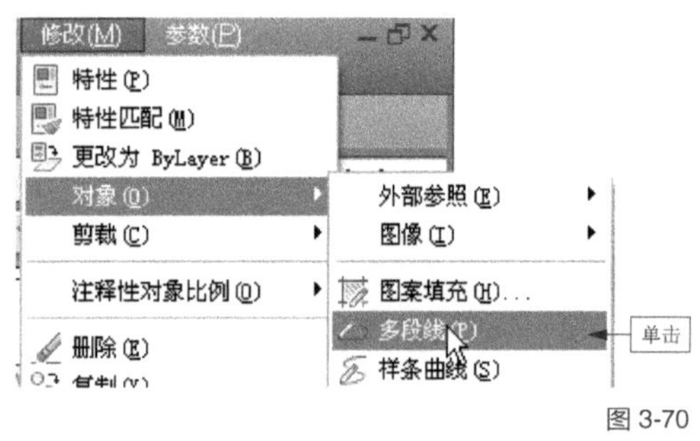

图 3-70

Step 02 ▶ 输入"M"，按 Enter 键，激活"多条"选项。

Step 03 ▶ 窗交方式选择所有线段，然后按 Enter 键。

Step 04 ▶ 输入"Y"，按 Enter 键，激活"是"选项。

Step 05 ▶ 输入"J"，按 Enter 键激活"合并"选项。

Step 06 ▶ 按 4 次 Enter 键，这样就可以将非多段线转换为多段线，如图 3-71 所示。

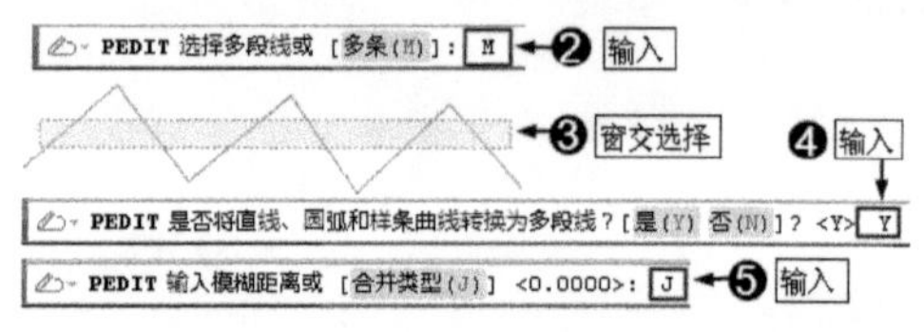

图 3-71

另外，除了对图线的各角进行圆角处理之外，还可以对两条平行线进行圆角处理。圆角处理平行线时，与当前的圆角"半径"和"修剪"模式无关，圆角的结果就是使用一条半圆弧连接平行线。

首先绘制两条水平平行线，下面对这两条平行线进行圆角处理，具体操作如下。

Step 01 ▶ 输入"F"，按 Enter 键，激活【圆角】命令。

Step 02 ▶ 在上水平线右端单击。

Step 03 ▶ 在下水平线右端单击，结果如图 3-72 所示。

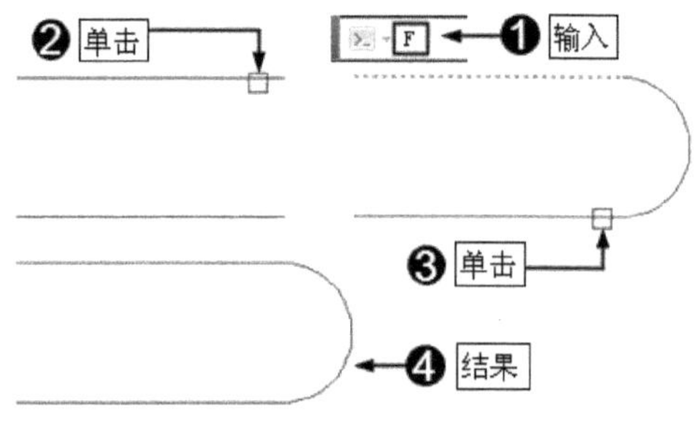

图 3-72

第 4 章
二维图形快捷命令

与二维线不同，二维图形是一种复合图形，是 AutoCAD 2014 图形设计中的重要图形，这一章就来学习创建二维图形的快捷命令。

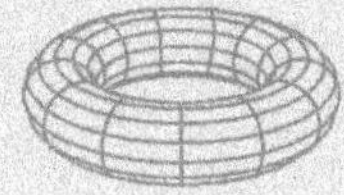

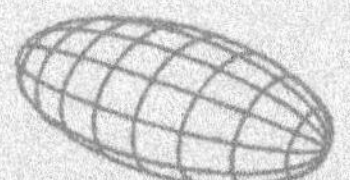

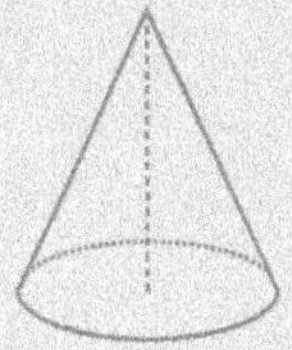

本章快捷命令概览

	名称	快捷命令	功能 / 用途
矩形	启动【矩形】命令（P51）	RECTANG REC	绘制 4 边形图形
	"面积"方式绘制矩形（P51）	A	通过输入矩形的面积和长度（宽度）绘制矩形
	"尺寸"方式绘制矩形（P52）	D	通过输入矩形的长度和宽度绘制矩形
	"旋转"方式绘制矩形（P52）	R	绘制具有一定倾斜角度的矩形
特殊矩形	"倒角"矩形（P53）	C	绘制具有倒角效果的矩形
	"圆角"矩形（P54）	F	绘制具有圆角效果的矩形
	"厚度"矩形（P55）	T	绘制具有厚度的矩形
	"宽度"矩形（P56）	W	绘制具有宽度的矩形
多边形	启动【多边形】命令（P57）	POLYGON POL	绘制多边形图形
	"内接于圆"多边形（P57）	I	绘制内接于圆的多边形
	"外切于圆"多边形（P58）	C	绘制外切于圆的多边形
	"边"方式绘制多边形（P59）	E	通过输入多边形的边长绘制多边形
圆	启动【圆】命令（P59）	CIRCLE C	绘制圆图形
	"直径"方式绘制圆（P60）	D	通过输入圆的直径绘制圆
	"三点"方式绘制圆（P60）	3P	通过拾取圆上 3 个点绘制圆
	"两点"方式绘制圆（P61）	2P	通过拾取圆上的两个点绘制圆
	"切点、切点、半径"方式绘制圆（P62）	T	绘制与两条线都相切的圆
椭圆	启动【椭圆】命令（P62）	ELLIPSE EL	绘制由长轴和短轴定义的闭合曲线
	"中心点"方式绘制椭圆（P63）	C	通过确定椭圆的中心点以及长轴和短轴的半长绘制椭圆
	启动"椭圆弧"选项（P64）	A	绘制椭圆弧
圆弧	启动【圆弧】命令（P64）	ARC	绘制圆弧
	"起点、圆心、端点"方式绘制圆弧（P65）	C	通过确定圆弧的起点、圆心和端点绘制圆弧
	"起点、圆心、角度"方式绘制圆弧（P66）	C+A	通过确定圆弧的起点、圆心和角度绘制圆弧
	"起点、圆心、长度"方式绘制圆弧（P66）	C+L	通过确定圆弧的起点、圆心和长度绘制圆弧
	"起点、端点、角度"方式绘制圆弧（67）	E+A	通过确定圆弧的起点、端点和角度绘制圆弧
	"起点、端点、方向"方式绘制圆弧（P67）	E+D	通过确定圆弧的起点、端点和方向绘制圆弧
	"起点、端点、半径"方式绘制圆弧（P68）	E+R	通过确定圆弧的起点、端点和半径绘制圆弧
	"圆心、起点、端点"方式绘制圆弧（P69）	C	通过确定圆弧的圆心、起点和端点绘制圆弧
	"圆心、起点、角度"方式绘制圆弧（P69）	C+A	通过确定圆弧的圆心、起点和角度绘制圆弧
	"圆心、起点、长度"方式绘制圆弧（P70）	C+L	通过确定圆弧的圆心、起点和长度绘制圆弧

4.1　矩形

　　矩形是由 4 条直线组成的复合图形，这种复合图形系统将其看作是一条闭合的多段线，属于一个独立的对象。本节就来学习启动【矩形】命令以及创建矩形的快捷方式。

4.1.1　启动【矩形】命令（RECTANG，REC）

1. 快捷命令

RECTANG，REC

2. 功能 / 用途

绘制 4 边形图形。

3. 启动方式

输入"RECTANG"或"REC"，按 Enter 键，激活【矩形】命令。

| 技术看板 | 单击菜单中的【绘图】/【矩形】命令；或者单击【绘图】工具栏上的"矩形"按钮□，如图 4-1 所示，也可以激活【矩形】命令。

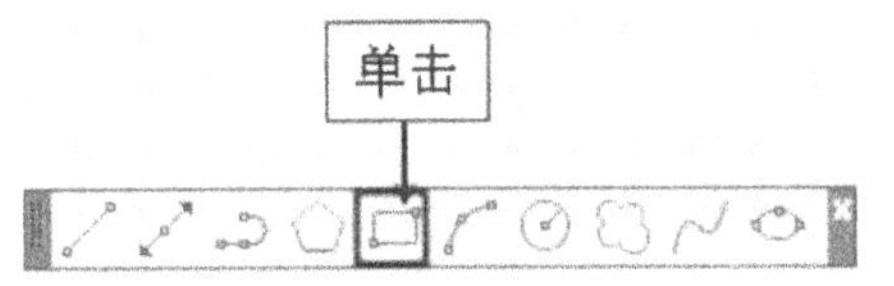

图 4-1

功能验证 ——绘制 300×200 的矩形

启动【矩形】命令之后，即可绘制矩形，系统默认的绘制的矩形的方式是"对角点"方式。所谓"对角点"方式，即首先确定矩形的一个角点，然后输入矩形另一个角点的坐标。下面就以此方式绘制一个 300×200 的矩形。

Step 01 ▶ 输入"REC"，按 Enter 键，激活【矩形】命令。

Step 02 ▶ 单击拾取矩形的一个角点。

Step 03 ▶ 输入"@300,200"，指定矩形另一个角点的坐标。

Step 04 ▶ 按 Enter 键，绘制结果如图 4-2 所示。

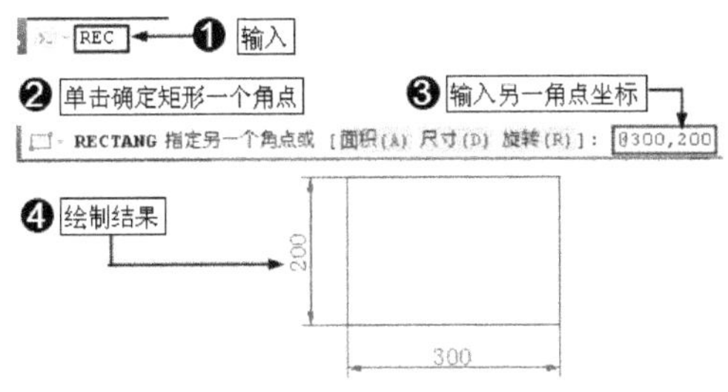

图 4-2

4.1.2　"面积"方式绘制矩形（A）

当知道矩形的面积和一条边的长度尺寸时，可以采用"面积"方式绘制矩形。

1. 选项

A

2. 功能 / 用途

通过输入矩形的面积和一条边的长度绘制矩形。

3. 启动方式

（1）输入"RECTANG"或"REC"，按 Enter 键，激活【矩形】命令。

（2）单击拾取一点确定矩形的一个角点。

（3）输入"A"，按 Enter 键，激活"面积"选项。

（4）输入面积值，按 Enter 键确认。

（5）输入"L"，按 Enter 键，激活"长度"选项（也可以输入"W"激活"宽度"选项）。

（6）输入矩形的长度值或宽度值，按 Enter 键确认。

功能验证 ——绘制面积为 50000、长度为 250 的矩形

Step 01 ▶ 输入"REC"，按 Enter 键，激活【矩形】命令。

Step 02 ▶ 单击拾取矩形的一个角点。

Step 03 ▶ 输入"A"，按 Enter 键，激活"面积"选项。

Step 04 ▶ 输入"50000"，按 Enter 键，确认矩形面积。

Step 05 ▶ 输入"L"，按 Enter 键，激活"长度"选项。

Step 06 ▶ 输入"250"，按 Enter 键，确认矩形的长度。绘制结果如图 4-3 所示。

练一练 以"面积"方式绘制矩形很简单，只要知道矩形的面积、长度或者宽度，都可以绘制出所需矩形。下面尝试绘制面积为 50000、宽度为 250 的矩形，其结果如图 4-4 所示。

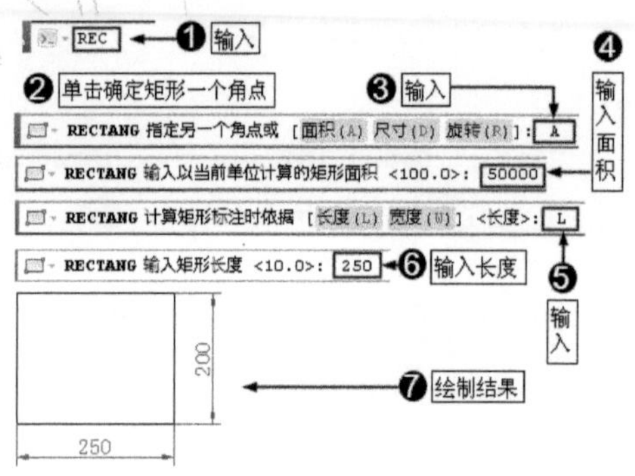

图 4-3

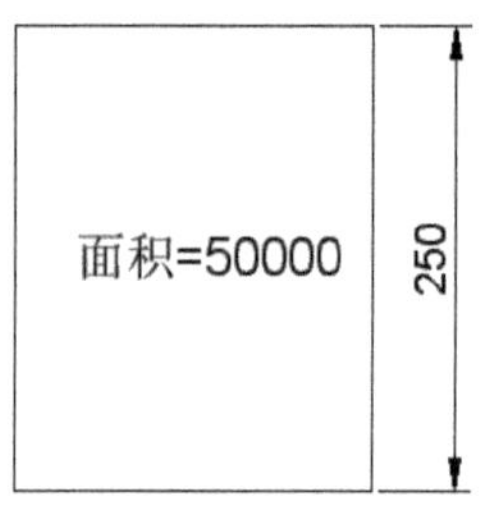

图 4-4

4.1.3 "尺寸"方式绘制矩形（D）

与"面积"方式绘制矩形类似，"尺寸"方式绘制矩形需要分别输入矩形的长度和宽度。

1. 选项

D

2. 功能／用途

通过输入矩形的长度和宽度绘制矩形。

3. 启动方式

（1）输入"RECTANG"或"REC"，按 Enter 键，激活【矩形】命令。

（2）单击拾取一点作为矩形的一个角点。

（3）输入"D"，按 Enter 键，激活"尺寸"选项。

（4）输入矩形的长度尺寸，按 Enter 键确认。

（5）输入矩形的宽度尺寸，按 Enter 键确认。

（6）在绘图区单击确定矩形位置。

功能验证——绘制长度为 300、宽度为 250 的矩形

Step 01 ▶ 输入"REC"，按 Enter 键，激活【矩形】命令。

Step 02 ▶ 在绘图区单击拾取一点作为矩形的一个角点。

Step 03 ▶ 输入"D"，按 Enter 键，激活"尺寸"选项。

Step 04 ▶ 输入"300"，按 Enter 键，确定矩形长度。

Step 05 ▶ 输入"250"，按 Enter 键，确定矩形宽度。

Step 06 ▶ 在绘图区单击确定矩形的位置。绘制结果如图 4-5 所示。

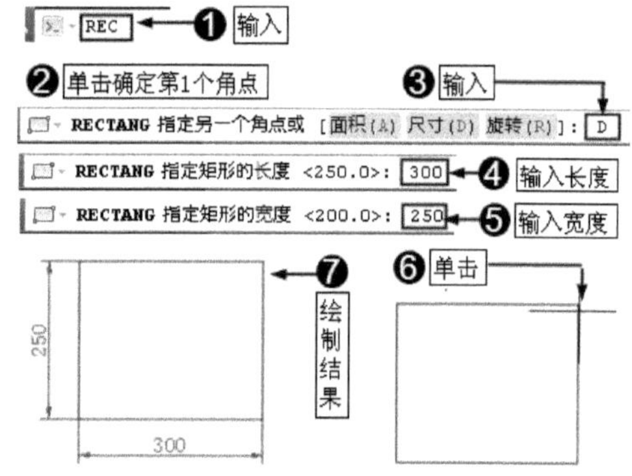

图 4-5

｜技术看板｜ 以"尺寸"方式绘制矩形与以默认方式绘制矩形的原理是一样的，在使用默认方式绘制矩形时，输入的矩形的另一个角点的坐标其实就是矩形的长度或宽度。

4.1.4 "旋转"方式绘制矩形（R）

"旋转"方式绘制矩形就是绘制具有一定倾斜角度的矩形。绘制这类矩形时，可以根据已知条件，选择不同的方式来绘制，例如可以采用"面积"方式或者"尺寸"方式等。

1. 选项

R

2. 功能／用途

绘制具有一定倾斜角度的矩形。

3. 启动方式

（1）输入"RECTANG"或"REC"，按 Enter 键，激活【矩形】命令。

（2）单击拾取一点作为矩形的一个角点。

（3）输入"R"，按 Enter 键，激活"旋转"选项。

（4）输入旋转角度，按 Enter 键确认。

功能验证 ——以"尺寸"方式绘制长度为 300、宽度为 250、倾斜度为 30° 的矩形

Step 01 ▸ 输入"REC"，按 Enter 键，激活【矩形】命令，然后单击拾取一点作为矩形的一个角点。

Step 02 ▸ 输入"R"，按 Enter 键，激活"旋转"选项。

Step 03 ▸ 输入"30"，按 Enter 键，确认旋转角度。

Step 04 ▸ 输入"D"，按 Enter 键，激活"尺寸"选项。

Step 05 ▸ 输入"300"，按 Enter 键，确认矩形的长度。

Step 06 ▸ 输入"250"，按 Enter 键，确认矩形的宽度。

Step 07 ▸ 单击确定矩形的位置。绘制结果如图 4-6 所示。

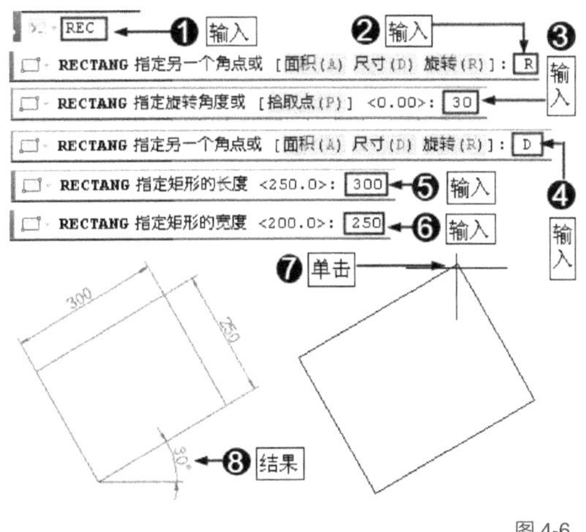

图 4-6

| 技术看板 | 绘制倾斜矩形时，在设置了倾斜角度后，可以选择使用"面积"方式或者"尺寸"方式来绘制。

练一练 以"面积"方式绘制面积为 50000、宽度为 250、倾斜角度为 60°的矩形，结果如图 4-7 所示。

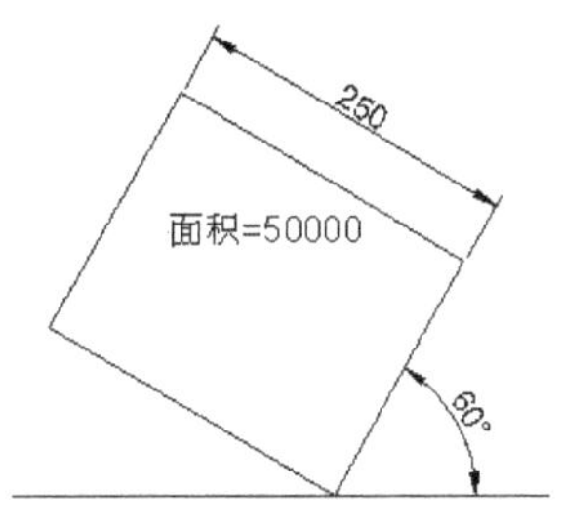

图 4-7

4.2　特殊矩形

特殊矩形与 4.1 节绘制的矩形有所不同，这类矩形打破了传统意义上的矩形的特征，属于一种较特殊的矩形。其特殊之处在于它具有倒角、圆角、厚度和宽度等这些特征，因此我们将其称之为特殊矩形，本节就来学习绘制特殊矩形的快捷方式。

4.2.1　"倒角"矩形（C）

"倒角"矩形其实就类似于使用【倒角】命令对矩形的 4 个角进行倒角编辑，它与传统意义上的矩形有所不同，绘制这类矩形时，需要激活"倒角"选项。

1. 选项

C

2. 功能 / 用途

绘制具有倒角效果的特殊矩形。

3. 启动方式

（1）输入"RECTANG"或"REC"，按 Enter 键，激活【矩形】命令。

（2）输入"C"，按 Enter 键，激活"倒角"选项。

（3）输入第 1 个倒角值，按 Enter 键确认。

（4）输入第 2 个倒角值，按 Enter 键确认。

功能验证 ——绘制 200×200、倒角距离为 30 的矩形

Step 01 ▸ 输入"REC"，按 Enter 键，激活【矩形】命令。

Step 02 ▸ 输入"C"，按 Enter 键，激活"倒角"选项。

Step 03 ▸ 输入"30"，按 Enter 键，确认第 1 个倒角距离。

Step 04 ▶ 输入 "30"，按 Enter 键，确认另一个倒角距离。

Step 05 ▶ 单击指定第 1 个角点。

Step 06 ▶ 输入第 2 个角点坐标 "@200,200"。

Step 07 ▶ 按 Enter 键，结果如图 4-8 所示。

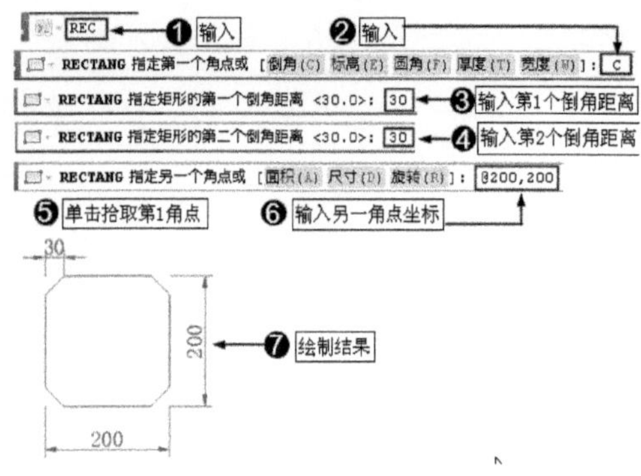

图 4-8

练一练 绘制 "倒角" 矩形时，在设置了倒角距离之后，同样可以采用多种方式来绘制。下面根据图示尺寸，自己尝试以 "面积" 方式绘制面积为 50000、长宽均为 250、倒角为 30 的矩形，如图 4-9 所示。

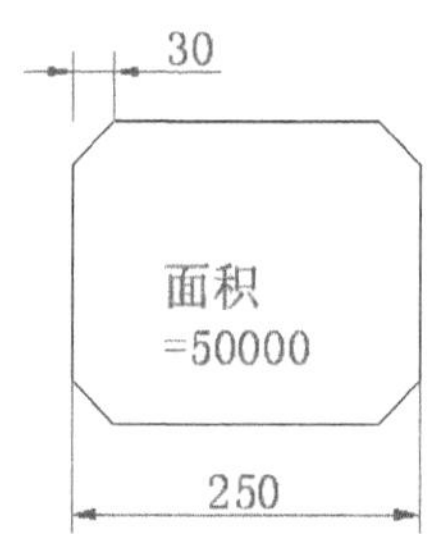

图 4-9

| 技术看板 | 在绘制 "倒角" 矩形时，"倒角1" 和 "倒角2" 两个倒角参数可以相同，也可以不同，这取决于图形的设计要求。例如，设置 "倒角1" 为 30，设置 "倒角2" 为 10，其结果如图 4-10 所示。

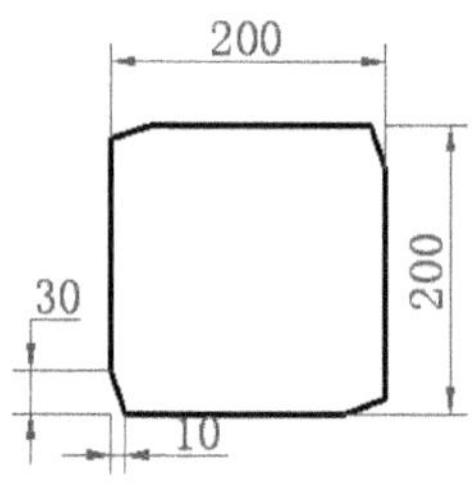

图 4-10

4.2.2 "圆角" 矩形（F）

与 "倒角" 矩形不同，"圆角" 矩形的 4 个角呈圆弧形，这相当于使用【圆角】命令对矩形进行圆角编辑，使其形成一个圆角效果。

1. 选项

F

2. 功能 / 用途

绘制具有圆角效果的矩形。

3. 启动方式

（1）输入 "RECTANG" 或 "REC"，按 Enter 键，激活【矩形】命令。

（2）输入 "F"，按 Enter 键，激活 "圆角" 选项。

（3）输入圆角半径值，按 Enter 键确认。

功能验证 —— 绘制圆角半径为 30、200×200 的矩形

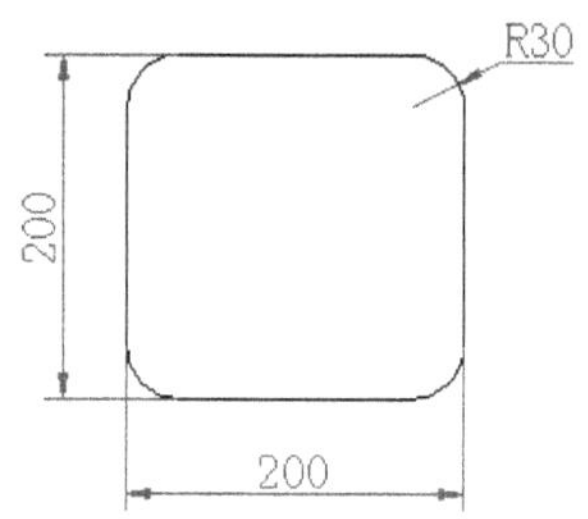

图 4-11

Step 01 ▶ 输入 "REC"，按 Enter 键，激活【矩形】命令。

Step 02 ▶ 输入 "F"，按 Enter 键，激活 "圆角" 选项。

Step 03 ▶ 输入 "30"，按 Enter 键，确认圆角半径。

Step 04 ▶ 单击指定第 1 个角点。

Step 05 ▶ 输入另一个角点坐标 "@200,200"。

Step 06 ▶ 按 Enter 键，绘制结果如图 4-12 所示。

| 技术看板 | 绘制 "圆角" 矩形时，在设置好圆角半径之后，可以选择 "面积" "尺寸" 或 "旋转" 方式来绘制。

练一练 以 "面积" 方式绘制图 4-13 所示的圆角矩形。

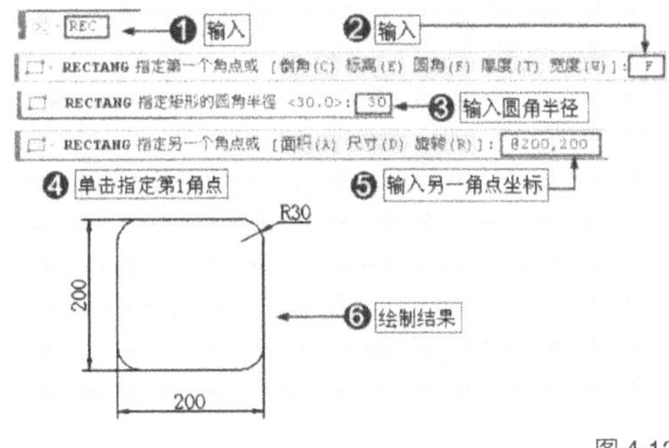

图 4-12

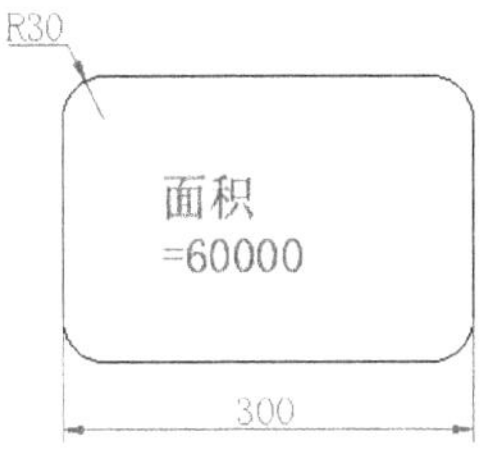

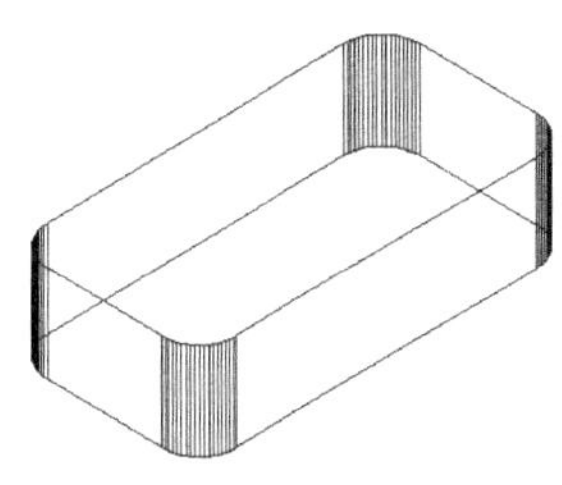

图 4-13

4.2.3　"厚度"矩形（T）

"厚度"矩形是指具有一定厚度的矩形，这类矩形只在三维绘图空间中才能体现矩形的厚度，如图 4-14 所示。

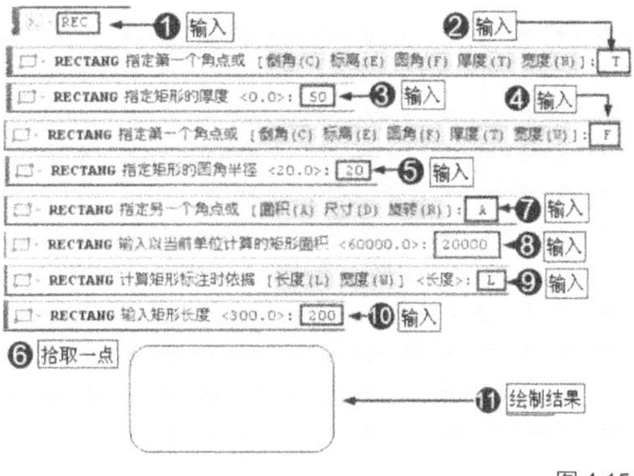

图 4-14

1. 选项

T

2. 功能 / 用途

绘制具有一定厚度的矩形。

3. 启动方式

（1）输入"RECTANG"或"REC"，按 Enter 键，激活【矩形】命令。

（2）输入"T"，按 Enter 键，激活"厚度"选项。

（3）输入厚度值，按 Enter 键确认。

⚙ 功能验证——绘制面积为 20000、长度为 200、圆角半径为 20、厚度为 50

的矩形

Step 01 ▸ 输入"REC"，按 Enter 键，激活【矩形】命令。

Step 02 ▸ 输入"T"，按 Enter 键，激活"厚度"选项。

Step 03 ▸ 输入"50"，按 Enter 键，确定厚度值。

Step 04 ▸ 输入"F"，按 Enter 键，激活"圆角"选项。

Step 05 ▸ 输入"20"，按 Enter 键，确定圆角度。

Step 06 ▸ 单击拾取一点作为矩形的一个角点。

Step 07 ▸ 输入"A"，按 Enter 键，激活"面积"选项。

Step 08 ▸ 输入"20000"，按 Enter 键，确定矩形的面积。

Step 09 ▸ 输入"L"，按 Enter 键，激活"长度"选项。

Step 10 ▸ 输入"200"，按 Enter 键，确定矩形的长度。绘制结果如图 4-15 所示。

图 4-15

绘制结束后会发现，绘制结果就是一个圆角矩形，而没有厚度，这是因为"厚度"矩形只有在轴测绘图环境中才能体现出厚度。轴测绘图环境也叫三维绘图空间，该空间能体现物体的三维立体效果，因此需将绘图空间切换到轴测绘图环境，就可以体现厚度矩形的厚度了。具体的操作方法如下。

执行菜单栏中的【视图】/【三维视图】/【西南等轴侧】命令，将视图切换为西南视图。此时显示矩形的厚度，如图 4-16 所示。

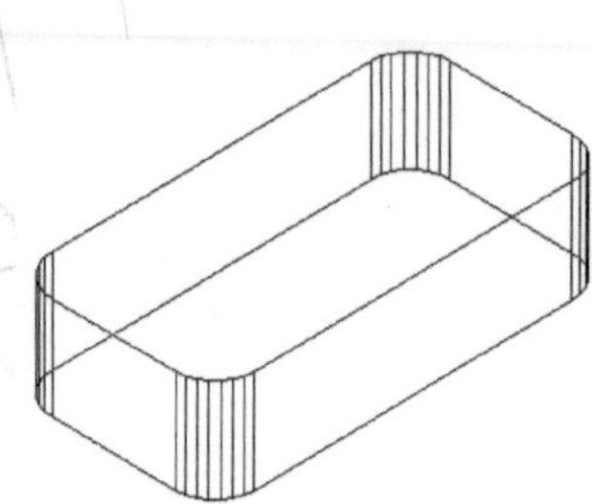

图 4-16

练一练 在绘制"厚度"矩形时，除了使用了"面积"方式绘制具有圆角效果的厚度矩形之外，也可以使用系统默认的方式或"尺寸"方式等多种方式来绘制标准"厚度"矩形或"倒角"厚度矩形等。下面自己尝试绘制厚度为 50、倒角距离为 20、长度为 200、宽度为 100 的"倒角"厚度矩形，如图 4-17 所示。

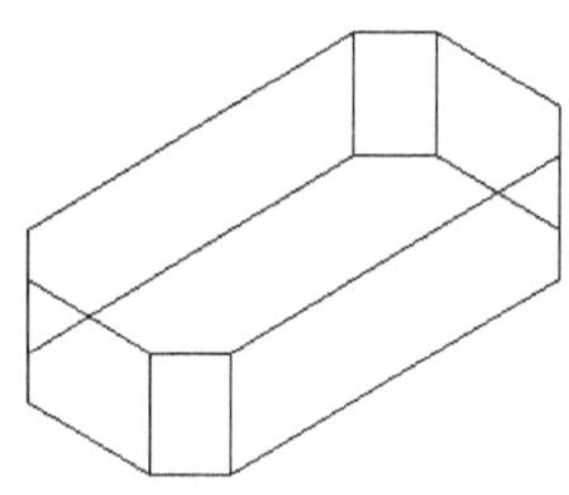

图 4-17

4.2.4 "宽度"矩形（W）

"宽度"矩形是指，矩形的边框具有一定的宽度，如图 4-18 所示，这是一个具有圆角效果的"宽度"矩形。

图 4-18

1. 选项

W

2. 功能 / 用途

绘制具有一定宽度的矩形。

3. 启动方式

（1）输 入 "RECTANG" 或 "REC"，按 Enter 键，激活【矩形】命令。

（2）输入 "W"，按 Enter 键，激活"宽度"选项。

（3）输入宽度值，按 Enter 键确认。

⚙ **功能验证**——绘制"宽度"矩形

下面采用"面积"方式，绘制面积为 20000、长度为 200、圆角半径为 20、宽度为 10 的矩形。

Step 01 ▶ 输入 "REC"，按 Enter 键，激活【矩形】命令。

Step 02 ▶ 输入 "W"，按 Enter 键，激活"宽度"选项。

Step 03 ▶ 输入 "10"，按 Enter 键，确定矩形的宽度。

Step 04 ▶ 输入 "F"，按 Enter 键，激活"圆角"选项。

Step 05 ▶ 输入 "20"，按 Enter 键，确定圆角度。

Step 06 ▶ 单击拾取一点作为矩形的一个角点。

Step 07 ▶ 输入 "A"，按 Enter 键，激活"面积"选项。

Step 08 ▶ 输入 "20000"，按 Enter 键、确定矩形的面积。

Step 09 ▶ 输入 "L"，按 Enter 键，激活"长度"选项。

Step 10 ▶ 输入 "200"，按 Enter 键，确定矩形的长度。绘制结果如图 4-19 所示。

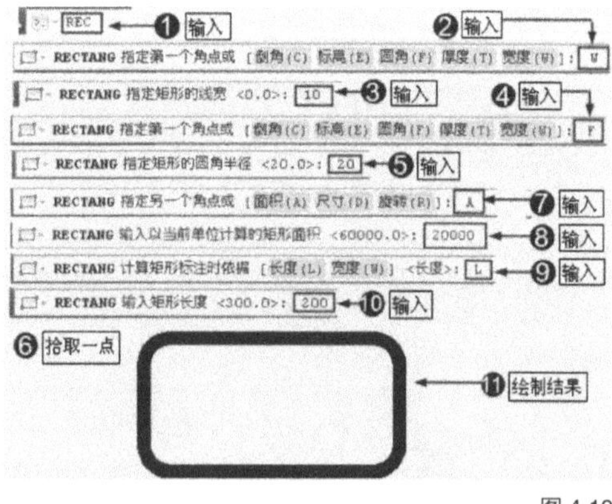

图 4-19

练一练 可以使用默认方式、"尺寸"方式或者"面积"方式来绘制具有"倒角"效果和"圆角"效果以及具有一定"厚度"的"宽度"矩形，下面自己尝试使用"尺寸"方式绘制宽度为 10、厚度为 30、倒角距离为 20、200×100 的矩形，如图 4-20 所示。

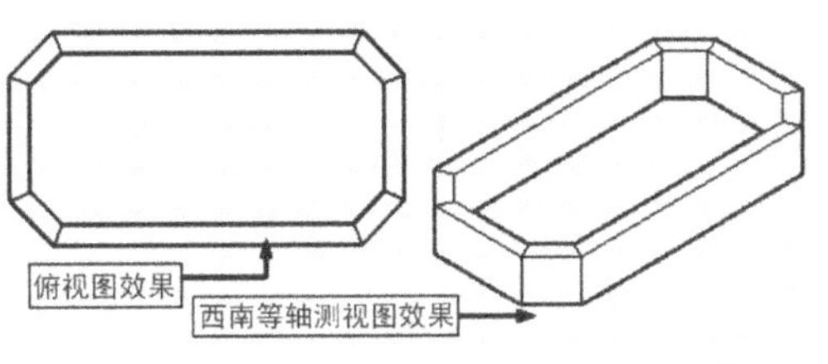

图 4-20

4.3　多边形

"多边形"是由相等的边角组成的闭合图形。可以根据需要设置不同的边数来绘制不同边数的多边形，如四边形、五边形、六边形、八边形等，如图 4-30 所示。

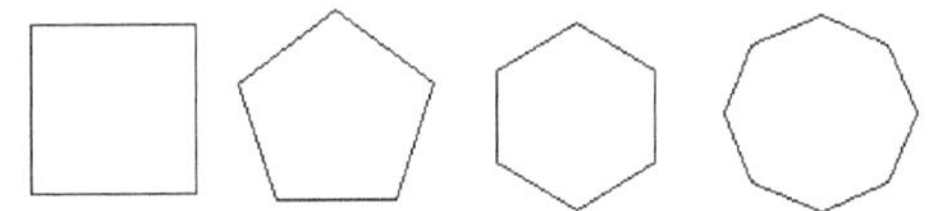

图 4-21

多边形与矩形有很多共同点，例如，不管多边形内部包含有多少直线元素，它与矩形一样，系统都将其看作是一个单一的对象。但是多边形的绘制却与矩形的绘制有天壤之别，本节就来学习启动【多边形】命令以及绘制多边形的快捷方式。

4.3.1　启动【多边形】命令（POLYGON，POL）

1. 快捷方式

POLYGON，POL

2. 功能 / 用途

绘制多边形图形。

3. 启动方式

输入"POLYGON"或"POL"，按 Enter 键，激活【多边形】命令。

┃技术看板┃ 单击菜单栏中的【绘图】/【正多边形】命令；或者单击【绘图】工具栏中的"多边形"按钮 ⬠，如图 4-22 所示，也可以激活【多边形】命令。

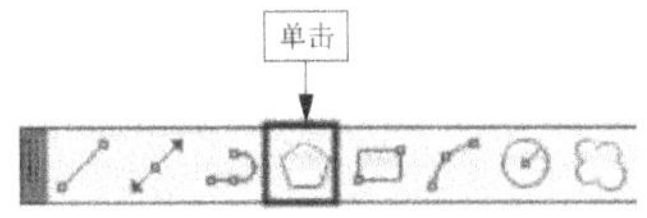

图 4-22

4.3.2　"内接于圆"多边形（I）

简单地说，"内接于圆"多边形就是多边形与圆相接，并且由多边形中心点到多边形各角点的距离等于圆的半径，如图 4-23 所示。

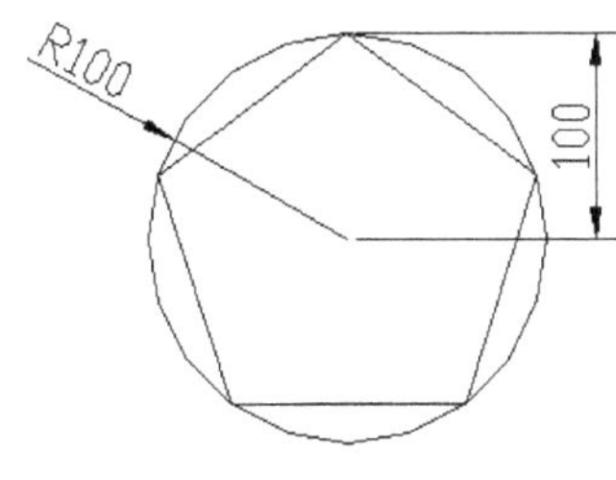

图 4-23

1. 选项

I

2. 功能 / 用途

绘制内接于圆的多边形。

3. 启动方式

（1）输入"POLYGON"或"POL"，按 Enter 键，激活【多边形】命令。

（2）输入多边形边数，按 Enter 键确认。

（3）单击确定中心点。

（4）输入"I"，按 Enter 键，激活"内接于圆"选项。

⚙ 功能验证——绘制内接于圆半径为 100 的五边形

Step 01 ▸ 输入"POL"，按 Enter 键，激活【多边形】命令。

Step 02 ▸ 输入"5"，按 Enter 键，确认多边形的边数。

Step 03 ▶ 单击确定中心点。

Step 04 ▶ 输入"I"，按 Enter 键，激活"内接于圆"选项。

Step 05 ▶ 输入"100"，按 Enter 键，确认内接圆的半径。绘制结果如图 4-24 所示。

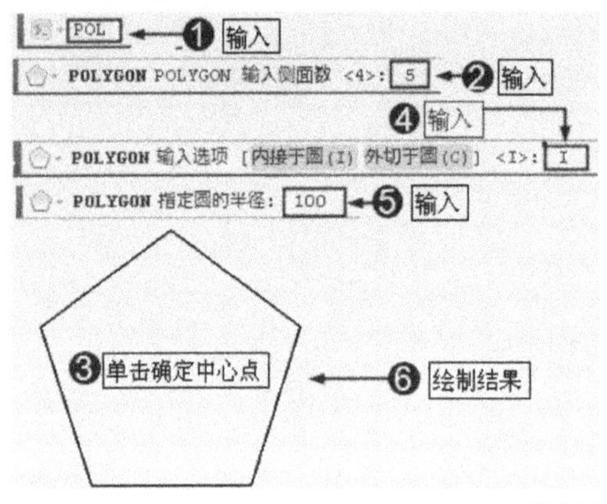

图 4-24

练一练 尝试绘制内接于圆，半径为 150、边数为 8 的多边形，如图 4-25 所示。

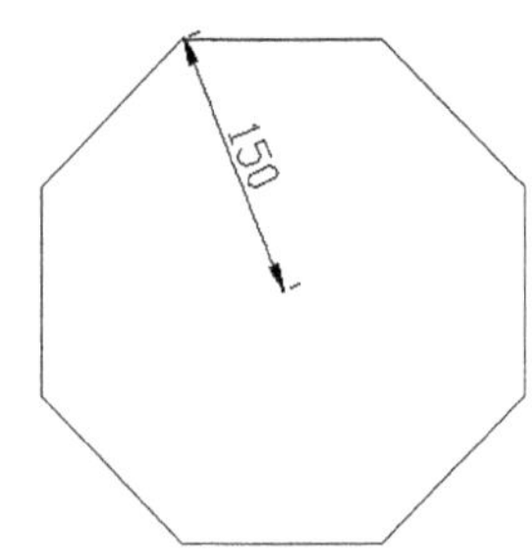

图 4-25

4.3.3 "外切于圆"多边形（C）

与"内接于圆"多边形不同，"外切于圆"多边形是指该多边形各边与其内部的圆成相切关系，由多边形中心到多边形各边的垂线距离等于其内部圆的半径，如图 4-26 所示。

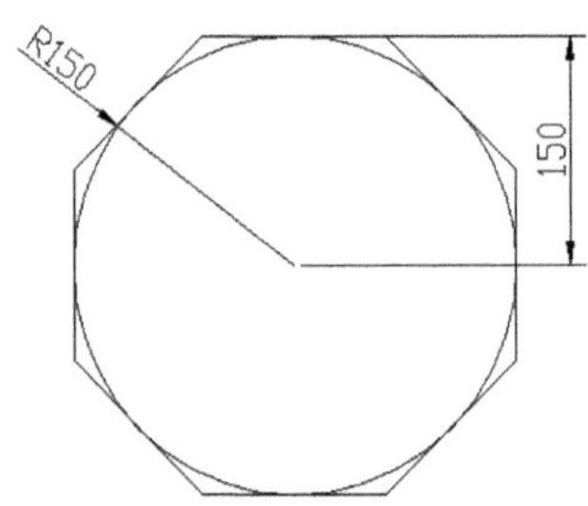

图 4-26

1. 选项

C

2. 功能/用途

绘制外切于圆的多边形。

3. 启动方式

（1）输入"POLYGON"或"POL"，按 Enter 键，激活【多边形】命令。

（2）输入多边形边数，按 Enter 键确认。

（3）单击确定中心点。

（4）输入"C"，按 Enter 键，激活"外切于圆"选项。

⚙ 功能验证 ——绘制外切于圆半径为 150 的八边形

Step 01 ▶ 输入"POL"，按 Enter 键，激活【多边形】命令。

Step 02 ▶ 输入"8"，按 Enter 键，确定多边形的边数。

Step 03 ▶ 单击确定中心点。

Step 04 ▶ 输入"C"，按 Enter 键，激活"外切于圆"选项。

Step 05 ▶ 输入"150"，按 Enter 键，确定内接圆的半径。绘制结果如图 4-27 所示。

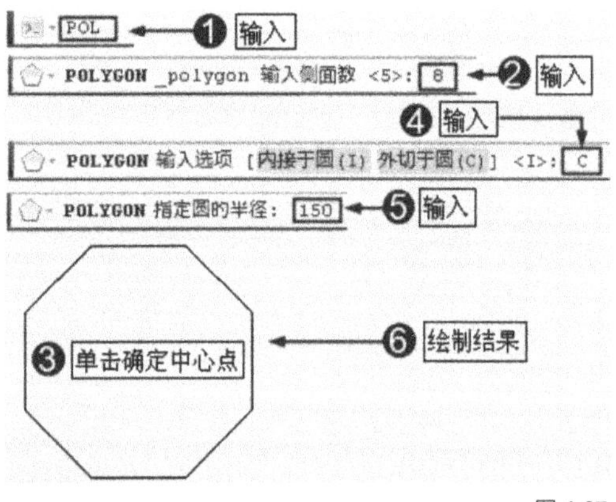

图 4-27

练一练 尝试绘制外切于圆、半径为 200、边数为 6 的多边形，如图 4-28 所示。

┃技术看板┃ 采用"内接于圆"与"外切于圆"方式绘制的多边形最大的区别就是，在边数和半径相同的情况下，这两种多边形的实际大小不同。例如，"内接于圆"与"外切于圆"半径均为 100 的八边形，其实际大小如图 4-29 所示。在实际工作中，可以根据具体需要选择不同的绘制方式。

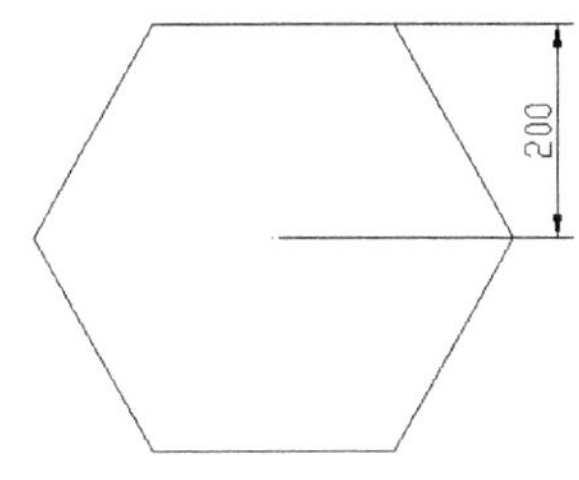

图 4-28

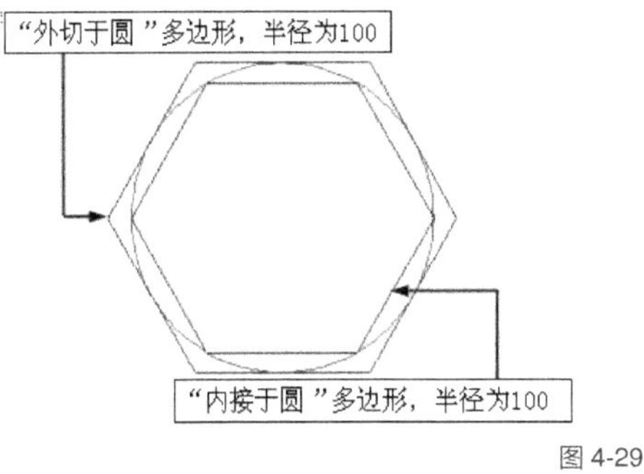

图 4-29

4.3.4　"边"方式绘制多边形（E）

"边"方式绘制多边形是指根据多边形的边长来绘制多边形。这种绘制方式与圆的半径无关，当确定了多边形的边数之后，直接输入边长，即可绘制一个多边形。

1. 选项

E

2. 功能／用途

根据多边形的边长绘制多边形。

3. 启动方式

（1）输入"POLYGON"或"POL"，按 Enter 键，激活【多边形】命令。

（2）输入多边形的边数，按 Enter 键确认。

（3）输入"E"，按 Enter 键，激活"边"选项。

（4）单击确定中心点。

（5）输入边长参数。

（6）按 Enter 键确认。

功能验证——采用"边"方式绘制边数为 5，边长为 50 的多边形

Step 01 ▸ 输入"POL"，按 Enter 键，激活【多边形】命令。

Step 02 ▸ 输入"5"，按 Enter 键，确认多边形的边数。

Step 03 ▸ 输入"E"，按 Enter 键，激活"边"选项。

Step 04 ▸ 单击指定边的端点。

Step 05 ▸ 输入"@50,0"，按 Enter 键，确认另一端点坐标（即边长度），绘制结果如图 4-30 所示。

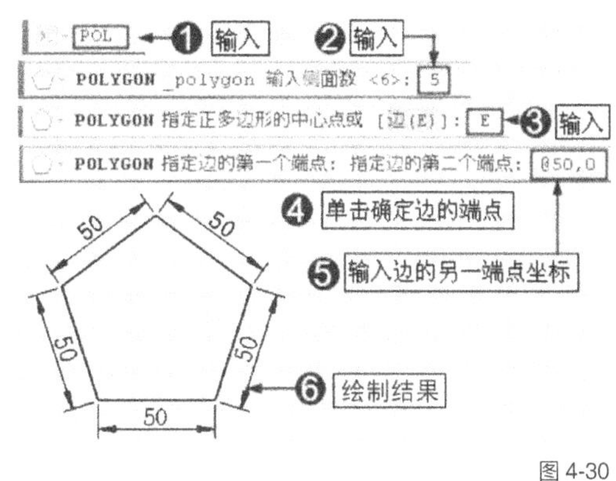

图 4-30

4.4　圆

圆是一种较常见的图形，其绘制方法也比较简单，只要确定圆心后，输入圆的半径或者直径，即可绘制一个圆。本节就来学习启动【圆】命令和绘制圆的快捷方式。

4.4.1　启动【圆】命令（CIRLE，C）

1. 快捷命令

CIRLE，C

2. 功能／用途

绘制圆图形。

3. 启动方式

输入"CIRLE"或"C"，按 Enter 键，激活【圆】命令。

｜技术看板｜ 单击菜单栏中的【绘图】/【圆】级联菜单中的各种命令；或者单击【绘图】工具栏上的"圆"按钮，如图 4-31 所示，也可以激活【圆】命令。

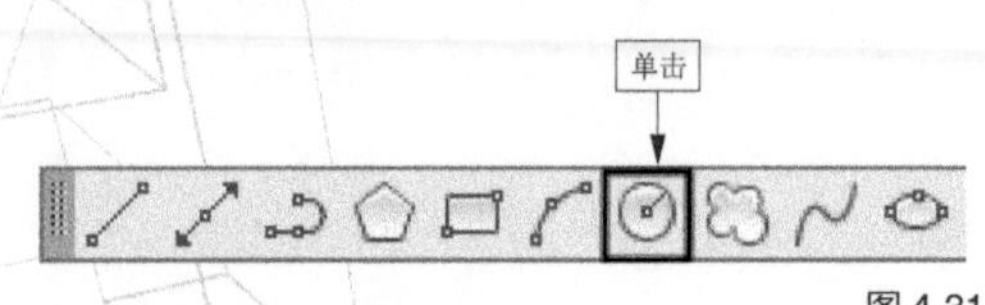

图 4-31

⚙ **功能验证**——绘制半径为 200 的圆

Step 01 ▶ 输入"C"，按 Enter 键，激活【圆】命令。

Step 02 ▶ 单击确定圆心。

Step 03 ▶ 输入圆的半径长度"200"。

Step 04 ▶ 按 Enter 键，结果如图 4-32 所示。

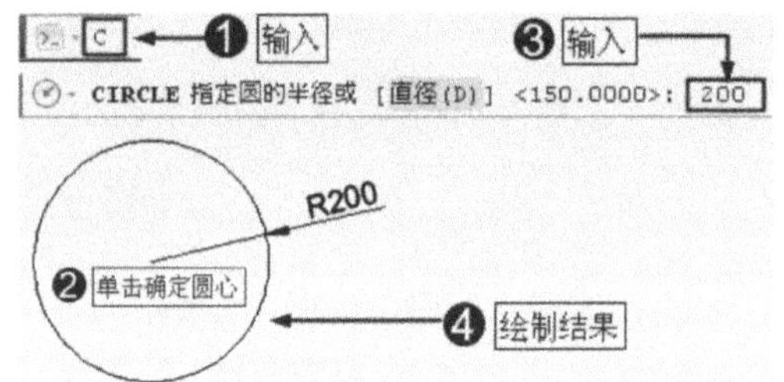

图 4-32

4.4.2 "直径"方式绘制图（D）

当已知圆的直径时，可以采用"直径"方式来绘制圆。

1. 选项

D

2. 功能 / 用途

通过输入圆的直径绘制圆。

3. 启动方式

（1）输入"CIRLE"或"C"，按 Enter 键，激活【圆】命令。

（2）单击确定圆心。

（3）输入"D"，按 Enter 键，激活"直径"选项。

（4）输入直径参数，按 Enter 键确认，

⚙ **功能验证**——以"直径"方式绘制直径为 50 的圆

Step 01 ▶ 输入"C"，按 Enter 键，激活【圆】命令。

Step 02 ▶ 单击确定圆心。

Step 03 ▶ 输入"D"，按 Enter 键，激活"直径"选项。

Step 04 ▶ 输入圆的直径长度"100"。

Step 05 ▶ 按 Enter 键确认，绘制结果如图 4-33 所示。

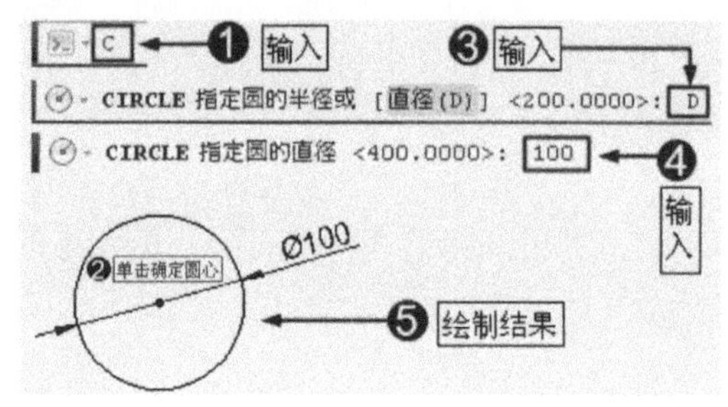

图 4-33

4.4.3 "三点"方式绘制图（3P）

在某些情况下，绘制圆时并不需要知道圆的半径或者直径，只要知道圆上的三个点的位置（坐标），就可以采用"三点"方式来绘制圆。

1. 选项

3P

2. 功能 / 用途

通过拾取圆上的 3 个点绘制圆。

3. 启动方式

（1）输入"CIRLE"或"C"，按 Enter 键，激活【圆】命令。

（2）输入"3P"，按 Enter 键，激活"三点"选项。

（3）分别拾取 3 个点。

⚙ **功能验证**——以"三点"方式绘制圆

使用【直线】命令绘制一个等边三角形，如图 4-34（a）所示，再通过该三角形 3 个顶点绘制一个圆，如图 4-34（b）所示。

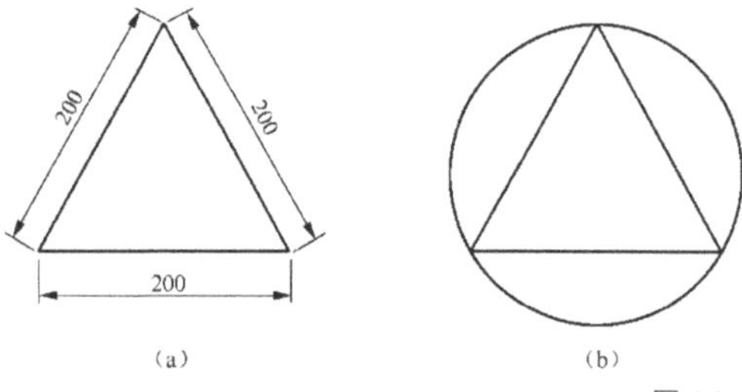

图 4-34

1. 设置捕捉模式

采用"三点"绘制圆时，需要设置"端点"或"交点"捕捉模式，这样才能正确捕

捉到所需要的特征点。

Step 01 ▶ 输入"SE",按 Enter 键,打开【草图设置】对话框。

Step 02 ▶ 勾选"启用对象捕捉"选项。

Step 03 ▶ 勾选"端点"捕捉模式。

Step 04 ▶ 单击 确定 按钮,如图 4-35 所示。

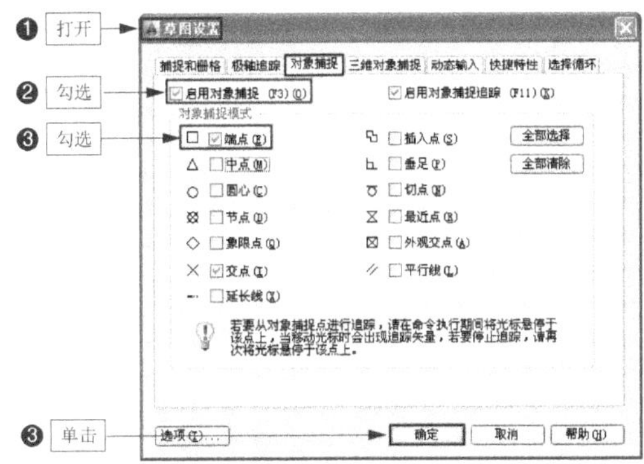

图 4-35

2. 绘制过程

Step 01 ▶ 输入"C",按 Enter 键,激活【圆】命令。

Step 02 ▶ 输入"3P",按 Enter 键,激活"三点"选项。

Step 03 ▶ 捕捉三角形的第 1 个顶点。

Step 04 ▶ 捕捉三角形的第 2 个顶点。

Step 05 ▶ 捕捉三角形的第 3 个顶点。结果如图 4-36 所示。

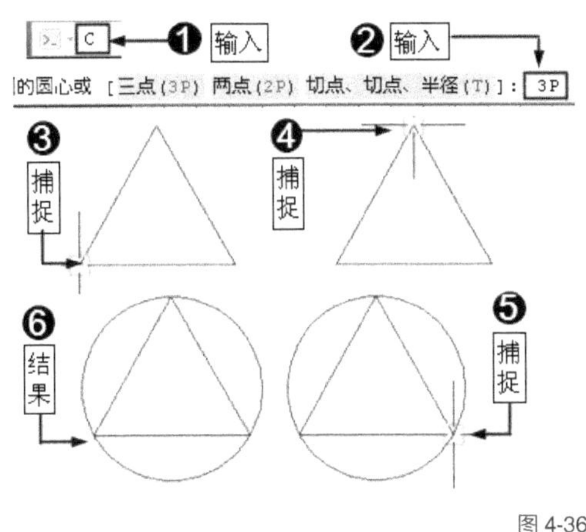

图 4-36

练一练 尝试通过三角形的 3 条边的中点绘制一个圆,如图 4-37 所示。

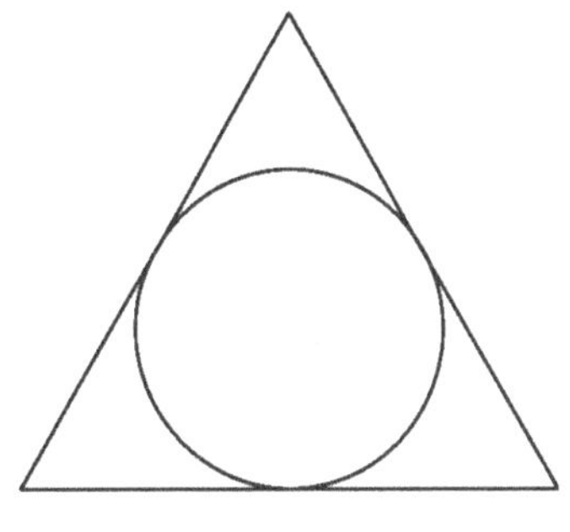

图 4-37

4.4.4 "两点"方式绘制图(2P)

与"三点"方式绘制圆不同,"两点"方式绘制圆是指通过拾取圆上的两个点来绘制圆,这两点其实就是圆直径的两个端点。

1. 选项

2P

2. 功能 / 用途

通过拾取圆上的两个点绘制圆。

3. 启动方式

(1)输入"CIRLE"或"C",按 Enter 键,激活【圆】命令。

(2)输入"2P",按 Enter 键,激活"两点"选项。

(3)拾取圆直径的起点和端点。

功能验证——以"两点"方式绘制圆

下面通过捕捉三角形一条边的两个端点来绘制一个圆。

Step 01 ▶ 输入"C",按 Enter 键,激活【圆】命令。

Step 02 ▶ 输入"2P",按 Enter 键,激活"两点"选项。

Step 03 ▶ 捕捉三角形水平边的左端点。

Step 04 ▶ 捕捉三角形水平边的右端点。结果如图 4-38 所示。

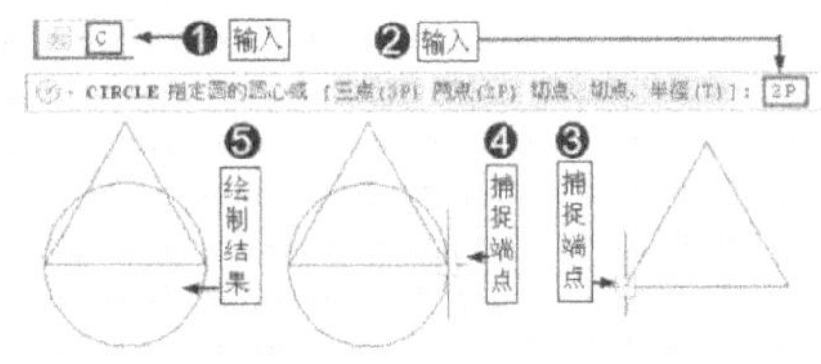

图 4-38

| 技术看板 | 采用"两点"方式绘制圆时，其实就是拾取了圆的直径的两个端点，因此，当拾取第 1 点后，可以直接输入圆直径的另一端点坐标来精确绘制该圆，这相当于使用"直径"方式绘制圆。

4.4.5 "切点、切点、半径"方式绘制圆（T）

首先了解什么是切点。所谓"切点"就是两条光滑曲线交于一点，使得它们在该点处的切线方向相同，则该点称为切点。一般情况下，如果直线与圆相交于一点，且圆心到该点的直线与该线垂直，那么该线就是圆的切线，该交点就是切点。明白了切点的概念，那么"切点、切点、半径"方式绘制圆其实就是绘制一个与两条线都相切的圆。

1. 选项

T

2. 功能 / 用途

绘制与两条线都相切的圆。

3. 启动方式

（1）输入"CIRLE"或"C"，按 Enter 键，激活【圆】命令。

（2）输入"T"，按 Enter 键，激活"切点、切点、半径"选项。

（3）拾取第 1 个切点。

（4）拾取第 2 个切点。

（5）输入圆的半径值。

功能验证——以"切点、切点、半径"方式绘制圆

下面绘制一个与三角形的两条边都相切、半径为 50 的圆。

Step 01 ▶ 输入"C"，按 Enter 键，激活【圆】命令。

Step 02 ▶ 输入"T"，按 Enter 键，激活"切点、切点、半径"选项。

Step 03 ▶ 在三角形的水平边上拾取第 1 个切点。

Step 04 ▶ 在三角形左倾斜边上拾取第 2 个切点。

Step 05 ▶ 输入圆的半径"50"。

Step 06 ▶ 按 Enter 键，结果如图 4-39 所示。

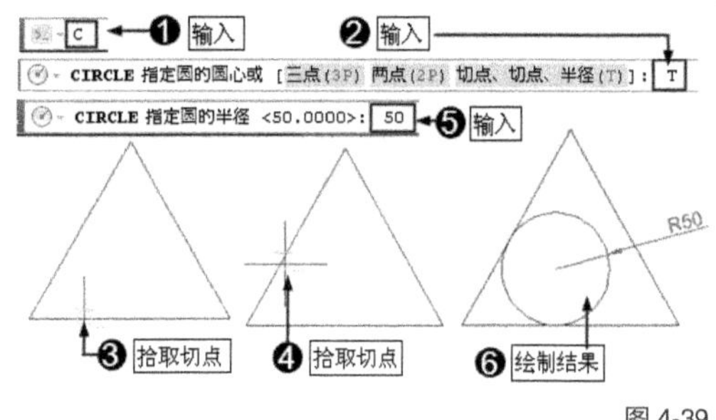

图 4-39

练一练 "切点、切点、半径"方式绘制圆的关键是切点和半径。下面请读者尝试使用该方式，在图 4-39 的基础上绘制一个半径为 20，并与三角形的水平边和 R50 相切圆相切的小圆，如图 4-40 所示。

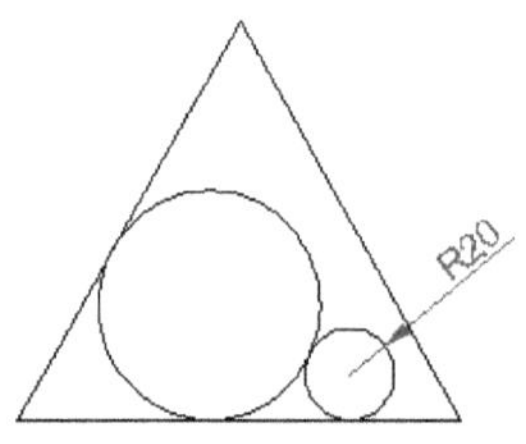

图 4-40

4.5 椭圆

"椭圆"是由两条不等的椭圆轴所控制的闭合曲线，包含中心点、长轴和短轴等几何特征。本节就来学习启动【椭圆】命令和绘制椭圆与圆弧的快捷方式。

4.5.1 启动【椭圆】命令（ELLIPSE，EL）

1. 快捷命令

ELLIPSE，EL

2. 功能 / 用途

绘制由长轴和短轴定义的闭合曲线。

3．启动方式

输入"ELLIPSE"或"EL"，按 Enter 键，激活【椭圆】命令。

| **技术看板** | 单击菜单栏中的【绘图】/【椭圆】子菜单命令；或者单击【绘图】工具栏上的"椭圆"按钮，如图 4-41 所示，也可以激活【椭圆】命令。

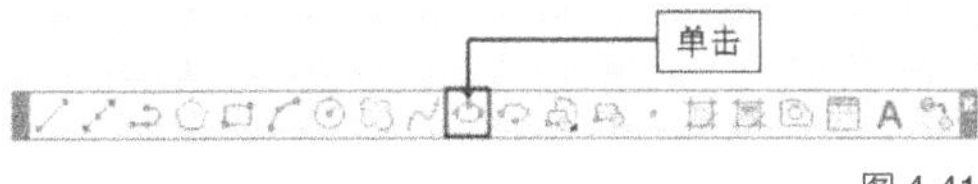

图 4-41

功能验证——绘制椭圆

系统默认情况下，绘制椭圆采用的是"轴端点"方式，即分别指定一条轴的两个端点和另一条轴的半长来绘制椭圆。下面就使用该方式绘制长轴为150、短轴为60的椭圆。

Step 01 ▶ 输入"EL"，按 Enter 键，激活【椭圆】命令。

Step 02 ▶ 单击拾取轴的一个端点。

Step 03 ▶ 输入"@150,0"，按 Enter 键，指定轴另一端点坐标。

Step 04 ▶ 输入"30"，按 Enter 键，确认半轴值，结果如图 4-42 所示。

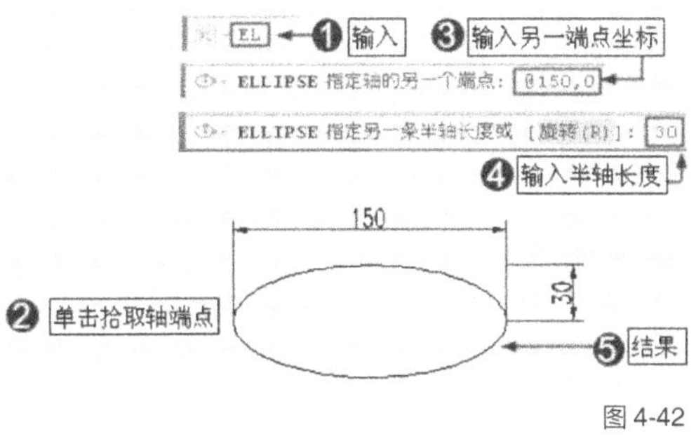

图 4-42

练一练 尝试绘制长轴为 200、短轴为 100 的椭圆，如图 4-43 所示。

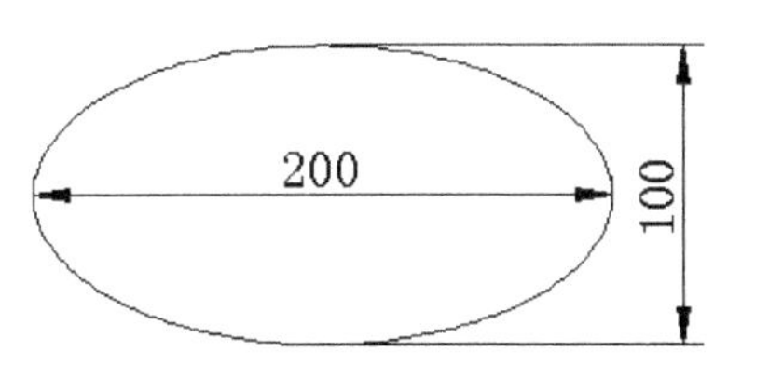

图 4-43

| **技术看板** | 什么是半轴？为什么绘制椭圆时输入的短轴值是实际尺寸的一半？所谓"半轴"就是轴的一半，在绘制椭圆时，当确定长轴尺寸后，系统将从椭圆圆心来计算椭圆的短轴长度，它相当于圆的半径，因此要输入短轴实际尺寸的一半，这样才能绘制出符合实际要求的椭圆。

4.5.2 "中心点"方式绘制椭圆（C）

除了采用系统默认的"轴端点"方式绘制椭圆之外，也可以采用"中心点"方式绘制椭圆，即首先确定椭圆的中心点，然后分别输入长轴和短轴的半长来绘制椭圆。

1．选项

C

2．功能/用途

通过确定椭圆的中心点以及长轴和短轴的半长绘制椭圆。

3．启动方式

（1）输入"ELLIPSE"或"EL"，按 Enter 键，激活【椭圆】命令。

（2）输入"C"，按 Enter 键，激活"中心点"选项。

（3）单击确定中心点。

（4）指定长轴的端点，按 Enter 键确认。

（5）输入短轴的半长，按 Enter 键确认。

功能验证——以"中心点"方式绘制椭圆

下面以"中心点"方式，以图 4-43 所示椭圆的圆心作为中心点，绘制长轴为100、短轴为60的椭圆。

Step 01 ▶ 输入"EL"，按 Enter 键，激活【椭圆】命令。

Step 02 ▶ 输入"C"，按 Enter 键，激活"中心点"选项。

Step 03 ▶ 捕捉椭圆的圆心。

Step 04 ▶ 向上引导光标。

Step 05 ▶ 输入"50",按 Enter 键,指定长轴的半长。

Step 06 ▶ 输入"30",按 Enter 键,指定短轴的半长。结果如图 4-44 所示。

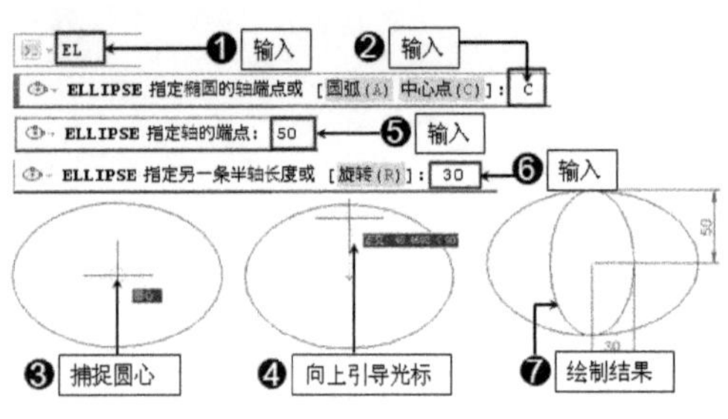

图 4-44

4.5.3 启动"椭圆弧"选项（A）

使用【椭圆】命令不仅可以绘制椭圆,还可以绘制椭圆弧。

1. 选项

A

2. 功能 / 用途

绘制圆弧。

3. 启动方式

（1）输入"ELLIPSE"或"EL",按 Enter 键,激活【椭圆】命令。

（2）输入"A",按 Enter 键,激活"圆弧"选项。

功能验证——绘制椭圆弧

下面绘制长轴为 100、短轴为 50、起点角度为 90、端点角度为 -90 的圆弧。

Step 01 ▶ 输入"EL",按 Enter 键,激活【椭圆】命令。

Step 02 ▶ 输入"A",按 Enter 键,激活"圆弧"选项。

Step 03 ▶ 单击拾取一点,确定圆弧的长轴端点。

Step 04 ▶ 输入"@100,0",按 Enter 键,指定长轴另一端点坐标。

Step 05 ▶ 输入"25",按 Enter 键,指定短轴的半长。

Step 06 ▶ 输入"90",按 Enter 键,指定起点角度。

Step 07 ▶ 输入"-90",按 Enter 键,指定端点角度。结果如图 4-45 所示。

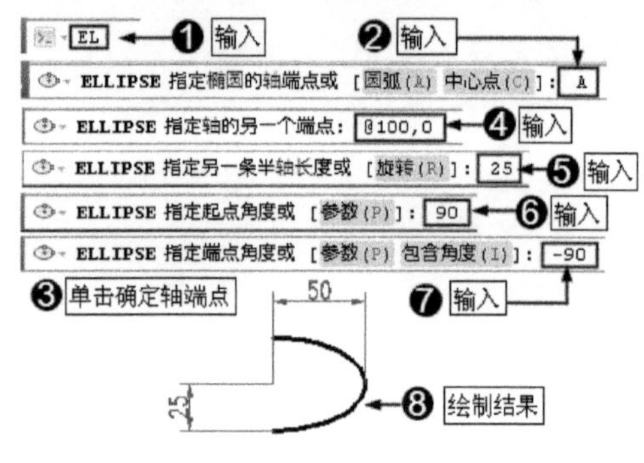

图 4-45

4.6 圆弧

"圆弧"是一种非封闭的椭圆。简单地说,圆弧其实就是半个圆或者椭圆。本节就来学习启动【圆弧】命令以及绘制圆弧的快捷方式。

4.6.1 启动【圆弧】命令（ARC）

1. 快捷命令

ARC

2. 功能 / 用途

绘制圆弧。

3. 启动方式

输入"ARC",按 Enter 键,激活【圆弧】命令。

| 技术看板 | 还可以单击菜单栏中的【绘图】/【椭圆】命令,以启动各子菜单命令来绘制圆弧,如图 4-46 所示。

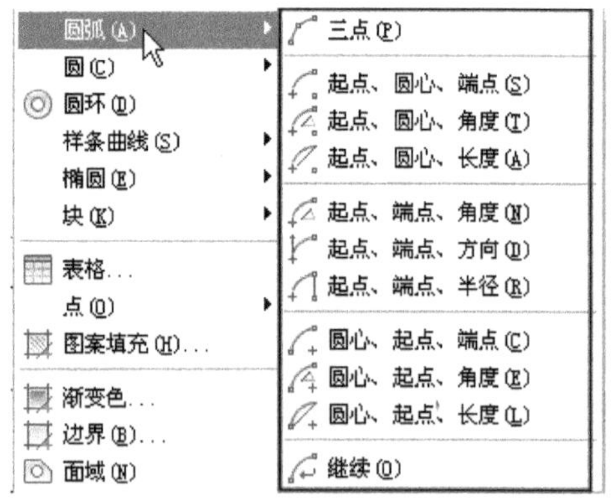

图 4-46

⚙ **功能验证**——绘制圆弧

Step 01 ▶ 输入"ARC"，按 Enter 键，激活【圆弧】命令。

Step 02 ▶ 单击指定圆弧的起点。

Step 03 ▶ 单击指定圆弧的第 2 点。

Step 04 ▶ 单击指定圆弧的端点，绘制结果如图 4-47 所示。

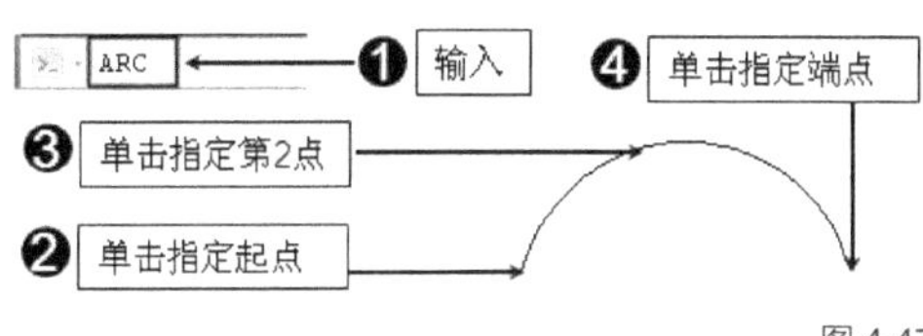

图 4-47

| 技术看板 | 在实际工作中，绘制圆弧时，可以根据图形设计要求，捕捉图形特征点，或者直接输入点的坐标值来定位圆弧上的起点、第 2 点和端点（这也是通常所说的"三点画弧方式"）例如，要在一个矩形图形上绘制一个圆弧，圆弧起点位于矩形左下端点的 Y 轴正方向 90 的位置，而端点则位于矩形右上端点的 X 轴负方向 100 的位置，另一点则位于矩形左上端点上，此时我们可以以矩形左下端点和右上端点作为参照点，通过输入坐标值确定这两点的位置来绘制该圆弧，具体操作如下。

Step 01 ▶ 输入"ARC"，按 Enter 键，激活【圆弧】命令。

Step 02 ▶ 按住 Shift 键右击，选择"自"命令。

Step 03 ▶ 捕捉矩形的左下端点。

Step 04 ▶ 输入"@0,90"，按 Enter 键，定位圆弧起点。

Step 05 ▶ 捕捉矩形左上端点，定位圆弧的第 2 点。

Step 06 ▶ 按住 Shift 键右击，选择"自"命令。

Step 07 ▶ 捕捉矩形的右上端点。

Step 08 ▶ 输入"@-100,0"，按 Enter 键，定位圆弧的端点。绘制结果如图 4-48 所示。

练一练 尝试根据图 4-49 所示的尺寸，在矩形内部使用三点画弧方式绘制如图 4-49 所示的圆弧。

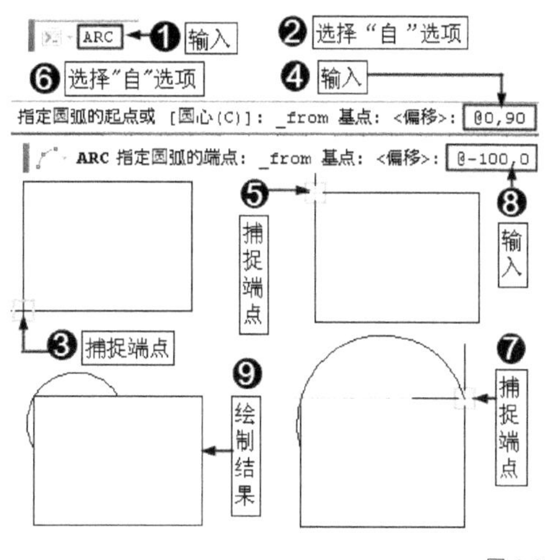

图 4-48

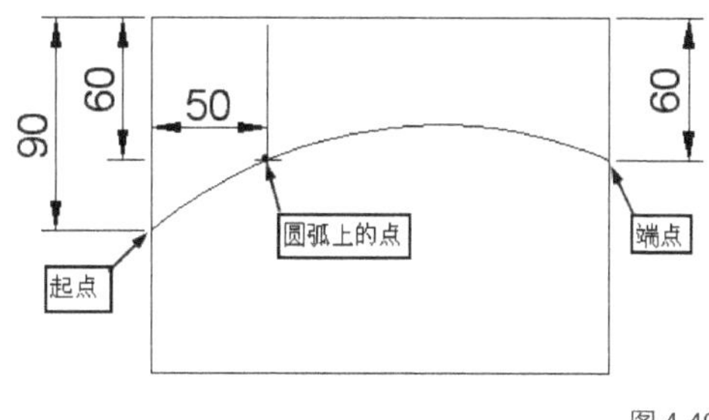

图 4-49

4.6.2 "起点、圆心、端点"方式绘制圆弧（C）

"起点、圆心、端点"方式绘制圆弧，就是先确定圆弧的起点和圆心，再确定圆弧的端点来绘制圆弧，这与使用"半径"方式绘制圆非常相似。

1. 选项

C

2. 功能 / 用途

通过确定圆弧的起点、圆心和端点绘制圆弧。

3. 启动方式

（1）输入"ARC"，按 Enter 键，激活【圆弧】命令。

（2）单击拾取一点作为圆弧起点。

（3）输入"C"，按 Enter 键，激活"圆心"选项。

（4）拾取一点作为圆弧的圆心。

（5）拾取一点作为圆弧的端点。

⚙ **功能验证**——以"起点、圆心、端点"方式绘制圆弧

首先绘制一个矩形，再以矩形左下角为圆弧的起点，以矩形左垂直边的中点为圆弧的圆心，以矩形左垂直边的上端点为圆弧的端点来绘制圆弧。

Step 01 ▶ 输入"ARC"，按 Enter 键，激活【圆弧】命令。

Step 02 ▶ 捕捉矩形左下角作为圆弧的起点。

Step 03 ▶ 输入"C"，按 Enter 键，激活"圆心"选项。

Step 04 ▶ 捕捉矩形左垂直边的中点作为圆弧的圆心。

Step 05 ▶ 捕捉矩形左垂直边的上端点作为圆弧的端点。绘制结果如图 4-50 所示。

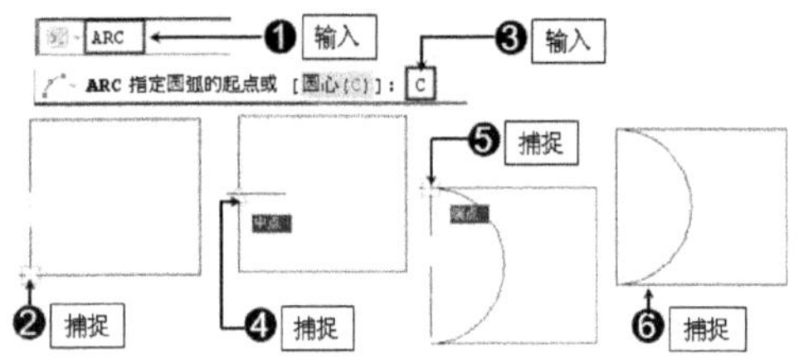

图 4-50

4.6.3 "起点、圆心、角度"方式绘制圆弧（C+A）

这种方式是首先确定圆弧的起点和圆心，最后确定圆弧的角度来绘制圆弧。

1. 选项

C+A

2. 功能／用途

通过确定圆弧的起点、圆心和角度绘制圆弧。

3. 启动方式

（1）输入"ARC"，按 Enter 键，激活【圆弧】命令。

（2）拾取一点作为圆弧的端点。

（3）输入"C"，按 Enter 键，激活"圆心"选项。

（4）拾取一点作为圆弧的圆心。

（5）输入"A"，按 Enter 键，激活"角度"选项。

（6）输入圆弧的角度值。

⚙ **功能验证**——以"起点、圆心、角度"方式绘制圆弧

下面以矩形左垂直边的上端点作为圆弧的起点，以左垂直边的中点作为圆弧的圆心，绘制 90° 的圆弧。

Step 01 ▶ 输入"ARC"，按 Enter 键，激活【圆弧】命令。

Step 02 ▶ 捕捉矩形左垂直边的上端点作为圆弧的起点。

Step 03 ▶ 输入"C"，按 Enter 键，激活"圆心"选项。

Step 04 ▶ 捕捉矩形的左垂直边的中点作为圆弧的圆心。

Step 05 ▶ 输入"A"，按 Enter 键，激活"角度"选项。

Step 06 ▶ 输入"90"，按 Enter 键，指定圆弧的角度。绘制结果如图 4-51 所示。

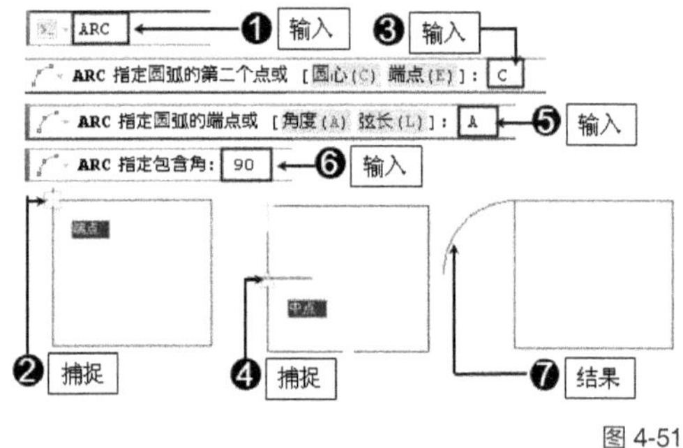

图 4-51

4.6.4 "起点、圆心、长度"方式绘制圆弧（C+L）

这种方式是首先确定圆弧的起点和圆心，最后确定圆弧的长度来绘制圆弧。

1. 选项

C+L

2. 功能／用途

通过确定圆弧的起点、圆心和长度绘制圆弧。

3. 启动方式

（1）输入"ARC"，按 Enter 键，激活【圆弧】命令。

（2）拾取一点作为圆弧的端点。

（3）输入"C"，按 Enter 键，激活"圆心"选项。

（4）拾取一点作为圆弧的圆心。

（5）输入"L"，按 Enter 键，激活"长度"选项。

（6）输入圆弧的长度值。

⚙ **功能验证** ——以"起点、圆心、长度"方式绘制圆弧

下面以矩形左上端点作为圆弧起点，以上水平边的中点作为圆弧的圆心，绘制弧长为 100 的圆弧。

Step 01 ▸ 输入"ARC"，按 Enter 键，激活【圆弧】命令。

Step 02 ▸ 捕捉矩形的左上端点作为圆弧的起点。

Step 03 ▸ 输入"C"，按 Enter 键，激活"圆心"选项。

Step 04 ▸ 捕捉矩形的上水平边的中点作为圆弧的圆心。

Step 05 ▸ 输入"L"，按 Enter 键，激活"弦长"选项。

Step 06 ▸ 输入"100"，按 Enter 键，指定圆弧的弦长。绘制结果如图 4-52 所示。

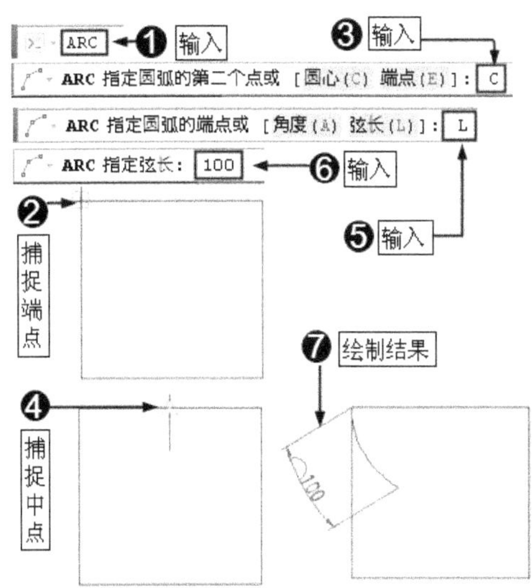

图 4-52

4.6.5 "起点、端点、角度"方式绘制圆弧（E+A）

这种方式是先确定圆弧的起点和端点，然后确定圆弧的角度来绘制圆弧。

1. 选项

E+A

2. 功能 / 用途

通过确定圆弧的起点、端点和角度绘制圆弧。

3. 启动方式

（1）输入"ARC"，按 Enter 键，激活【圆弧】命令。

（2）拾取一点作为圆弧的端点。

（3）输入"E"，按 Enter 键，激活"端点"选项。

（4）拾取一点作为圆弧的端点。

（5）输入"A"，按 Enter 键，激活"角度"选项。

（6）输入圆弧的角度值。

⚙ **功能验证** ——以"起点、端点、角度"方式绘制圆弧

下面以矩形上水平边的左、右两个端点作为圆弧的起点和端点，绘制角度为 180° 的圆弧。

Step 01 ▸ 输入"ARC"，按 Enter 键，激活【圆弧】命令。

Step 02 ▸ 捕捉矩形上水平边的左端点作为圆弧的起点。

Step 03 ▸ 输入"E"，按 Enter 键，激活"端点"选项。

Step 04 ▸ 捕捉矩形上水平边的右端点作为圆弧的端点。

Step 05 ▸ 输入"A"，按 Enter 键，激活"角度"选项。

Step 06 ▸ 输入"180"，按 Enter 键，指定圆弧的角度。绘制结果如图 4-53 所示。

4.6.6 "起点、端点、方向"方式绘制圆弧（E+D）

这种方式是首先确定圆弧的起点和端

点，然后确定圆弧的方向来绘制圆弧。

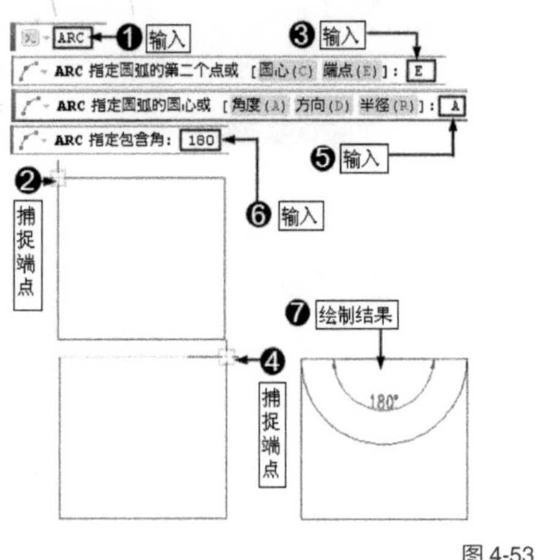

图 4-53

1．选项

E+D

2．功能 / 用途

通过确定圆弧的起点、端点和方向绘制圆弧。

3．启动方式

（1）输入"ARC"，按 Enter 键，激活【圆弧】命令。

（2）拾取一点作为圆弧的端点。

（3）输入"E"，按 Enter 键，激活"端点"选项。

（4）拾取一点作为圆弧的端点。

（5）输入"D"，按 Enter 键，激活"方向"选项。

（6）拾取一点确定圆弧的方向。

功能验证——以"起点、端点、方向"方式绘制圆弧

下面以矩形上水平边的左、右两个端点作为圆弧的起点和端点，捕捉矩形的右下端点确定圆弧的方向来绘制一个圆弧。

Step 01 ▸ 输入"ARC"，按 Enter 键，激活【圆弧】命令。

Step 02 ▸ 捕捉矩形上水平边的左端点作为圆弧的起点。

Step 03 ▸ 输入"E"，按 Enter 键，激活"端点"选项。

Step 04 ▸ 捕捉矩形上水平边的右端点作为圆弧

的端点。

Step 05 ▸ 输入"D"，按 Enter 键，激活"方向"选项。

Step 06 ▸ 捕捉矩形的右下端点确定圆弧的方向。绘制结果如图 4-54 所示。

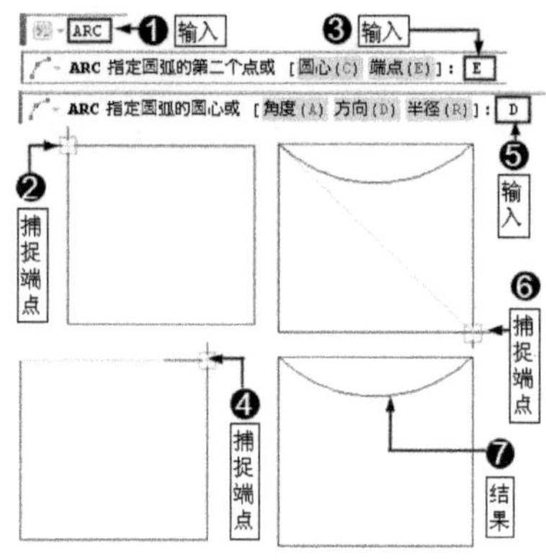

图 4-54

4.6.7 "起点、端点、半径"方式绘制圆弧（E+R）

这种方式是先确定圆弧的起点和端点，然后输入圆弧的半径来绘制圆弧。

1．选项

E+R

2．功能 / 用途

通过确定圆弧的起点、端点和半径绘制圆弧。

3．启动方式

（1）输入"ARC"，按 Enter 键，激活【圆弧】命令。

（2）拾取一点作为圆弧的端点。

（3）输入"E"，按 Enter 键，激活"端点"选项。

（4）拾取一点作为圆弧的端点。

（5）输入"R"，按 Enter 键，激活"半径"选项。

（6）输入圆弧的半径。

功能验证——以"起点、端点、半径"方式绘制圆弧

下面以矩形上水平边的左、右两个端点作为圆弧的起点和端点，绘制半径为 100 的圆弧。

Step 01 ▶ 输入 "ARC"，按 Enter 键，激活【圆弧】命令。

Step 02 ▶ 捕捉矩形上水平边的左端点作为圆弧的起点。

Step 03 ▶ 输入 "E"，按 Enter 键，激活 "端点" 选项。

Step 04 ▶ 捕捉矩形上水平边的右端点作为圆弧的端点。

Step 05 ▶ 输入 "R"，按 Enter 键，激活 "半径" 选项。

Step 06 ▶ 输入 "100"，按 Enter 键，指定圆弧的半径。绘制结果如图 4-55 所示。

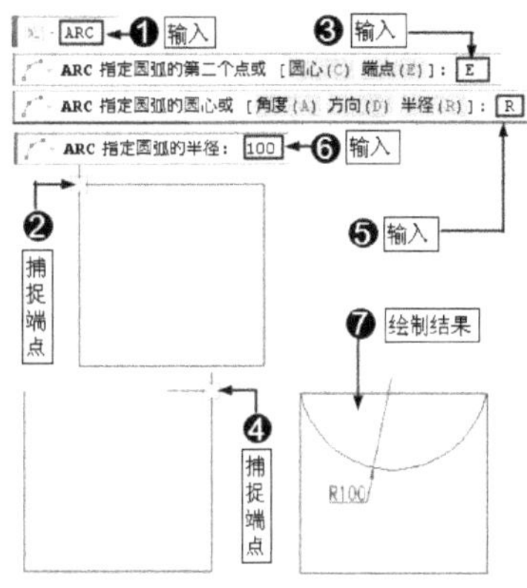

图 4-55

4.6.8 "圆心、起点、端点" 方式绘制圆弧（C）

这种方式是先确定圆弧的圆心，然后确定圆弧的起点和端点来绘制圆弧。

1. 选项

C

2. 功能 / 用途

通过确定圆弧的圆心、起点和端点绘制圆弧。

3. 启动方式

（1）输入 "ARC"，按 Enter 键，激活【圆弧】命令。

（2）输入 "C"，按 Enter 键，激活 "圆心" 选项。

（3）拾取一点作为圆弧的圆心。

（4）拾取一点作为圆弧起点。

（5）拾取一点作为圆弧的端点。

⚙ **功能验证** ——以 "圆心、起点、端点" 方式绘制圆弧

下面以矩形上水平边的左、右两个端点作为圆弧的起点和端点，以上水平边的中点作为圆心绘制圆弧。

Step 01 ▶ 输入 "ARC"，按 Enter 键，激活【圆弧】命令。

Step 02 ▶ 输入 "C"，按 Enter 键，激活 "圆心" 选项。

Step 03 ▶ 捕捉矩形上水平边的中点作为圆心。

Step 04 ▶ 捕捉矩形上水平边的左端点作为圆弧的起点。

Step 05 ▶ 捕捉矩形上水平边的右端点作为圆弧的端点。绘制结果如图 4-56 所示。

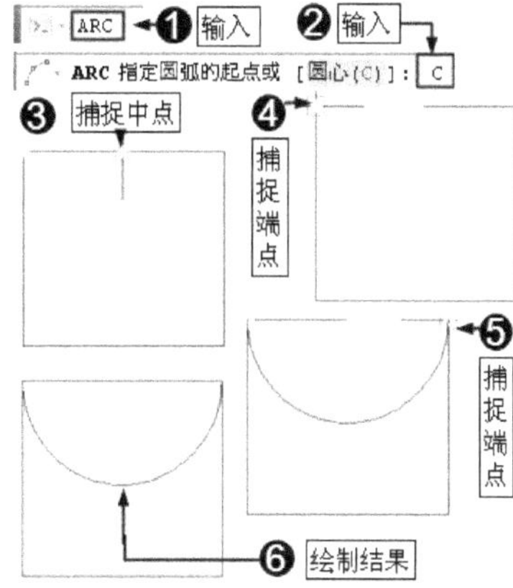

图 4-56

4.6.9 "圆心、起点、角度" 方式绘制圆弧（C+A）

这种方式是先确定圆弧的圆心，然后确定圆弧的起点，最后输入圆弧的角度来绘制圆弧。

1. 选项

C+A

2. 功能 / 用途

通过确定圆弧的圆心、起点和角度绘制圆弧。

3. 启动方式

（1）输入 "ARC"，按 Enter 键，激活【圆弧】命令。

（2）输入 "C"，按 Enter 键，激活 "圆心" 选项。

（3）拾取一点作为圆弧的圆心

（4）拾取一点作为圆弧的起点。

（5）输入"A"，按 Enter 键，激活"角度"选项。

（6）输入圆弧的角度值。

⚙ **功能验证** ——以"圆心、起点、角度"方式绘制圆弧

下面以矩形上水平边的中点作为圆心，以上水平边的左端点作为圆弧的起点，绘制角度为 90° 的圆弧。

Step 01 ▶ 输入"ARC"，按 Enter 键，激活【圆弧】命令。

Step 02 ▶ 输入"C"，按 Enter 键，激活"圆心"选项。

Step 03 ▶ 捕捉矩形上水平边的中点作为圆心。

Step 04 ▶ 捕捉矩形上水平边的左端点作为圆弧的起点。

Step 05 ▶ 输入"A"，按 Enter 键，激活"角度"选项。

Step 06 ▶ 输入"90"，按 Enter 键，指定圆弧的角度。绘制结果如图 4-57 所示。

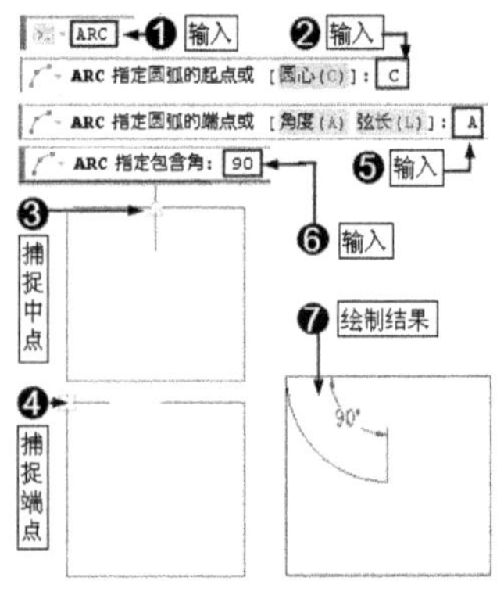

图 4-57

4.6.10 "圆心、起点、长度"方式绘制圆弧（C+L）

这种方式是先确定圆弧的圆心，然后确定圆弧的起点，最后再输入圆弧的长度来绘制圆弧。

1. 选项

C+L

2. 功能 / 用途

通过确定圆弧的圆心、起点和长度绘制圆弧。

3. 启动方式

（1）输入"ARC"，按 Enter 键，激活【圆弧】命令。

（2）输入"C"，按 Enter 键，激活"圆心"选项。

（3）拾取一点作为圆弧的圆心。

（4）拾取一点作为圆弧的起点。

（5）输入"L"，按 Enter 键，激活"长度"选项。

（6）输入圆弧的长度。

⚙ **功能验证** ——以"圆心、起点、长度"方式绘制圆弧

下面以矩形上水平边的中点作为圆心，以上水平边左端点作为圆弧的起点，绘制长度为 150 的圆弧。

Step 01 ▶ 输入"ARC"，按 Enter 键，激活【圆弧】命令。

Step 02 ▶ 输入"C"，按 Enter 键，激活"圆心"选项。

Step 03 ▶ 捕捉矩形上水平边的中点作为圆心。

Step 04 ▶ 捕捉矩形上水平边的左端点作为圆弧的起点。

Step 05 ▶ 输入"L"，按 Enter 键，激活"长度"选项。

Step 06 ▶ 输入"150"，按 Enter 键，指定圆弧的长度。绘制结果如图 4-58 所示。

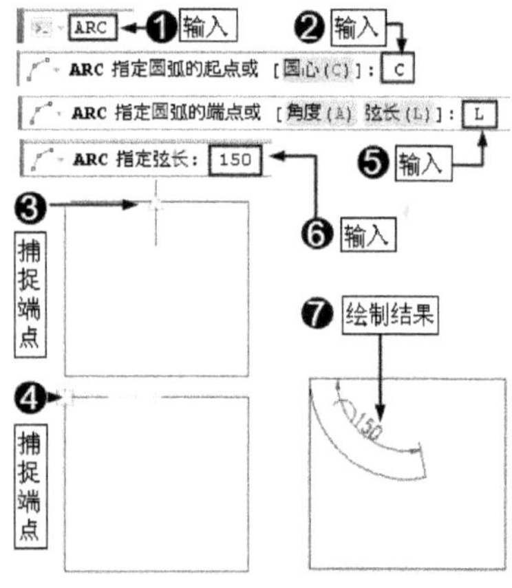

图 4-58

| 技术看板 | 无论使用何种方式绘制圆弧，圆弧的端点、圆心以及起点，既可以根据绘图要求捕捉图形的特征点，也可以根据已有参数计算并输入坐标来确定。

第 5 章
二维图形编辑快捷命令

编辑图形是 AutoCAD 图形设计中的一个重要操作，这一章就来学习 AutoCAD 中编辑二维图形的相关快捷命令。

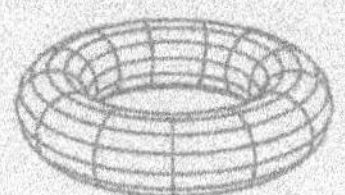

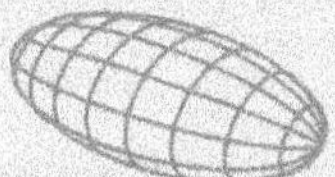

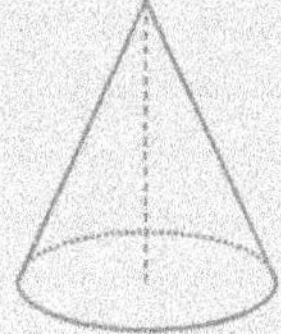

本章快捷命令概览

名称		快捷命令	功能 / 用途
偏移	启动【偏移】命令（P72）	OFFSET O	创建多个形状相同，但尺寸不同的复合图形对象
	"通过"点偏移（P75）	T	通过目标点偏移图形
	"删除"偏移（P75）	E	偏移时删除源图形对象
	"图层"偏移（P76）	L	将图形对象偏移到另一个图层
复制	启动【复制】命令（P78）	COPY CO	创建多个形状，尺寸完全相同的图形对象
	"位移"复制（P78）	D	将图形对象复制到特定位置
	"阵列"复制（P79）	A	创建多个间距相等的图形对象
旋转	启动【旋转】命令（P80）	ROTATE RO	对图形进行旋转
	旋转"复制"（P80）	C	通过旋转复制图形
	"参照"旋转（P81）	R	参照某一图形角度旋转图形
镜像	启动【镜像】命令（P82）	MIRROR MI	将图形以镜像轴进行对称复制
	"删除"镜像（P83）	Y	镜像时删除源对象
阵列	启动【阵列】命令（P83）	ARRAYRECT AR	对图形进行矩形、环形以及沿路径进行阵列复制
	矩形阵列（P83）	R	将图形呈矩形排列复制
	极轴阵列（P84）	PO	将图形呈环形排列复制
	路径阵列（P85）	PA	将图形沿路径排列复制
缩放	启动【缩放】命令（P87）	SCALE SC	调整图形大小
	缩放"复制"（P87）	C	缩放图形的同时复制图形
	"参照"缩放（P88）	R	参照其他图形尺寸缩放图形
移动	启动【移动】命令（P89）	MOVE M	调整图形的位置
	"位移"移动（P90）	D	按照指定距离位移图形
分解	启动【分解】命令（P90）	EXPLODE X	将复合图形分解为独立的图形对象
拉伸	启动【拉伸】命令（P91）	STRETCH S	将复合图形拉长，以改变图形的形状和尺寸

5.1 偏移

　　【偏移】命令是图形编辑中较常用的一个命令，它可以创建多个形状相同，但尺寸不同的复合图形对象，同时也可以对二维线进行编辑复制。

5.1.1 启动【偏移】命令（OFFSET，O）

1. 快捷命令

OFFSET，O

2．功能 / 用途

创建多个形状相同，但尺寸不同的复合图形对象。

3．启动方式

输入"OFFSET"或"O"，按 Enter 键，激活【偏移】命令。

| **技术看板** | 执行菜单栏中的【修改】/【偏移】命令，或者单击【修改】工具栏上的"偏移"按钮🔩，如图 5-1 所示，可以激活【偏移】命令。

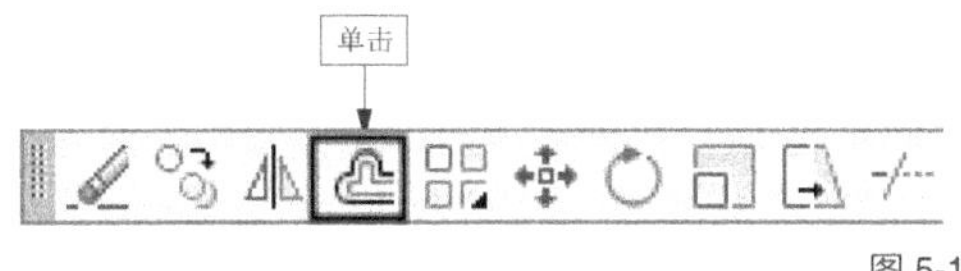

图 5-1

功能验证——使用"偏移"命令创建同心圆

系统默认采用的是"距离偏移"方式。所谓"距离偏移"，就是将图形对象按照所需的距离进行偏移，创建结构相同、尺寸不同的图形对象。

本例首先创建半径为 100mm 的圆，如图 5-2 所示，然后通过"距离偏移"创建半径为 200mm 和半径为 50mm 的两个同心圆，如图 5-3 所示。

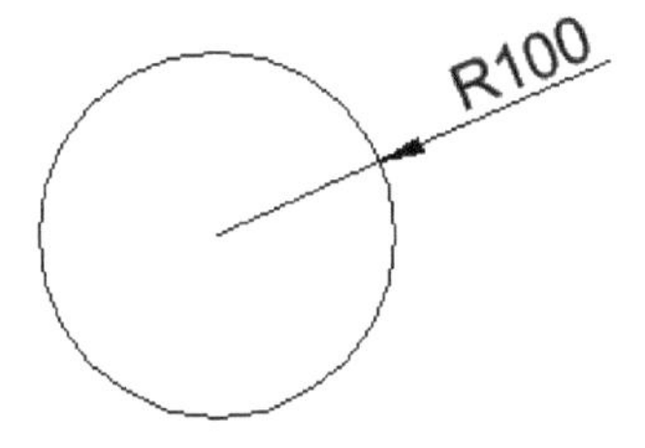

图 5-2

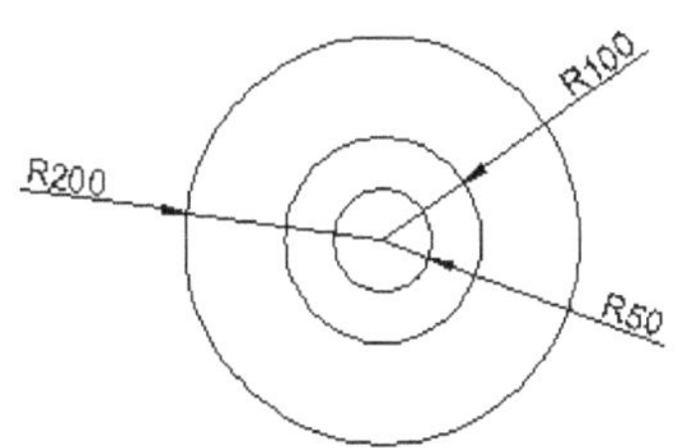

图 5-3

1．偏移半径为 200mm 的同心圆

Step 01 ▶ 输入"O"，按 Enter 键，激活【偏移】命令。

Step 02 ▶ 输入"100"，按 Enter 键，指定偏移距离。

Step 03 ▶ 单击已创建的半径为 100mm 的圆。

Step 04 ▶ 在圆外侧单击。

Step 05 ▶ 按 Enter 键结束操作，偏移结果如图 5-4 所示。

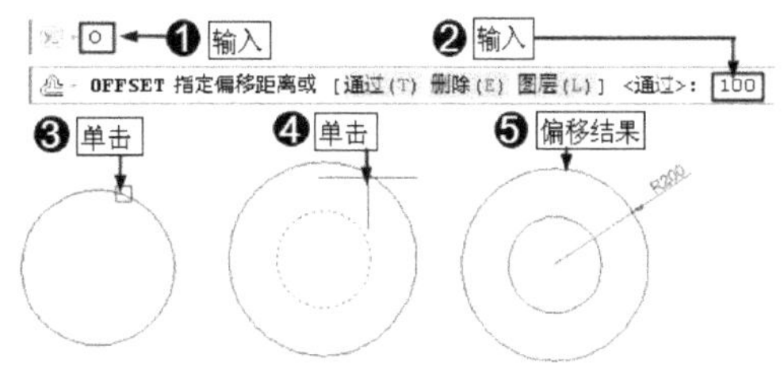

图 5-4

2．创建半径为 50mm 的同心圆

Step 01 ▶ 按 Enter 键，重复执行【偏移】命令。

Step 02 ▶ 输入"50"，按 Enter 键，指定偏移距离。

| **技术看板** | 在 AutoCAD 中，当执行完一个命令后按 Enter 键，可以再次激活该命令。也就是说，按 Enter 键等同于重复执行相同的命令。

Step 03 ▶ 单击半径为 100mm 的圆。

Step 04 ▶ 在该圆内侧单击。

Step 05 ▶ 按 Enter 键结束操作，偏移结果如图 5-5 所示。

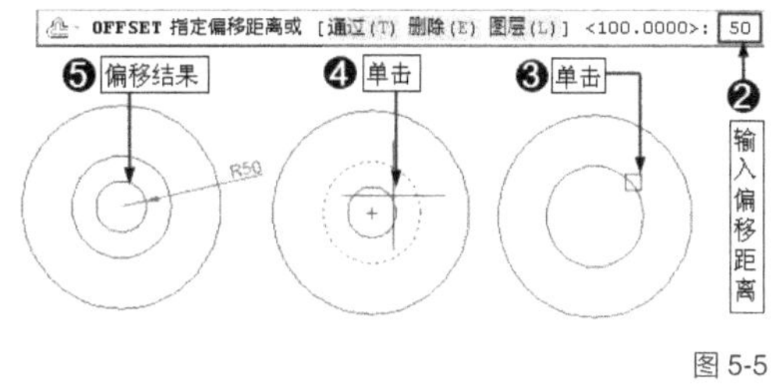

图 5-5

5.1.2　疑难解答——偏移距离与圆半径的关系

疑难：在创建半径为 200mm 的同心圆的操作中，为什么输入的偏移距离是 100mm

而不是圆的实际半径尺寸 200mm？另外，偏移距离 100mm 是如何计算出来的？它与圆的半径有什么关系？

解答：首先要清楚，"距离偏移"的核心是偏移距离的设置，而不是对象的具体尺寸，也就是说 100mm 是偏移的距离，并不是圆的半径，因此，偏移距离不能输入圆的半径 200mm。

另外，我们都知道，外侧圆半径 = 内侧圆半径 + 内侧圆与外侧圆之间的距离，反过来说，内侧圆与外侧圆之间的距离 = 外侧圆半径 – 内侧圆半径。在该操作中，我们要创建的圆半径为 200mm，相对于半径为 100mm 的源圆对象来说是外侧圆，那么，外侧圆半径 200mm – 内侧圆半径 100mm，就能得出内侧圆与外侧圆之间的距离为 100mm，该距离就是偏移距离，如图 5-6 所示。

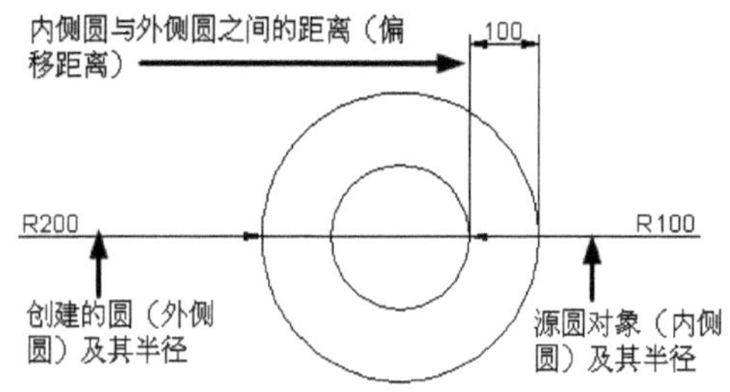

图 5-6

同理，如果我们要创建半径为 150mm 的同心圆时，要输入的偏移距离是多少呢？我们来算一下，要创建的圆半径 150mm – 源圆半径 100mm = 偏移距离 50mm，如图 5-7 所示。

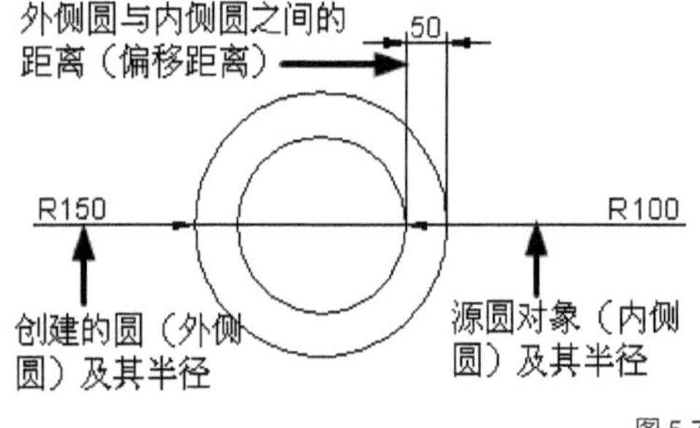

图 5-7

现在明白偏移距离与圆半径之间的关系了吧，自己再尝试创建其他外侧圆试试。

5.1.3 疑难解答——偏移距离与内侧圆半径的关系

疑难：依照疑难解答 1 的说法，那么在创建半径为 50mm 的同心圆时，为什么设置的偏移距离是圆的实际半径尺寸 50mm 呢？

解答：在该操作中，输入的 50mm 并不是圆的实际半径尺寸，而是通过计算得出的偏移距离。

要创建的半径为 50mm 的同心圆其半径小于源圆对象半径 100mm，因此它是内侧圆，而源圆对象就是外侧圆，根据前面介绍的圆半径与偏移距离之间的关系计算偏移距离：外侧圆（源圆对象）半径 100mm – 内侧圆（要创建的圆）半径 50mm = 外侧圆与内侧圆之间的距离（偏移距离）50mm，如图 5-8 所示。

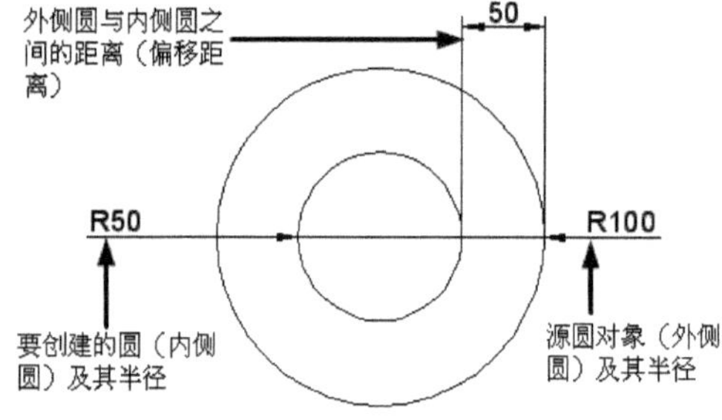

图 5-8

同理，如果要创建半径为 60mm 的同心圆时，要输入的偏移距离是多少呢？我们来计算一下，外侧圆（源圆对象）半径 100mm – 内侧圆（要创建的圆）半径 60mm = 外侧圆与内侧圆之间的距离（偏移距离）40mm，如图 5-9 所示。

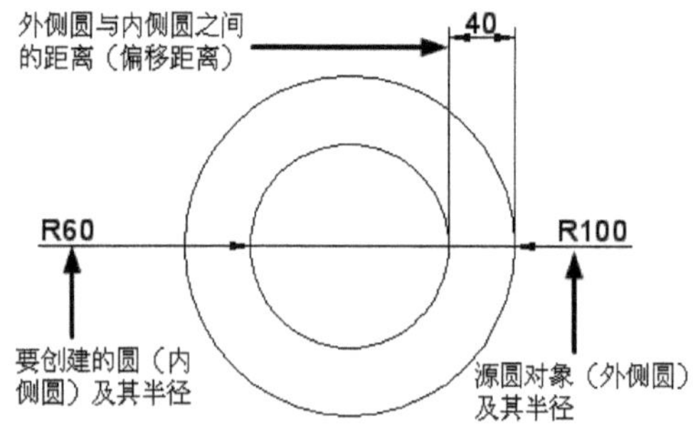

图 5-9

自己再尝试创建其他内侧圆试试。

5.1.4 "通过"点偏移（T）

与"距离偏移"不同，"通过"点偏移是指通过某一点来偏移对象，这种偏移不用设定偏移距离，通常用于创建与源对象形状相同，尺寸不同，且通过某一点的图形。

1. 选项

T

2. 功能 / 用途

通过目标点偏移对象。

3. 启动方式

（1）输入"OFFSET"或"O"，按 Enter 键，激活【偏移】命令。

（2）输入"T"，按 Enter 键，激活"通过"选项。

功能验证——通过圆的象限点偏移创建圆的两条公切线

首先创建一个圆，并创建该圆的直径，如图 5-10 所示。下面通过圆的象限点，将该圆的直径创建为圆的两条公切线，如图 5-11 所示。

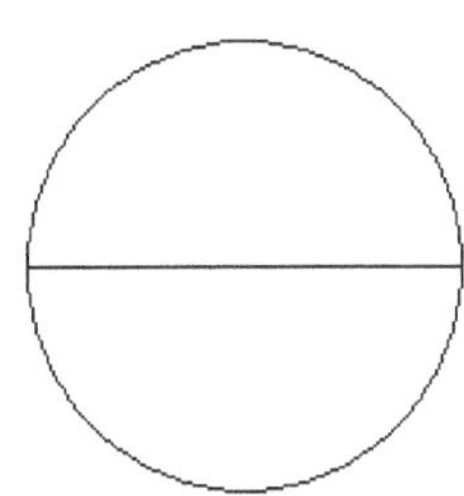

图 5-10

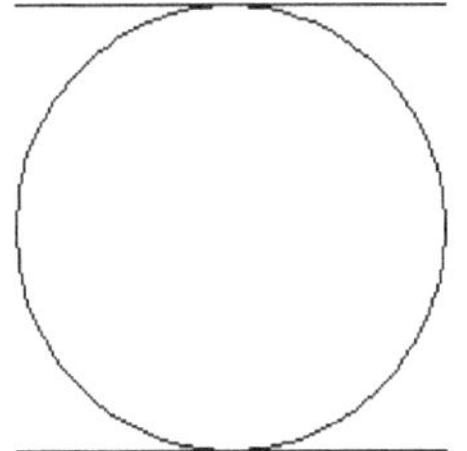

图 5-11

Step 01 ▶ 输入"O"，按 Enter 键，激活【偏移】命令。

Step 02 ▶ 输入"T"，按 Enter 键，激活"通过"选项。

Step 03 ▶ 单击选择圆的直径。

Step 04 ▶ 捕捉圆的上象限点。

Step 05 ▶ 单击选择圆的直径。

Step 06 ▶ 捕捉圆的下象限点。

Step 07 ▶ 按 Enter 键，结束操作，偏移结果如图 5-12 所示。

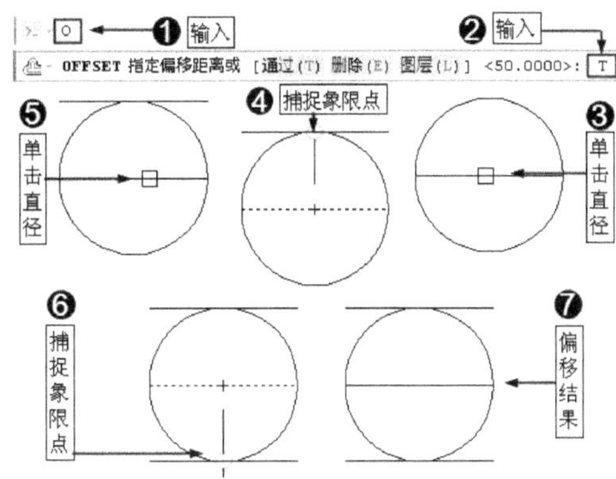

图 5-12

| 技术看板 | 在该操作中，需要首先设置"象限点"捕捉模式，同时开启"对象捕捉"功能，这样才能正确捕捉到圆的象限点。

5.1.5 "删除"偏移（E）

系统默认下，偏移时保留源图形对象，通过偏移创建另一个对象。也可以将源图形对象删除，只保留偏移后的图形对象。

1. 选项

E

2. 功能 / 用途

偏移时删除源图形对象

3. 启动方式

（1）输入"OFFSET"或"O"，按 Enter 键，激活【偏移】命令。

（2）输入"E"，按 Enter 键，激活"删除"选项。

（3）输入"Y"，按 Enter 键，激活"是"选项，表示要删除源对象。

功能验证——通过圆的象限点偏移创建圆的公切线

再次创建一个圆，并创建该圆的直径，如图 5-13 所示，下面通过圆的象限点，将该圆的直径创建为圆的公切线，并删除源直径，如图 5-13 所示。

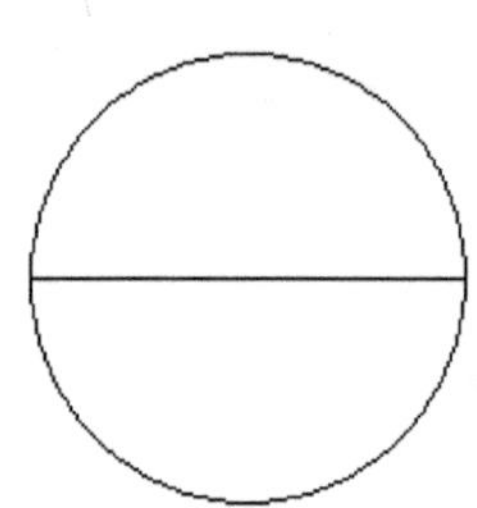

图 5-13

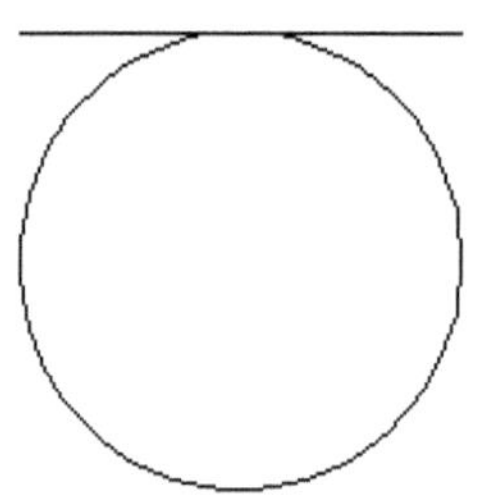

图 5-14

Step 01 ▶ 输入"O"，按 Enter 键，激活【偏移】命令。

Step 02 ▶ 输入"E"，按 Enter 键，激活"删除"选项。

Step 03 ▶ 输入"Y"，按 Enter 键，激活"是"选项。

Step 04 ▶ 输入"T"，按 Enter 键，激活"通过"选项。

Step 05 ▶ 单击选择圆的直径。

Step 06 ▶ 捕捉圆的上象限点。

Step 07 ▶ 按 Enter 键，结束操作，偏移结果如图 5-15 所示。

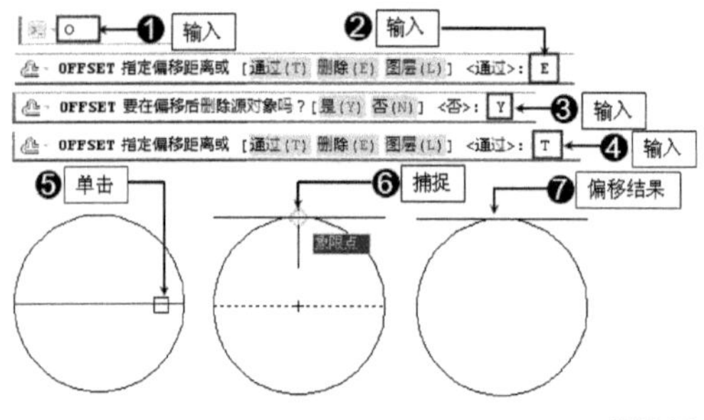

图 5-15

| **技术看板** | 激活"删除"选项后，如果输入"N"后按 Enter 键，则源图形对象不会被删除。

5.1.6 "图层"偏移（L）

可以将对象偏移到另一个图层上。例如，在机械制图中，机械零件的中心线与零件轮廓线这两种对象的属性不同，需要将其放在不同的图层中，这时就可以将轮廓线偏移到"中心线"图层，以创建零件中心线。

1. 选项

L

2. 功能 / 用途

将图形对象偏移到另一个图层。

3. 启动方式

（1）输入"OFFSET"或"O"，按 Enter 键，激活【偏移】命令。

（2）输入"L"，按 Enter 键，激活"图层"选项。

（3）输入"C"，按 Enter 键，激活"当前"选项。

功能验证——通过"图层偏移"创建机械零件中心线

打开"素材文件"目录下的"偏移示例02.dwg"图形文件，这是一个机械零件图，其包括"轮廓线"和"中心线"等图层，如图 5-16 所示。

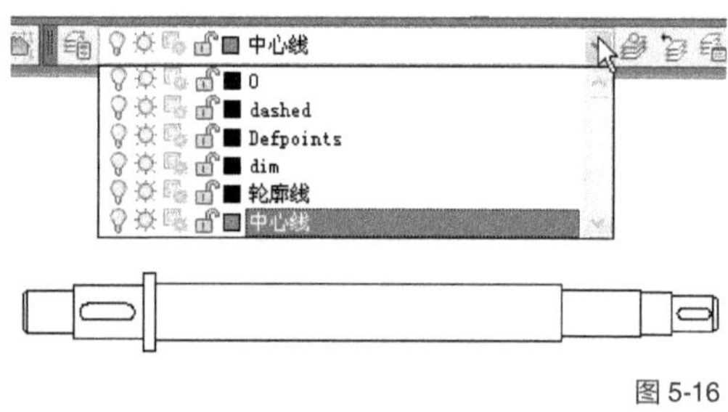

图 5-16

下面通过"图层"偏移，对该零件的一条水平轮廓线进行偏移，创建零件的中心线，并将中心线放置在"中心线"图层，对机械零件进行完善，结果如图 5-17 所示。

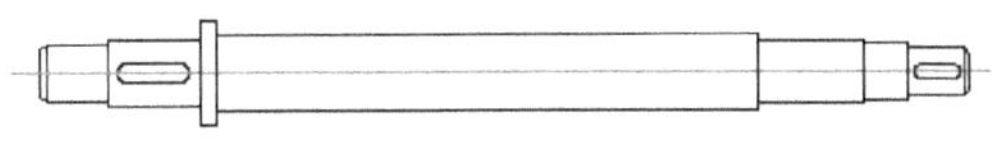

图 5-17

1. 偏移创建中心线

Step 01 ▶ 输入"O"，按 Enter 键，激活【偏移】命令。

Step 02 ▶ 输入"L"，按 Enter 键，激活"图层"选项。

Step 03 ▶ 输入"C"，按 Enter 键，激活"当前"选项。

Step 04 ▶ 输入"T"，按 Enter 键，激活"通过"选项。

Step 05 ▶ 单击选择零件图的下水平边。

Step 06 ▶ 捕捉零件图左垂直边的中点。

Step 07 ▶ 按 Enter 键，结束操作，偏移结果如图 5-18 所示。

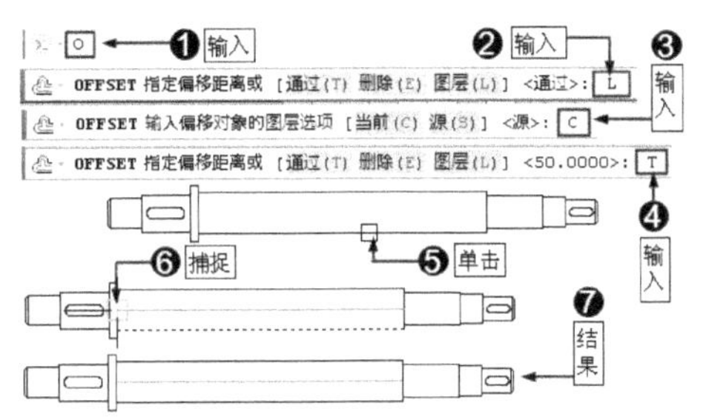

图 5-18

2. 完善中心线

Step 01 ▶ 在无任何命令发出的情况下单击选择偏移的中心线，使其夹点显示。

Step 02 ▶ 单击左夹点并向左移动到合适位置，然后再次单击。

Step 03 ▶ 单击右夹点并向右移动到合适位置，然后再次单击。

Step 04 ▶ 按 Esc 键，退出夹点模式，结果如图 5-19 所示。

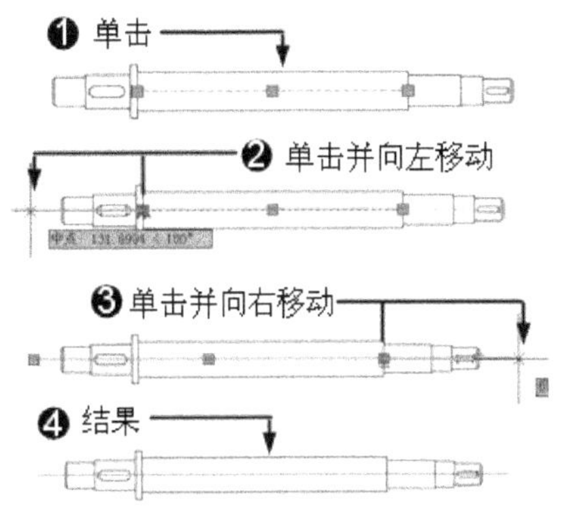

图 5-19

5.1.7　疑难解答——如何处理图层偏移错误

疑难： 在"图层偏移"中，如果不小心将图层设置错误，例如将"轮廓线"层设置为当前层，结果中心线被放在了"轮廓线"图层，如图 5-20 所示，这时该如何处理呢？

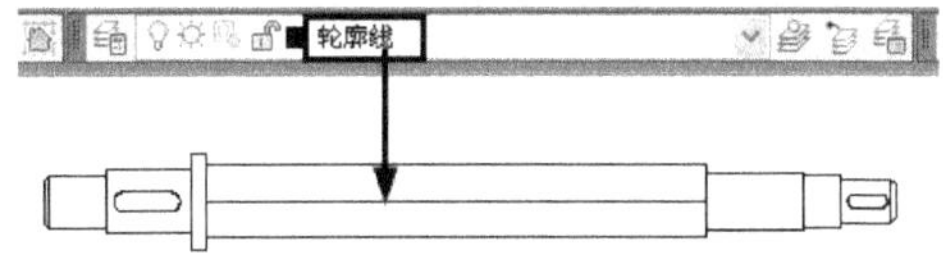

图 5-20

解答： 如果出现这样的错误，解决方法很简单，在没有发出任何命令的情况下单击选择偏移创建的中心线，使其夹点显示，如图 5-21 所示。

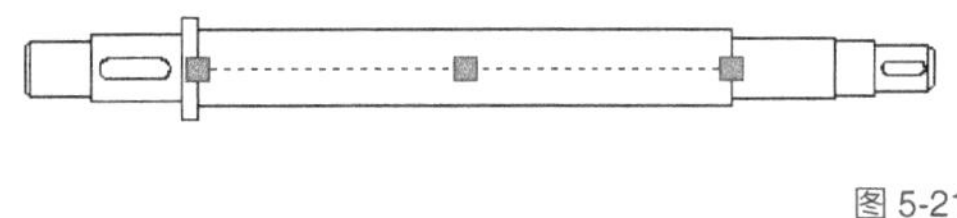

图 5-21

然后在【图层】工具栏的下拉列表中选择"中心线"图层，如图 5-22 所示。

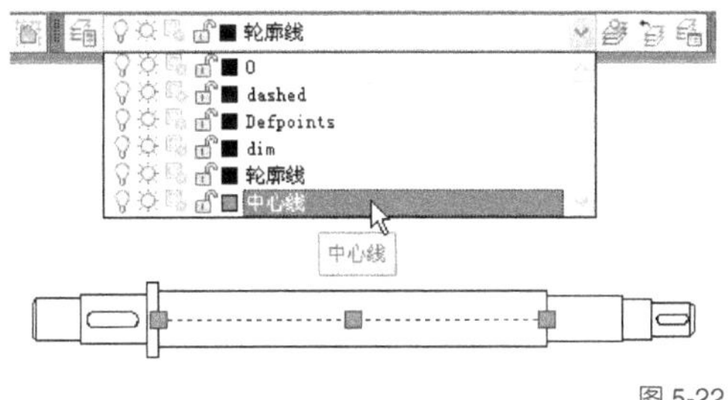

图 5-22

这样就将中心线放置在了"中心线"图层，如图 5-23 所示。

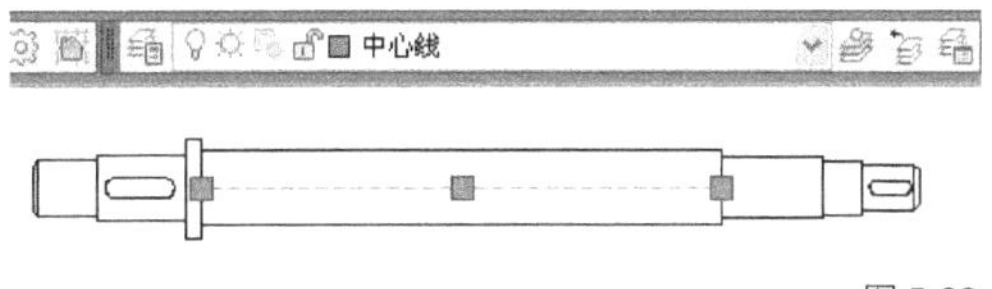

图 5-23

然后依照前面所讲解的操作方法对中心线进行完善，最后按 Esc 键取消中心线的夹点显示即可，结果如图 5-24 所示。

图 5-24

5.2 复制

使用【复制】命令，可以得到多个与源对象尺寸和结构完全相同的图形对象，同时还可以使复制的各对象等距排列。

5.2.1 启动【复制】命令（COPY，CO）

1. 快捷命令

COPY，CO

2. 功能／用途

创建多个形状、尺寸完全相同的图形对象。

3. 启动方式

输入"COPY"或"CO"，按 Enter 键，激活【复制】命令。

| 技术看板 | 执行菜单栏中的【修改】/【复制】命令，或者单击【修改】工具栏上的 "复制"按钮，如图 5-25 所示，也可以激活【复制】命令。

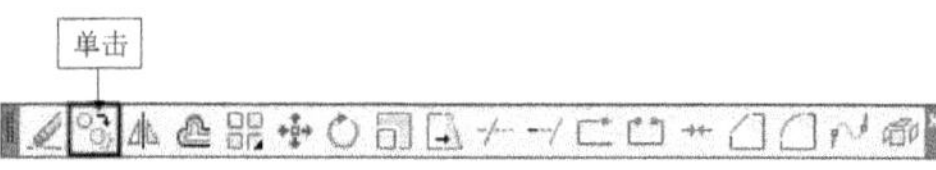

图 5-25

功能验证——复制圆对象

首先创建一个圆形对象，然后通过【复制】命令创建 2 个与源对象结构和尺寸完全相同的图形对象。

Step 01 ▶ 输入"CO"，按 Enter 键，激活【复制】命令。

Step 02 ▶ 单击选择圆对象，然后按 Enter 键结束对象的选择。

Step 03 ▶ 捕捉圆心作为基点。

Step 04 ▶ 移动光标到合适位置单击。

Step 05 ▶ 继续移动光标到合适位置单击。

Step 06 ▶ 按 Enter 键结束操作，复制过程及结果如图 5-26 所示。

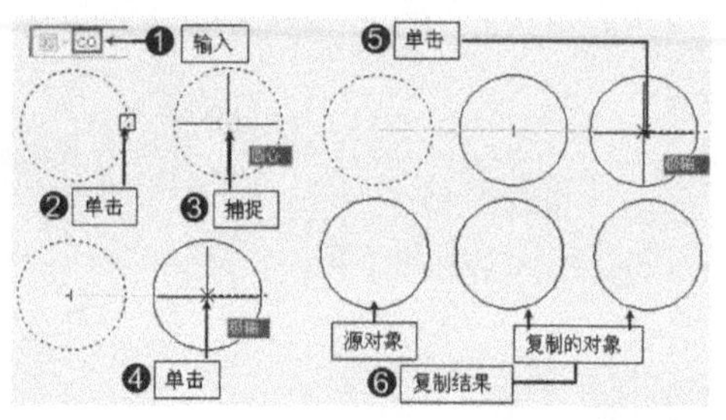

图 5-26

5.2.2 "位移"复制（D）

系统默认下的复制，是一种随意的复制结果。也就是说，执行【复制】命令之后，可以随意捕捉任意点作为目标点进行复制。如果要将对象复制到特定的位置，可以使用"位移"复制方式。

1. 快捷方式

D

2. 功能／用途

将图形对象复制到特定位置。

3. 启动方式

（1）输入"COPY"或"CO"，按 Enter 键，激活【复制】命令。

（2）单击选择要复制的对象，按 Enter 键确认。

（3）输入"D"，按 Enter 键，激活"位移"选项。

（4）输入目标点坐标，按 Enter 键确认。

功能验证——将圆复制到矩形对角点位置

首先创建 300×200 的矩形，并在矩形左下角点创建半径为 30 的圆，如图 5-27 所示。下面通过"位移"复制，将圆复制到矩形的右上角位置，结果如图 5-28 所示。

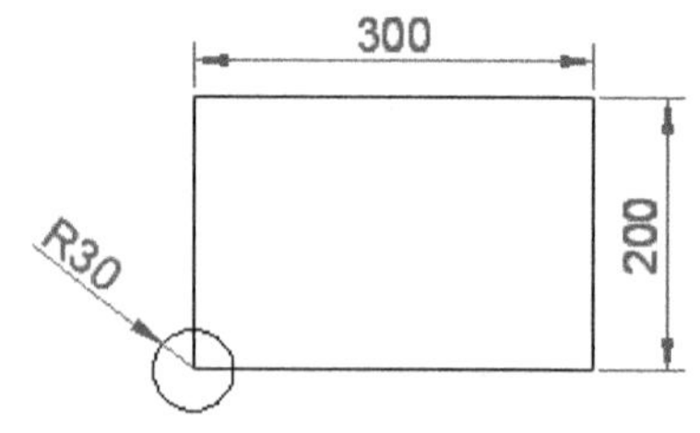

图 5-27

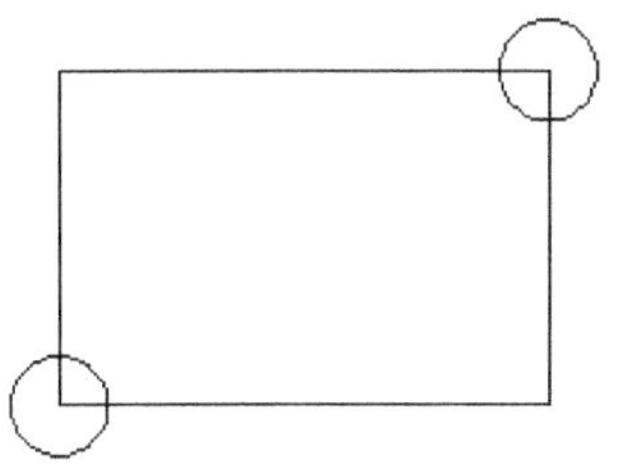

图 5-28

Step 01 ▶ 输入 "CO"，按 Enter 键，激活【复制】命令。

Step 02 ▶ 单击选择圆对象，然后按 Enter 键结束对象的选择。

Step 03 ▶ 输入 "D"，按 Enter 键，激活"位移"选项。

Step 04 ▶ 输入 "@300,200"，按 Enter 键，确认目标点坐标。

Step 05 ▶ 复制结果如图 5-29 所示。

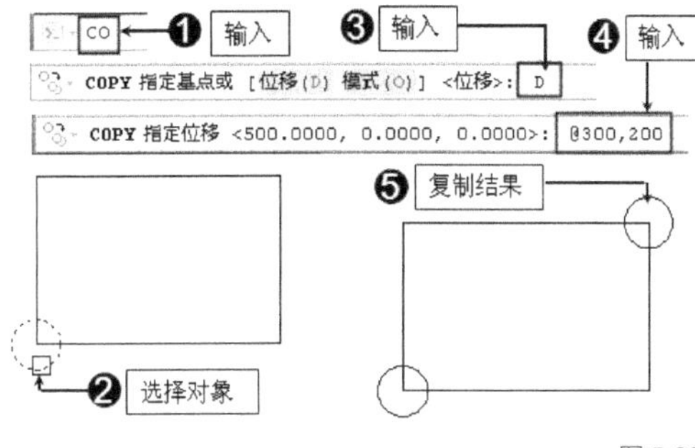

图 5-29

5.2.3　"阵列"复制（A）

"阵列"是一种多重复制功能，可以创建多个等距排列的对象。

1. 选项

A

2. 功能／用途

创建多个形状、尺寸完全相同，并且等距排列的图形对象。

3. 启动方式

（1）输入 "COPY" 或 "CO"，按 Enter 键，激活【偏移】命令。

（2）选择要复制的对象，按 Enter 键确认。

（3）拾取一点作为基点。

（4）输入 "A"，按 Enter 键激活"阵列"选项。

——将半径为 30mm 的圆创建为间距为 10mm 的 3 个圆对象

首先创建半径为 30mm 的圆对象，然后使用"阵列"复制功能创建间距为 10mm 的 3 个圆对象，如图 5-30 所示。

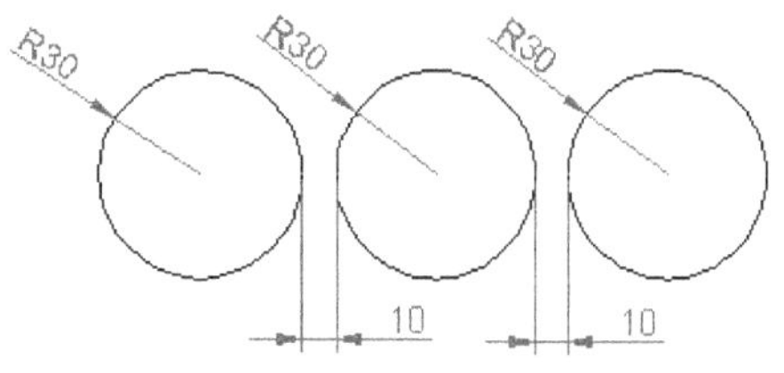

图 5-30

Step 01 ▶ 输入 "CO"，按 Enter 键，激活【复制】命令。

Step 02 ▶ 单击选择圆对象，按 Enter 键确认。

Step 03 ▶ 捕捉圆心作为基点。

Step 04 ▶ 输入 "A"，按 Enter 键，激活"阵列"选项。

Step 05 ▶ 输入阵列数目 "3"，按 Enter 键确认。

Step 06 ▶ 输入 "@70,0"，按 Enter 键确认。

Step 07 ▶ 按 Enter 键结束操作，阵列结果如图 5-31 所示。

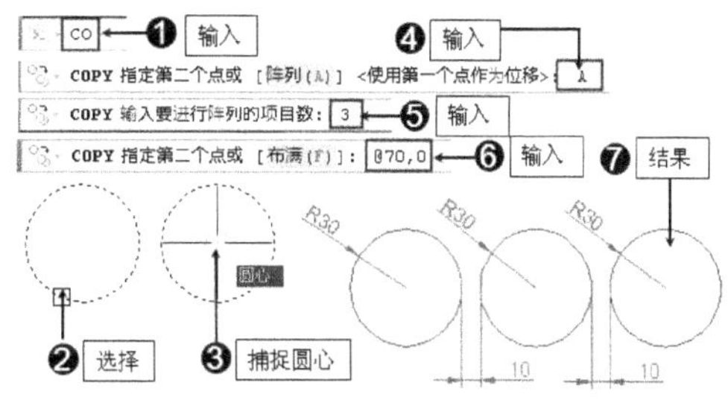

图 5-31

5.2.4　疑难解答——"阵列"复制时的间距参数

疑难： 在"阵列"复制时，图形之间的距离为 10mm，为什么输入的间距值为 70mm 呢？

解答： 系统在计算复制的间距时，是将图形本身的尺寸计算在内的。圆的半径为 30mm，而"阵列"复制后的圆之间的距离为 10mm，因此，在"阵列"复制时，需要将圆本身的半径尺寸计算在间距值之内，即30mm+30mm+10mm=70mm，这样才能复制出符合要求的图形。明白了这个道理，在以后的实际工作中，复制图形时一定要将图形本身的尺寸计算在复制间距之内。

5.3　旋转

【旋转】命令可以对图形进行任意角度的旋转，或者参照某一对象角度进行旋转。另外，还可以进行旋转"复制"，创建不同角度的相同对象。

5.3.1　启动【旋转】命令（ROTATE，RO）

1．快捷命令

ROTATE，RO

2．功能/用途

对图形进行旋转。

3．启动方式

输入"ROTATE"或"RO"，按Enter键，激活【旋转】命令。

| 技术看板 | 执行菜单栏中的【修改】/【旋转】命令，或者单击【修改】工具栏上的"旋转"按钮◯，如图 5-32 所示，均可激活【旋转】命令。

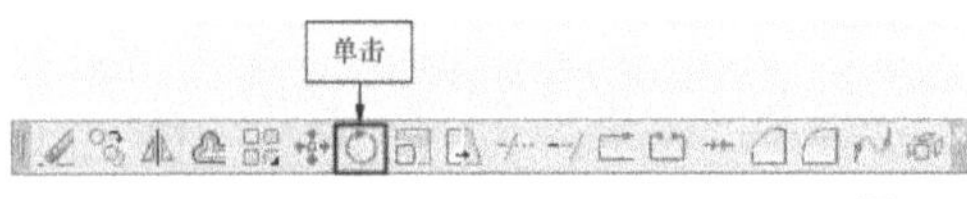

图 5-32

功能验证——将矩形旋转30°

启动【矩形】命令绘制一个矩形，如图5-33（a）所示。下面将该矩形旋转30°，结果如图5-33（b）所示。

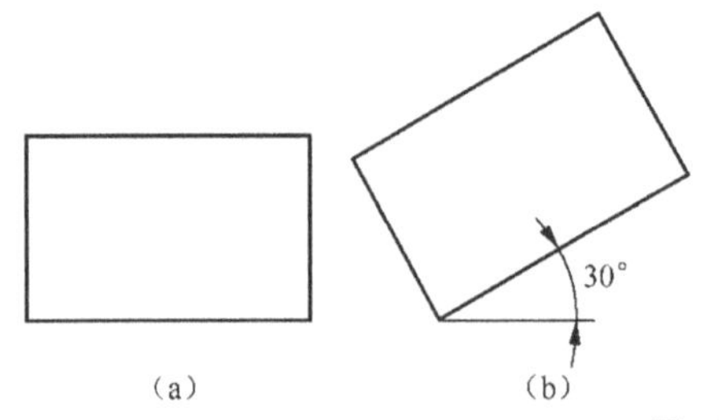

图 5-33

Step 01 ▶ 输入"RO"，按 Enter 键，激活【旋转】命令。

Step 02 ▶ 单击矩形，按 Enter 键确认。

Step 03 ▶ 捕捉矩形左下角点作为旋转中心。

Step 04 ▶ 输入"30"，设置旋转角度。

Step 05 ▶ 按 Enter 键确认，旋转结果如图 5-34 所示。

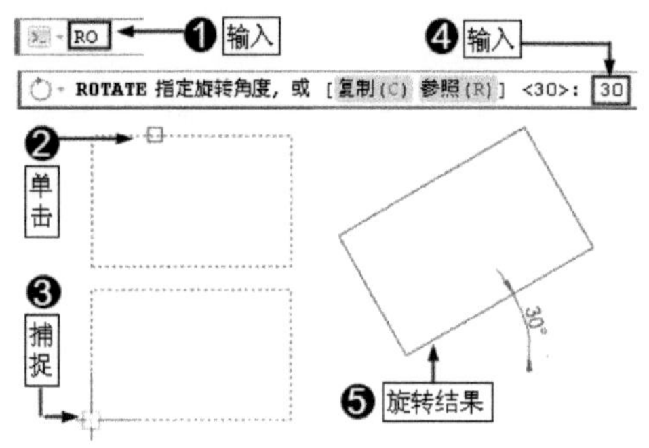

图 5-34

| 技术看板 | AutoCAD 系统默认下，负值为顺时针旋转，正值为逆时针旋转，因此如果输入负值，则图形顺时针旋转；如果输入正值，则图形逆时针旋转，如图 5-35 所示。

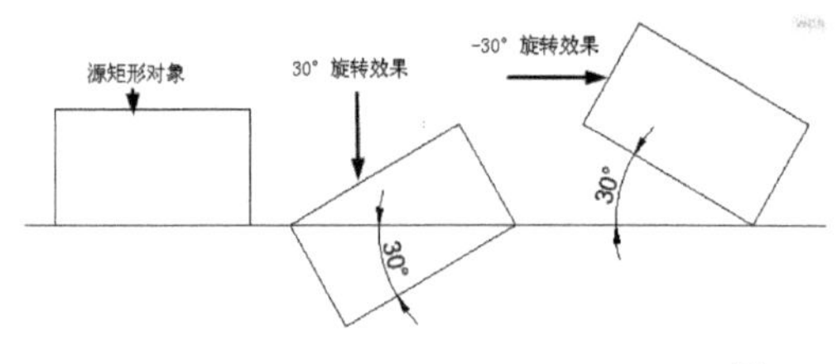

图 5-35

5.3.2　旋转"复制"（C）

在对图形进行旋转的同时，还可以进行复制，以创建一个与源图形对象形状、尺寸完全相同，但角度不同的图形。

1．选项

C

2．功能/用途

对图形进行旋转复制，以创建形状、尺寸相同，但角度不同的另一个对象。

3．启动方式

（1）输入"ROTATE"或"RO"，按Enter 键，激活【旋转】命令。

（2）选择要旋转的对象，按 Enter 键确认。

（3）捕捉一点作为基点。

（4）输入"C"，按 Enter 键，激活"复制"选项。

（5）输入旋转角度，按 Enter 键确认。

功能验证 ——将矩形旋转 30° 并进行复制

首先绘制一个矩形，下面将该矩形旋转 30° 并进行复制。

Step 01 ▶ 输入"RO"，按 Enter 键，激活【旋转】命令。

Step 02 ▶ 单击矩形，按 Enter 键确认。

Step 03 ▶ 捕捉矩形左下角点作为旋转中心。

Step 04 ▶ 输入"C"，按 Enter 键，激活"复制"选项。

Step 05 ▶ 输入旋转角度"30"。

Step 06 ▶ 按 Enter 键，旋转结果如图 5-36 所示。

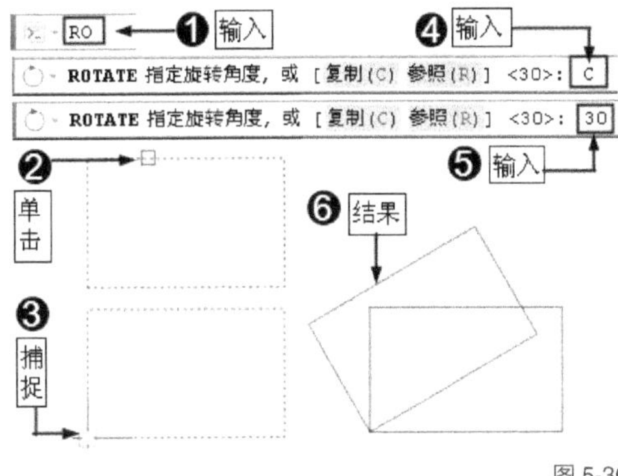

图 5-36

5.3.3　"参照"旋转（R）

在旋转图形对象时，除了指定旋转角度进行旋转转外，还可以参照某一图形角度进行旋转，这就是"参照"旋转。

1. 选项

R

2. 功能 / 用途

参照某一图形角度，对图形进行旋转。

3. 启动方式

（1）输入"ROTATE"或"RO"，按 Enter 键，激活【旋转】命令。

（2）选择要旋转的对象，按 Enter 键确认。

（3）捕捉一点作为基点。

（4）输入"R"，按 Enter 键，激活"参照"选项。

（5）分别指定参照角的 3 个点。

功能验证 ——参照三角形的 3 个角度对矩形进行旋转

绘制一个三角形（粗线显示）和一个矩形（虚线显示），如图 5-37 所示。下面参照三角形的 3 个角度对矩形进行旋转，结果如图 5-38 所示。

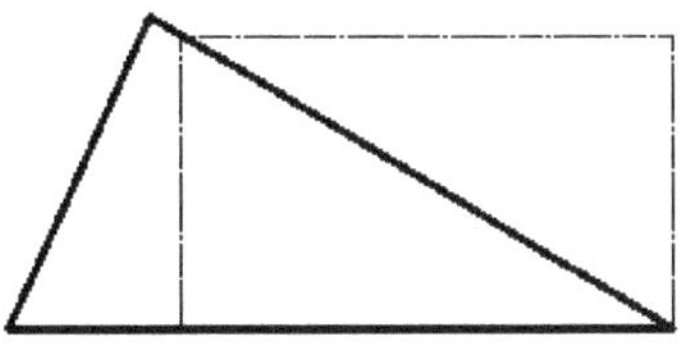

图 5-37

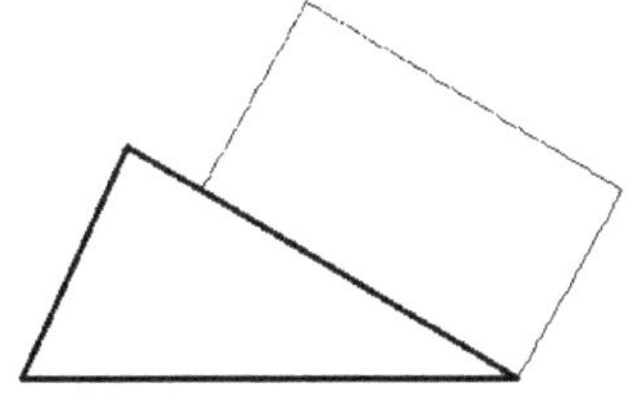

图 5-38

Step 01 ▶ 输入"RO"，按 Enter 键，激活【旋转】命令。

Step 02 ▶ 单击矩形，按 Enter 键确认。

Step 03 ▶ 捕捉矩形右下角点作为旋转中心。

Step 04 ▶ 输入"R"，按 Enter 键，激活"参照"选项。

Step 05 ▶ 捕捉三角形的右下角点。

Step 06 ▶ 捕捉三角形的左下角点。

Step 07 ▶ 捕捉三角形的左上角点。

Step 08 ▶ 旋转结果如图 5-39 所示。

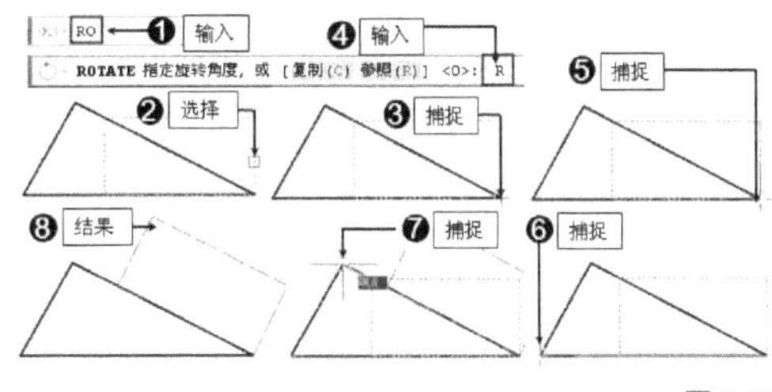

图 5-39

5.4　镜像

【镜像】命令与【复制】命令的功能基本相似，用于创建结构、尺寸完全相同的图形对象，创建的图形对象与源对象呈相对状态。

5.4.1　启动【镜像】命令（MIRROR, MI）

1. 快捷命令

MIRROR, MI

2. 功能 / 用途

将图形以镜像轴进行对称复制。

3. 启动方式

输入"MIRROR"或"MI"，按 Enter 键，激活【镜像】命令。

| **技术看板** | 执行菜单栏中的【修改】/【镜像】命令，或者单击【修改】工具栏上的"镜像"按钮⚫️，如图 5-40 所示，均可激活【镜像】命令。

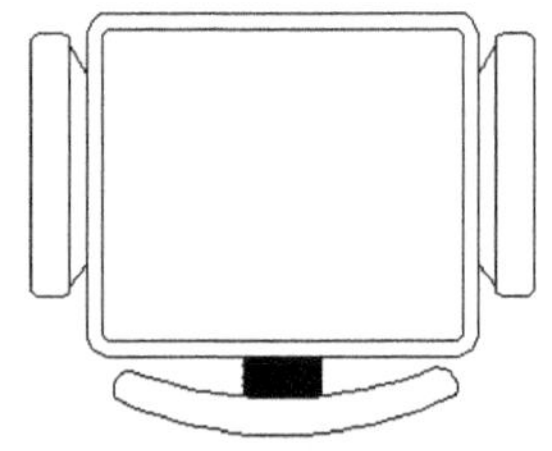

图 5-40

功能验证——镜像对象

打开"素材文件"目录下的"平面椅 .dwg"图形文件，如图 5-41 所示。下面使用【镜像】命令将其镜像复制，使其与源平面椅子呈对称布置效果，如图 5-42 所示。

图 5-41

Step 01 ▸ 输入"MI"，按 Enter 键，激活【镜像】命令。

Step 02 ▸ 以窗口方式选取平面椅对象，按 Enter 键确认。

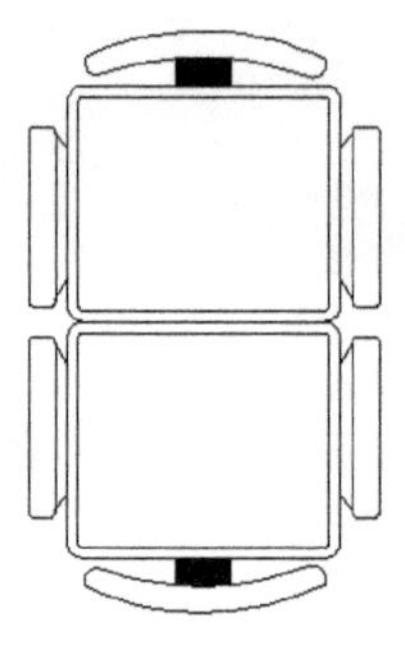

图 5-42

Step 03 ▸ 捕捉平面椅的左端点作为镜像轴的第 1 点。

Step 04 ▸ 输入"@1,0"，按 Enter 键确定镜像轴的第 2 点。

Step 05 ▸ 按 Enter 键确认，镜像结果如图 5-43 所示。

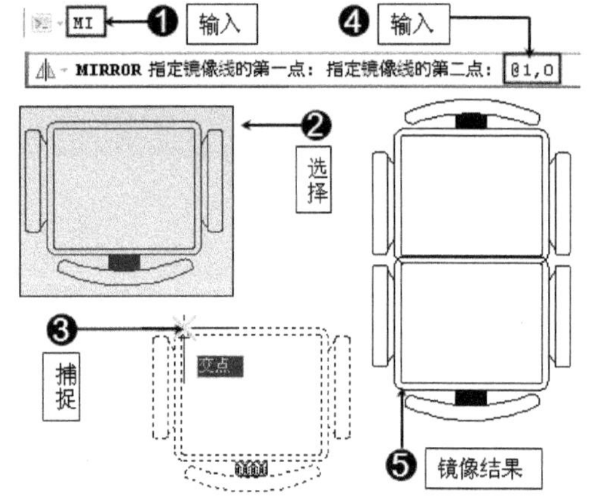

图 5-43

练一练 镜像对象的操作非常简单，在此我们对平面椅进行了垂直镜像，下面请读者自己尝试将平面椅左右镜像，使其呈如图 5-44 所示的布置效果。

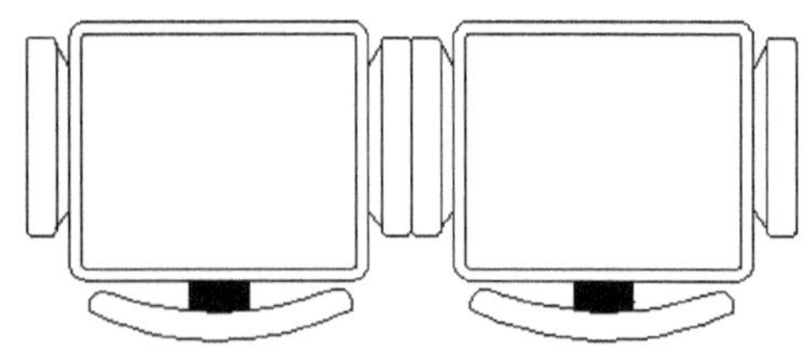

图 5-44

| **技术看板** |【镜像】命令是通过镜像轴将图形进行对称复制，而"镜像轴"就是对称复制的中间线。镜像轴对镜像结果影响很大，它不仅决定了镜像的方向，同时还决定了源图形与镜像后的图形之间的距离，因此，在实际工作中，选择正确的镜像轴非常重要。

5.4.2　"删除"镜像（Y）

与【偏移】命令相同，使用【镜像】命令镜像图形时，可以保留源图形对象，也可以将源图形对象删除，删除源图形对象后的镜像结果类似于对图形对象进行旋转。

1. 选项

Y

2. 功能 / 用途

镜像后删除源对象。

3. 启动方式

（1）输入"MIRROR"或"MI"，按 Enter 键，激活【镜像】命令。

（2）选择镜像对象，按 Enter 键确认。

（3）确定镜像轴的第 1 点。

（4）确定镜像轴的第 2 点

（5）输入"Y"，按 Enter 键，激活"是"选项。

功能验证——"删除"镜像源对象

打开"素材文件"目录下的"平面椅 .dwg"图形文件，下面将平面椅进行垂直镜像，并删除源平面椅对象。

Step 01 ▶ 输入"MI"，按 Enter 键，激活【镜像】命令。

Step 02 ▶ 以窗口方式选取平面椅对象，按 Enter 键确认。

Step 03 ▶ 捕捉平面椅的左端点作为镜像轴的第 1 点。

Step 04 ▶ 输入"@1,0"，按 Enter 键确定镜像轴的第 2 点。

Step 05 ▶ 输入"Y"，按 Enter 键激活"是"选项。

Step 06 ▶ 镜像结果如图 5-45 所示。

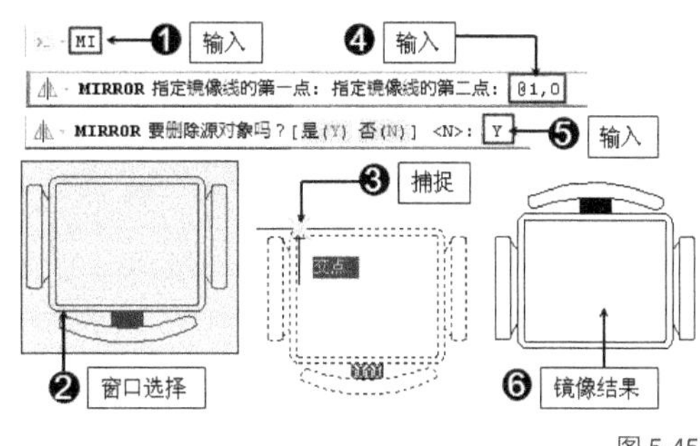

图 5-45

5.5　阵列

【阵列】命令包括【矩形阵列】、【极轴阵列】和【路径阵列】3 个子命令，分别可以将图形对象呈矩形、环形以及沿路径进行大规模复制，以创建复合图形对象。

5.5.1　启动【阵列】命令（ARRAYRECT，AR）

1. 快捷命令

ARRAYRECT，AR

2. 功能 / 用途

启动【矩形阵列】、【极轴阵列】或【路径阵列】命令，对图形对象进行大规模复制。

3. 启动方式

输入"ARRAYRECT 或"AR"，按 Enter 键，激活【阵列】命令。

5.5.2　矩形阵列（R）

【矩形阵列】命令可以将图形对象呈矩形排列复制，创建规则结构的复合图形对象。

1. 选项

R

2. 功能 / 用途

将图形对象呈矩形排列复制。

3. 启动方式

（1）输入"ARRAYRECT"或"AR"。

（2）按 Enter 键，激活【阵列】命令。

（3）输入"R"，按 Enter 键，激活"矩形"选项。

| **技术看板** | 执行菜单栏中的【修改】/【阵列】/【矩形阵列】命令，或者单击【修改】

工具栏上的"矩形阵列"按钮，如图 5-46 所示，均可激活【矩形阵列】命令。

图 5-46

功能验证——矩形阵列创建复合图形

绘制 100mm×100mm 的矩形，下面使用【矩形阵列】命令将该矩形阵列，以创建如图 5-47 所示的复合图形效果。

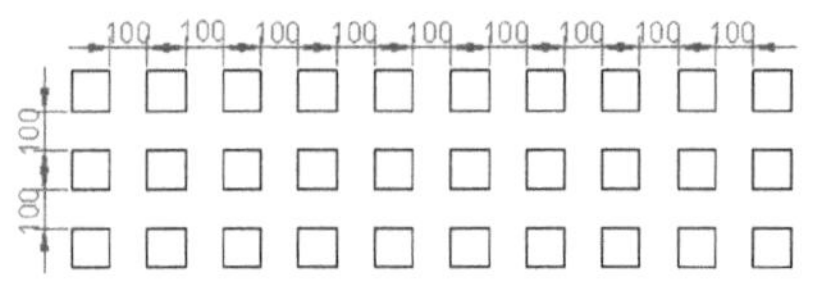

图 5-47

Step 01 ▶ 输入"AR"，按 Enter 键，激活【阵列】命令。

Step 02 ▶ 单击选取矩形对象，按 Enter 键确认。

Step 03 ▶ 输入"R"，按 Enter 键，激活"矩形"选项。

Step 04 ▶ 输入"COU"，按 Enter 键，激活"计数"选项。

Step 05 ▶ 输入"10"，按 Enter 键，设置列数。

Step 06 ▶ 输入"3"，按 Enter 键，设置行数。

Step 07 ▶ 输入"S"，按 Enter 键，激活"间距"选项。

Step 08 ▶ 输入"200"，按 Enter 键，设置列距。

Step 09 ▶ 输入"200"，按 Enter 键，设置行距。

Step 10 ▶ 按 Enter 键，矩形阵列结果如图 5-48 所示。

| 技术看板 | 在上述操作中，可能大家不太明白，为什么图形之间的间距值为 100mm，但在创建的过程中输入的间距值为 200mm 呢？其实，这与复制图形相同，系统在计算间距值时会将图形的尺寸计算在内，图形尺寸为 100mm，图形之间的间距值为 100mm，因此，在创建时输入的间距值就是图形尺寸（100mm）与间距值（100mm）的和，也就是 200mm。

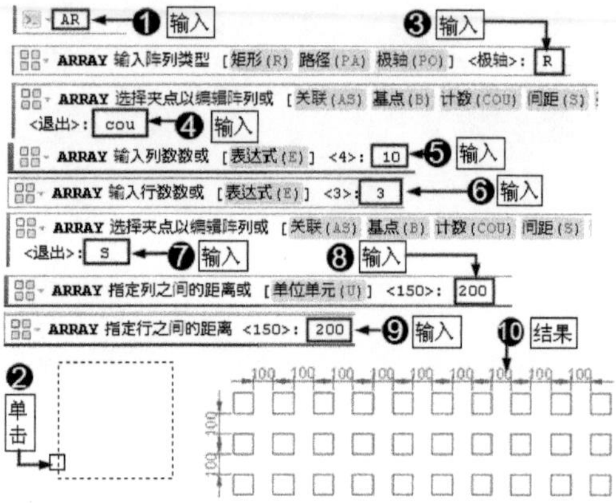

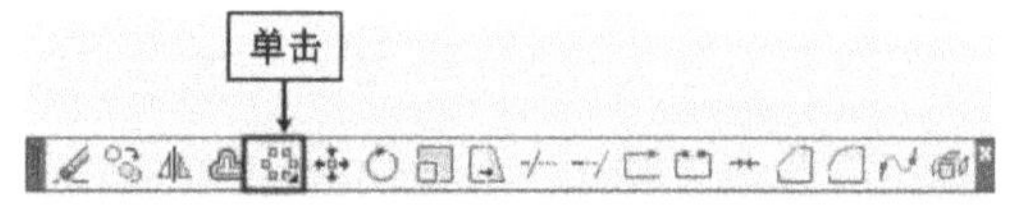

图 5-48

5.5.3 极轴阵列（PO）

【极轴阵列】命令将图形按照阵列中心点和数目，成"圆形"排列，以快速创建聚心结构图形。

1. 选项

PO

2. 功能 / 用途

将图形对象呈环形排列复制。

3. 启动方式

（1）输入"ARRAYPOLAR"或"AR"。

（2）按 Enter 键，激活【阵列】命令。

（3）输入"PO"，按 Enter 键，激活"极轴"选项。

| 技术看板 | 执行菜单栏中的【修改】/【阵列】/【极轴阵列】命令，或者单击修改工具栏上的"极轴阵列"按钮，如图 5-49 所示，均可激活【极轴阵列】命令。

图 5-49

功能验证——极轴阵列复制圆

绘制大小两个圆，并使其如图 5-51（a）所示放置。下面使用【极轴阵列】命令将小圆沿大圆进行环形排列复制 12 个，效果如图 5-51（b）所示。

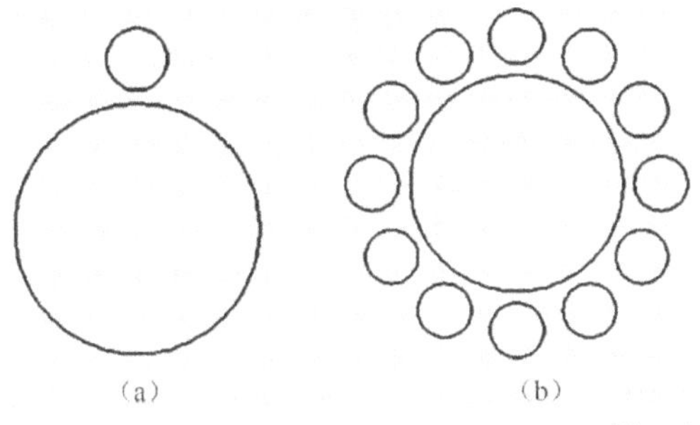

图 5-50

Step 01 ▶ 输入 "AR"，按 Enter 键，激活【阵列】命令。

Step 02 ▶ 单击选取小圆形对象，按 Enter 键。

Step 03 ▶ 输入 "PO"，按 Enter 键，激活 "极轴" 选项。

Step 04 ▶ 捕捉大圆的圆心作为极轴中心。

Step 05 ▶ 输入 "I"，按 Enter 键，激活 "项目" 选项。

Step 06 ▶ 输入 "12"，按 Enter 键，输入项目数。

Step 07 ▶ 按 Enter 键，阵列结果如图 5-51 所示。

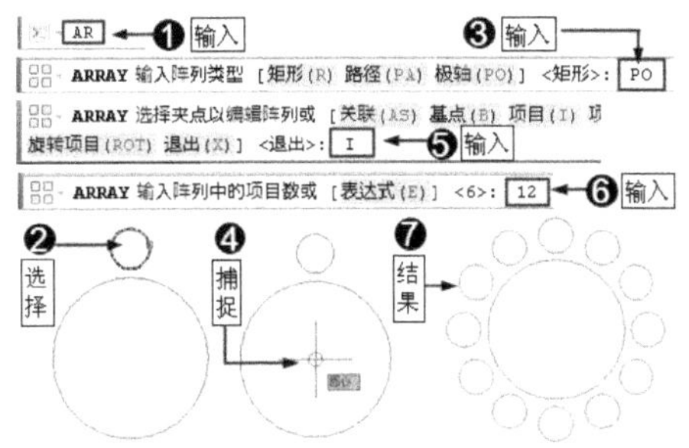

图 5-51

| 技术看板 | 极轴阵列时，"填充角度" 的设置非常关键。系统默认下，阵列时采用的是系统默认的 360° 作为填充角度，这表示图形在 360° 范围内进行阵列。如果改变了该角度，填充效果也会改变。例如，设置填充角度为 180°，则极轴阵列结果如图 5-52 所示。

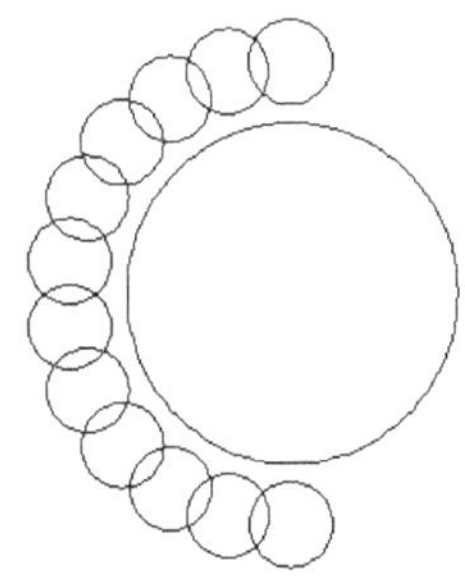

图 5-52

另外，也可以通过设置 "项目间的角度" 值来创建极轴阵列。"项目间的角度" 是指阵列的对象之间的角度，例如将该值设置为 45°，则极轴阵列结果如图 5-53 所示。

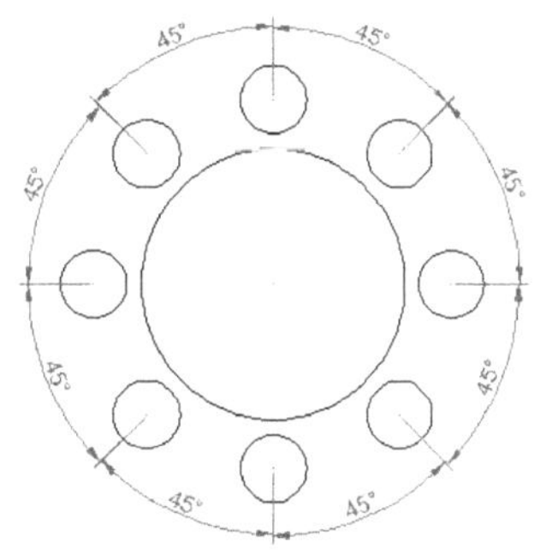

图 5-53

5.5.4　路径阵列（PA）

【路径阵列】命令可以将图形对象沿指定的路径或路径的某部分进行等距排列，以创建多个图形对象。路径阵列时，既可以定距等分对象，也可以定数等分对象。

1. 选项

PA

2. 功能 / 用途

将图形对象沿路径排列复制。

3. 启动方式

（1）输入 "ARRAYPATH" 或 "AR"，按 Enter 键，激活【阵列】命令。

（2）输入 "PA"，按 Enter 键，激活 "路径" 选项。

| 技术看板 | 执行菜单栏中的【修改】/【阵列】/【路径阵列】命令，或者单击修改工具栏上的 "路径阵列" 按钮，如图 5-54 所示，均可激活【路径阵列】命令。

⚙ 功能验证 ——将矩形沿样条线进行阵列复制

绘制一段样条线，并在样条线一端创建一个矩形，如图 5-55（a）所示。下面使用【路径阵列】命令，使矩形沿样条曲线均匀排列，结果如图 5-55（b）所示。

图 5-54

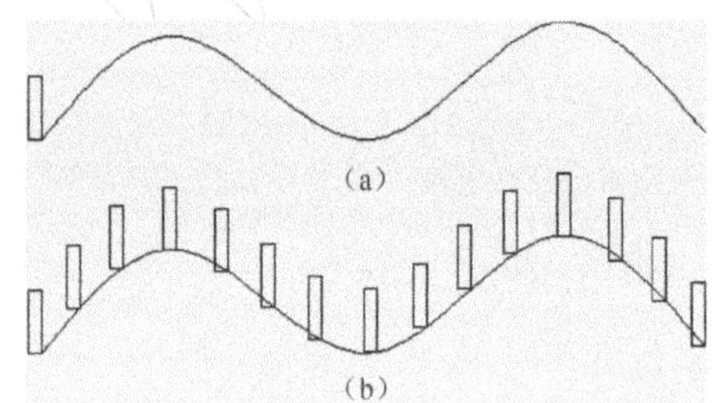
(a)

(b)
图 5-55

1. "定数等分" 阵列

"定数等分" 阵列是指将对象在特定路径上均匀排列，各对象之间的距离相等。这类似于使用图形对象等分路径，效果与 "阵列复制" 效果相似。

Step 01 ▶ 输入 "AR"，按 Enter 键，激活【阵列】命令。

Step 02 ▶ 单击选取矩形对象，如图 5-56 所示。

图 5-56

Step 03 ▶ 按 Enter 键，结束选择。

Step 04 ▶ 输入 "PA"，按 Enter 键，激活 "路径" 选项。

Step 05 ▶ 单击选择样条曲线路径，如图 5-57 所示。

图 5-57

Step 06 ▶ 输入 "M"，按 Enter 键，激活 "方法" 选项。

Step 07 ▶ 输入 "D"，按 Enter 键，激活 "定数等分" 选项。

Step 08 ▶ 输入 "I"，按 Enter 键，激活 "项目" 选项。

Step 09 ▶ 输入 "15"，按 Enter 键，指定项目数。

Step 10 ▶ 按 Enter 键，阵列结果如图 5-58 所示。

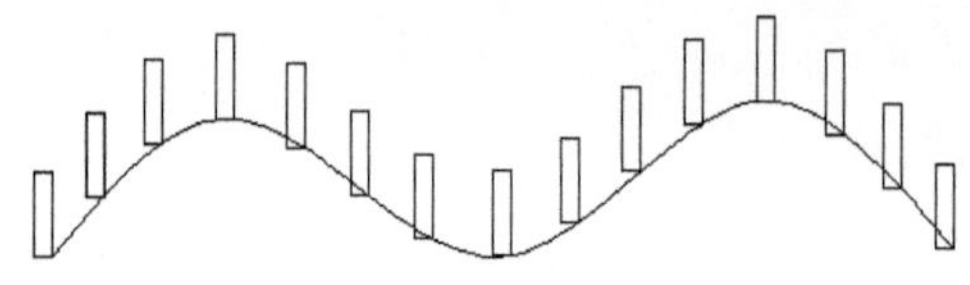
图 5-58

2. "定距等分" 阵列

"定距等分" 阵列是指将图形对象按照特定的距离和特定数目沿路径进行排列。各对象之间的距离是特定的，如果路径长度小于阵列数目与距离的积，则该操作无效。因此，在进行 "定距等分" 阵列时，一定要首先通过计算，正确设置对象之间的距离和阵列的数目。

Step 01 ▶ 继续上述前 6 步的操作。

Step 02 ▶ 输入 "M"，按 Enter 键，激活 "定距等分" 选项。

Step 03 ▶ 输入 "I"，按 Enter 键，激活 "项目" 选项。

Step 04 ▶ 输入 "500"，按 Enter 键，指定项目之间的距离。

Step 05 ▶ 输入 "15"，按 Enter 键，指定项目数。

Step 06 ▶ 按 Enter 键，阵列结果如图 5-59 所示。

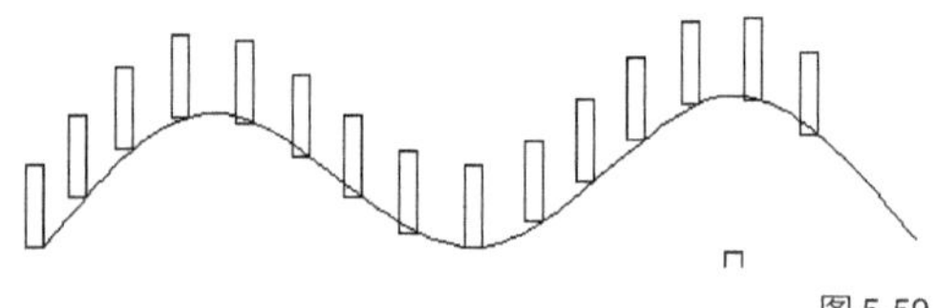
图 5-59

| 技术看板 | 路径阵列时，有时会出现阵列对象沿路径倾斜的效果，如图 5-61 所示。若想避免这种情况，可以激活 "对齐项目" 选项，然后设置 "不对齐" 即可，具体操作如下。

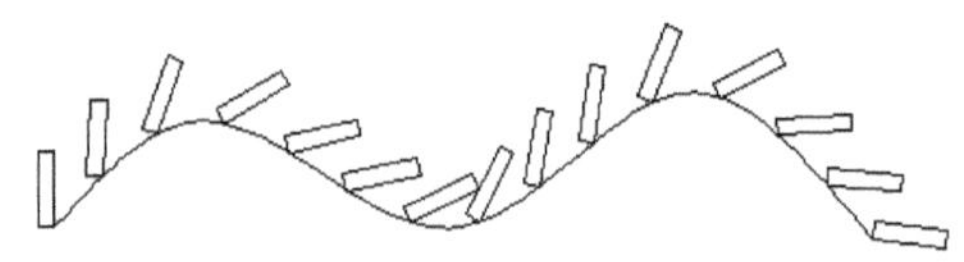
图 5-60

（1）继续"定数等分"阵列的第 6 步的操作。

（2）输入"A"，按 Enter 键，激活"对齐项目"选项。

（3）输入"N"，按 Enter 键，设置对象不对齐路径，效果如图 5-59 所示。

如果输入"Y"，按 Enter 键，对象将对齐路径，效果如图 5-60 所示。

5.6　缩放

使用【缩放】命令可以对图形进行放大或缩小调整。缩放图形时有两种方式，一种是等比例缩放，另一种是参照缩放。另外，还可以缩放复制对象。

5.6.1　启动【缩放】命令（SCALE，SC）

1．快捷命令

SCALE，SC

2．功能 / 用途

调整图形大小。

3．启动方式

输入"SCALE"或"SC"，按 Enter 键，激活【缩放】命令。

｜技术看板｜ 执行菜单栏中的【修改】/【缩放】命令，或者单击【修改】工具栏上的"缩放"按钮 ，如图 5-61 所示，均可激活【缩放】命令。

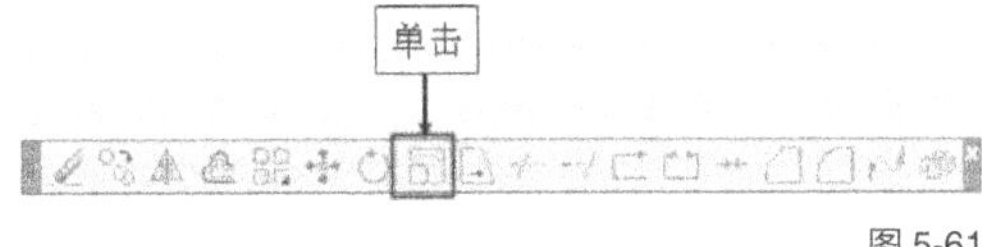

图 5-61

功能验证——将矩形缩放 2 倍

首先绘制 50mm×50mm 的矩形，如图 5-62（a）所示。下面将该矩形缩放 2 倍，效果如图 5-62（b）所示。

Step 01 ▶ 输入"SC"，按 Enter 键，激活【缩放】命令。

Step 02 ▶ 单击选择矩形，按 Enter 键，结束选择。

Step 03 ▶ 捕捉矩形的右下端点。

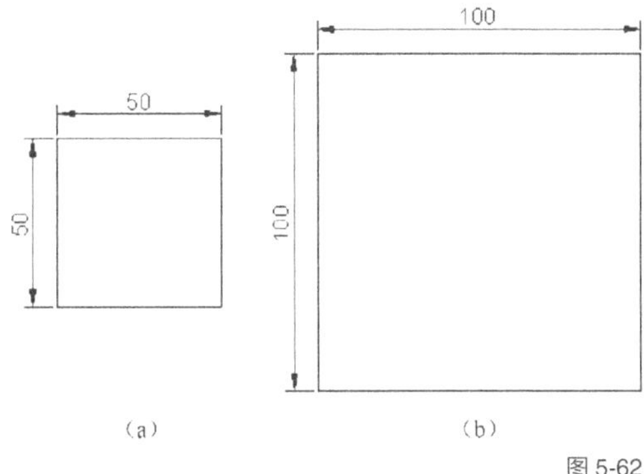

图 5-62

Step 04 ▶ 输入"2"，设置比例因子。

Step 05 ▶ 按 Enter 键确认，矩形被放大一倍，如图 5-63 所示。

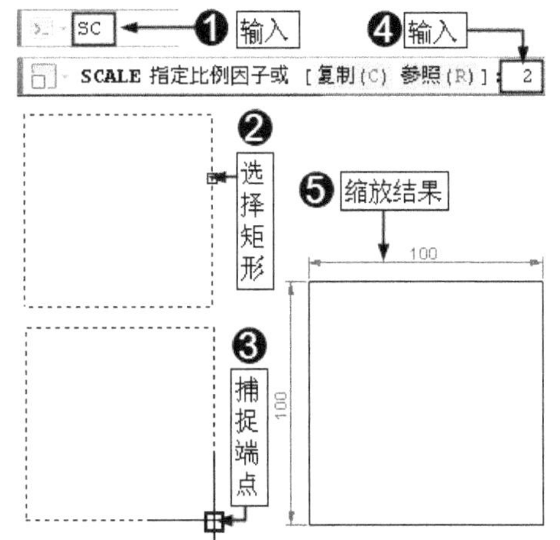

图 5-63

｜技术看板｜ 缩放图形时，如果设置的比例因子为小于 1 的数值，则缩小图形。例如，输入"0.5"，则图形被缩小一半。下面请读者自己尝试将源矩形缩小为原来的本，看看会有什么效果。

5.6.2　缩放"复制"（C）

还可以在缩放图形的同时复制图形，从而得到缩放后的另一个图形对象。

1．选项

C

2．功能 / 用途

缩放图形的同时复制图形，得到另一个形状相同、尺寸不同的图形对象。

3．启动方式

（1）输 入 "SCALE" 或 "SC"， 按

Enter 键，激活【缩放】命令。

（2）选择要缩放的对象，按 Enter 键确认。

（3）使其一点作为基点。

（4）输入"C"，按 Enter 键，激活"复制"选项。

功能验证——缩放复制图形

绘制一个 100mm×50mm 的矩形，下面将该矩形缩放 1.5 倍，同时复制出另一个缩放后的矩形，结果如图 5-64 所示。

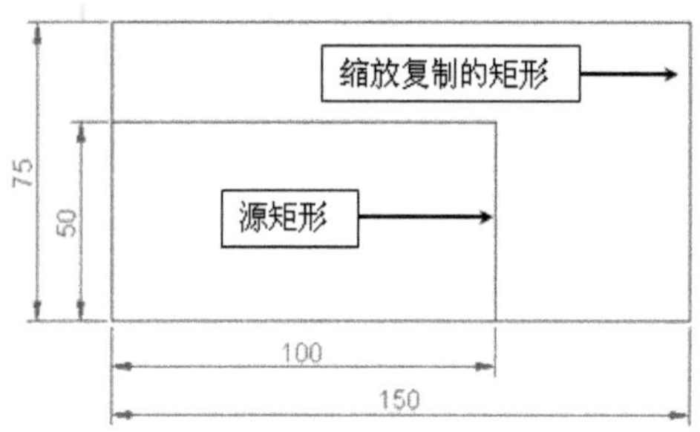

图 5-64

Step 01 ▶ 输入"SC"，按 Enter 键，激活【缩放】命令。

Step 02 ▶ 单击选择矩形，按 Enter 键确认。

Step 03 ▶ 捕捉矩形的左下端点作为基点。

Step 04 ▶ 输入"C"，按 Enter 键，激活"复制"选项。

Step 05 ▶ 输入"1.5"，按 Enter 键，设置比例因子。矩形被复制并放大 1.5 倍，如图 5-65 所示。

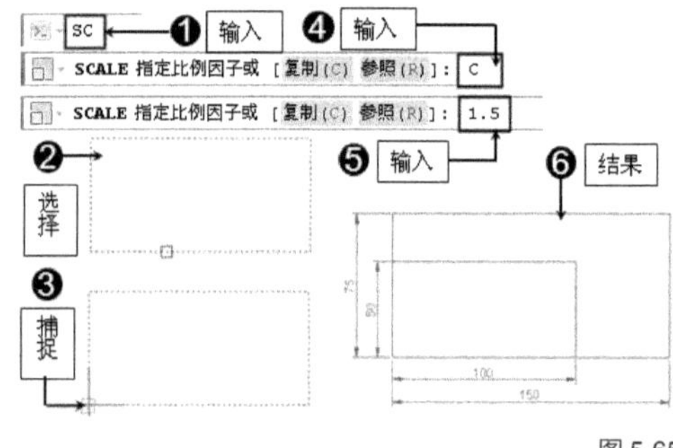

图 5-65

5.6.3 "参照"缩放（R）

"参照缩放"是指参考其他图形进行缩放对象。可以分别指定一个参照长度和一个新长度，AutoCAD 将以参照长度和新长度的比值决定缩放的比例因子。

1. 选项

R

2. 功能 / 用途

参照其他图形尺寸缩放目标图形。

3. 启动方式

（1）输入"SCALE"或"SC"，按 Enter 键，激活【缩放】命令。

（2）选择要缩放的对象，按 Enter 键确认。

（3）使其一点作为基点。

（4）输入"R"，按 Enter 键激活"参照"选项。

功能验证——参照三角形边长缩放矩形

绘制一个 50mm×50mm 的矩形和一个边长为 60mm 的等边三角形，如图 5-66 所示。下面参照该三角形的边长，对矩形进行缩放。

Step 01 ▶ 输入"SC"，按 Enter 键，激活【缩放】命令。

Step 02 ▶ 单击选择矩形，按 Enter 键确认。

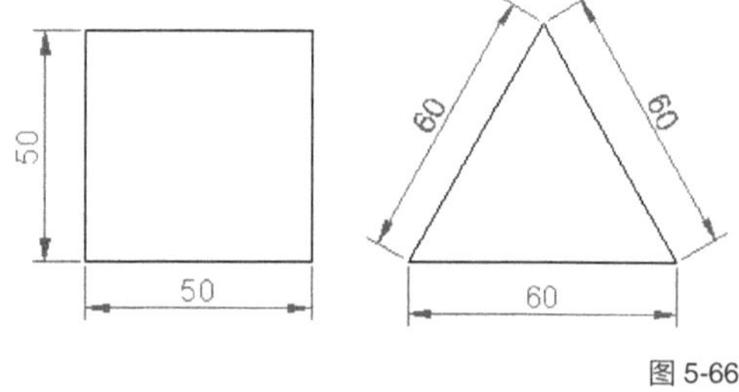

图 5-66

Step 03 ▶ 捕捉矩形的左下端点作为基点。

Step 04 ▶ 输入"R"，按 Enter 键，激活"参照"选项。

Step 05 ▶ 捕捉矩形的左下端点。

Step 06 ▶ 捕捉矩形的右下端点。

Step 07 ▶ 输入"P"，按 Enter 键，激活"点"选项。

Step 08 ▶ 捕捉三角形的左端点。

Step 09 ▶ 捕捉三角形的右端点，结果如图 5-67 所示。

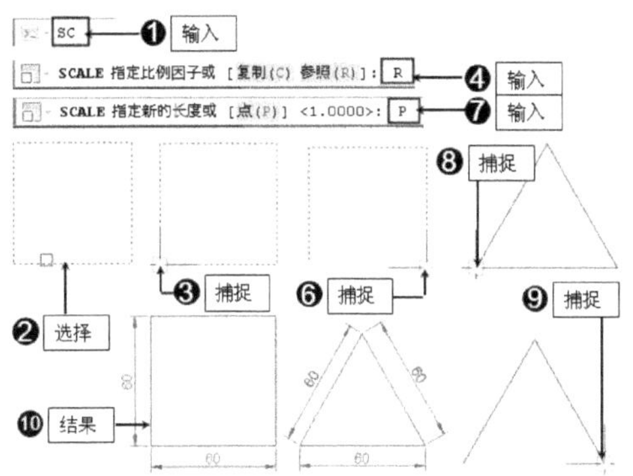

图 5-67

练一练 参照缩放对象时，还可以缩放复制图形。下面根据所学知识，自己尝试将矩形参照三角形进行缩放复制，结果如图 5-68 所示。

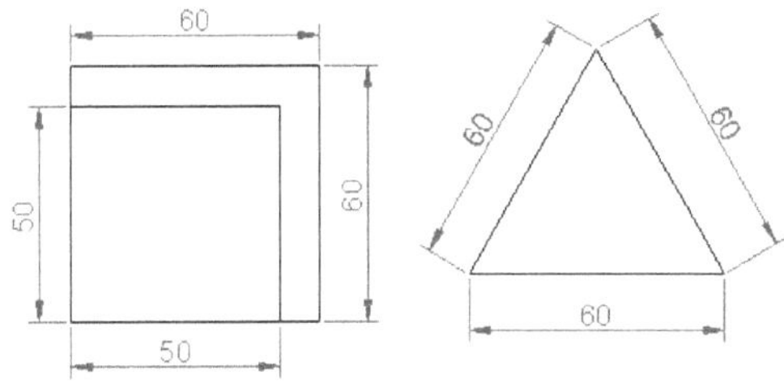

图 5-68

5.7　移动

使用【移动】命令可以调整图形的位置，但源图形大小和形状均不发生任何变化。移动图形时，既可以捕捉点进行移动，也可以输入点的坐标进行移动。

5.7.1　启动【移动】命令
（MOVE，M）

1. 快捷命令

MOVE，M

2. 功能 / 用途

调整图形的位置。

3. 启动方式

输入"MOVE"或"M"，按 Enter 键，激活【移动】命令。

｜技术看板｜ 执行菜单栏中的【修改】/【移动】命令，或者单击【修改】工具栏上的"移动"按钮，如图 5-69 所示，也可以激活【移动】命令。

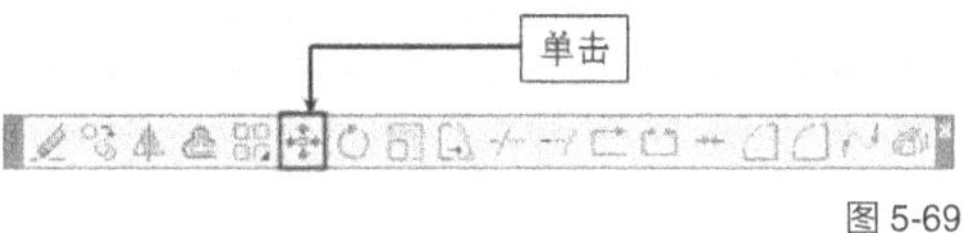

图 5-69

功能验证——移动圆的位置

使用【圆】命令在矩形的左上角绘制一个圆，如图 5-70（a）所示。下面使用【移动】命令将左上角的圆移动到矩形右上角位置，结果如图 5-70（b）所示。

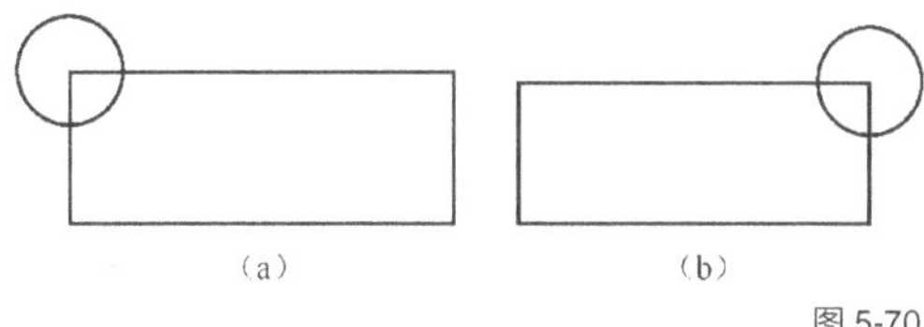

（a）　　　　　　　　（b）

图 5-70

Step 01 ▶ 输入"M"，按 Enter 键，激活【移动】命令。

Step 02 ▶ 单击选择矩形左上角的圆，按 Enter 键确认。

Step 03 ▶ 捕捉圆心作为基点。

Step 04 ▶ 捕捉矩形的右上角作为目标点。

Step 05 ▶ 移动结果如图 5-71 所示。

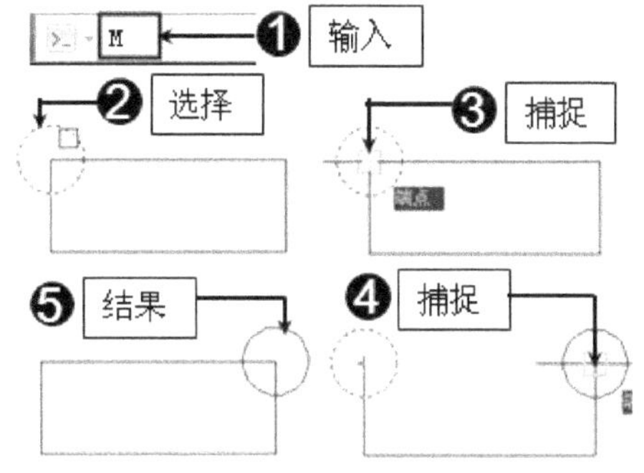

图 5-71

｜技术看板｜ 移动图形时，除了捕捉目标点之外，也可以通过输入目标点的坐标值进行精确移动。例如，要将矩形左上角的圆移动到距离矩形右上角点水平距离 20 个绘图单位的位置，这时配合【自】功能，输入目标点的坐标值进行移动即可，具体操作如下。

Step 01 ▶ 输入"M"，按 Enter 键，激活【移动】

命令。

Step 02 ▶ 单击选择矩形左上角的圆，按 Enter 键确认。

Step 03 ▶ 捕捉圆的左象限点作为基点。

Step 04 ▶ 按住 Shift 键右击，选择【自】功能。

Step 05 ▶ 捕捉矩形的右上角作为参照点。

Step 06 ▶ 输入"@20,0"，按 Enter 键确认。

Step 07 ▶ 移动结果如图 5-72 所示。

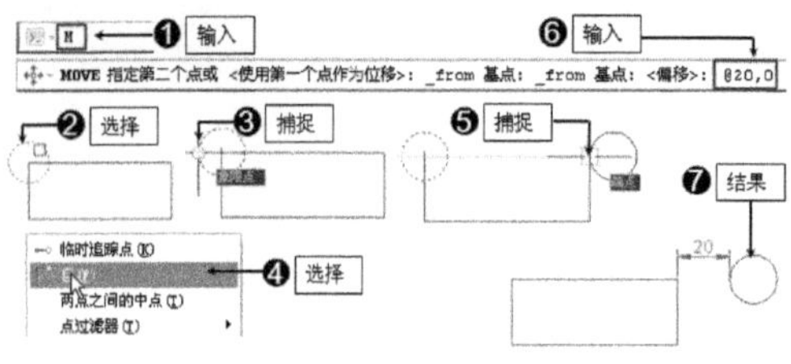

图 5-72

5.7.2 "位移"移动（D）

也可以使用"位移"选项精确调整图形的位置。位移时不需要指定基点，系统默认图形的中心点为基点。

1. 选项

D

2. 功能 / 用途

按照指定距离位移图形。

3. 启动方式

（1）输入"MOVE"或"M"，按 Enter 键，激活【移动】命令。

（2）选择图形，按 Enter 键确认。

（3）输入"D"，按 Enter 键，激活"位移"选项。

（4）输入目标点的坐标，按 Enter 键确认。

功能验证——移动圆的位置

下面将图 5-70 所示矩形左上角的圆向右移动 30 个绘图单位。

Step 01 ▶ 输入"M"，按 Enter 键，激活【移动】命令。

Step 02 ▶ 单击选择矩形左上角的圆，按 Enter 键确认。

Step 03 ▶ 输入"D"，按 Enter 键，激活"位移"选项。

Step 04 ▶ 输入"@30,0"，按 Enter 键，指定目标点的坐标。位移结果如图 5-73 所示。

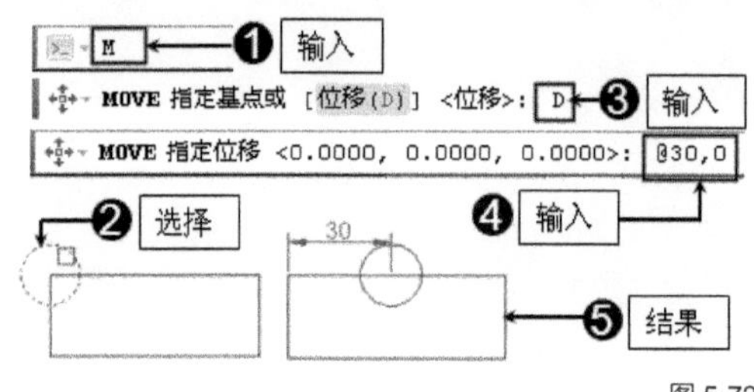

图 5-73

练一练 根据如图 5-74 所示的图示尺寸，自己尝试使用"位移"选项对矩形进行位移。

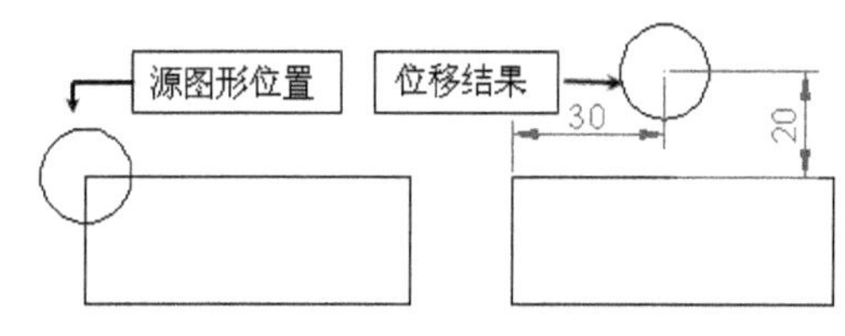

图 5-74

5.8 分解（EXPLODE，X）

"分解"是指将复合图形，如矩形、多边形以及多段线等，拆分为独立的线段，以便于对图形进行编辑。

1. 快捷命令

EXPLODE，X

2. 功能 / 用途

将复合图形分解为独立的图形对象。

3. 启动方式

（1）输入"EXPLODE"或"X"。

（2）按 Enter 键，激活【分解】命令。

| 技术看板 | 执行菜单栏中的【修改】/【分解】命令，或者单击【修改】工具栏上的"分解"按钮，如图 5-75 所示，均可激活【分解】命令。

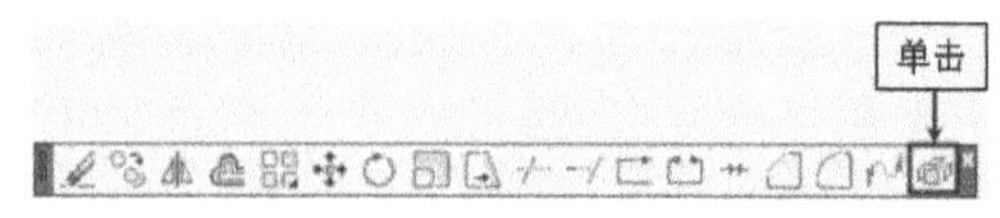

图 5-75

功能验证 ——分解矩形

绘制一个矩形，在没有任何命令发出的情况下，单击矩形一条边，发现矩形的其他边也被选择，并以夹点显示，如图 5-76 所示。

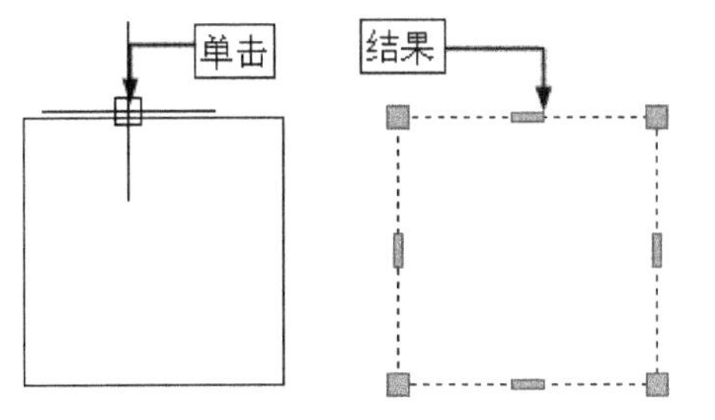

图 5-76

下面使用【分解】命令将矩形分解为 4 条独立的线段。

Step 01 ▶ 输入"EXPLODE"或"X"，按 Enter 键，激活【分解】命令。

Step 02 ▶ 单击选择矩形，然后按 Enter 键确认，如图 5-77 所示。

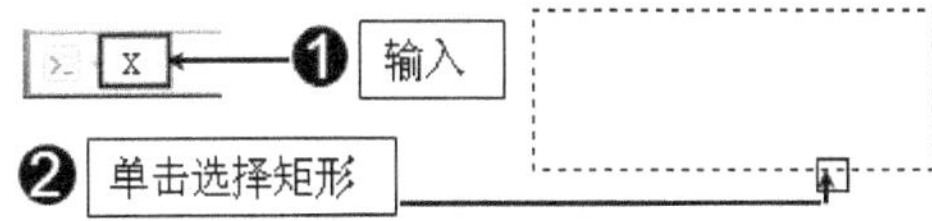

图 5-77

Step 03 ▶ 在没有任何命令发出的情况下，再次单击矩形一条边，此时发现只有该边夹点显示，这表示该矩形已经被分解，如图 5-78 所示。

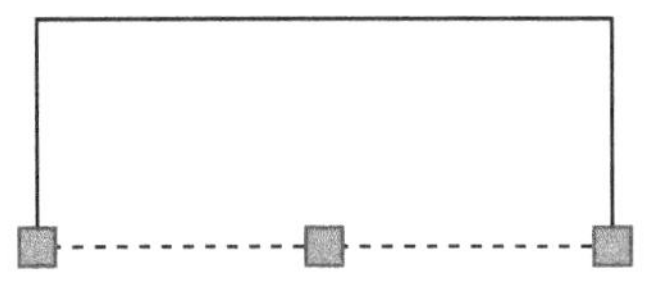

图 5-78

5.9　拉伸（STRETCH, S）

"拉伸"是指将复合图形，如矩形、多边形等拉长，以改变图形的尺寸和形状。

1. 快捷命令

STRETCH, S

2. 功能 / 用途

将复合图形拉长，以改变图形的尺寸和形状。

3. 启动方式

输入"STRETCH"或"S"，按 Enter 键，激活【拉伸】命令。

┃ **技术看板** ┃ 执行菜单栏中的【修改】/【拉伸】命令，或者单击【修改】工具栏上的"拉伸"按钮，如图 5-79 所示，均可激活【分解】命令。

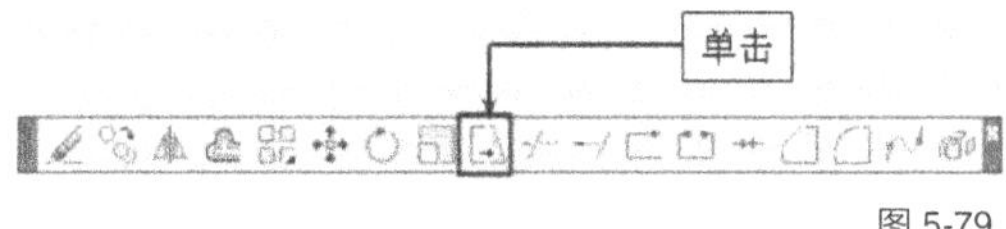

图 5-79

功能验证 ——将矩形拉伸

首先绘制一个 50mm×50mm 的矩形，下面将该矩形拉伸为 100mm×50mm，如图 5-80 所示。

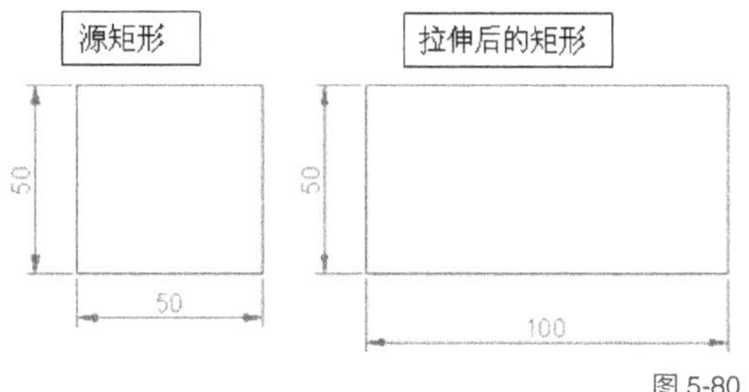

图 5-80

Step 01 ▶ 输入"STRETCH"或"S"，按 Enter 键，激活【拉伸】命令。

Step 02 ▶ 以窗交方式选择矩形，然后按 Enter 键确认。

Step 03 ▶ 捕捉矩形的右下端点作为基点。

Step 04 ▶ 输入"@50,0"，按 Enter 键确认。

Step 05 ▶ 拉伸结果如图 5-81 所示。

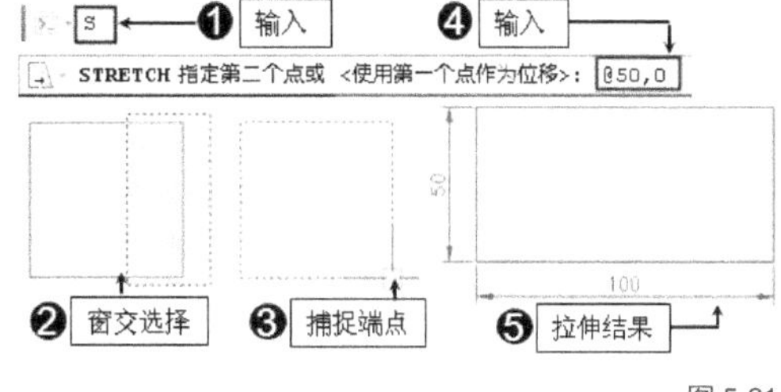

图 5-81

┃ **技术看板** ┃【拉伸】图形时，一定要采用"窗交"方式选择图形对象。所谓"窗交"，是指按住鼠标左键，由右向左拉长浅绿色选择框，与拉伸图形相交。

第 6 章
图形控制与资源共享快捷命令

在 AutoCAD 2014 中，图形的各元素要放在不同的图层上，这样便于对图形进行控制和编辑。另外，在图形设计中，还可以共享已有的图形资源，这样可以加快绘图速度，减轻绘图工作量。本章就来学习图形控制与资源共享的相关快捷命令。

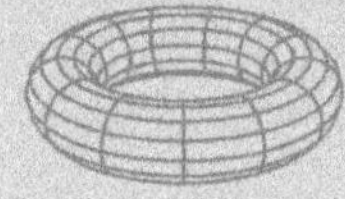
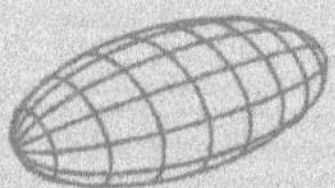
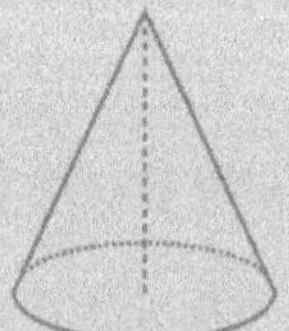

本章快捷命令概览

名称		快捷命令	功能 / 用途
图层	打开【图层特性管理器】对话框（P93）	LAYER LA	新建图层，并对图层进行一系列操作
	新建图层（P94）	Enter 键 Alt+N 组合键	创建新图层
	设置当前图层（P94）	Alt+C 组合键	设置当前操作图层
特性	启动【特性】命令（P95）	PROPERTIES Ctrl+1 组合键 PR	设置图形颜色、线型等特性
特性匹配	启动【特性匹配】命令（P96）	MATCHPROP MA	将选定对象的特性匹配给其他图形对象
创建块	启动【创建块】命令（P97）	BLOCK B	将多个图形或文字组合，创建为特定对象的集合
插入	启动【插入】命令（P98）	INSERT I	将创建的图块插入图形文件中
写块	启动【写块】命令（P99）	W	将图块创建为"外部块"文件，使其能在外部图形中重复使用
	将图形创建为外部块（P99）		将图形对象创建为使所有图形对象都可以应用的外部块
定义属性	启动【定义属性】命令（P102）	ATTDEF ATT	对图块进行文字说明
	定义文字属性（P102）		对几何图形进行文字说明，以表达几何图形无法表达的一些内容
	编辑属性（P103）		对定义的属性进行编辑，修改属性的信息
	定义与编辑属性块（P103）		将定义的属性创建为属性块
设计中心	打开【设计中心】对话框（P107）	ADCENTER ADC Ctrl+2 组合键	查看、管理和共享图形资源
工具选项板	打开【工具选项板】面板（P108）	TOOLPALETTES Ctrl+3 组合键	查看、管理和共享图形资源

6.1　图层

在 AutoCAD 中，图层是一个综合性的制图工具，用于控制和管理图形对象，是图形设计中的重要绘图工具。

6.1.1　打开【图层特性管理器】对话框（LAYER，LA）

在【图层特性管理器】对话框中，可以进行新建、删除、打开、关闭、冻结、解冻、锁定以及解锁图层等一系列操作。

1. 快捷命令

LAYER，LA

2. 功能 / 用途

打开【图层特性管理器】对话框，新建图层，并对图层进行一系列操作。

3. 启动方式

输入"LAYER"或"LA"，按 Enter 键，打开【图层特性管理器】对话框。

| **技术看板** | 执行菜单栏中的【格式】/【图层】命令；或者单击【图层】工具栏上的"图层特性管理器"按钮 ，如图 6-1 所示，均可打开【图层特性管理器】对话框。

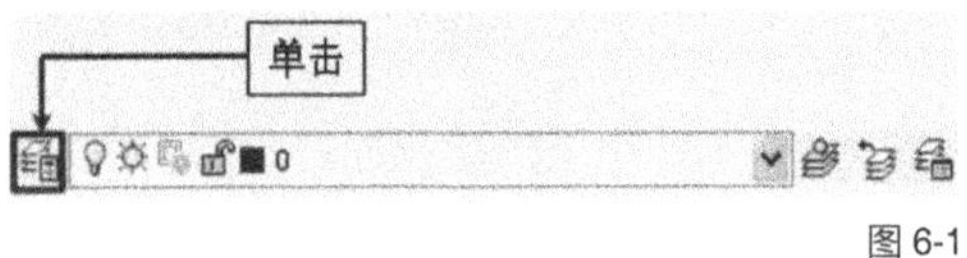

图 6-1

6.1.2 新建图层（Alt+N 组合键）

在【图层特性管理器】对话框中可以新建图层。

1. 快捷命令

Alt+N，Enter

2. 功能 / 用途

创建新图层。

3. 启动方式

（1）输入"LAVRL"或"LA"，按 Enter 键，打开【图层特性管理器】对话框。

（2）选择"0"图层，然后按 Enter 键，或者按 Alt+N 组合键。

功能验证 ——新建 2 个图层

Step 01 ▶ 输入"LA"。

Step 02 ▶ 按 Enter 键，打开【图层特性管理器】对话框。

Step 03 ▶ 选择系统预设的"0"图层。

Step 04 ▶ 按 Enter 键，新建"图层 1"。

Step 05 ▶ 继续按 Alt+N 组合键，新建"图层 2"，如图 6-2 所示。

| **技术看板** | 在【图层特性管理器】对话框中单击右键，选择"新建图层"选项；或者单击【图层特性管理器】对话框中的"新建图层"按钮 ，如图 6-3 所示，均可创建新图层。

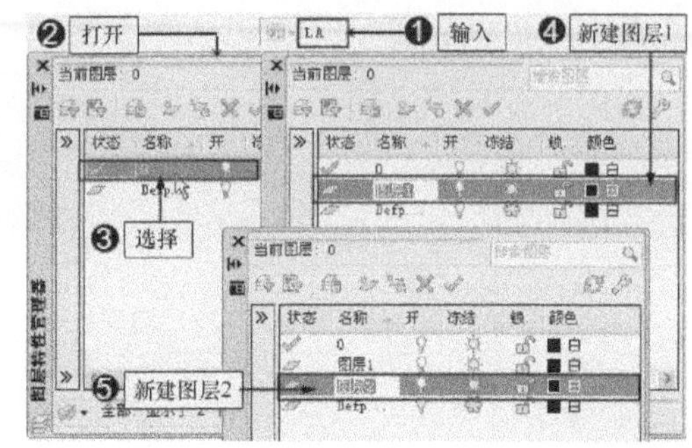

图 6-2

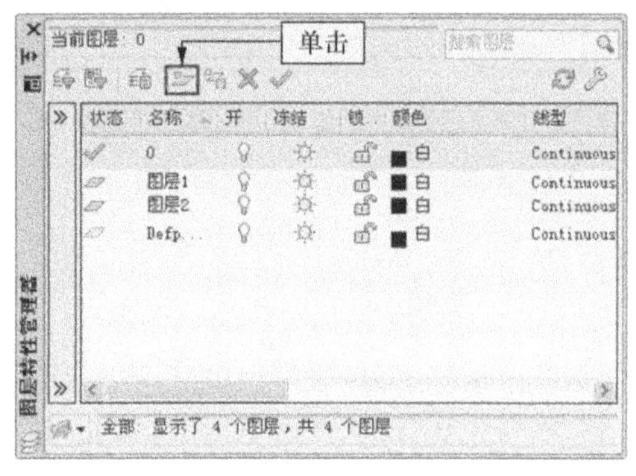

图 6-3

6.1.3 设置当前图层

（Alt+C 组合键）

所谓"当前图层"是指当前所要绘制的图形所在的图层。例如要进行图形的尺寸标注时，就需要将"尺寸层"设置为当前图层。设置当前图层后，当前图层的名称前面会出现"置为当前"按钮 。

1. 快捷命令

Alt+C

2. 功能 / 用途

设置当前操作图层。

3. 启动方式

（1）输入"LAVRL"或"LA"，按 Enter 键，打开【图层特性管理器】对话框。

（2）选择要设置的图层，按 Alt+C 组合键。

功能验证 ——将"图层 1"设置为当前图层

下面将上一节新建的"图层 1"设置为当前图层。

Step 01 ▶ 在【图层特性管理器】对话框中选择

"图层 1"。

Step 02 ▶ 按 Alt+C 组合键，操作结果是"图层 1"被设置为当前图层，如图 6-4 所示。

| 技术看板 | 单击【图层特性管理器】对话框中的"置为当前"按钮 ✓；或者选择图层后单击右键，选择【置为当前】选项，如图 6-5 所示；或者在【图层】工具栏展开其下拉列表，选择要切换为当前图层的图层，如图 6-6 所示，均可设置当前操作图层。

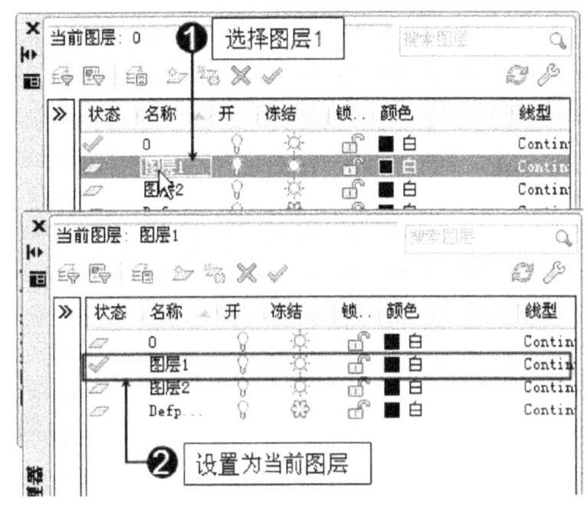

图 6-4

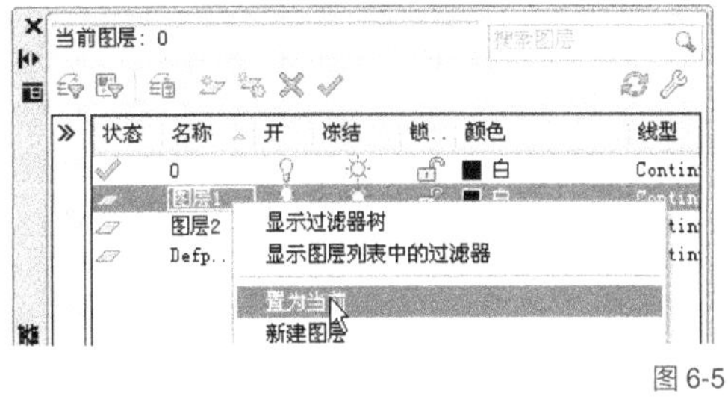

图 6-5

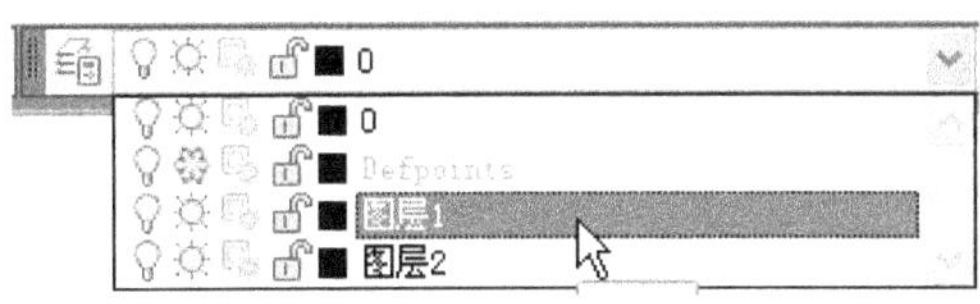

图 6-6

6.2　特性（PROPERTIES，PR）

"特性"是指图形的线型、颜色、线宽、厚度、高度等几何特性，通过设置图形的这些特性，可以达到编辑图形的目的。

1. 快捷命令

PROPERTIES，PR

2. 功能 / 用途

打开【特性】对话框，设置图形颜色、线型等特性。

3. 启动方式

按下 Ctrl+1 组合键或输入"PROPERTIES"或"PR"，按 Enter 键，打开【特性】对话框。

| 技术看板 | 单击菜单栏中的【修改】/【特性】命令；或者单击【标准】工具栏上的"特性"按钮 ▤，如图 6-7 所示，均可打开【特性】对话框。

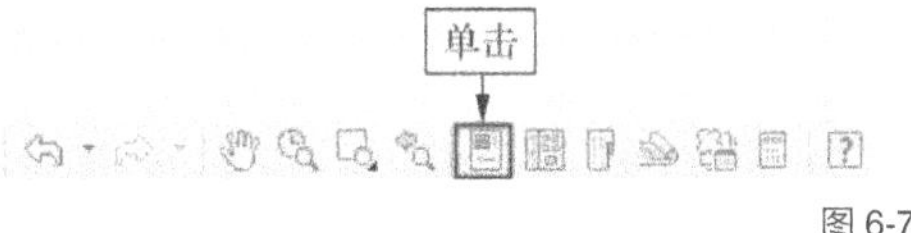

图 6-7

功能验证——设置图形特性

首先绘制圆、矩形和多边形 3 个图形，如图 6-8（上）所示；然后设置圆图形的颜色和线宽特性，操作结果如图 6-8（下）所示。

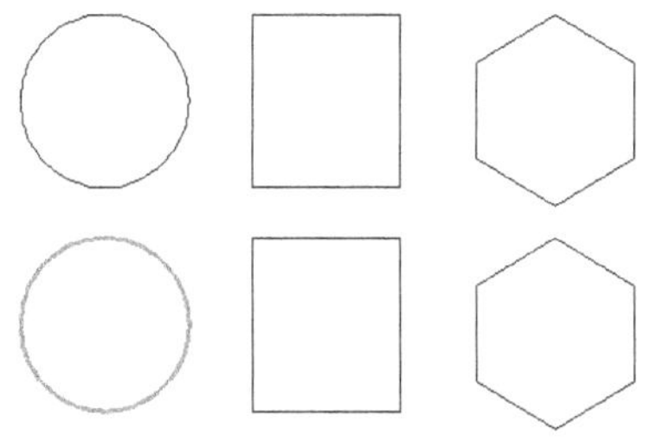

图 6-8

Step 01 ▶ 输入"PR"，按 Enter 键打开【特性】对话框。

Step 02 ▶ 在无命令执行的前提下选择圆使其夹点显示，如图 6-9 所示。

Step 03 ▶ 在"颜色"下拉列表中选择一种颜色，例如选择红色。

Step 04 ▶ 继续在"线宽"下拉列表中选择线宽为 0.3mm。

Step 05 ▶ 操作结果是圆的特性发生了变化，如图 6-10 所示。

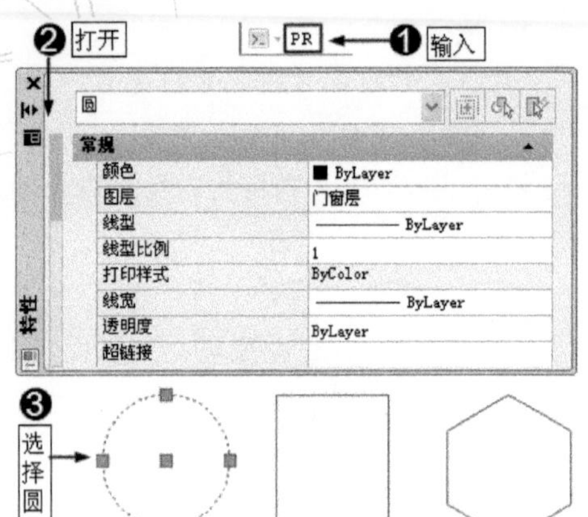

图 6-9

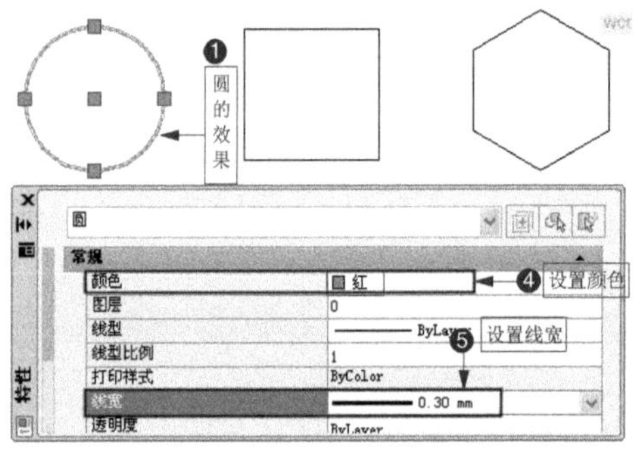

图 6-10

Step 06 ▶ 拖动左侧的滚动条，显示【三维效果】和【几何图形】选项。

Step 07 ▶ 设置圆的其他几何特性，如图 6-11 所示。

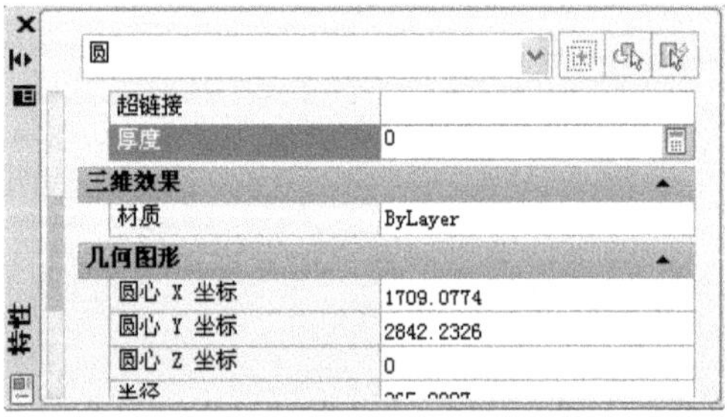

图 6-11

Step 08 ▶ 按 Esc 键取消夹点显示，完成图形特性的设置。

6.3 特性匹配（MATCHPROP，MA）

"特性匹配"是指将选定对象的特性匹配

给其他图形，从而使这些图形保持相同的特性。一般情况下，用于匹配的图形特性有"线型、线宽、线型比例、颜色、图层、标高、尺寸和文本"等。

1. 快捷命令

MATCHPROP，MA

2. 功能 / 用途

将选定对象的特性匹配给其他图形对象。

3. 启动方式

输入"MATCHPROP"或"MA"，按 Enter 键，激活【特性匹配】命令。

|技术看板| 单击菜单栏中的【修改】/【特性匹配】命令；或者单击【标准】工具栏上的"特性匹配"按钮，如图 6-12 所示，均可激活【特性匹配】命令。

图 6-12

功能验证——将圆图形的特性匹配给矩形和多边形

继续上一节的操作，将圆图形的特性匹配给矩形和多边形。

Step 01 ▶ 输入"MA"，按 Enter 键，激活【特性匹配】命令。

Step 02 ▶ 单击选择圆。

Step 03 ▶ 单击选择右侧的矩形。

Step 04 ▶ 继续单击选择多边形。

Step 05 ▶ 按 Enter 键，操作结果是将圆的特性匹配给了矩形和多边形，如图 6-13 所示。

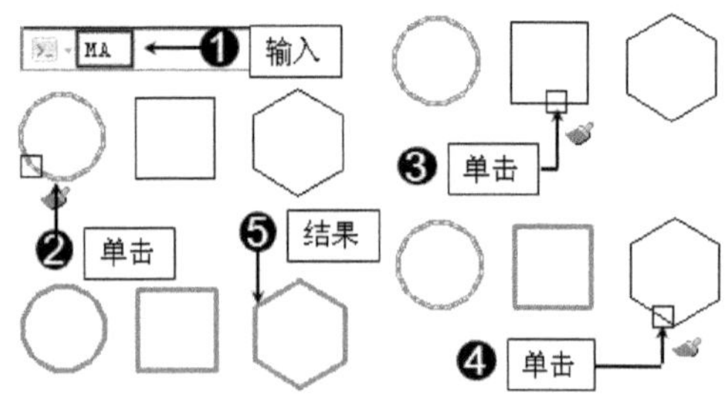

图 6-13

| 技术看板 | 系统默认设置下，使用【特性匹配】命令可以将源图形对象的所有特性匹配给目标对象。如果只想将源图形对象的部分特性匹配给目标对象，则可以输入"S"并按 Enter 键，打开如图 6-14 所示的【特性设置】对话框，在该对话框，可以根据需要选择需要匹配的基本特性和特殊特性。

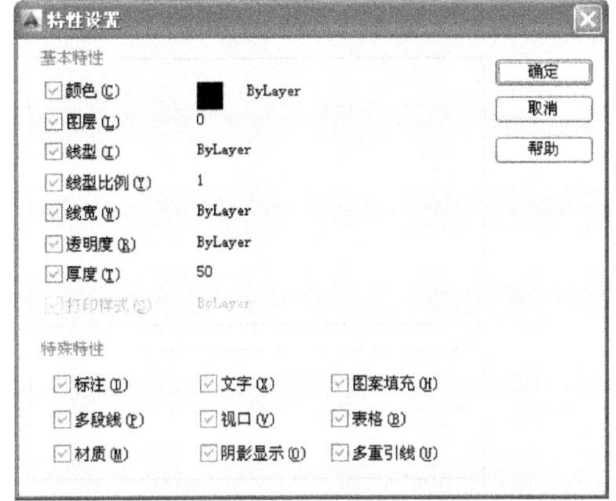

图 6-14

其中，【颜色】和【图层】选项适用于除 OLE（对象链接嵌入）对象之外的所有对象；【线型】选项适用于除属性、图案填充、多行文字、OLE 对象、点和视口之外的所有对象；【线型比例】选项适用于除属性、图案填充、多行文字、OLE 对象、点和视口之外的所有对象。

6.4　创建块（BLOCK，B）

所谓"创建块"就是将多个图形或文字组合起来，形成单个对象的集合。在 AutoCAD 图形设计中，图块是最常用的图形资源，引用图块不仅可以在很大程度上提高绘图速度，还可以使绘制的图形更标准化和规范化。

1. 快捷命令

BLOCK，B

2. 功能 / 用途

将多个图形或文字组合，创建为特定对象的集合。

3. 启动方式

输入"BLOCK"或"B"，按 Enter 键，激活【创建块】命令。

| 技术看板 | 单击菜单栏中的【绘图】/【块】/【创建】命令；或者单击【绘图】工具栏上的"创建块"按钮，如图 6-15 所示，均可激活【图块】命令。

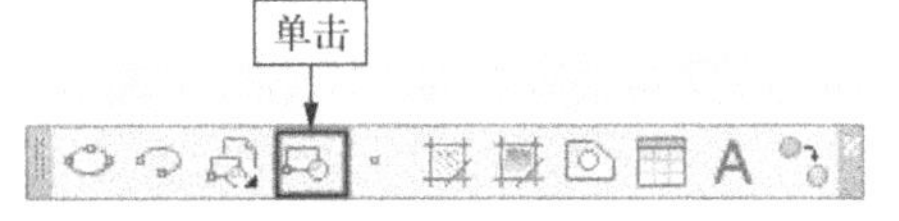

图 6-15

功能验证——将平面椅创建为块

打开"素材文件"目录下的"平面椅 .dwg"图形文件，这是一个平面椅，下面将该平面椅创建为一个块。

Step 01 ▶ 输入"B"，按 Enter 键，激活【创建块】命令。

Step 02 ▶ 打开【块定义】对话框。

Step 03 ▶ 在【名称】输入框输入块名"平面椅"。

Step 04 ▶ 单击"拾取点"按钮返回绘图区。

Step 05 ▶ 捕捉平面椅的圆弧象限点作为块的基点。

Step 06 ▶ 再次返回【创建块】对话框，单击"选择对象"按钮。

Step 07 ▶ 再次返回绘图区，窗口方式选择单人沙发对象。

Step 08 ▶ 按 Enter 键，返回【块定义】对话框，在此处可以预览块。

Step 09 ▶ 单击 确定 按钮，完成块的创建，此块将与当前文件一起存盘，如图 6-16 所示。

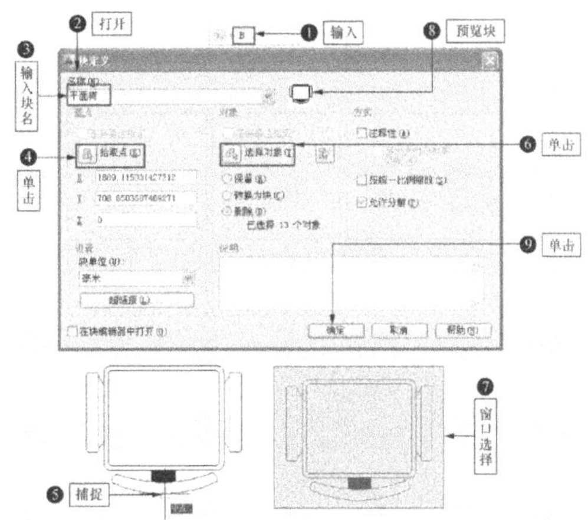

图 6-16

│技术看板│ 图块名是一个不超过 255 个字符的字符串，可包含字母、数字、"$"、"-"及"_"等符号。另外，在定位图块的基点时，一般捕捉图形上的特征点，将特征点定义为基点。同时，在定义图块时，系统默认设置下，直接将源图形转换为图块文件，如果勾选【保留】单选项，则定义图块后源图形将保留，否则，源图形不保留；若勾选【删除】选项，则定义图块后，将从当前文件中删除选定的图形；若勾选【按照统一比例缩放】复选项，那么在插入块时，仅可以对块进行等比缩放；若勾选【分解】选项，则插入的图块将允许被分解。

6.5 插入（INSERT,I）

"插入"是应用块的过程，就是将创建的图块应用到图形文件中。

1. 快捷命令

INSERT，I

2. 功能/用途

将创建的图块插入图形文件中。

3. 启动方式

输入"INSERT"或"I"，按 Enter 键，激活【插入】命令。

│技术看板│ 单击菜单栏中的【插入】/【块】命令；或者单击【绘图】工具栏上的"插入块"按钮，如图 6-17 所示，均可激活【插入】命令。

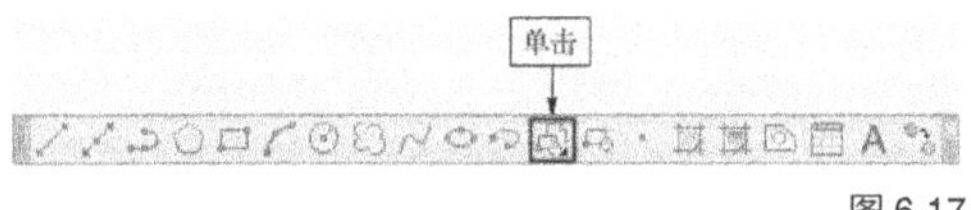

图 6-17

⚙ **功能验证**——插入块

将上一节创建的"平面椅.dwg"的图块插入当前绘图文件中。

Step 01 ▶ 输入"I"，按 Enter 键，激活【插入】命令。

Step 02 ▶ 打开【插入】对话框。

Step 03 ▶ 在"名称"下拉列表中选择创建的"平面椅"块文件。

Step 04 ▶ 单击 确定 按钮。

Step 05 ▶ 在绘图区拾取插入点。

Step 06 ▶ 将块插入当前文件中，如图 6-18 所示。

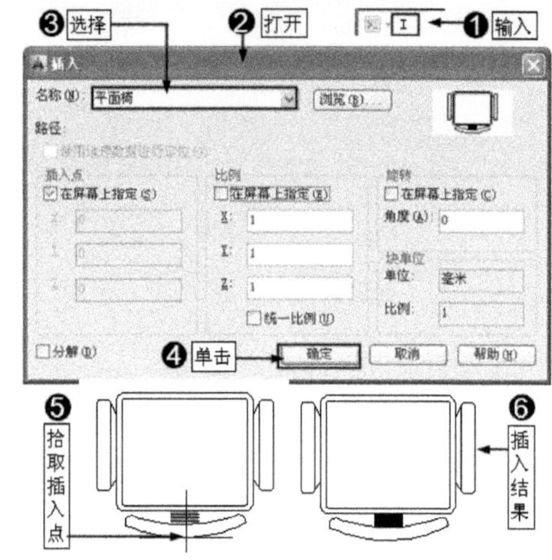

图 6-18

│技术看板│ 在插入图块时，还可以通过在"角度"输入框中输入块的插入角度和设置比例，来调整所插入图块的大小。勾选"统一比例"复选框，则图块将等比例缩放；若取消对该复选框的勾选，则可以在"X/Y/"输入框中输入各自的比例对图块进行调整。如果取消对"在屏幕上指定"复选框的勾选，则可以输入 X/Y/Z 的坐标，将图块插入到指定的坐标点上。图 6-19 所示是设置"角度"为 45° 后的插入效果。

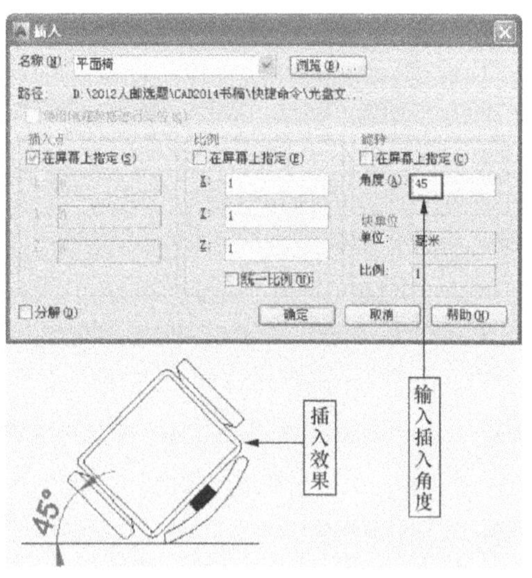

图 6-19

6.6　写块

一般情况下，创建的图块只能在当前文件中重复使用，要想在其他外部文件中重复使用图块，就需要"写块"。所谓"写块"就是将图块创建为使外部文件也能重复使用的文件，这类块一般称为"外部块"。

6.6.1　启动【写块】命令（W）

1．快捷命令

W

2．功能／用途

将图块创建为"外部块"文件，使其能在外部图形中重复使用。

3．启动方式

输入"W"，按 Enter 键，激活【写块】命令。

功能验证 —— 将创建的"平面椅 .dwg"图块文件创建为外部块

下面将上一节创建的"平面椅 .dwg"图块文件创建为外部块，使其能在任何文件中重复使用。

Step 01 ▶ 输入"W"，按 Enter 键，激活【写块】命令。

Step 02 ▶ 打开【写块】对话框。

Step 03 ▶ 勾选"块"单选项。

Step 04 ▶ 在"块"下拉列表中选择"平面椅"块。

Step 05 ▶ 单击"文件名或路径"文本列表框右侧的 … 按钮。

Step 06 ▶ 打开【浏览图形文件】对话框，为外部块命名并选择存储路径。

Step 07 ▶ 单击 保存(S) 按钮将其保存。

Step 08 ▶ 返回【写块】对话框，单击 确定 按钮，完成外部块的创建，如图 6-20 所示。

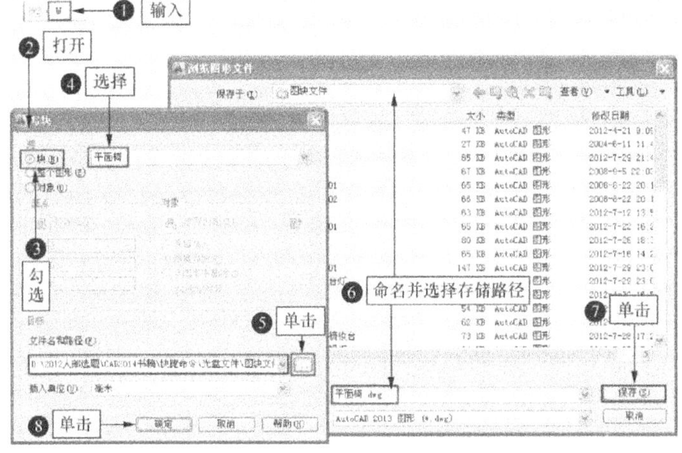

图 6-20

| 技术看板 | 在默认状态下，系统将继续使用源块的名称作为外部块的新名称进行存盘，也可以重新为外部块命名，同时重新选择保存路径。

6.6.2　将图形创建为外部块

除了将块创建为外部块之外，也可以将任何图形直接创建为外部块。首先打开"素材文件"目录下的"平面椅 .dwg"素材文件，然后将该"平面椅 .dwg"素材文件直接创建为外部块。

功能验证 ——将图形直接创建为外部块

Step 01 ▶ 输入"W"，按 Enter 键，打开【写块】对话框。

Step 02 ▶ 勾选"对象"单选项。

Step 03 ▶ 单击"拾取点"按钮 返回绘图区。

Step 04 ▶ 捕捉平面椅的圆弧象限点作为块的基点。

Step 05 ▶ 按 Enter 键，返回【创建块】对话框，然后单击"选择对象"按钮 。

Step 06 ▶ 返回绘图区，窗口方式选择平面椅。

Step 07 ▶ 按 Enter 键，返回【创建块】对话框，

单击"文件名或路径"文本列表框右侧的 ⋯ 按钮。

Step 08 ▶ 在打开的【浏览图形文件】对话框中，为图块命名并选择存储路径。

Step 09 ▶ 单击 保存(S) 按钮将其保存。

Step 10 ▶ 返回【写块】对话框，单击 确定 按钮，完成外部块的创建，如图 6-21 所示。

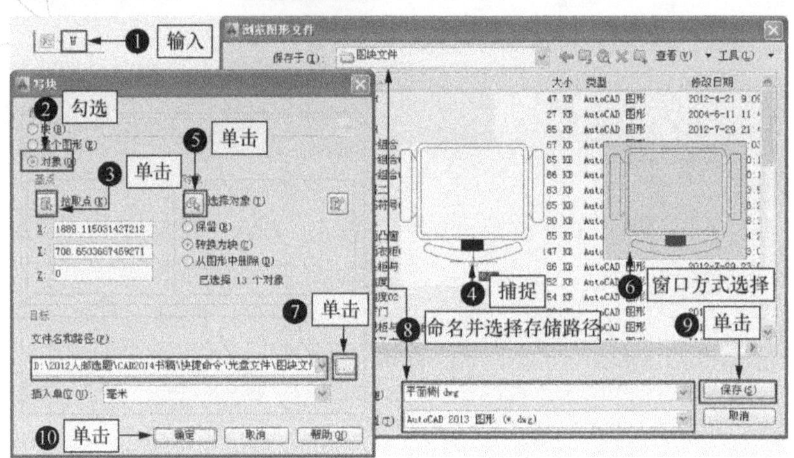

图 6-21

| **技术看板** | 无论是内部块还是外部块，其应用方法相同，都是通过【插入】命令将其插入当前文件中的，在此不再赘述。

6.6.3 实例——向建筑平面图插入单开门

打开"素材文件"目录下的"建筑平面图 .dwg"素材文件，这是一个建筑平面图，首先根据图示尺寸，在"轮廓线"层绘制一个单开门的图形文件，如图 6-22 所示。

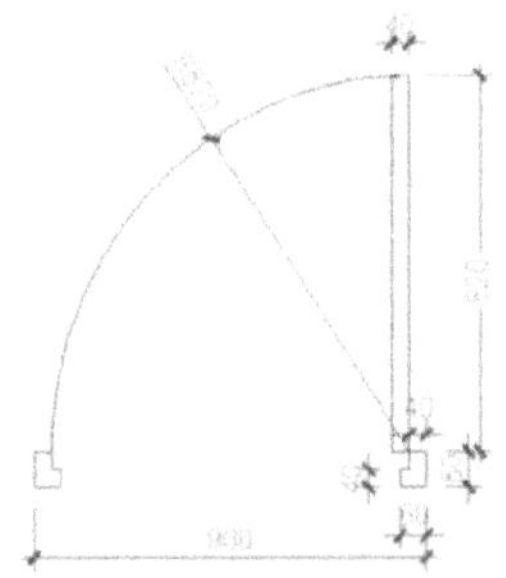

图 6-22

下面将该单开门创建为块，并将其插入当前文件中。

操作步骤

1. 创建块

Step 01 ▶ 输入"B"，按 Enter 键，激活【创建块】命令。

Step 02 ▶ 在打开的【块定义】对话框的"名称"输入框中输入"单开门"。

Step 03 ▶ 单击"拾取点"按钮 返回绘图区。

Step 04 ▶ 捕捉门垛中点作为基点。

Step 05 ▶ 再次返回【创建块】对话框，单击"选择对象"按钮。

Step 06 ▶ 再次返回绘图区，窗口方式选择单开门对象。

Step 07 ▶ 按 Enter 键，返回【块定义】对话框，勾选"删除"单选项。

Step 08 ▶ 单击 确定 按钮，将其创建为块，如图 6-23 所示。

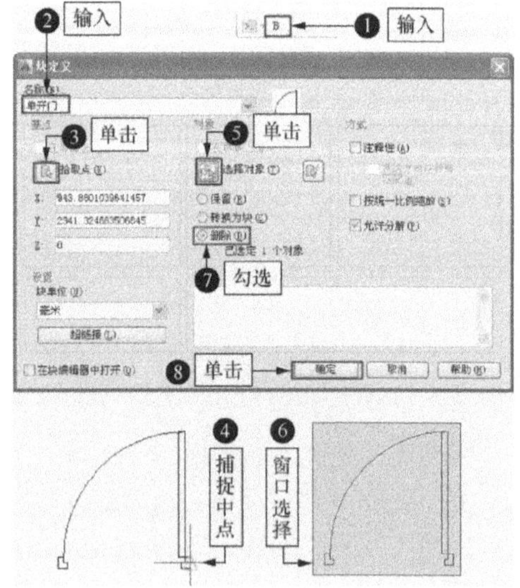

图 6-23

2．插入单开门

Step 01 ▶ 设置"门窗层"为当前图层。

Step 02 ▶ 输入"I"，按Enter键，激活【插入】命令。

Step 03 ▶ 在打开的【插入】对话框的"名称"列表中选择"单开门"块。

Step 04 ▶ 在【比例】选项中设置缩放比例。

Step 05 ▶ 单击　确定　按钮回到绘图区。

Step 06 ▶ 捕捉墙线的中点将其插入，如图 6-24 所示。

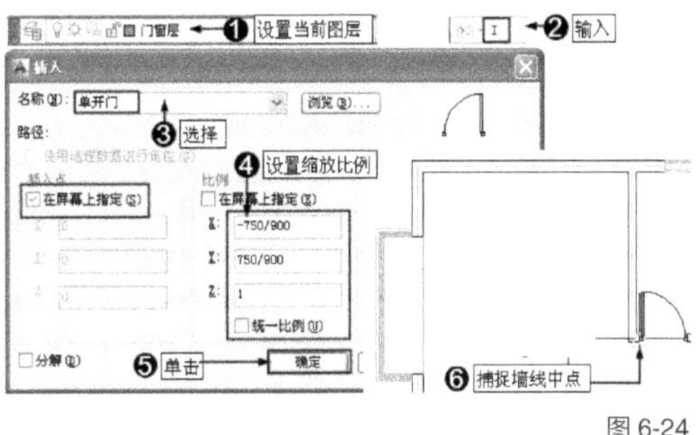

图 6-24

Step 07 ▶ 重复执行【插入块】命令，设置插入参数插入单开门，如图 6-25 所示。

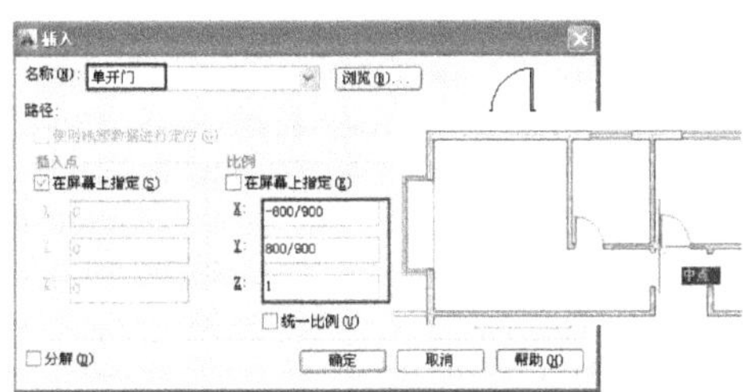

图 6-25

Step 08 ▶ 重复执行【插入块】命令，设置插入参数插入单开门，如图 6-26 所示。

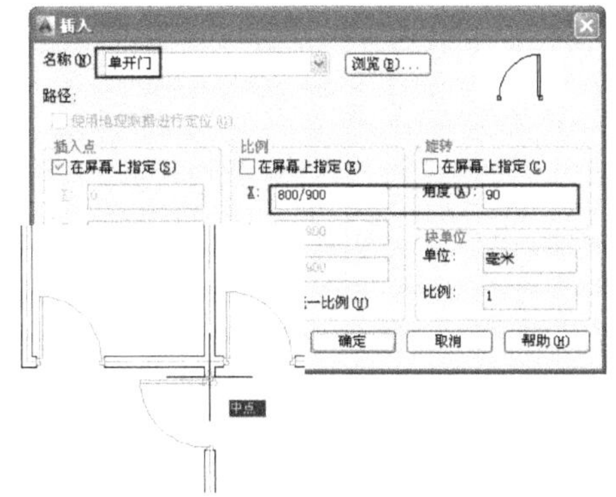

图 6-26

Step 09 ▶ 重复执行【插入块】命令，设置插入参数插入单开门，如图 6-27 所示。

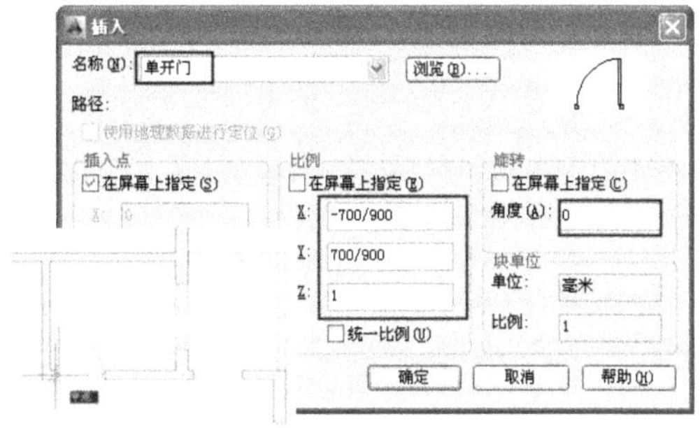

图 6-27

Step 10 ▶ 重复执行【插入块】命令，设置插入参数插入单开门，如图 6-28 所示。

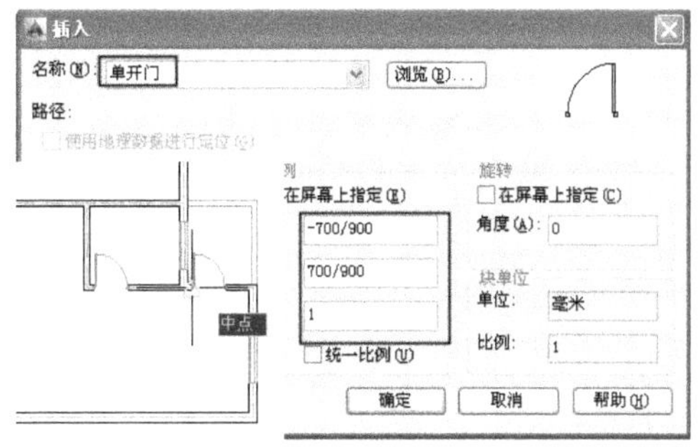

图 6-28

Step 11 ▶ 重复执行【插入块】命令，设置插入参数插入单开门，如图 6-29 所示。

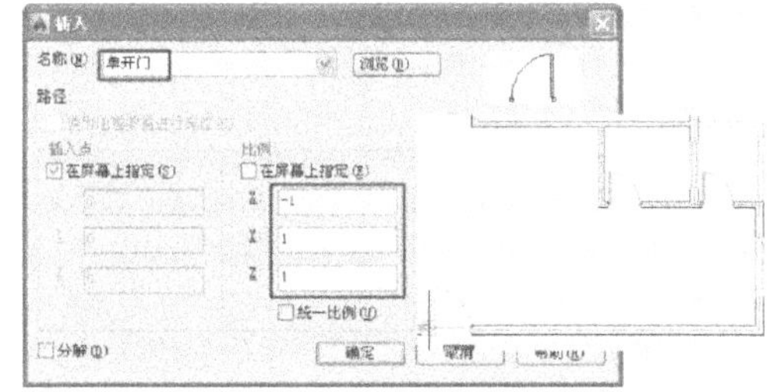

图 6-29

Step 12 ▶ 调整视图，使平面图完全显示，操作结果如图 6-30 所示。

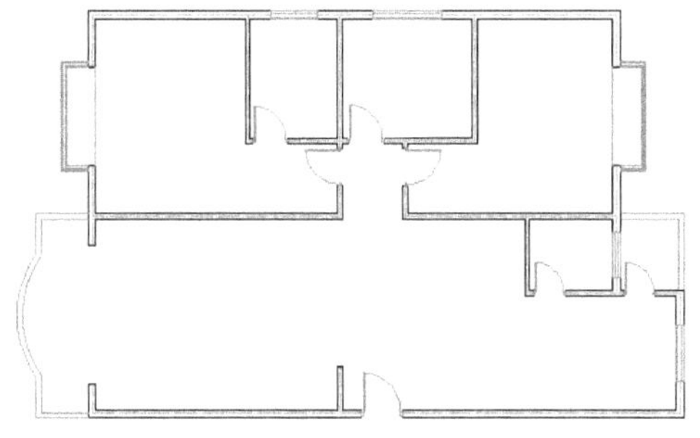

图 6-30

6.7　定义属性

"属性"实际上是一种块的文字信息，属性不能独立存在，它是附属于图块的一种非图形信息，用于对图块进行文字说明。

6.7.1　启动【定义属性】命令（ATTDEF，ATT）

1. 快捷命令

ATTDEF，ATT

2. 功能 / 用途

对图块进行文字说明。

3. 启动方式

输入"ATTDEF"或"ATT"，按Enter键，激活【定义属性】命令。

| 技术看板 | 单击菜单栏中的【绘图】/【块】/【定义属性】命令；或者在"草图与注释"工作空间的"插入"选项卡下单击"定义属性"按钮，如图6-31所示，均可激活【定义属性】命令。

图 6-31

6.7.2　定义文字属性

文字属性一般用于几何图形，其作用是表达几何图形无法表达的一些内容。首先绘制半径为 4mm 的圆，如图 6-32（左）所示，然后在该圆上定义标记为"X"的属性，如图 6-32（右）所示。

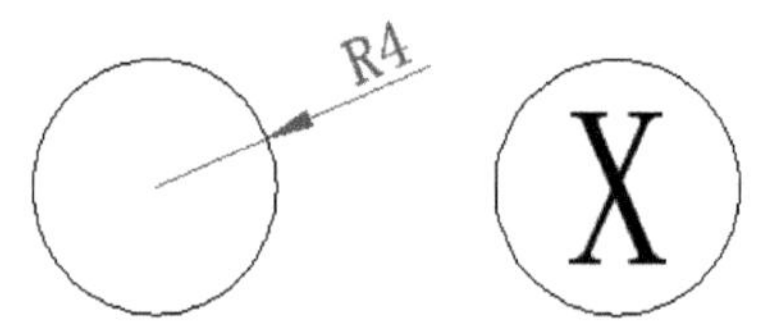

图 6-32

Step 01 ▶ 输入"ATT"，按 Enter 键，激活【定义属性】命令。

Step 02 ▶ 在打开的【属性定义】对话框的"标记"输入框中输入值"X"。

Step 03 ▶ 继续在"提示"输入框中输入"输入编号："；在"默认"输入框中输入"C"；在"对正"下拉列表中选择"正中"；在"文字样式"下拉列表中选择"Standard"；设置"文字高度"为 5mm；设置"旋转"为0。

Step 04 ▶ 单击 确定 按钮返回绘图区。

Step 05 ▶ 捕捉圆心作为属性插入点。

Step 06 ▶ 操作结果如图 6-33 所示。

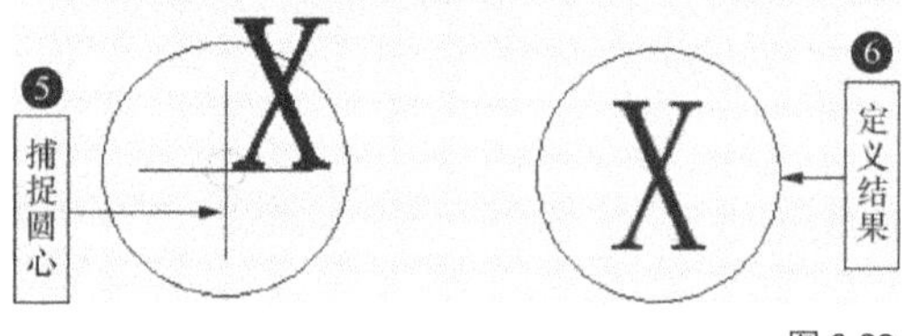

图 6-33

| 技术看板 |【模式】选项组：主要用于控制属性的显示模式，其具体功能如下。

【不可见】复选项用于设置插入属性块后是否显示属性值。

【固定】复选项用于设置属性是否为固定值。

【验证】复选项用于设置在插入块时提示确认属性值是否正确。

【预置】复选项用于将属性值设定为默认值。

【锁定位置】复选项用于对属性位置进行固定。

【多行】复选项用于设置多行的属性文本。

另外，当需要重复定义对象的属性时，可以勾选【在上一个属性定义下对齐】复选框，系统将自动沿用上次设置的各属性的文字样式、对正方式以及高度等参数。

6.7.3　编辑属性

定义属性后，如果需要改变属性的标记、提示或默认值，操作也很简单。下面将上一节定义的属性的标记修改为"A"，将默认值修改为"X"。

功能验证——编辑属性

Step 01 ▶ 在无任何命令发出的情况下双击属性标记，打开【编辑属性定义】对话框。

Step 02 ▶ 修改"标记"为"A"。

Step 03 ▶ 修改"默认"为"X"。

Step 04 ▶ 单击 **确定** 按钮。

Step 05 ▶ 按 Enter 键，此时属性的标记即被修改，如图 6-34 所示。

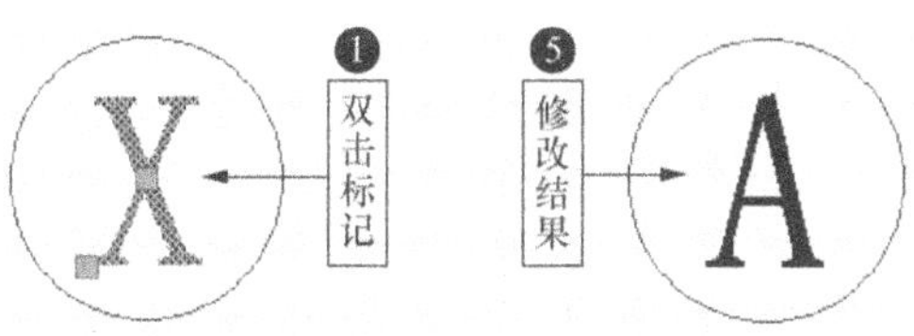

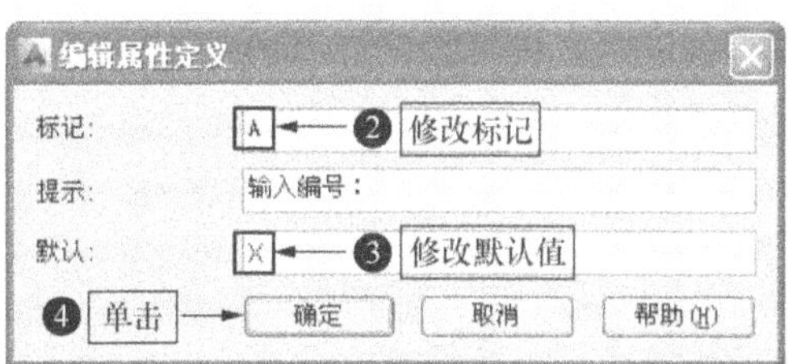

图 6-34

练一练 重新定义值为"B"的属性，如图 6-35 左部所示，然后修改其值为"C"，如图 6-35 右部所示。

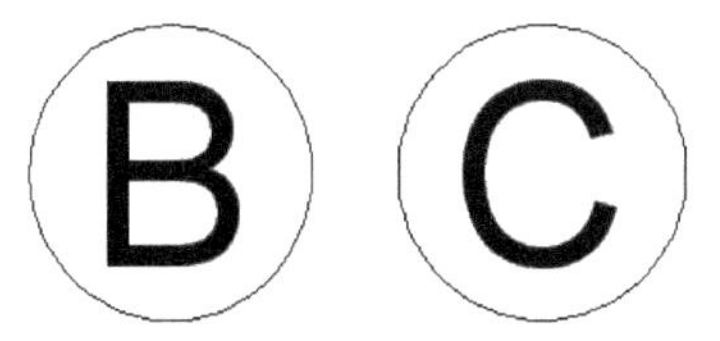

图 6-35

6.7.4　定义与编辑属性块

定义属性之后，还需要将属性定义为属性块，这样才能将其应用到图形中。定义属性块的操作与创建块的操作基本相同，下面将上一节定义的属性再次定义为属性块。

功能验证——定义属性块

1. 定义属性块

Step 01 ▶ 输入"B"，按 Enter 键，激活【创建块】命令。

Step 02 ▶ 打开【块定义】对话框。

Step 03 ▶ 在"名称"输入框中将其命名为"编号"。

Step 04 ▶ 单击"拾取点"按钮返回绘图区。

Step 05 ▶ 捕捉圆心作为块的基点。

Step 06 ▶ 再次返回【创建块】对话框，单击"选择对象"按钮。

Step 07 ▶ 再次返回绘图区，窗口方式选择属性。

Step 08 ▶ 按 Enter 键，返回【块定义】对话框，勾选"转换为块"单选项。

Step 09 ▶ 单击 **确定** 按钮。

Step 10 ▶ 打开【编辑属性】对话框。

Step 11 ▶ 在"输入编号"输入框中输入"A"。

Step 12 ▶ 单击 **确定** 按钮。

Step 13 ▶ 定义结果是定义了一个属性值为"A"的属性块，如图 6-36 所示。

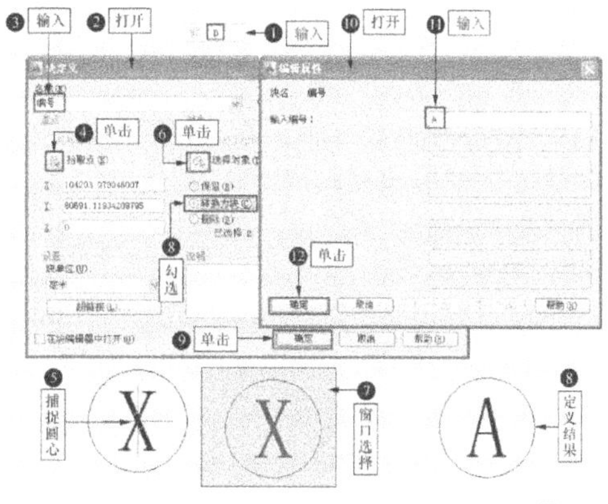

图 6-36

| 技术看板 | 与"定义块"相同，当定义属性之后，该属性只能在当前文件中使用，要想在其他外部文件中使用该属性块，需要将其创建为外部属性块，其创建方法与创建外部块的方法相同，在此不再赘述。

2. 编辑属性块

Step 01 ▶ 在无任何命令发出的情况下双击定义

的属性块。

Step 02 ▶ 打开【增强属性编辑器】对话框。

Step 03 ▶ 进入【属性】选项卡，在"值"输入框中修改属性值为"C"。

Step 04 ▶ 单击 应用(A) 按钮。

Step 05 ▶ 操作结果是属性值被修改为"C"，如图 6-37 所示。

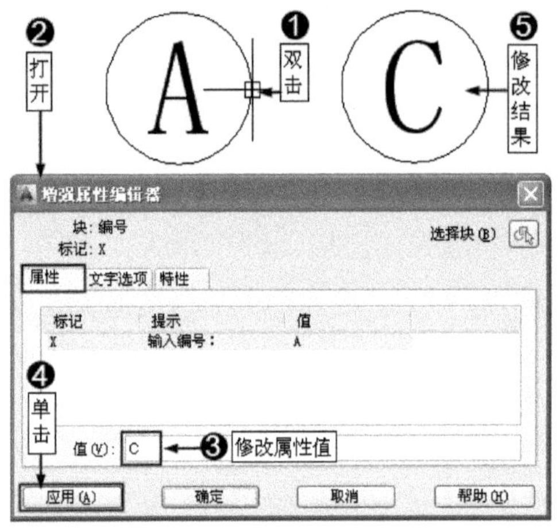

图 6-37

| 技术看板 | 如果有多个属性需要编辑，可以单击右上角的"选择块"按钮，返回绘图区单击要编辑的属性块，对其进行修改。

Step 06 ▶ 进入【文字选项】选项卡，选择文字样式、对正方式，设置文字高度、文字的旋转角度、宽度因子以及倾斜角度等。

Step 07 ▶ 单击 应用(A) 按钮。

Step 08 ▶ 操作结果是属性值被改变，如图 6-38 所示。

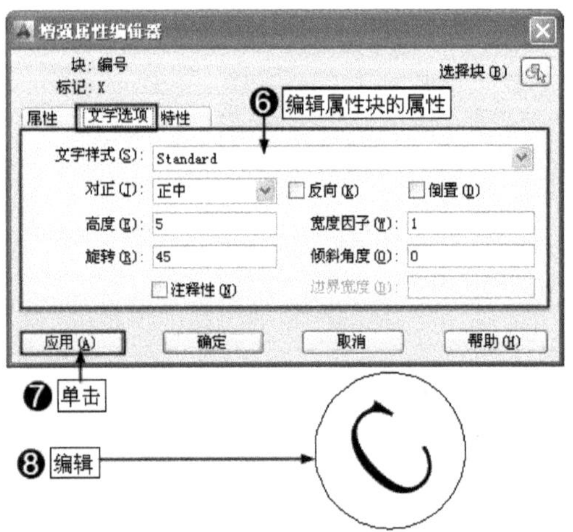

图 6-38

| 技术看板 | 如果勾选"反向"复选框，则会使文字反向，如图 6-39 左部所示；如果勾选"倒置"复选框，则文字会倒置，如图 6-39 右部所示。另外，进入【特性】选项卡，可以设置属性块的图层、线型、颜色和线宽等特性，如图 6-40 所示。

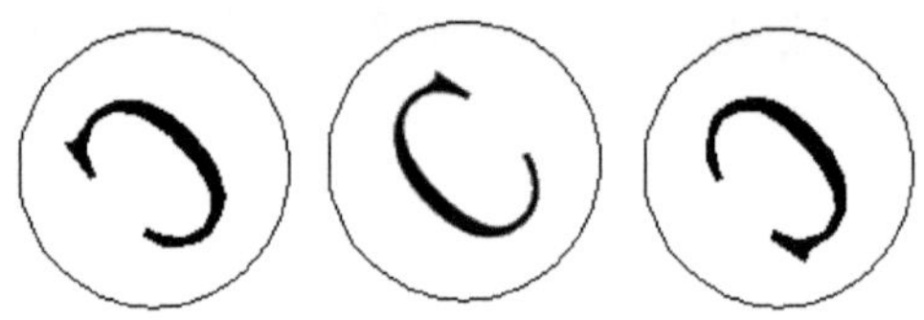

图 6-39

图 6-40

6.7.5　实例——为户型图编写墙体序号

打开"素材文件"目录下的"建筑平面图 B.dwg"图形文件，这是一个两居室户型平面图，如图 6-41 所示，下面为该户型图编写墙体序号，效果如图 6-42 所示。

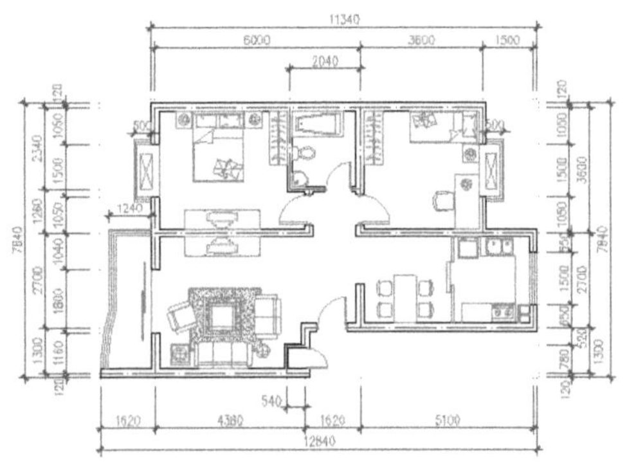

图 6-41

⚙ 操作步骤

1. 创建序号属性块

Step 01 ▸ 在"图层"控制列表中将"其他层"图层设置为当前层。

Step 02 ▸ 输入"C",按 Enter 键,激活【圆】命令,绘制半径为 4mm 的圆。

Step 03 ▸ 输入"ATT",按 Enter 键,打开【属性定义】对话框。

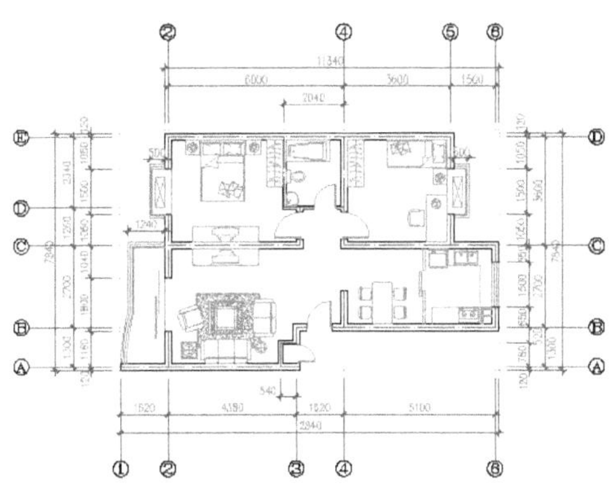

图 6-42

Step 04 ▸ 在【属性】选项下输入各属性值。

Step 05 ▸ 在【文字设置】选项下设置文字等参数。

Step 06 ▸ 单击　确定　按钮返回绘图区。

Step 07 ▸ 捕捉圆心作为属性插入点。

Step 08 ▸ 结果如图 6-43 所示。

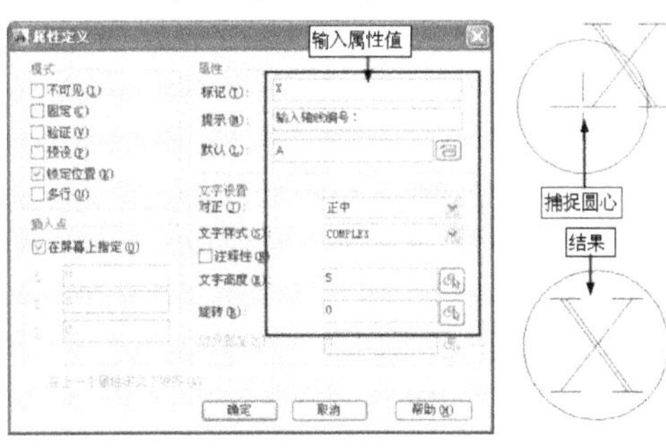

图 6-43

2. 定义序号属性块

Step 01 ▸ 输入"B",按 Enter 键,打开【块定义】对话框。

Step 02 ▸ 在"名称"输入框中将其命名为"轴标号"。

Step 03 ▸ 勾选"删除"单选项,然后单击"拾取点"按钮返回绘图区。

Step 04 ▸ 捕捉圆心作为块的基点。

Step 05 ▸ 再次返回【创建块】对话框,单击"选择对象"按钮。

Step 06 ▸ 返回绘图区,窗口方式选择属性。

Step 07 ▸ 按 Enter 键,返回【块定义】对话框。

Step 08 ▸ 单击　确定　按钮,完成轴标号属性块的定义,操作结果如图 6-44 所示。

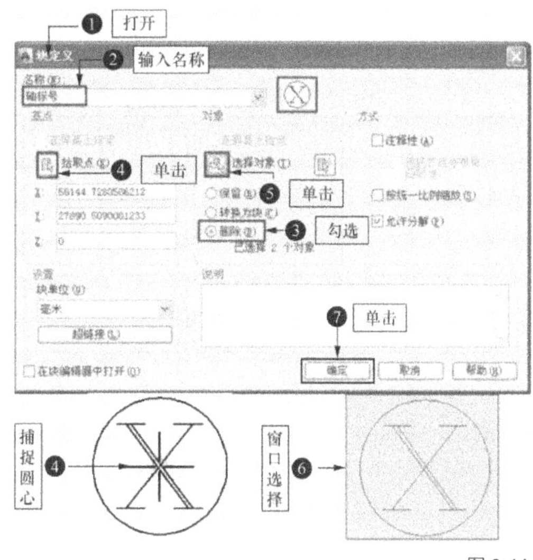

图 6-44

3. 编辑轴线尺寸

下面需要对轴线尺寸进行编辑,以便能插入轴线序号,编辑时可以使用【特性】和【特性匹配】命令进行编辑。

Step 01 ▸ 在未执行任何命令的前提下,选择平面图的一个轴线尺寸使其夹点显示。

Step 02 ▸ 按 Ctrl+1 组合键打开【特性】对话框,在【直线和箭头】选项组中修改"尺寸界线范围值"为"18"。

Step 03 ▸ 关闭【特性】对话框,并按下 Esc 键,取消对象的夹点显示,操作结果是所选择的轴线尺寸的尺寸界线被延长,如图 6-45 所示。

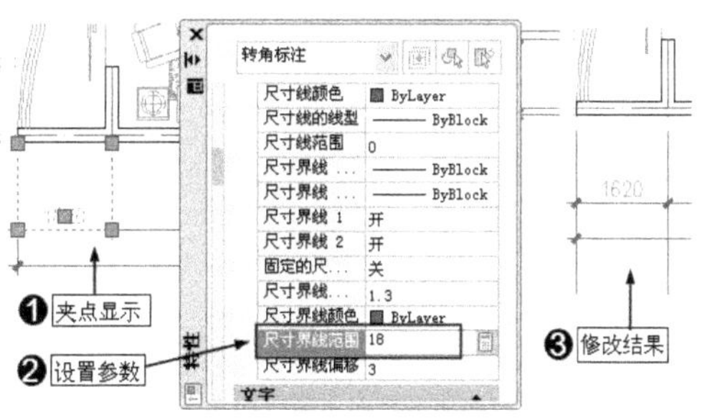

图 6-45

Step 04 ▶ 输入"MA",按 Enter 键,激活【特性匹配】命令,选择被延长的轴线尺寸作为匹配源对象,分别单击其他轴线尺寸进行匹配,匹配结果如图 6-46 所示。

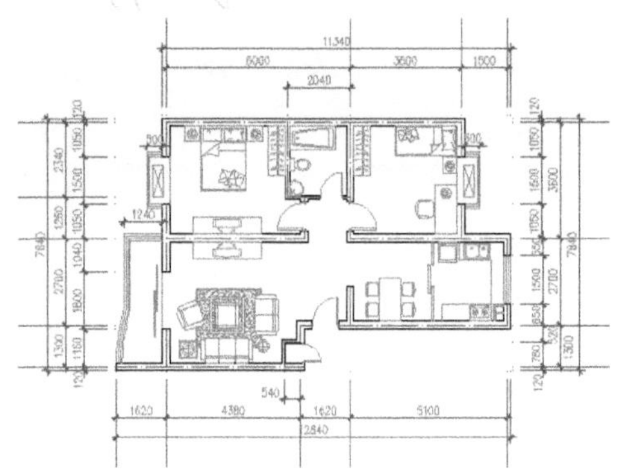

图 6-46

4. 插入轴线序号

Step 01 ▶ 输入"I",按 Enter 键,激活【插入块】命令。

Step 02 ▶ 在打开的【插入】对话框的"名称"下拉列表中选择"轴标号"属性块,并设置其他参数,如图 6-47 所示。

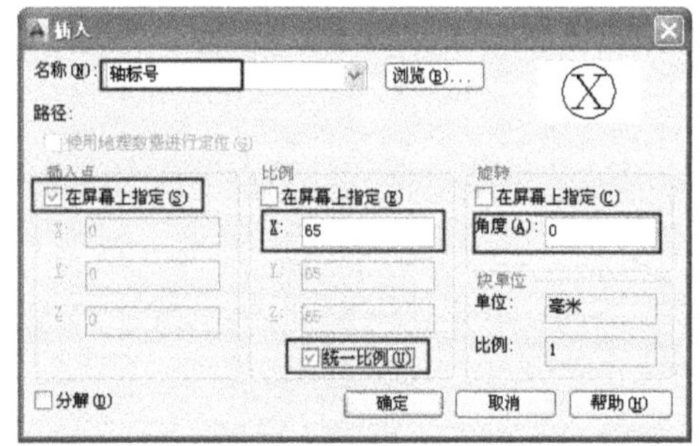

图 6-47

Step 03 ▶ 单击 确定 按钮返回绘图区,捕捉左下角的轴线的端点。

Step 04 ▶ 在弹出的【编辑属性】对话框中修改轴线编号的值为"1"。

Step 05 ▶ 单击 确定 按钮,操作结果如图 6-48 所示。

5. 复制并修改轴线序号

Step 01 ▶ 输入"CO",按 Enter 键,激活【复制】命令。

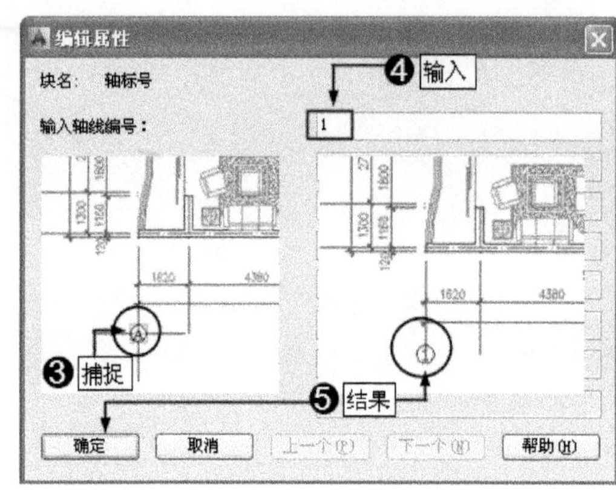

图 6-48

Step 02 ▶ 将轴线标号分别复制到其他指示线的末端点,基点为轴标号的圆心,目标点分别为各指示线的末端点,操作结果如图 6-49 所示。

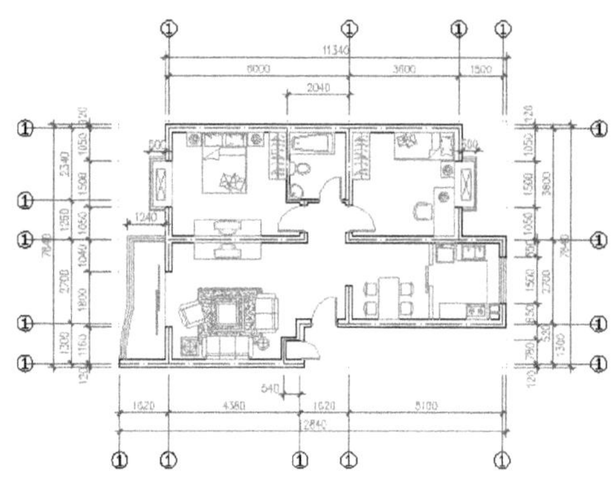

图 6-49

Step 03 ▶ 在无任何命令发出的情况下双击平面图下侧第二个轴标号,打开【增强属性编辑器】对话框。

Step 04 ▶ 在【增强属性编辑器】对话框中修改属性值为"2",如图 6-50 所示。

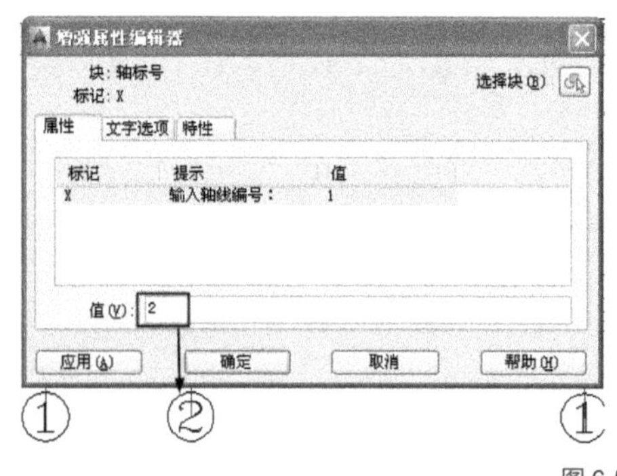

图 6-50

Step 05 ▶ 单击 应用(A) 按钮，然后单击右上角的"选择块"按钮，返回绘图区，分别选择其他位置的轴线编号进行修改，操作结果如图 6-51 所示。

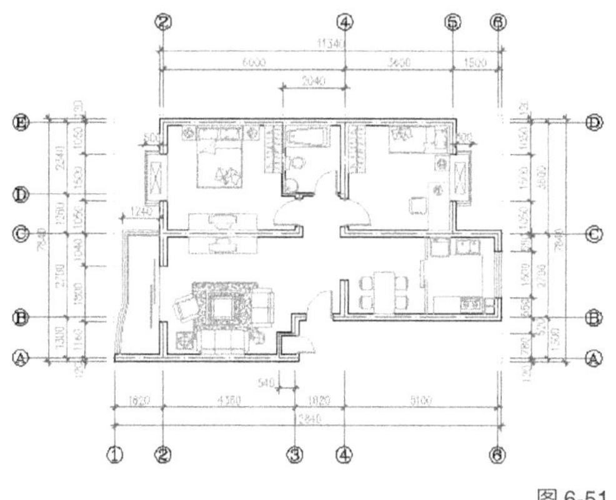

图 6-51

6. 调整轴线编号的位置

Step 01 ▶ 输入"M"，按 Enter 键，激活【移动】命令。

Step 02 ▶ 窗口方式选择下方所有轴线编号。

Step 03 ▶ 捕捉轴线编号圆的上象限点。

Step 04 ▶ 捕捉轴线的下端点，将其向下移动，操作结果如图 6-52 所示。

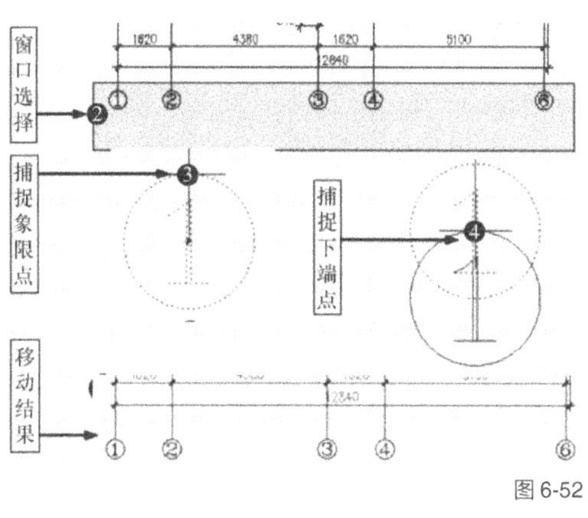

图 6-52

Step 05 ▶ 重复执行【移动】命令，配合交点捕捉和圆心捕捉功能，分别对平面图其他三侧的轴标号进行位移，操作结果如图 6-53 所示。

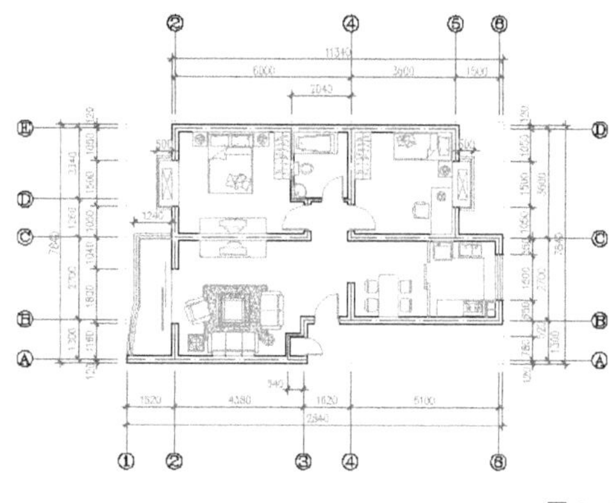

图 6-53

6.8　设计中心（ADCENTER，ADC）

【设计中心】窗口是用于查看、管理和共享图形资源的工具，相当于操作系统中的资源管理器。

1. 快捷命令

ADCENTER，ADC，Ctrl+2

2. 功能 / 用途

打开【设计中心】窗口，查看、管理和共享图形资源。

3. 启动方式

输入"ADCENTER"或"ADC"后按 Enter 键，或按 Ctrl+2 组合键，均可打开【设计中心】窗口。

| 技术看板 | 单击菜单栏中的【工具】/【选项板】/【设计中心】命令；或者单击【标准】工具栏上的"设计中心"按钮，如图 6-54 所示，均可打开【设计中心】窗口。

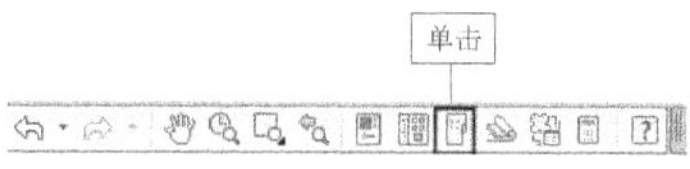

图 6-54

功能验证——在【设计中心】窗口共享图形资源

1. 以复制方式共享

Step 01 ▶ 在左侧树状窗口中选择"图块文件"文件夹。

Step 02 ▶ 在右侧窗口中选择"平面椅 .dwg"文件，右击并选择【复制】命令。

Step 03 ▶ 在绘图区右击并选择【剪贴板】/【粘贴】命令。

Step 04 ▶ 在绘图区拾取一点。

Step 05 ▶ 按 Enter 键 3 次，将该图形资源共享到当前文件，如图 6-55 所示。

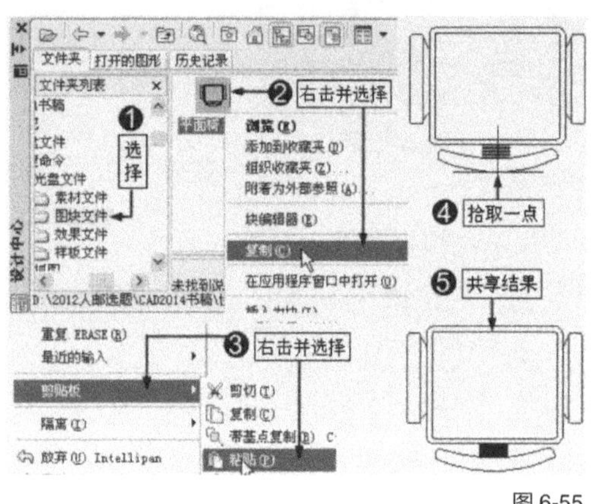

图 6-55

2. 以插入方式共享

Step 01 ▶ 在左侧树状窗口中选择"图块文件"文件夹。

Step 02 ▶ 在右侧窗口中选择"平面椅 .dwg"文件并右击。

Step 03 ▶ 在弹出的菜单中选择【插入为块】命令。

Step 04 ▶ 在打开的【插入】对话框中设置参数。

Step 05 ▶ 单击 确定 按钮。

Step 06 ▶ 在绘图区拾取一点，将图形以块的形式共享到文件中，如图 6-56 所示。

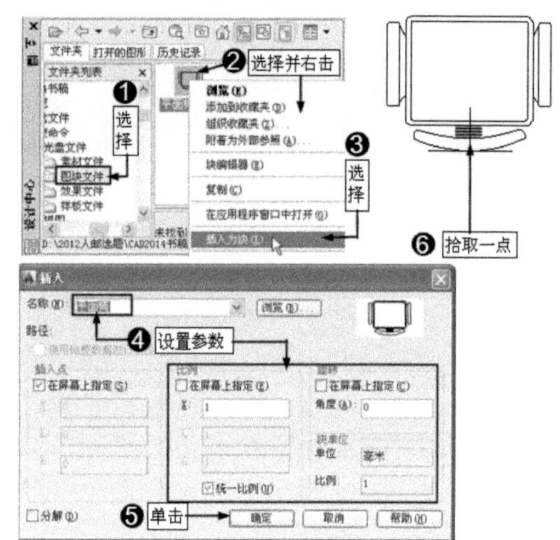

图 6-56

| **技术看板** | 除了在【设计中心】窗口共享图形资源外，还可以进行查看图形信息等操作，这些操作比较简单，在此不再详细讲述。

6.9　工具选项板（TOOLPALETTES，Ctrl+3 组合键）

　　【工具选项板】面板用于组织、共享图形资源和高效执行命令等。【工具选项板】面板包含一系列选项板，这些选项板以选项卡的形式分布在【工具选项板】面板窗口中，各选项卡都分门别类地放置了系统预设的一些图形资源。另外，用户还可以将自己的图形资源设置为选项卡，以方便共享。

　　1. 快捷命令

TOOLPALETTES，Ctrl+3

　　2. 功能 / 用途

将图形资源创建为"工具选项板"，以方便查看、管理和共享图形资源。

　　3. 启动方式

输入"TOOLPALETTES"后按 Enter 键，或按 Ctrl+3 组合键，打开【工具选项板】面板。

| **技术看板** | 单击菜单栏中的【工具】/【选项板】/【工具选项板】命令；或者单击【标准】工具栏上的"工具选项板"按钮，如图 6-57 所示，均可打开【工具选项板】面板。

图 6-57

⚙ **功能验证** ——将"素材文件"创建为工具选项板

　　用户可以将自己的图块资源创建为工具选项板，以方便查看和共享。下面将"素材文件"创建为工具选项板。

Step 01 ▸ 按 Ctrl+2 组合键，打开【设计中心】面板。

Step 02 ▸ 选择"素材文件"文件夹并右击。

Step 03 ▸ 选择【创建块的工具选项板】命令。

Step 04 ▸ 此时系统将此文件夹中的所有图形文件创建为新的工具选项板，选项板名称为该文件夹的名称，如图 6-58 所示。

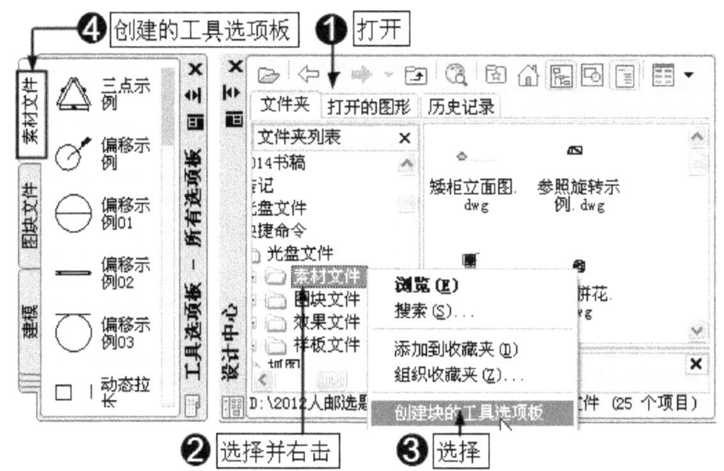

图 6-58

　　另外，用户还可以将单个图形文件添加到选项板中，操作步骤如下。

Step 05 ▸ 在【设计中心】左侧窗口中选择"图块文件"文件夹。

Step 06 ▸ 在右侧窗口中选择"平面椅 .dwg"图形文件。

Step 07 ▸ 将该文件直接拖动到【工具选项板】面板中。

Step 08 ▸ 释放鼠标，该文件即被添加到【工具选项板】面板中，如图 6-59 所示。

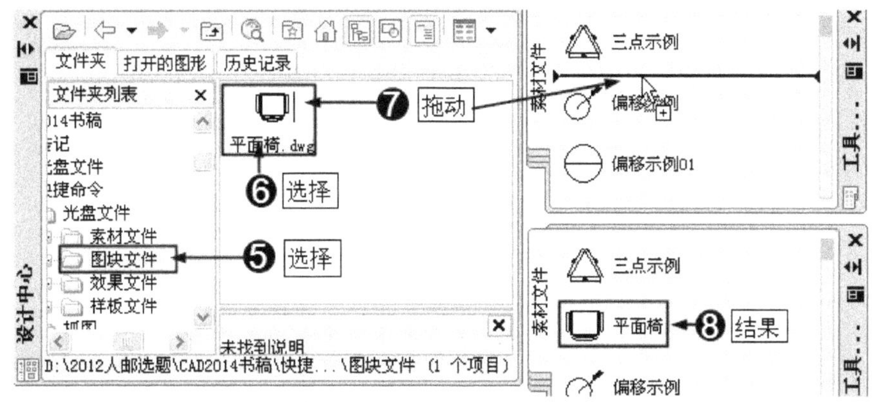

图 6-59

| 技术看板 | 除了自定义工具选项板之外，在【工具选项板】中，系统提供了一些通用的图形资源，内容包括建筑、机械、建模、电力、土木工程、结构、注释、约束等多个领域的通用图形资

源，单击各选项卡可进行查看或共享，具体操作如下。

Step 01 ▶ 单击左侧的【建筑】选项卡。

Step 02 ▶ 在右侧面板上单击"铝窗（立面图）- 英制"图形文件。

Step 03 ▶ 在绘图区单击。

Step 04 ▶ 将该图形共享到当前文件中，如图 6-60 所示。

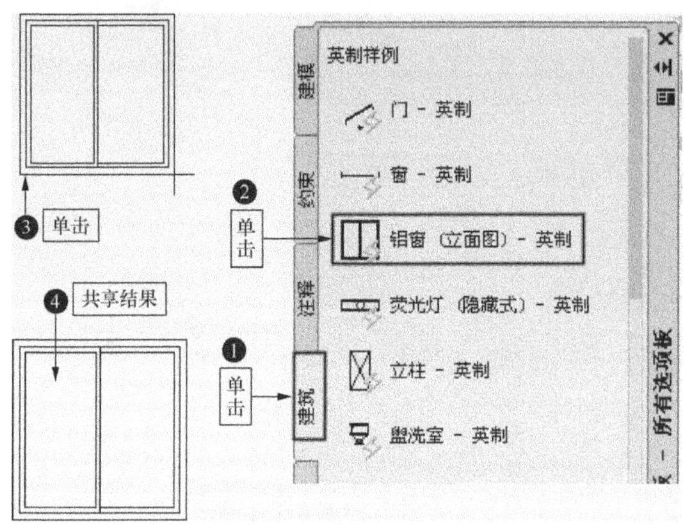

图 6-60

第 7 章
特殊图形与文字标注快捷命令

在 AutoCAD 2014 中，除了前面所绘制的各种图形以外，还有一种特殊图形，这类图形不能绘制，而是需要通过特殊途径来获得。另外，文字标注也是 AutoCAD 2014 图形绘制中不可缺少的内容。本章就来学习特殊图形与文字标注快捷命令的操作技能。

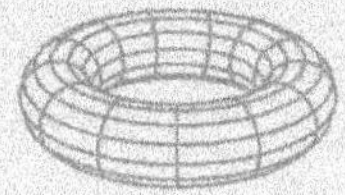

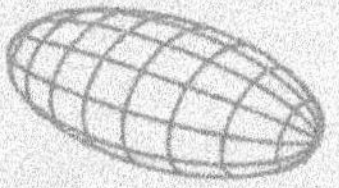

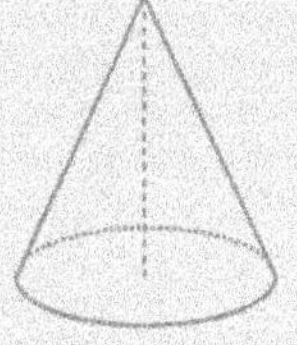

本章快捷命令概览

名称		快捷命令	功能 / 用途
边界	启动【边界】命令（P112）	BOUNDARY BO	将闭合的二维图形创建为闭合多段线图形
面域	启动【面域】命令（P114）	REGION REG	将闭合的二维图形转换为三维实体表面模型
图案填充	启动【图案填充】命令（P115）	HATCH H	使用图案填充闭合图形，表达图形信息
文字样式	启动【文字样式】命令（P116）	STYLE ST	新建标注文字，并设置文字字体、大小、旋转角度以及外观效果等内容
单行文字	启动【单行文字】命令（P118）	DTEXT TEXT DT	创建单行文字，标注单行文字注释
	对正（P119）	J	设置单行文字的对正方式
编辑单行文字	激活【编辑】命令（P120）	DDEDIT ED	修改单行文字的文字内容
多行文字	激活【多行文字】命令（P121）	MTEXT T MT	创建由多行文字组成的多行文字注释
编辑多行文字	激活【编辑】命令（P123）	DDEDIT ED	修改多行文字的文字内容
快速引线标注	启动【快速引线】命令（P126）	QLEADER LE	标注快速引线注释
	设置快速引线（P126）	S	设置快速引线样式
多重引线	激活【多重引线】命令（P129）	MLEADERSTYLE	创建多重引线注释

7.1 边界（BOUNDARY，BO）

　　所谓"边界"，实际上就是一条闭合的多段线。与完全意义上的闭合多段线不同的是，这种闭合多段线不能直接绘制，而是需要从多个相交的闭合对象中进行定义，获得更为复杂的图形对象。

　　1. 快捷命令

BOUNDARY，BO

　　2. 功能 / 用途

将闭合的二维图形创建为闭合多段线图形。

　　3. 启动方式

输入"BOUNDARY"或"BO"，按 Enter 键，打开【边界创建】对话框。

功能验证——定义边界

　　用户可以从一个已有的图形中定义出另一个图形，这个图形就是边界。首先打开"素材文件"目录下的"零件图 .dwg"图形文件，这是一个机械零件图，如图 7-1 左部所示，然后从该机械零件图中定义出如图 7-1 右部所示的边界。

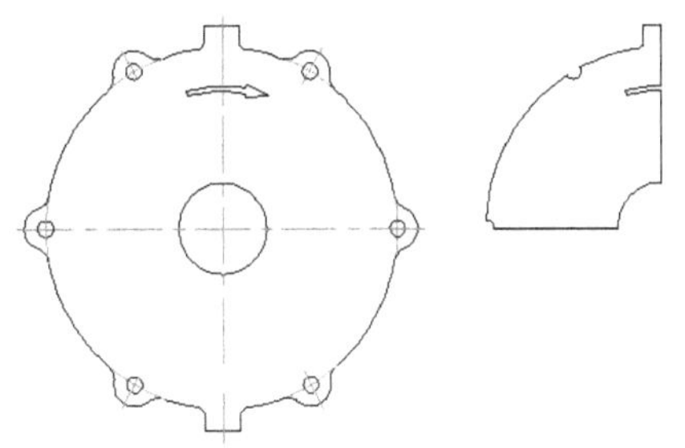

图 7-1

Step 01 ▶ 输入"BO"，按 Enter 键，启动【定义边界】命令。

Step 02 ▶ 打开【边界创建】对话框。

Step 03 ▶ 单击"拾取点"按钮 📷 返回绘图区。

Step 04 ▶ 在图形左上方空白位置处单击，定义的边界以虚线显示。按 Enter 键，完成边界的定义，如图 7-2 所示。

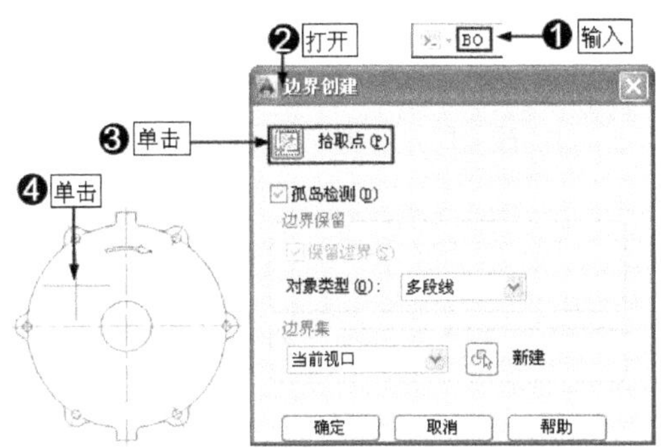

图 7-2

定义边界之后，边界将与源图形重叠，只需使用【移动】工具将边界从源图形中移出即可，操作结果如图 7-3 所示。

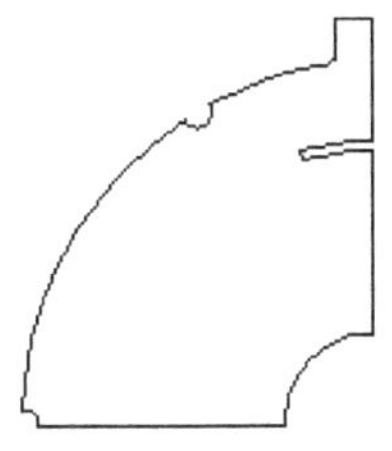

图 7-3

| 技术看板 | 在【边界创建】对话框中，相关选项的具体含义如下。

【边界集】选项组：用于定义从指定点定义边界时，AutoCAD 导出来的对象集合，共有"当前视口"和"现有集合"两种类型，前者用于从当前视口中可见的所有对象中定义边界集，后者是从选择的所有对象中定义边界集。

"新建"按钮 📷：单击该按钮，在绘图区选择对象后，系统返回【边界创建】对话框，在【边界集】组合框中显示【现有集合】类型，用户可以从选择的现有对象集合中定义边界集。

另外，用户还可以执行菜单栏中的【绘图】/【边界】命令启动【边界创建】对话框。

| 技术看板 | 定义边界时，只能在闭合的图形内定义边界，而不能在非闭合图形内定义边界。这是因为边界是闭合的多段线，如果是非闭合的图形，则在定义边界时，边界之间会出现间隔，此时系统将弹出错误提示，表示无法完成边界的定义操作，如图 7-4 所示。

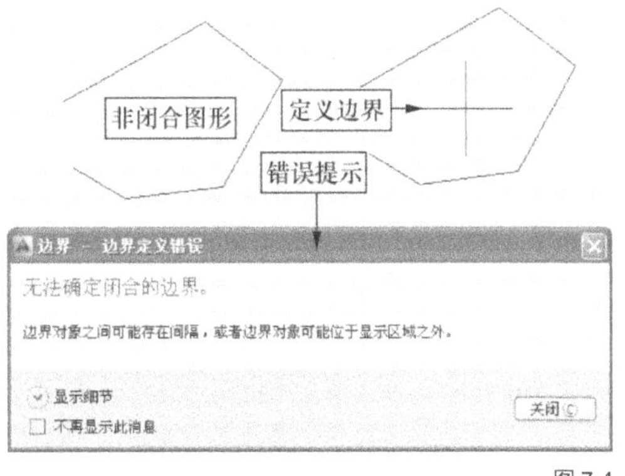

图 7-4

7.2　面域

与"边界"不同，"面域"并不是二维图形，而是一个没有厚度的二维实心区域，它具备实体模型的一切特性，不但含有边的信息，还有边界内的信息，可以利用这些信息计算工程属性，如面积、重心和惯性矩等。因此，可以将面域看作实体的表面，面域也不能绘制，而是要从其他二维图形中创建。

7.2.1　启动【面域】命令
（REOION，REG）

1. 快捷命令

REGION，REG

2. 功能/用途

将闭合的二维图形转换为三维实体表面模型。

3. 启动方式

输入"REGION"或"REG"，按 Enter 键，激活【面域】命令。

| 技术看板 | 单击菜单栏中的【绘图】/【面域】命令；或者单击【绘图】工具栏或面板上的 ⊙ "面域"按钮，如图 7-5 所示，均可激活面域命令。

图 7-5

功能验证 ——将二维图形转换为面域

打开"素材文件"目录下的"面域示例 .dwg"素材文件，下面将该图形转换为面域。

Step 01 ▶ 输入"REG"，按 Enter 键，激活【面域】命令。

Step 02 ▶ 单击创建的边界。

Step 03 ▶ 按 Enter 键完成操作。

面域在没有着色前与二维图形没有区别，只有着色后才能显示它的特性。

Step 04 ▶ 单击菜单栏中的【视图】/【视觉样式】/【概念】命令。

Step 05 ▶ 此时的面域显示效果如图 7-6 所示。

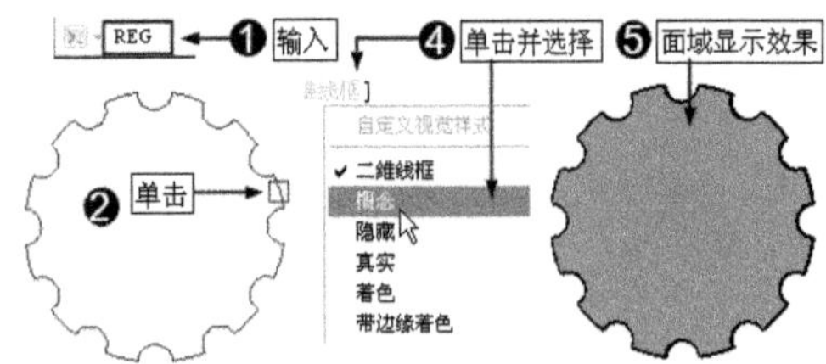

图 7-6

| 技术看板 | 着色是指对二维图形进行显示模式的设置。系统默认设置下，所有二维图

形都是以二维线框模式显示的，也就是说，图形只显示其线框效果。用户可以单击视觉样式控件按钮，在弹出的下拉菜单中选择相关命令，对图形进行着色，如图 7-7 所示。

图 7-7

7.2.2　实例——创建垫片零件实体模型

打开"素材文件"目录下的"垫片零件图 .dwg"素材文件，并将该垫片二维图创建为实体模型。

操作步骤

1. 创建边界

Step 01 ▶ 输入"BO"，按 Enter 键。

Step 02 ▶ 打开【边界创建】对话框。

Step 03 ▶ 在【对象类型】下拉列表框中选择"面域"。

Step 04 ▶ 单击"拾取点"按钮 返回绘图区。

Step 05 ▶ 在垫片外侧大矩形与内侧矩形之间位置单击；按 Enter 键，完成外侧大圆角矩形面域的创建，如图 7-8 所示。

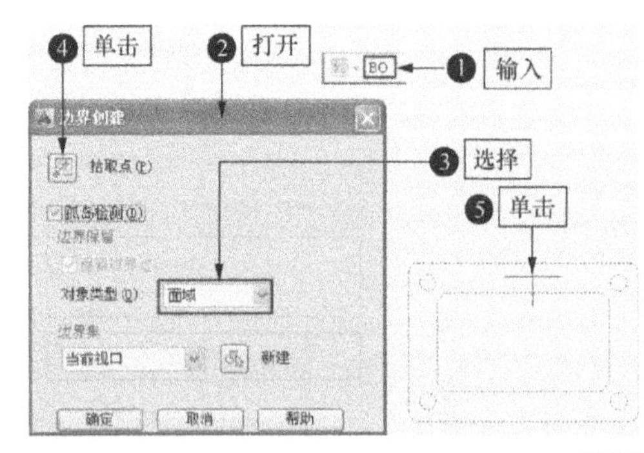

图 7-8

Step 06 ▶ 依照相同的方法，在内部圆角矩形内和 4 个圆内单击，将其创建为面域，如图 7-9 所示。

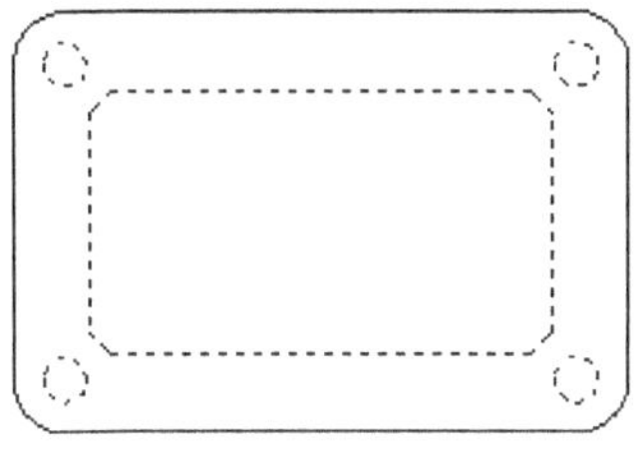

图 7-9

图 7-10

Step 07 ▶ 执行【视图】/【视觉样式】/【概念】命令，对图形进行概念着色，效果如图 7-10 所示。

2．差集运算

下面对创建的面域进行差集运算，完成垫片三维模型的创建。

Step 01 ▶ 启动【修改】/【实体编辑】/【差集】命令。

Step 02 ▶ 选择外侧大圆角矩形面域，按 Enter 键确认。

Step 03 ▶ 分别单击内侧倒角矩形面域和 4 个圆形面域。

Step 04 ▶ 按 Enter 键确认，差集运算效果如图 7-11 所示。

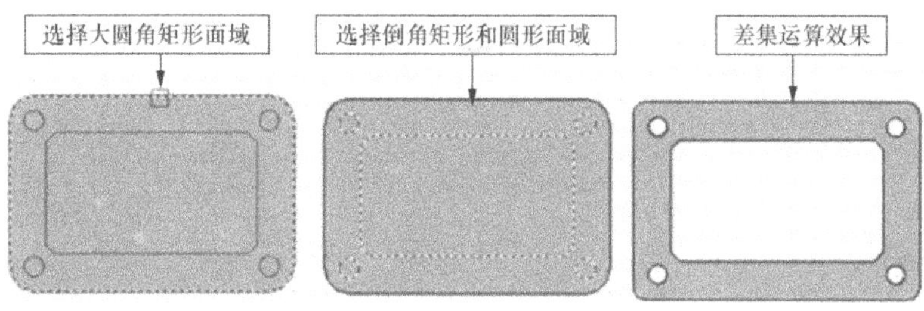

图 7-11

7.3　图案填充（HATCH，H）

用户可以使用一种图案对图形进行填充，以表达图形的相关信息，例如机械设计中的零件剖面、室内设计中的地面材质等。

1．快捷命令

HATCH，H

2．功能 / 用途

使用图案填充闭合图形，表达图形信息。

3．启动方式

输入"HATCH"或"H"，按 Enter 键，激活【图案填充】命令。

| 技术看板 | 单击菜单栏中的【绘图】/【图案填充】命令；或者单击【绘图】工具栏上的"图案填充"按钮，如图 7-12 所示，均可激活【图案填充】命令。

图 7-12

功能验证——填充预定义图案

首先绘制一个矩形，然后为该矩形填充一种预定义图案。"预定义图案"是系统预设的一种较常用的图案，它包含了多种图案类型，用户可以根据具体需要来选择不同的图案进行填充。

Step 01 ▶ 输入"H"，按 Enter 键。

Step 02 ▶ 打开【图案填充和渐变色】对话框。

Step 03 ▶ 进入"图案填充"选项卡。

Step 04 ▶ 单击"添加：拾取点"按钮田。

Step 05 ▶ 返回绘图区，在矩形内部单击。

Step 06 ▶ 按 Enter 键，返回【图案填充和渐变色】对话框，单击 确定 按钮。

Step 07 ▶ 此时使用系统默认的预定义图案进行填充，填充结果如图 7-13 所示。

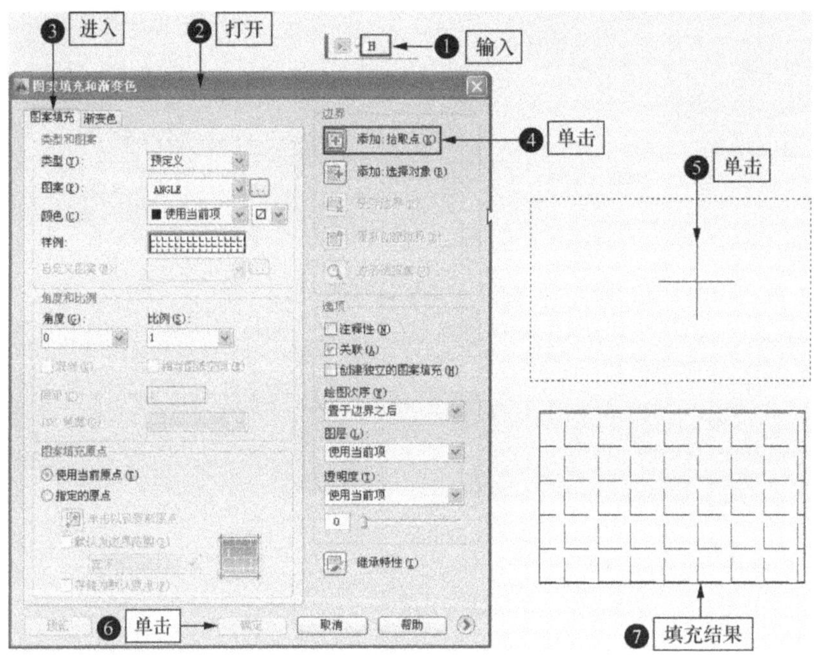

图 7-13

| **技术看板** | 除了"预定义"图案之外，用户还可以选择"用户定义"图案进行填充。另外，还可以对图案进行相关设置，例如填充角度、比例等。这些操作比较简单，在此不再赘述。

7.4 文字样式 (STYLE，ST)

所谓"文字样式"，简单地说就是文字的字体、文字大小、文字的旋转角度、外观效果等一系列内容。

1. 快捷命令

STYLE，ST

2. 功能 / 用途

新建标注文字，并设置文字字体、大小、旋转角度以及外观效果等内容。

3. 启动方式

输入"STYLE"或"ST"，按 Enter 键，激活【文字样式】命令，并打开【文字样式】对话框。

| **技术看板** | 执行菜单栏中的【格式】/【文字样式】命令；或者单击【样式】工具栏上的"文字样式"按钮A，如图 7-14 所示；或者单击【文字】工具栏上的"文字样式"按钮A，如图 7-15 所示，均可打开【文字样式】对话框。

图 7-14

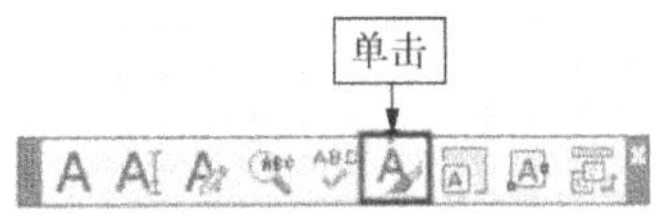

图 7-15

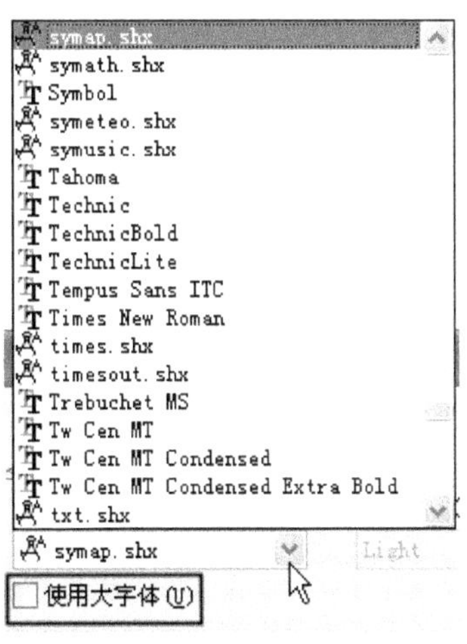

功能验证——新建名为"汉字"的文字样式

下面新建名为"汉字"、字体为"仿宋_GB2312"的文字样式。

1. 新建文字样式

Step 01 ▶ 输入"ST"，按 Enter 键。

Step 02 ▶ 打开【文字样式】对话框。

Step 03 ▶ 单击 新建(N)... 按钮。

Step 04 ▶ 打开【新建文字样式】对话框。

Step 05 ▶ 在"样式名"输入框中输入新样式名为"汉字"。

Step 06 ▶ 单击 确定 按钮，返回【文字样式】对话框。

Step 07 ▶ 新建的文字样式如图 7-16 所示。

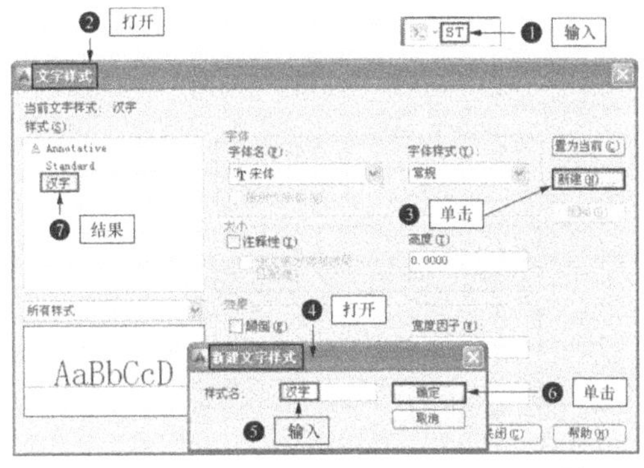

图 7-16

2. 设置新文字样式

Step 01 ▶ 选择新建的名为"汉字"的文字样式。

Step 02 ▶ 在【字体名】下拉列表框中选择"仿宋_GB2312"的字体。

Step 03 ▶ 单击 应用(A) 按钮应用设置。

Step 04 ▶ 单击 置为当前(C) 按钮将新样式设置为当前样式。

Step 05 ▶ 单击 关闭(C) 按钮关闭该对话框，如图 7-17 所示。

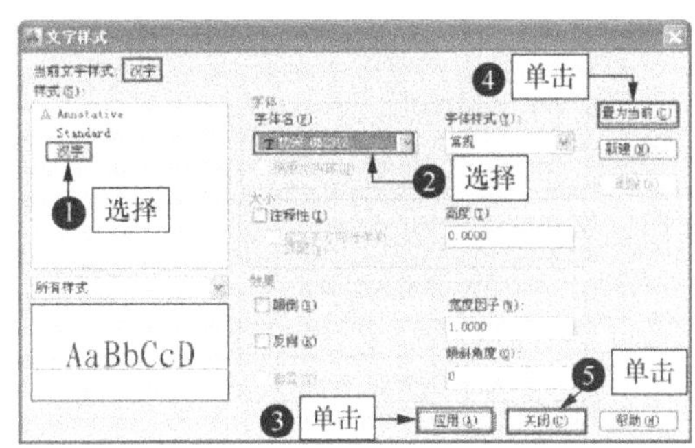

图 7-17

| 技术看板 | 在选择字体时，如果取消【使用大字体】复选项的勾选，结果是所有（.SHX）和 TrueType 字体都显示在列表框内以供选择，如图 7-18 所示；若选择 TrueType 字体，那么在右侧【字体样式】下拉列表框中可以设置当前字体样式，如图 7-19 所示；如果勾选【使用大字体】复选项，则只有（.SHX）字体显示在列表框中，如图 7-20 所示；若选择了编译型（.SHX）字体，且勾选了【使用大字体】复选项，则右端的列表框将变为如图 7-21 所示的状态，此时用于选择所需的大字体。

图 7-18

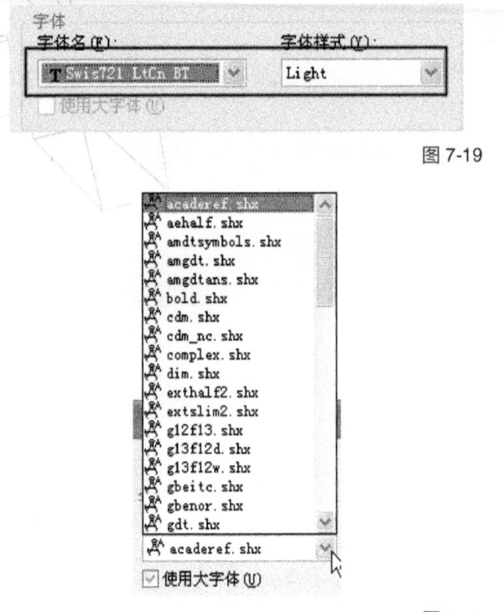

图 7-19

图 7-20

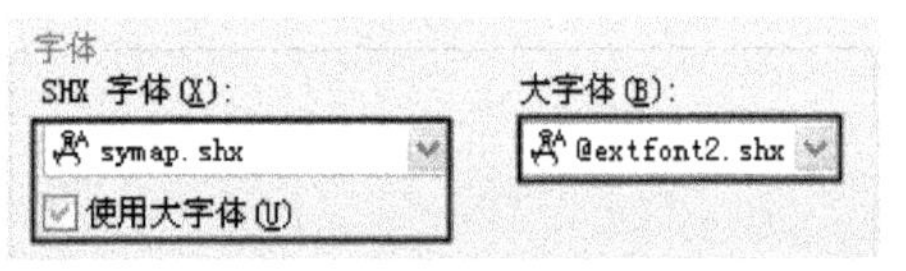

图 7-21

另外，用户可以在"高度"输入框中设置文字字体的高度。一般情况下，建议在此不设置字体的高度，而是在输入文字时直接输入文字的高度；勾选【注释性】复选项，可为文字添加注释特性；勾选【颠倒】复选项，可设置文字为倒置状态；勾选【反向】复选项，可设置文字为反向状态；勾选【垂直】复选项，可控制文字呈垂直排列状态；在【宽度因子】输入框中，可设置文字的宽度因子，国标规定工程图样中的汉字应采用长仿宋体，宽高比为 0.7，当此比值大于 1 时，文字宽度放大，否则将缩小；【倾斜角度】文本框用于控制文字的倾斜角度。文字的其他效果设置如图 7-22 所示。

选择要删除的文字样式，单击 删除⑪ 按钮即可将其删除。需要说明的是，默认的 Standard 样式、当前文字样式以及在当前文件中已使过的文字样式都不能被删除。

图 7-22

7.5 单行文字

单行文字指的是使用【单行文字】命令创建的文字，系统将该文字的每一行都作为一个独立的对象。

7.5.1 启动【单行文字】命令（DTEXT，TEXT，DT）

1. 快捷命令

DTEXT，TEXT，DT

2. 功能 / 用途

创建单行文字，标注单行文字注释。

3. 启动方式

输入"DTEXT"或"TEXT"或"DT"，按 Enter 键，激活【单行文字】命令。

| 技术看板 | 执行菜单栏中的【绘图】/【文字】/【单行文字】命令；或者单击【文字】工具栏上的"单行文字"按钮 A，如图 7-23 所示，均可激活【单行文字】命令。

图 7-23

🔧 **功能验证** ——创建单行文字

下面选择上一节所新建的名为"汉字"的文字样式，创建高度为 20mm、内容为"AutoCAD 2014 快捷方式"的单行文字。

Step 01 ▶ 输入"DT"，按 Enter 键，激活【单行文字】命令。

Step 02 ▶ 输入"S"，按 Enter 键，激活"样式"选项。

Step 03 ▶ 输入"汉字"，选择文字样式。

Step 04 ▶ 在绘图区单击拾取一点，然后输入"20"，设置文字高度。

Step 05 ▶ 按 2 次 Enter 键，使用默认的文字旋转角度值，然后输入"AutoCAD 2014 快捷方式"字样。

Step 06 ▶ 按 2 次 Enter 键结束操作，结果如图 7-24 所示。

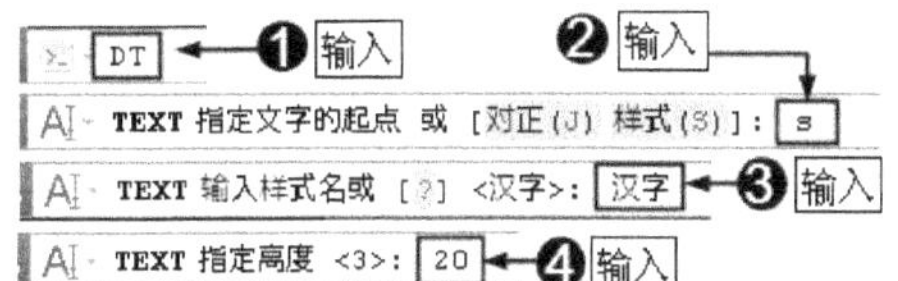

图 7-24

| 技术看板 | 有时在创建单行文字时，命令行并没有出现设置文字高度的提示，这是因为如果在【文字样式】对话框中设置了文字高度值，那么在使用该文字样式创建单行文字时，系统将不再要求输入文字高度了。

7.5.2　对正（J）

"对正"是指在输入文字时，文字的哪一位置与插入点对齐，它是基于如图 7-25 所示的 4 条参考线而言的，这 4 条参考线分别为顶线、中线、基线、底线，其中"中线"是大写字符高度的水平中心线（即顶线至基线的中间）。

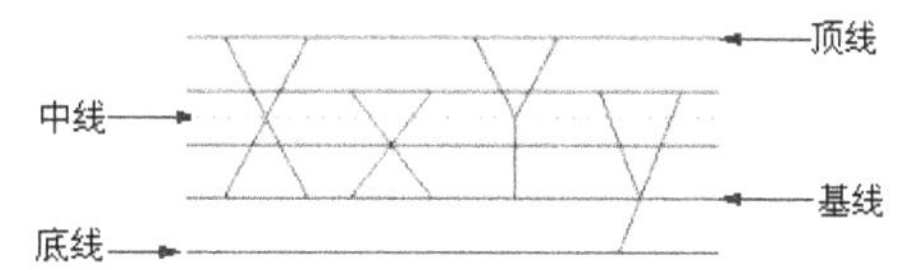

图 7-25

1. 选项

J

2. 功能 / 用途

设置单行文字的对正方式。

3. 启动方式

（1）输入"DTEXT"或"TEXT"或"DT"，按 Enter 键，激活【单行文字】命令。

（2）输入"J"，按 Enter 键激活"对正"选项。

激活"对正"选项之后，将出现对正的命令选项，如图 7-26 所示。

TEXT 输入选项 [左(L) 居中(C) 右(R) 对齐(A) 中间(M) 布满(F) 左上(TL) 中上(TC) 右上(TR) 左中(ML) 正中(MC) 右中(MR) 左下(BL) 中下(BC) 右下(BR)]：

图 7-26

各选项的含义如下。

【左（L）】选项用于提示用户拾取一点作为文字串基线的左端点。

【居中（C）】选项用于提示用户拾取文字的中心点，此中心点就是文字串基线的中点，即以基线的中点对齐文字。

【右（R）】选项用于提示用户拾取文字的右端点，此端点就是文字串基线的中点，即以基线的右端点对齐文字。

【对齐（A）】选项用于提示拾取文字基线的起点和终点，系统会根据起点和终点间的距离自动调整字高。

　　【中间（M）】选项用于提示用户拾取文字的中间点，此中间点就是文字串基线的垂直中线和文字串高度的水平中线的交点。

　　【布满（F）】选项用于提示用户拾取文字基线的起点和终点，系统会以拾取的两点之间的距离自动调整宽度系数，但不改变字高。

　　【左上（TL）】选项用于提示用户拾取文字串的左上点，此左上点就是文字串顶线的左端点，即以顶线的左端点对齐文字。

　　【中上（TC）】选项用于提示用户拾取文字串的中上点，此中上点就是文字串顶线的中点，即以顶线的中点对齐文字。

　　【右上（TR）】选项用于提示用户拾取文字串的右上点，此右上点就是文字串顶线的右端点，即以顶线的右端点对齐文字。

　　【左中（ML）】选项用于提示用户拾取文字串的左中点，此左中点就是文字串中线的左端点，即以中线的左端点对齐文字。

　　【正中（MC）】选项用于提示用户拾取文字串的中间点，此中间点就是文字串中线的中点，即以中线的中点对齐文字。

| 技术看板 |【正中】和【中间】两种对正方式拾取的都是中间点，但这两个中间点的位置并不一定完全重合，只有当输入的字符为大写或汉字时，此两点才重合。

　　【右中（MR）】选项用于提示用户拾取文字串的右中点，此右中点就是文字串中线的右端点，即以中线的右端点对齐文字。

　　【左下（BL）】选项用于提示用户拾取文字串的左下点，此左下点就是文字串底线的左端点，即以底线的左端点对齐文字。

　　【中下（BC）】选项用于提示用户拾取文字串的中下点，此中下点就是文字串底线的中点，即以底线的中点对齐文字。

　　【右下（BR）】选项用于提示用户拾取文字串的右下点，此右下点就是文字串底线的右端点，即以底线的右端点对齐文字。

　　文字各对正效果如图 7-27 所示。

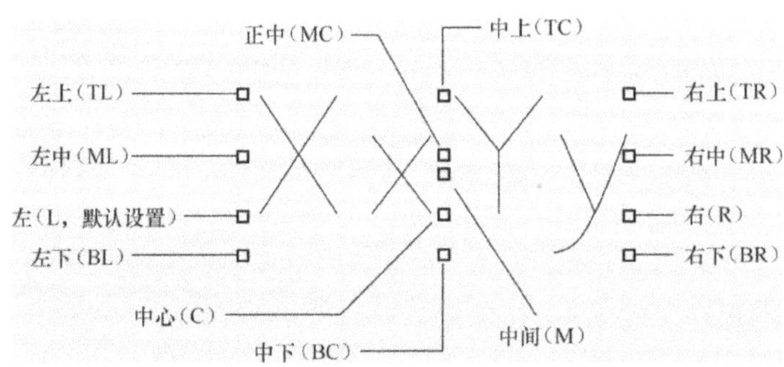

图 7-27

7.6　编辑单行文字（DDEDIT）

　　创建单行文字之后，可以对单行文字的内容进行编辑、修改等操作。编辑单行文字时，可以使用【编辑文字】命令，该命令除了可以编辑修改文字内容这外，还可以为文字对象添加前缀或后缀等内容。

1．快捷命令

DDEDIT，ED

2．功能 / 用途

编辑单行文字的文字内容

3．启动方式

（1）输入"DDEDIT"或"ED"，按 Enter 键，激活【编辑】命令。

（2）单击选择要编辑的的单行文字，输入新的文字内容，对齐进行编辑。

┃**技术看板**┃单击菜单栏中的【修改】/【对象】/【文字】/【编辑】命令；或者双击单行文字内容，直接进入编辑状态；或者单击【文字】工具栏上的"编辑"按钮 A_z，如图 7-28 所示，均可激活【编辑】命令以编辑单行文字。

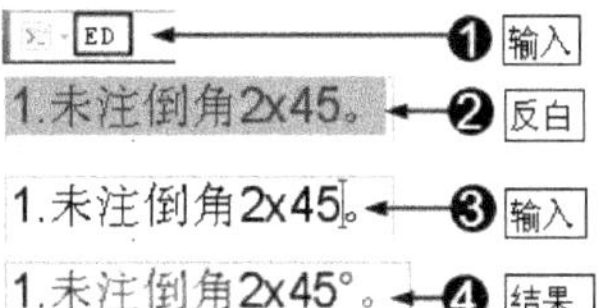

图 7-28

功能验证——编辑单行文字

打开"素材文件"目录下的"单行文字示例 .dwg"素材文件，这是某机械零件图的技术要求，如图 7-29 上部所示。下面对相关内容添加前缀、后缀以及特殊符号，对该文字内容进行修改，如图 7-29 下部所示。

1．未注倒角 2×45°。
2．调质 241 ～ 269HBW。
3．分度圆 180°，齿轮宽度偏差为 0.05。

1．未注倒角 2×45°。
2．调质 241 ～ 269HBW。
3．分度圆 180°，齿轮宽度偏差为 ±0.05。

图 7-29

Step 01▶ 输入"ED"，按 Enter 键，激活【编辑】命令。

Step 02▶ 单击第 1 行文字内容使其反白显示。

Step 03▶ 将光标定位在"45"后面，然后输入"%%D"。

Step 04▶ 此时在"45"后面添加了度数符号，操作结果如图 7-30 所示。

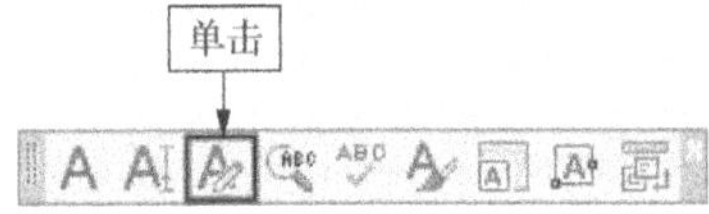

图 7-30

Step 05▶ 继续将光标定位在第 3 行"180"的后面，输入"%%D"，为其添加度数符号。

Step 06▶ 继续将光标定位在第 3 行"0.05"的前面，输入"%%P"，为其添加正负符号。

Step 07▶ 按 Enter 键，结束操作，操作结果如图 7-31 所示。

1．未注倒角 2×45°。
2．调质 241 ～ 269HBW。
3．分度圆 180°，齿轮宽度偏差为 ±0.05。

图 7-31

┃**技术看板**┃"%%D"是度数的代码，"%%P"是正负符号的代码，输入这两个代码时，必须在英文输入法下。输入"%%D"后，系统会自动将其转换为度数符号；输入"%%P"后，系统会自动将其转换为正负符号。

7.7　多行文字（MTEXT，MT，T）

与"单行文字"不同，"多行文字"无论包含多少行、多少段，AutoCAD 都将其作为一个独立的对象。另外，多行文字是在【文字格式】编辑器中创建的，在【文字格式】编辑器中，可以选择文字样式，设置文字大小、文字对正方式等。

1．快捷命令

MTEXT，MT，T

2．功能 / 用途

创建由多行文字组成的多行文字注释。

3. 启动方式

输入"MTEXT"或"MT"或"T"，按 Enter 键，激活【多行文字】命令。

| **技术看板** | 单击菜单栏中的【绘图】/【文字】/【多行文字】命令；或者单击【绘图】工具栏上的"多行文字"按钮 A，如图 7-32 所示；或者单击【文字】工具栏中的"多行文字"按钮 A，如图 7-33 所示，均可激活【多行文字】命令。

图 7-32

功能验证——创建多行文字标注

打开"素材文件"目录下的"直齿轮零件 .dwg"图形文件，这是一个直齿轮机械零件图，下面使用多行文字来标注该零件的技术要求，结果如图 7-34 所示。

图 7-33

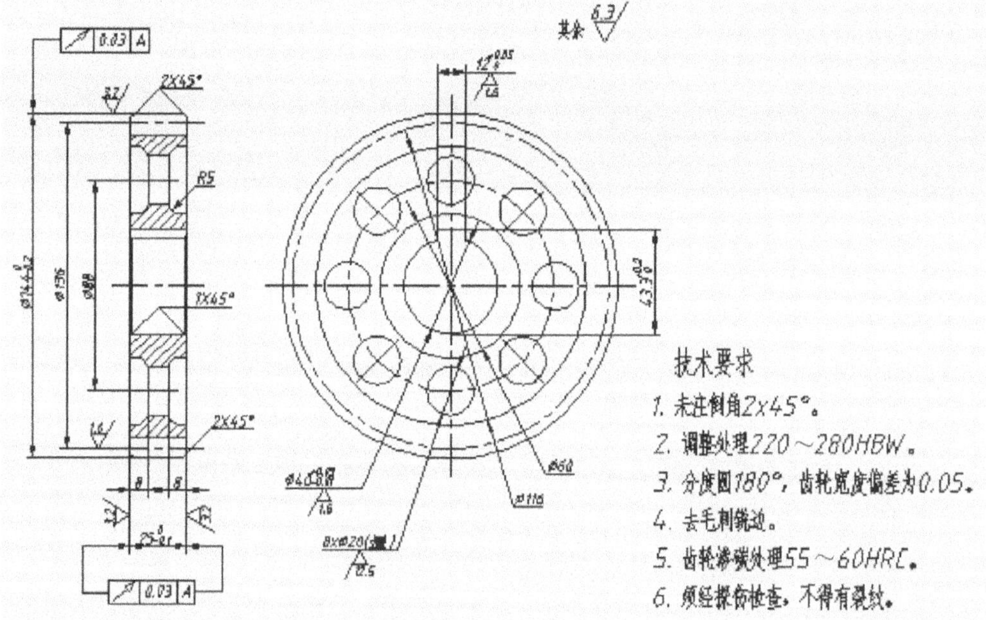

图 7-34

1. 设置当前图层与文字样式

Step 01 ▶ 在"图层"控制列表中将"细实线"图层设置为当前图层。

Step 02 ▶ 输入"ST"，按 Enter 键，打开【文字样式】对话框。

Step 03 ▶ 选择"字母与文字"的文字样式。

Step 04 ▶ 单击 置为当前 (C) 按钮，将其设置为当前样式，如图 7-35 所示，然后关闭对话框。

2. 输入技术要求

Step 01 ▶ 输入"T"，按 Enter 键，激活【多行文字】命令。

Step 02 ▶ 在零件图右下侧位置将鼠标指针拖出文本框。

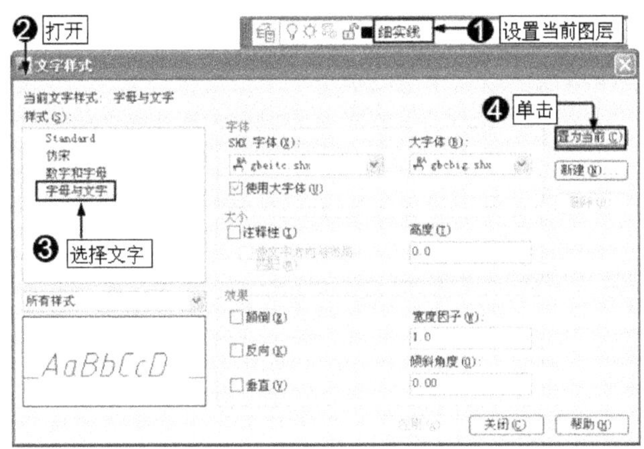

图 7-35

Step 03 ▸ 同时打开【文字格式】编辑器。

Step 04 ▸ 设置文字高度为"8"。

Step 05 ▸ 输入标题内容"技术要求"。

Step 06 ▸ 按 Enter 键换行，然后设置文字高度为"6"，并输入第一行技术要求内容。

Step 07 ▸ 按 Enter 键换行，然后输入其他技术要求内容。

Step 08 ▸ 输入完成后单击 确定 按钮，关闭【文字格式】编辑器，如图 7-36 所示。

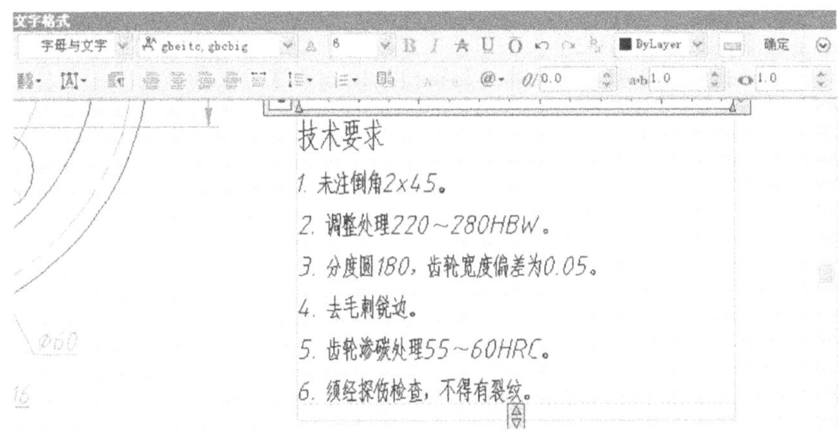

图 7-36

7.8　编辑多行文字（DDEDIT，ED）

编辑"多行文字"与编辑"单行文字"的方法相似，两者的区别在于，"多行文字"是在【文字格式】编辑器中编辑的，在该编辑器中，不仅可以修改文字内容、大小、文字样式等，还可以为多行文字添加后缀、特殊字符等。

1．快捷命令

DDEDIT，ED

2．功能 / 用途

编辑多行文字的文字内容。

3．启动方式

（1）输入"DDEDIT"或"ED"，按 Enter 键，激活【编辑】命令。

（2）单击选择要编辑的多行文字，打开【文字格式】编辑器。

| 技术看板 | 单击菜单栏中的【修改】/【对象】/【文字】/【编辑】命令；或者双击多行文字内容，打开【文字格式】编辑器；或者单击【文字】工具栏上的"编辑"按钮，如图 7-37 所示，均可打开【文字格式】编辑器以编辑多行文字。

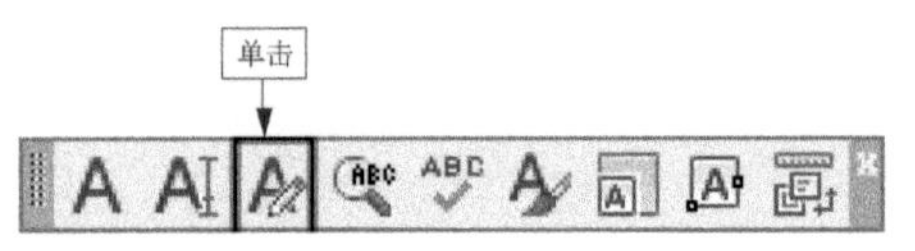

图 7-37

功能验证——编辑多行文字标注

打开上一节标注的机械零件图技术要求的多行文字注释，对该多行文字注释进行编辑。

Step 01 ▶ 输入"DDEDIT"或"ED"，按 Enter 键，激活【编辑】命令。

Step 02 ▶ 单击输入的多行文字注释，如图 7-38 所示。

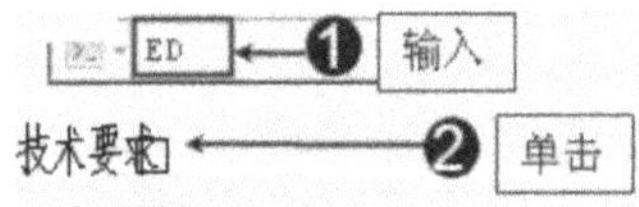

1. 未注倒角2x45。

2. 调质处理220～280HBW。

3. 分度圆180，齿轮宽度偏差为0.05。

4. 去除毛刺锐边。

5. 齿轮渗碳处理55～60HRC。

6. 须经探伤检查，不得有裂纹。

图 7-38

Step 03 ▶ 打开【文字格式】编辑器，如图 7-39 所示。

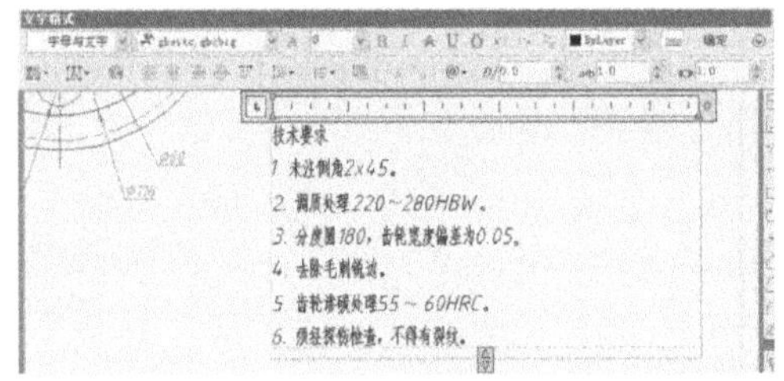

图 7-39

Step 04 ▶ 将光标放在"技术要求"的标题前，然后按空格键添加空格。

Step 05 ▶ 选择标题文字"技术要求"。

Step 06 ▶ 修改文字大小为 12，如图 7-40 所示。

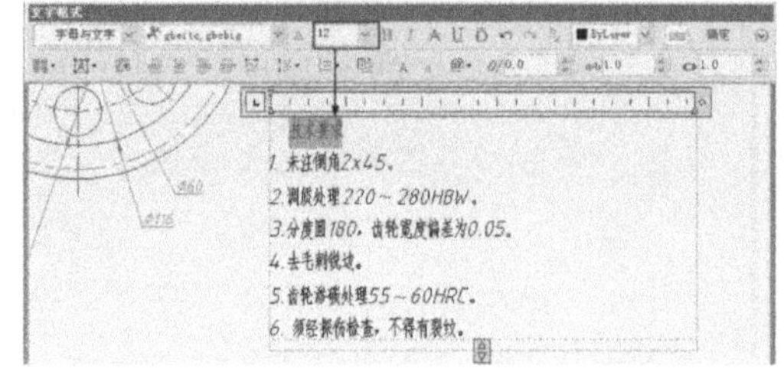

图 7-40

Step 07 ▶ 继续选择其他技术要求文字。

Step 08 ▶ 修改文字大小为 10，如图 7-41 所示。

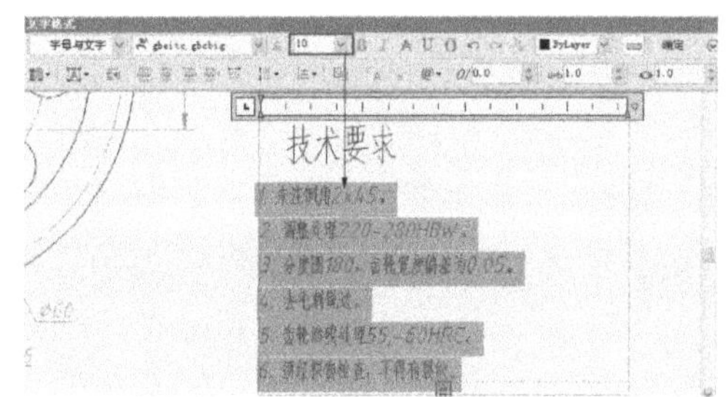

图 7-41

Step 09 ▶ 将光标定位在数字"45"的后面，单击"符号"按钮@·，在弹出的下拉菜单中选择"度数（D）"选项，在数字"45"的后面添加度数符号，如图 7-42 所示。

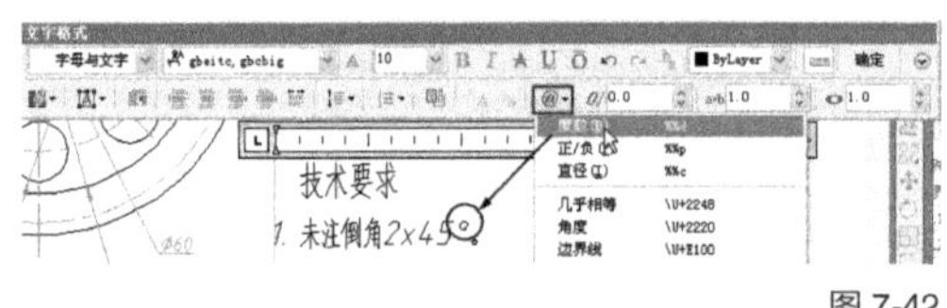

图 7-42

Step 10 ▶ 使用相同的方法，在"180"的后面添加度数符号。

Step 11 ▶ 继续将光标定位在数字"0.05"的前面，单击"符号"按钮@·，在弹出的下拉菜单中选择"正/负（P）"选项，在"0.05"的前面添加正负符号，如图 7-43 所示。

Step 12 ▶ 单击 确定 按钮，关闭【文字格式】编辑器，完成对多行文字的编辑，结果如图 7-44 所示。

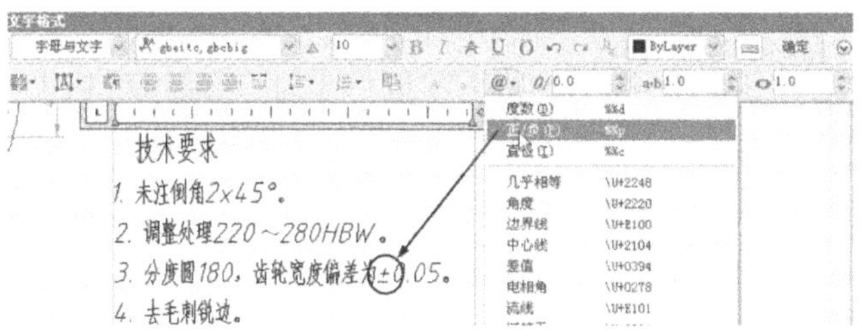

图 7-43

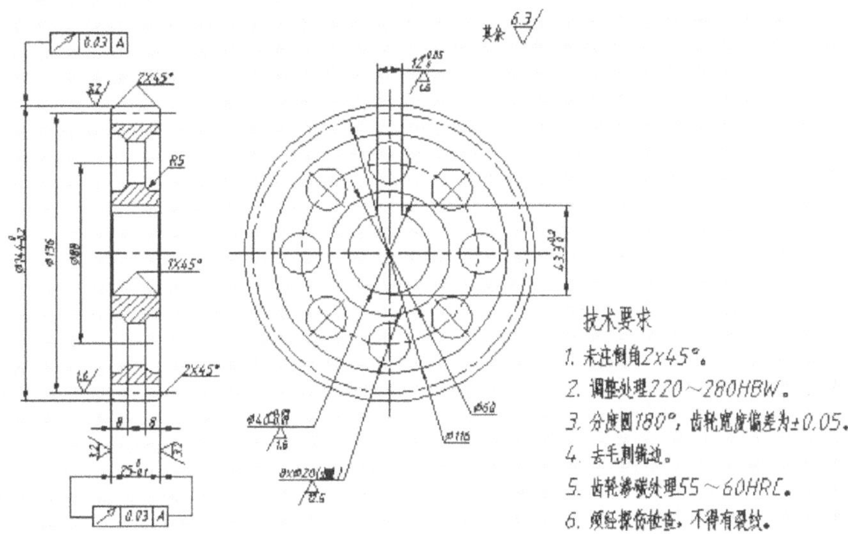

图 7-44

| 技术看板 | 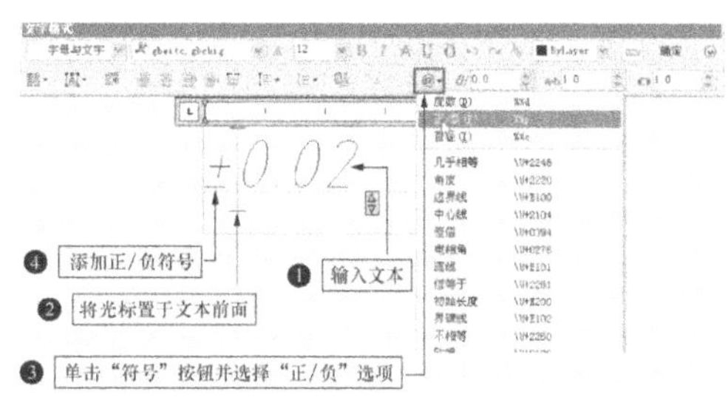"堆叠"按钮：用于为输入的文字或选定的文字设置堆叠格式。要使文字堆叠，文字中须包含插入符（^）、正向斜杠（/）或磅符号（#），堆叠字符左侧的文字将堆叠在字符右侧的文字之上。例如输入"0.02^-0.02"，如图 7-45 上部所示，单击"堆叠"按钮，堆叠后的效果如图 7-45 下部所示。

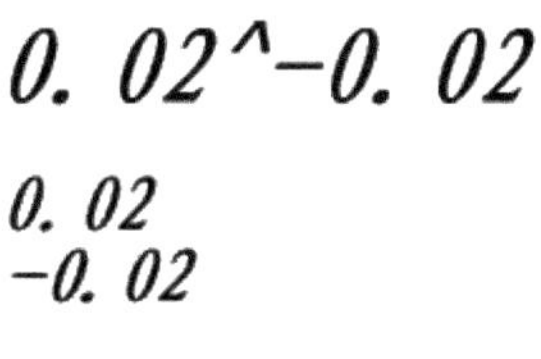

$$0.02^{-0.02}$$

$$\dfrac{0.02}{-0.02}$$

图 7-45

默认情况下，包含插入符（^）的文字转换为左对正的公差值；包含正斜杠（/）的文字转换为置中对正的分数值，斜杠被转换为一条同较长的字符串长度相同的水平线；包含磅符号（#）的文字转换为被斜线（高度与两个字符串的高度相同）分开的分数。

@·符号：用于为文本添加一些特殊符号，例如输入"0.02"，将光标置于 0.02 前面，单击该按钮，在弹出的下拉列表中选择"正/负"选项，即可为其添加正负符号，如图 7-46 所示。

图 7-46

7.9　快速引线标注

在 AutoCAD 图形设计中，除了文字标注之外，引线标注也是较常用的一种标注形式。引线标注不同于文字标注，它其实是一段带有箭头的引线和多行文字相结合的一种标注，一般情况下，箭头指向要标注的对象，标注文字则位于引线的另一端。引线标注多用于标注倒角度、零件的编组序号以及建筑装饰材料的名称等，如图 7-47 所示。

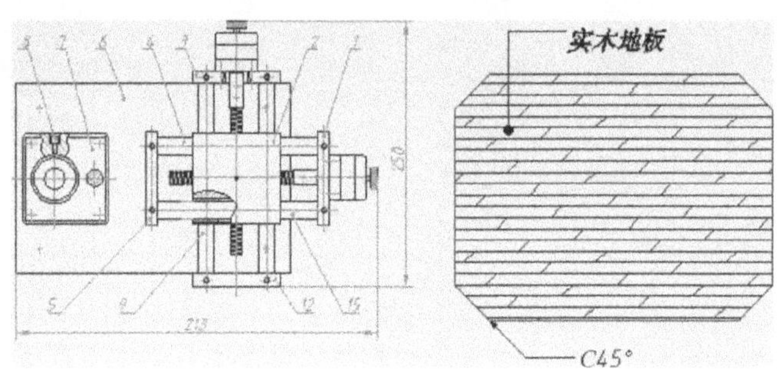

图 7-47

7.9.1　启动【快速引线】命令（QLEADER，LE）

1. 快捷命令

QLEADER，LE

2. 功能 / 用途

标注快速引线注释。

3. 启动方式

输入"QLEADER"或"LE"，按 Enter 键，激活【快速引线】命令。

功能验证——创建快速引线注释

下面创建标注内容为"快速引线"的快速引线注释，如图 7-48 所示。

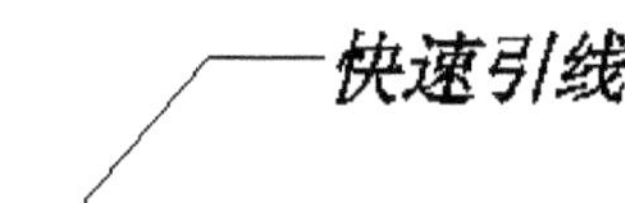

图 7-48

Step 01 ▶ 输入"LE"，按 Enter 键，激活【快速引线】命令。

Step 02 ▶ 在绘图区单击拾取一点指定引线的第 1 点。

Step 03 ▶ 向右上方引导光标，在合适位置单击拾取一点指定引线的第 2 点。

Step 04 ▶ 水平向右引导光标，在合适位置单击拾取一点指定引线的第 3 点。

Step 05 ▶ 按 2 次 Enter 键，打开【文字格式】编辑器。

Step 06 ▶ 在"样式"列表中选择文字样式。

Step 07 ▶ 在【文字高度】选项中设置文字高度。

Step 08 ▶ 在文本输入框中输入"快速引线"文字内容。

Step 09 ▶ 单击 确定 按钮，结果如图 7-49 所示。

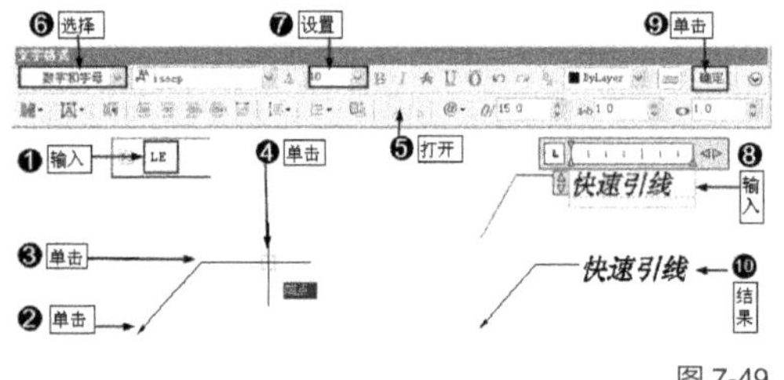

图 7-49

7.9.2　设置快速引线（S）

在进行快速引线注释时，引线的方向、点数、箭头以及角度等都需要根据具体情况进行设置，不同的引线设置会产生不同的引线标注效果。

1. 选项

S

2. 功能 / 用途

设置快速引线样式。

3．启动方式

（1）输入"QLEADER"或"LE"，按 Enter 键，激活【快速引线】命令。

（2）输入"S"，按 Enter 键，激活"设置"选项，打开【引线设置】对话框，如图 7-50 所示。

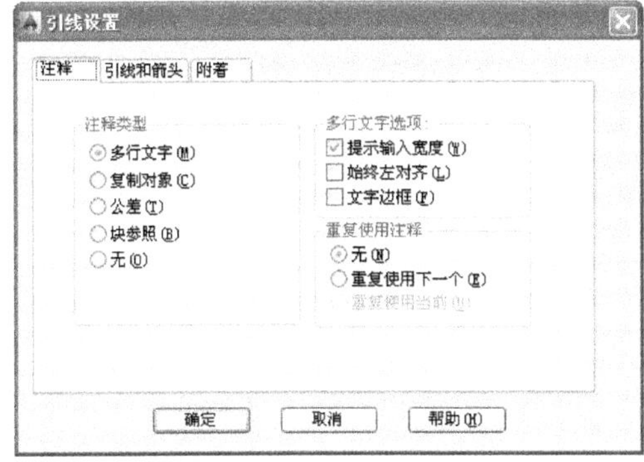

图 7-50

功能验证——设置快速引线

1．进入【注释】选项卡设置注释类型

♦ 【多行文字】选项

这是系统默认的设置，勾选该单选项，在创建引线注释时打开【文字格式】编辑器，用以在引线末端创建多行文字注释，如上图 7-50 所示。

♦ 【复制对象】选项

如果想使用已有的注释作为其他引线注释的内容，可以勾选该单选项，然后复制已有引线注释作为需要创建的引线注释。例如，复制图 7-50 所示的"快速引线"的标注内容来进行快速引线注释，具体操作如下。

Step 01 ▶ 打开【引线设置】对话框。

Step 02 ▶ 勾选【复制对象】单选项。

Step 03 ▶ 单击 确定 按钮。

Step 04 ▶ 在绘图区引导光标并单击指定引线的 3 个点，以创建引线。

Step 05 ▶ 单击已有的"快速引线"的标注内容。

Step 06 ▶ 结果如图 7-51 所示。

♦ 【公差】选项

在进行机械零件的公差标注时勾选该单选项，打开【形位公差】对话框，设置形位

公差各参数进行公差标注，具体操作如下：

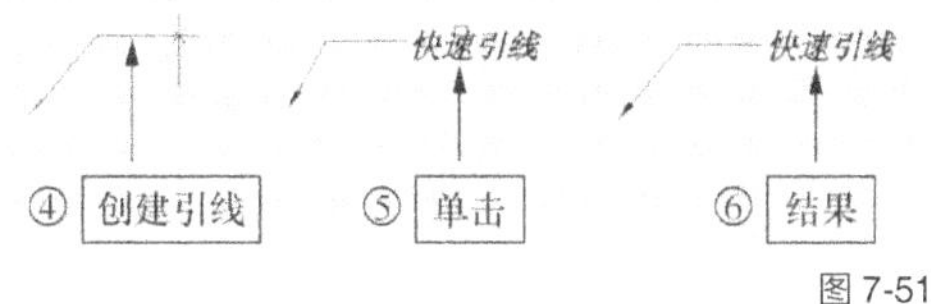

图 7-51

Step 01 ▶ 打开【引线设置】对话框。

Step 02 ▶ 勾选【公差】单选项。

Step 03 ▶ 单击 确定 按钮。

Step 04 ▶ 在绘图区引导光标并单击指定引线的 3 个点，以创建引线。

Step 05 ▶ 打开【形位公差】对话框。

Step 06 ▶ 设置公差参数。

Step 07 ▶ 单击 确定 按钮。

Step 08 ▶ 结果如图 7-52 所示。

♦ 【块参照】选项

如果要以内部块作为注释对象，则勾选该单选项，需要说明的是，使用内部块标注时，一定要首先创建内部块。例如，要将图 7-52 所示的公差标注内容创建为内部块，然后使用该内部块进行标注，具体操作如下。

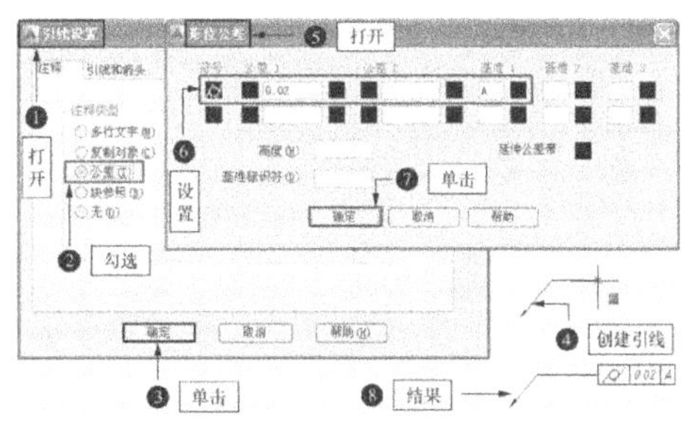

图 7-52

Step 01 ▶ 将图 7-52 标注的公差创建为"公差标注"的内部块。

Step 02 ▶ 打开【引线设置】对话框。

Step 03 ▶ 勾选【块参照】单选项。

Step 04 ▶ 单击 确定 按钮。

Step 05 ▶ 在绘图区引导光标并单击指定引线的 3 个点，以创建引线。

Step 06 ▶ 输入块名"公差标注"。

Step 07 ▶ 按 Enter 键，捕捉引线的端点。

Step 08 ▶ 按 3 次 Enter 键，结果如图 7-53 所示。

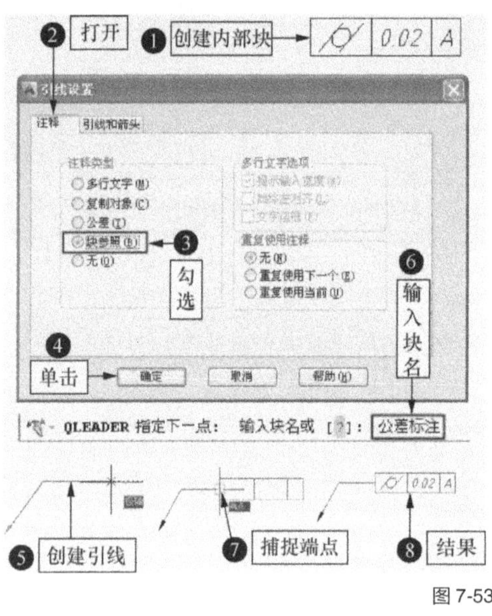

图 7-53

♦ 【无】选项

如果要创建无注释的引线，则可以选择该单选项。

下面继续了解【多行文字选项】组的相关设置，该选项组主要用于设置是否提示输入多行文字的宽度、对齐方式以多行文字是否添加边框等。需要说明的是，只有在注释类型为"多行文字"时，该选项才能被激活。

【提示输入宽度】复选项：用于提示用户指定多行文字注释的宽度。

【始终左对齐】复选项：用于自动设置多行文字使用左对齐方式。

【文字边框】复选项：主要用于为引线注释添加边框。

在【重复使用注释】选项组中设置是否重复使用注释。

【无】选项：表示不对当前所设置的引线

注释进行重复使用。

【重复使用下一个】选项：用于重复使用下一个引线注释。

【重复使用当前】选项：用于重复使用当前的引线注释。

2. 进入【引线和箭头】"选项卡

在【引线和箭头】选项卡中，设置引线的类型、点数、箭头以及引线段的角度约束等参数，如图 7-54 所示。

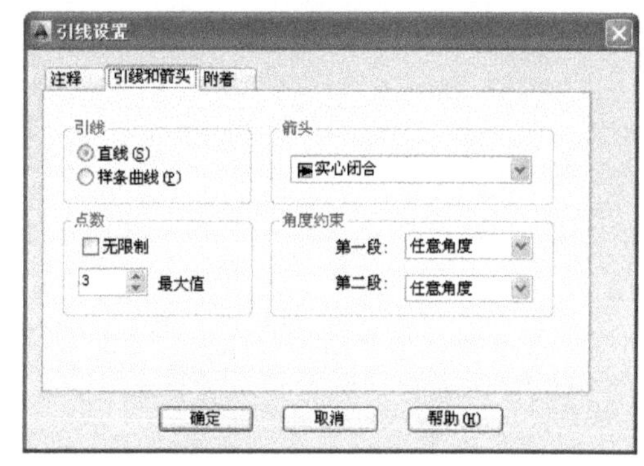

图 7-54

♦ 【直线】选项：用于在指定的引线点之间创建直线段。

♦ 【样条曲线】选项：用于在引线点之间创建样条曲线，即引线为样条曲线。

♦ 【箭头】选项组：用于设置引线箭头的形式。单击 实心闭合 按钮，在下拉列表中选择一种箭头形式，如图 7-55 所示。

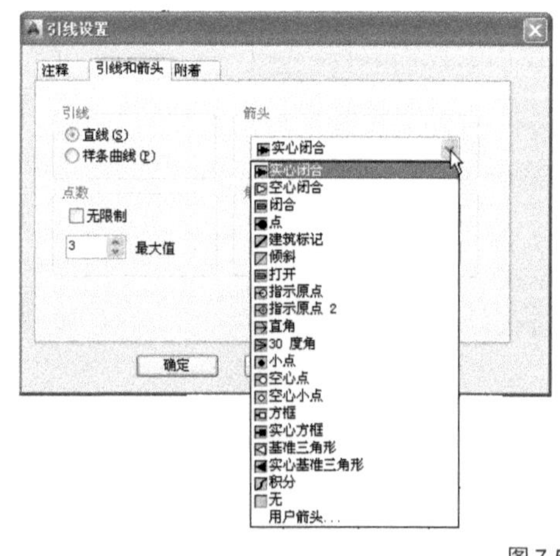

图 7-55

◆ 【无限制】复选框：表示系统不限制引线点的数量，用户可以通过按 Enter 键，手动结束引线点的设置过程。

◆ 【最大值】选项：用于设置引线点数的最多数量，一般情况下设置为"3"。

◆ 【角度约束】选项组：用于设置第一段引线与第二段引线的角度约束。

3．进入【附着】选项卡

在【附着】选项卡中，设置引线和多行文字注释之间的附着位置，如图 7-56 所示。

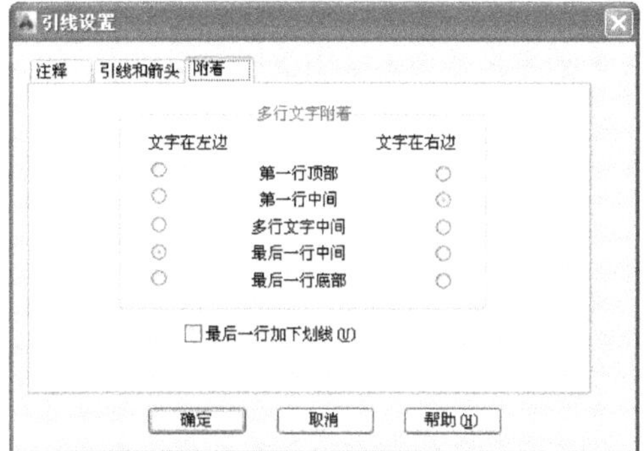

图 7-56

需要注意的是，只有在【注释】选项卡内勾选了【多行文字】单选项时，此选项卡才可用。

◆ 【第一行顶部】单选项：用于将引线放置在多行文字第一行的顶部。

◆ 【第一行中间】单选项：用于将引线放置在多行文字第一行的中间。

◆ 【多行文字中间】单选项：用于将引线放置在多行文字的中部。

◆ 【最后一行中间】单选项：用于将引线放置在多行文字最后一行的中间。

◆ 【最后一行底部】单选项：用于将引线放置在多行文字最后一行的底部。

◆ 【最后一行加下划线】复选项：用于为最后一行文字添加下划线。

设置完成后，单击 确定 按钮回到绘图区，进行快速引线的标注。

7.10　多重引线注释（MLEADERSTYLE）

"多重引线"也是引线注释的一种，不过它是通过命令行进行设置的，不像对话框那样直观。

1．快捷命令

MLEADERSTYLE

2．功能／用途

创建多重引线注释。

3．启动方式

输入"MLEADERSTYLE"，按 Enter 键，激活【多重引线】命令，打开【多重引线样式管理器】对话框，如图 7-57 所示。

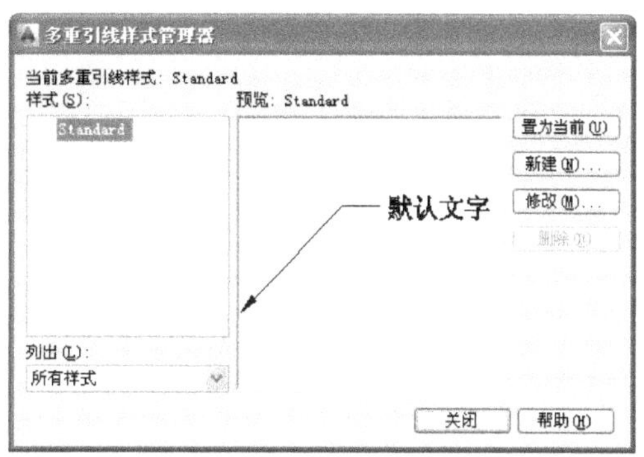

图 7-57

| **技术看板** | 单击【格式】菜单中的【多重引线样式】命令；或者单击【多重引线】工具栏中的"多种引线样式"按钮，如图 7-58 所示，均可打开【多重引线样式管理器】对话框。

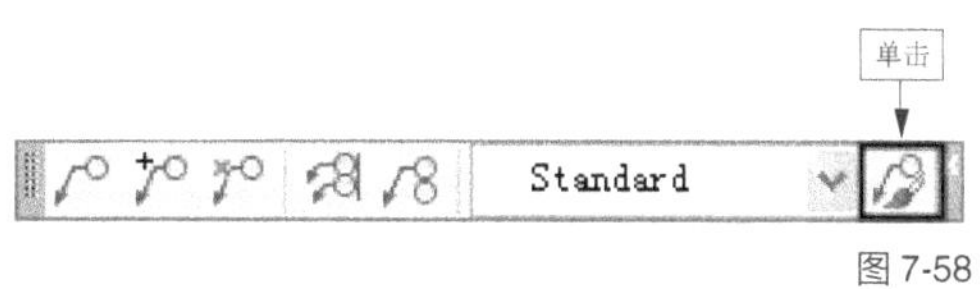

图 7-58

功能验证——创建多重引线

1．新建多重引线样式

Step 01 ▶ 输入"MLEADERSTYLE"，按 Enter 键。

Step 02 ▶ 打开【多重引线样式管理器】对话框。

Step 03 ▶ 单击 新建(N)... 按钮。

Step 04 ▶ 打开【创建新多重引线样式】对话框。

Step 05 ▶ 为新样式命名，如图 7-59 所示。

2. 设置多重引线

Step 01 ▶ 单击【创建新多重引线样式】对话框中的 继续(O) 按钮，打开【修改多重引线样式：多重引线】对话框。

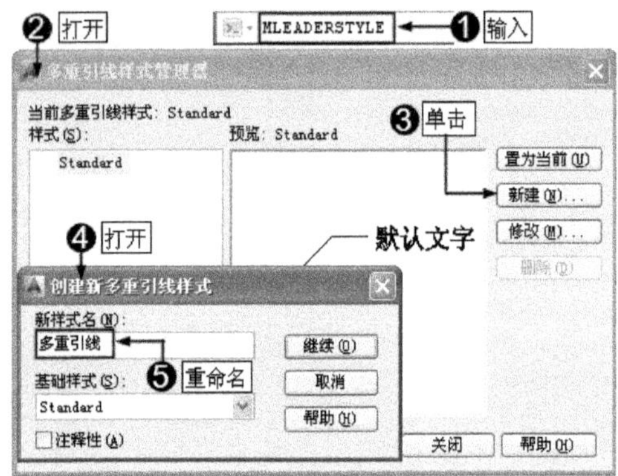

图 7-59

Step 02 ▶ 进入【引线格式】选项卡设置引线的格式，如图 7-60 所示。

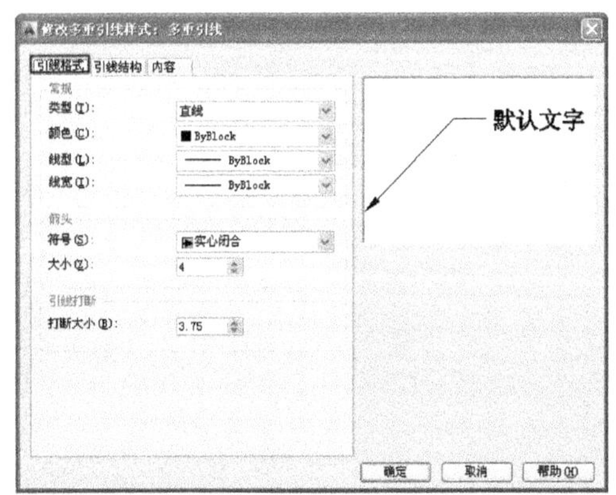

图 7-60

Step 03 ▶ 进入【引线结构】选项卡设置引线的结构，如图 7-61 所示。

Step 04 ▶ 进入【内容】选项卡设置多重引线的内容，如图 7-62 所示。

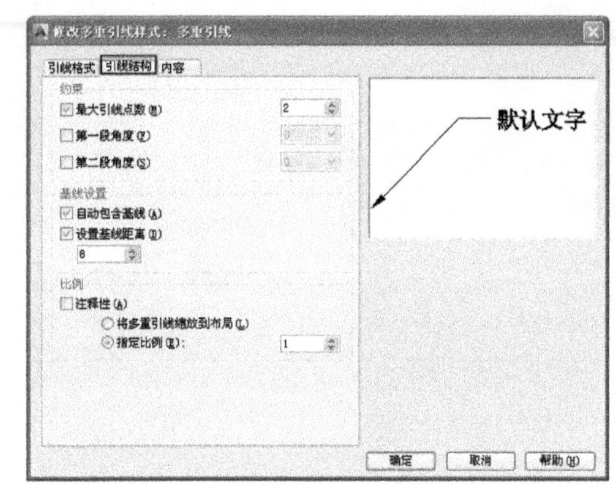

图 7-61

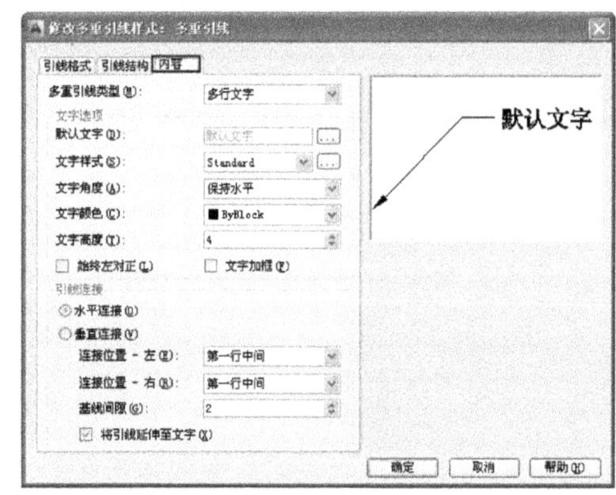

图 7-62

Step 05 ▶ 设置完毕后单击 确定 按钮。

Step 06 ▶ 在【多重引线样式管理器】对话框中选择新建的"多重引线"样式。

Step 07 ▶ 单击 置为当前(U) 按钮，将其设置为当前样式。

Step 08 ▶ 单击 关闭 按钮关闭该对话框，如图 7-63 所示。

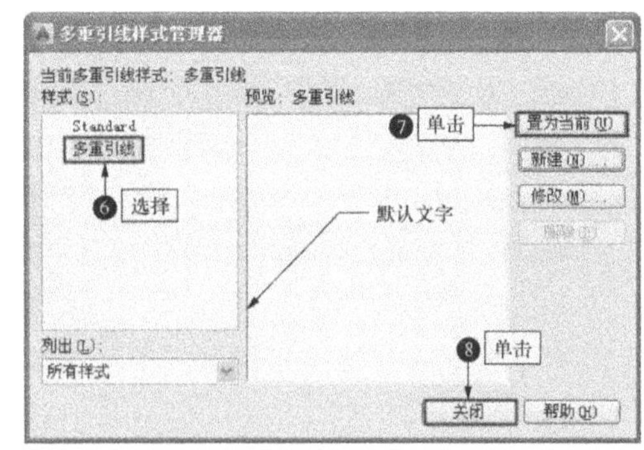

图 7-63

3. 创建多重引线注释

创建多重引线的操作比较简单，设置好多重引线样式之后，单击【多重引线】工具栏上的"多重引线"按钮，或者执行菜单栏中的【标注】/【多重引线】命令，在命令行输入"MLEADER"后按 Enter 键激活【多重引线】命令，然后在要标注多重引线的位置创建引线并进行相关标注，其操作与创建快速引线的操作相似，在此不再赘述。

第8章
尺寸标注与编辑快捷命令

尺寸标注是图形设计中的重要组成部分，尺寸标注分为"尺寸"和"标注"两部分，"尺寸"就是通过测量得到图形的实际尺寸。例如，矩形的长、宽，圆的半径，线的长度等，而"标注"就是将测量得到的这些尺寸精确地标注在图形上。尺寸标注是表达图形信息的唯一的，也是最有效的方法，它是图形设计、机械零件加工等不可缺少的重要内容。本章继续学习图形尺寸标注、编辑尺寸标注等相关操作的快捷命令。

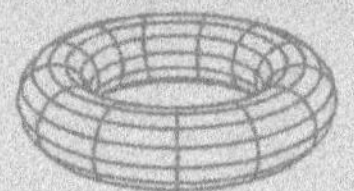

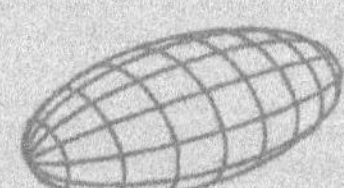

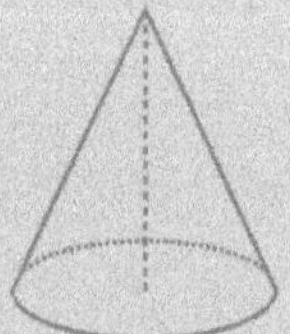

本章快捷命令概览

	名称	快捷命令	功能 / 用途
标注样式	启动【标注样式】命令（P133）	DIMSTYLE D	新建标注样式
线性标注	启动【线性】命令（P135）	DIMLINEAR DIMLIN DLI	标注直线型尺寸
	"多行文字"选项（P135）	M	手动输入文字内容，并为尺寸标注添加特殊符号
	"文字"选项（P136）	T	手动输入标注内容
对齐	启动【对齐】命令（P137）	DIMALIGNED DIMALI DAL	标注与标注对象对齐的尺寸
坐标	启动【坐标】命令（P138）	DIMORDINATE DOR	标注点的绝对坐标值
角度	启动【角度】命令（P138）	DIMANGULAR DAN	标注两条图线形成的角度
弧长	启动【弧长】命令（P139）	DIMARC DAR	标注圆弧或多段线的长度尺寸
半径	启动【半径】命令（P140）	DIMRADIUS DRA	标注圆或圆弧的半径尺寸
直径第	启动【直径】命令（P140）	DIMDIAMETER DDI	标注圆或圆弧的直径尺寸
基线	启动【基线】命令（P141）	DIMBASELINE DBA	标注基线尺寸
连续	启动【连续】命令（P142）	DIMCONTINUE DCO	标注连续尺寸
快速标注	启动【快速标注】命令（P143）	QDIM QD	快速标注图形的直线型尺寸
公差标注	启动【公差】命令（P143）	TOLERANCE TOL	标注图形公差尺寸
打断标注	启动【打断标注】命令（P145）	DIMBREAK	打断与图形轮廓线相交的尺寸标注线
标注间距	启动【标注间距】命令（P145）	DIMSPACE	调整图形尺寸标注的间距
编辑标注	启动【编辑标注】命令（P146）	DIMEDIT DED	对尺寸标注内容进行编辑修改
编辑标注文字	启动【编辑标注文字】命令（P148）	DIMTEDIT	调整尺寸标注文字的位置、旋转角度等

8.1　标注样式（DIMSTYLE，D）

　　一般情况下，尺寸标注是由"标注文字""尺寸线""尺寸界线"和"尺寸起止符号"四部分元素组成的，如图 8-1 所示。

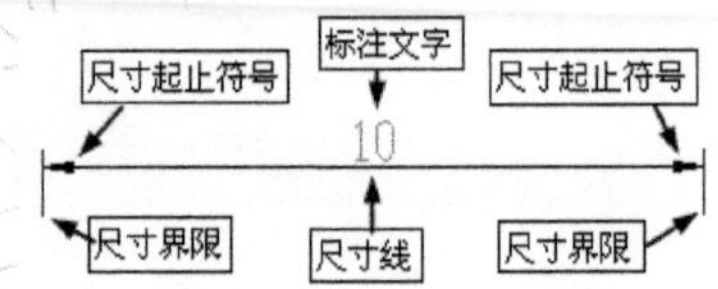

图 8-1

标注文字：用于表明对象的实际测量值，一般由阿拉伯数字与相关符号表示。

尺寸线：用于表明标注的方向和范围，一般使用直线表示。

尺寸起止符号：用于指出测量的开始位置和结束位置。

尺寸界线：从被标注的对象延伸到尺寸线的短线。

标注样式就是在标注尺寸时，标注文字的字体、尺寸线的颜色、尺寸界限的大小、箭头类型、标注精度等一系列内容。在标注图形尺寸前，首先需要设置标注样式，这样才能使标注的尺寸符合图形的要求。

1. 快捷命令

DIMSTYLE，D

2. 功能 / 用途

新建标注样式。

3. 启动方式

输入"DIMSTYLE"或"D"，按 Enter 键，打开【标注样式管理器】对话框。

| 技术看板 | 执行菜单栏中的【标注】或【格式】/【标注样式】命令；或者单击【标注】工具栏中的"标注样式"按钮，如图 8-2 所示，均可打开【标注样式管理器】对话框。

图 8-2

功能验证——新建"建筑标注"标注样式

Step 01 ▶ 输入"D"，按 Enter 键，激活【标注样式】命令。

Step 02 ▶ 打开【标注样式管理器】对话框。

Step 03 ▶ 单击 新建(N)... 按钮。

Step 04 ▶ 打开【创建新标注样式】对话框。

Step 05 ▶ 在【新样式名】输入框中输入新样式的名称，例如输入"建筑标注"，如图 8-3 所示。

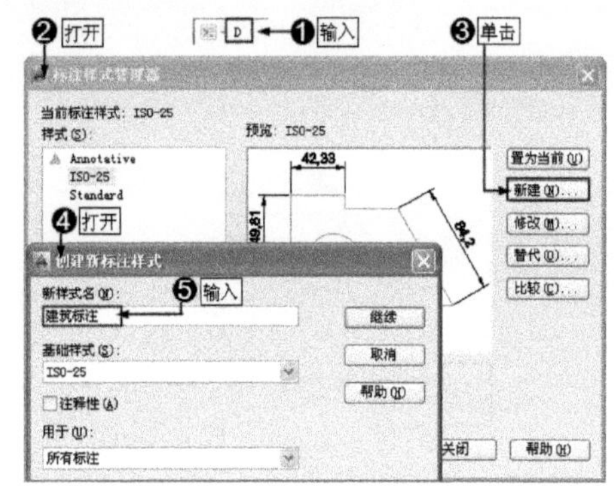

图 8-3

| **技术看板** |【新样式名】文本框：用来为新样式命名，一般情况下，可以根据标注的对象进行命名，例如标注建筑设计图样的样式时可以命名为"建筑标注"，标注机械图样的样式时可以命名为"机械标注"等。

【基础样式】下拉列表框：用于设置新样式的基础样式，选择基础样式后，对于新建的样式，只需更改与基础样式特性不同的特性即可。

【注释性】复选项：用于为新样式添加注释。

【用于】下拉列表框：用于设置新样式的适用范围，一般情况下，选择"所有标注"选项即可。

Step 06 ▶ 单击【创建新标注样式】对话框中的 继续 按钮，打开【新建标注样式：建筑标注】对话框，在该对话框中可以对新样式进行一系列的设置，包括线型、符号、文字、主单位、换算单位等，如图 8-4 所示。

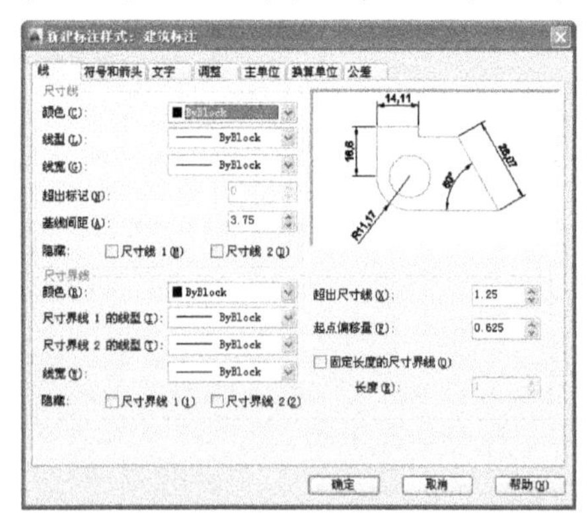

图 8-4

8.2　线性标注

线性标注多用于标注水平或垂直的尺寸，例如矩形的长度尺寸和宽度尺寸、水平线的长度尺寸等，这是标注中最常见的一种尺寸标注方法。

8.2.1　启动【线性】标注命令（DIMLINEAR，DIMLIN，DLI）

1. 快捷命令

DIMLINEAR，DIMLIN，DLI

2. 功能 / 用途

标注直线型尺寸。

3. 启动方式

输入"DIMLINEAR"或"DIMLIN"或"DLI"，按 Enter 键，激活【线性】标注命令。

| **技术看板** | 执行菜单栏中的【标注】/【线性】命令；或者单击【标注】工具栏中的"线性"按钮 ⊢，如图 8-5 所示，均可激活【线性】命令。

图 8-5

功能验证 ——标注六边形的长度尺寸

首先绘制边长为 100mm 的六边形图形，如图 8-6（左）所示，然后标注该六边形下水平边的长度尺寸，标注结果如图 8-6（右）所示。

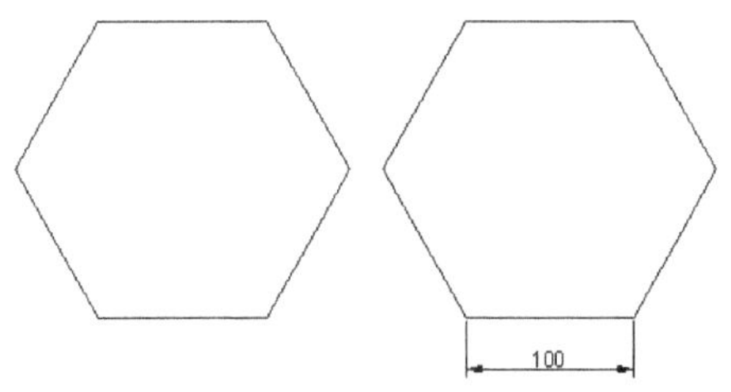

图 8-6

Step 01 ▶ 输入"DLI"，按 Enter 键，激活【线性】命令。

Step 02 ▶ 捕捉多边形左下端点，指定第 1 个尺寸界限的原点。

Step 03 ▶ 捕捉多边形右下端点，指定第 2 个尺寸界限的原点。

Step 04 ▶ 向下引导光标到合适位置。

Step 05 ▶ 确定尺寸线的位置，标注结果如图 8-7 所示。

| **技术看板** | 在进行尺寸标注时，可以在【标注】工具栏的标注样式控制列表中选择一种标注样式，该标注样式可以是新建的标注样式，也可以是系统默认的标注样式，如图 8-8 所示。

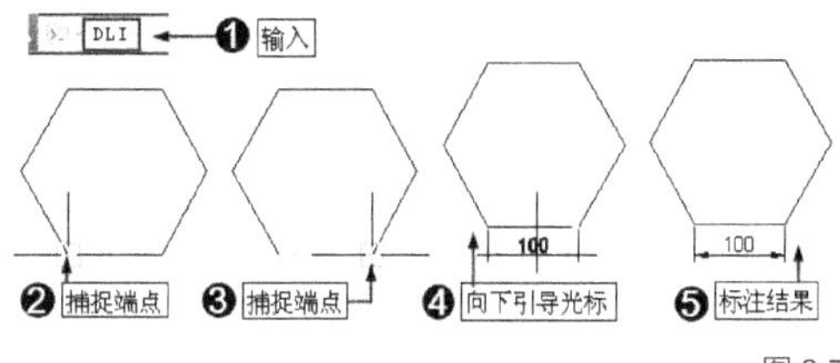

图 8-7

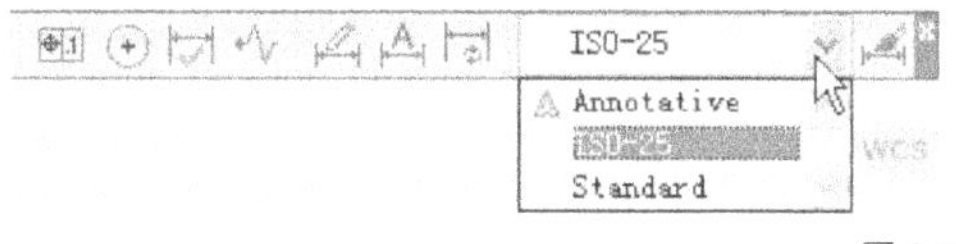

图 8-8

练一练 标注如图 8-9 所示六边形的高度尺寸。

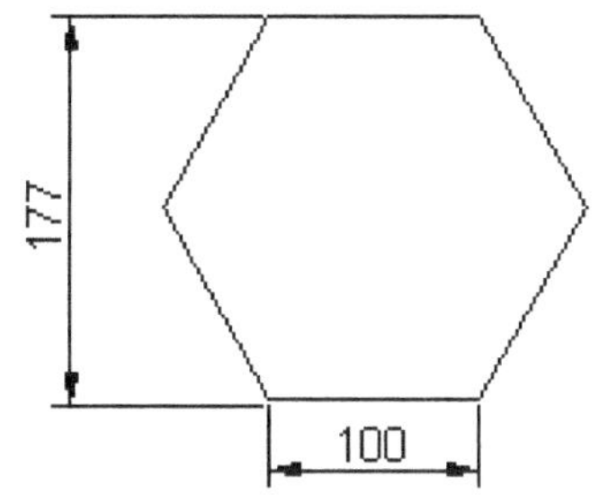

图 8-9

8.2.2　"多行文字"选项（M）

激活"多行文字"选项，可以打开【文字格式】编辑器，用于手动输入尺寸内容，同时还可以为尺寸内容添加前后缀等。

1. 选项

M

2. 功能 / 用途

打开【文字格式】编辑器，手动输入尺寸内容，并为尺寸内容添加特殊符号。

3. 启动方式

（1）输入"DLI"，按 Enter 键，激活【线性】标注命令。

（2）分别指定尺寸界限的第 1 个原点和第 2 个原点。

（3）输入"M"，按 Enter 键，激活"多行文字"选项，打开【文字格式】编辑器。

⚙ **功能验证**——为六边形长度尺寸添加正 / 负符号

下面为六边形下方水平线标注长度尺寸，并为该尺寸添加正 / 负符号。

Step 01 ▶ 输入"DLI"，按 Enter 键，激活【线性】标注命令。

Step 02 ▶ 分别指定尺寸界限的第 1 个原点和第 2 个原点。

Step 03 ▶ 输入"M"，按 Enter 键，激活"多行文字"选项，打开【文字格式】编辑器。

Step 04 ▶ 将光标定位在尺寸文字的前面，然后单击【文字格@ ▶】符号按钮，在弹出的下拉列表中选择"正 / 负"选项，如图 8-10 所示。

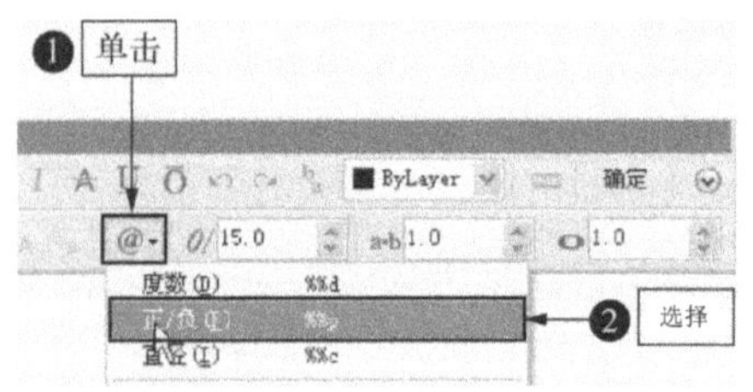

图 8-10

Step 05 ▶ 在尺寸文字前面添加正 / 负符号。

Step 06 ▶ 单击【文字格式编辑器】中的 确定 按钮。

Step 07 ▶ 返回绘图区，向下引导光标，在合适位置单击确定标注位置，标注结果如图 8-11 所示。

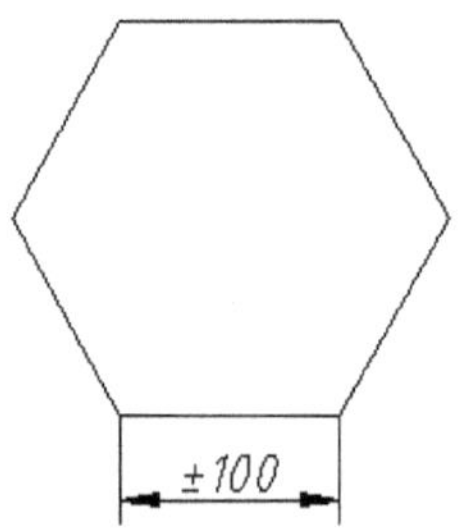

图 8-11

8.2.3 "文字"选项（T）

"文字"选项用于手动输入相关的标注文字内容。

1. 选项

T

2. 功能 / 用途

手动输入标注内容。

3. 启动方式

输入"DLI"，按 Enter 键，激活【线性】标注命令；分别指定尺寸界限的第 1 个原点和第 2 个原点；输入"T"，按 Enter 键，激活"文字"选项。

⚙ **功能验证**——手动输入六边形宽度尺寸标注内容

Step 01 ▶ 输入"DLI"，按 Enter 键，激活【线性】标注命令。

Step 02 ▶ 分别捕捉六边形左下方和左上方 2 个端点作为尺寸界限的第 1 个原点和第 2 个原点。

Step 03 ▶ 输入"T"，按 Enter 键，激活"文字"选项。

Step 04 ▶ 在命令行输入宽度尺寸为"174"，按 Enter 键确认。

Step 05 ▶ 向左引导光标，在合适位置单击确定尺寸标注的位置。

Step 06 ▶ 标注结果如图 8-12 所示。

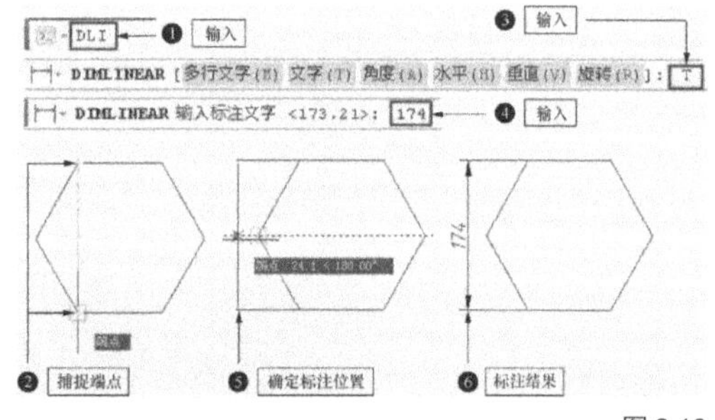

图 8-12

| 技术看板 | 除了以上介绍的【线性】标注中的各选项之外，还包括以下选项。

【角度】选项：该选项用于设置标注文字的旋转角度，如图 8-13 左部所示，标注文字旋转 30°。

【水平】选项：用于标注两点之间或选择图线

的水平尺寸，激活该选项后，无论如何移动光标，所标注的始终是对象的水平尺寸。

【垂直】选项：用于标注两点之间的垂直尺寸，激活该选项后，无论如何移动光标，所标注的始终是对象的垂直尺寸。

【旋转】选项：该选项不常用，激活该选项后，可以设置尺寸线的旋转角度，但最终标注的并不是两点之间的实际尺寸，图 8-13 右部所示为尺寸线旋转 150° 后的标注结果。

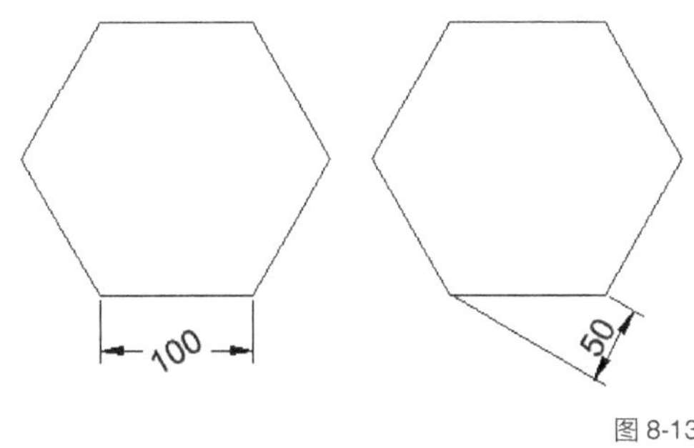

图 8-13

8.3　"对齐"标注

"对齐"标注是指标注的尺寸与标注对象对齐，该命令一般用于标注非水平或垂直的图线尺寸。

8.3.1　启动【对齐】命令
（DIMALIGNED，DIMALI，DAL）

1. 快捷命令

DIMALIGNED，DIMALI，DAL

2. 功能 / 用途

标注与标注对象对齐的尺寸。

3. 启动方式

输入 "DIMALIGNED" 或 "DIMALI" 或 "DAL"，按 Enter 键，激活【对齐】标注命令。

| 技术看板 | 执行菜单栏中的【标注】【对齐】命令；或者单击【标注】工具栏中的 "对齐" 按钮，如图 8-14 所示，均可激活【对齐】标注命令。

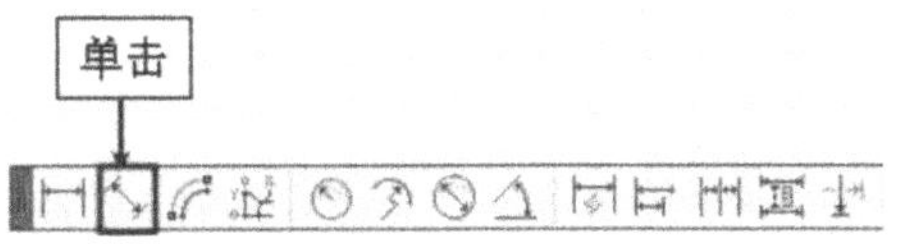

图 8-14

8.3.2　实例——标注六边形的斜边尺寸

操作步骤

Step 01 ▸ 输入 "DAL"，按 Enter 键，激活【对齐】命令。

Step 02 ▸ 捕捉六边形右斜边下端点作为尺寸线第 1 原点。

Step 03 ▸ 捕捉六边形右斜边上端点作为尺寸线第 2 原点。

Step 04 ▸ 向右下引导光标，在适当位置单击指定尺寸线位置。

Step 05 ▸ 标注结果如图 8-15 所示

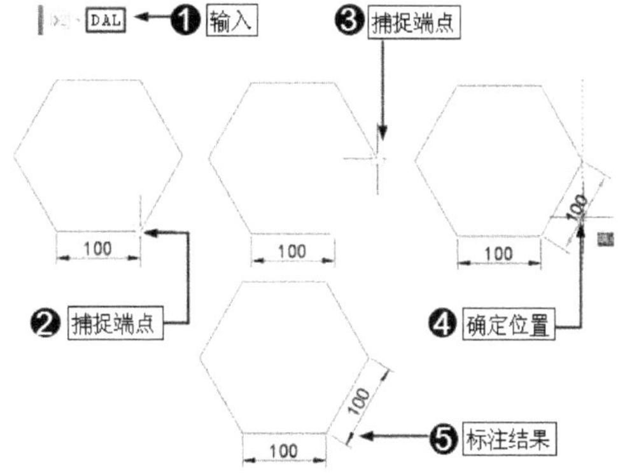

图 8-15

练一练 标注六边形的其他倾斜尺寸，标注结果如图 8-16 所示。

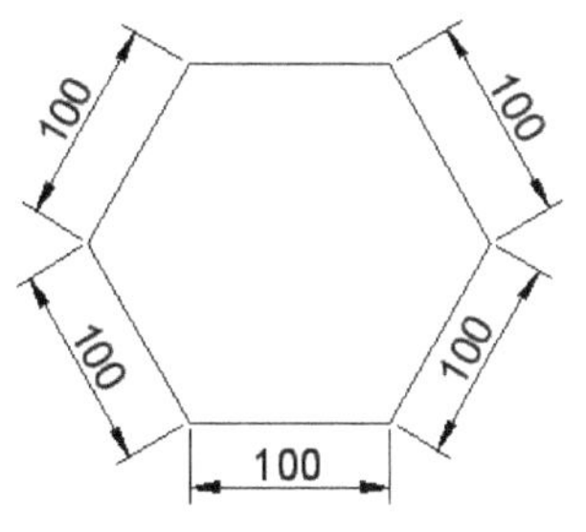

图 8-16

8.4　"坐标"标注

"坐标"标注可以标注点的 X 坐标值和 Y 坐标值，所标注的坐标为点的绝对坐标。标注时，上下移动光标可以标注点的 X 坐标值，左右移动光标可以标注点的 Y 坐标值。

另外，使用【X 基准】选项，可以强制性地标注点的 X 坐标，不受光标引导方向的限制；使用【Y 基准】选项，则可以标注点的 Y 坐标。

8.4.1　启动【坐标】命令（DIMORDINATE，DOR）

1. 快捷命令

DIMORDINATE，DOR

2. 功能 / 用途

标注点的绝对坐标值。

3. 启动方式

输入"DIMORDINATE"或"DOR"，按 Enter 键，激活【坐标】标注命令。

| 技术看板 | 执行菜单栏中的【标注】/【坐标】命令；或者在命令行输入"Dimord"后按 Enter 键；或者单击【标注】工具栏上的"坐标"按钮，如图 8-17 所示，均可激活【坐标】标注命令。

图 8-17

8.4.2　实例——标注六边形左端点的 X 坐标

操作步骤

Step 01 ▶ 输入"DOR"，按 Enter 键，激活【坐标】标注命令。

Step 02 ▶ 捕捉多边形右端点。

Step 03 ▶ 向右上方引导光标指定标注位置，标注结果如图 8-18 所示。

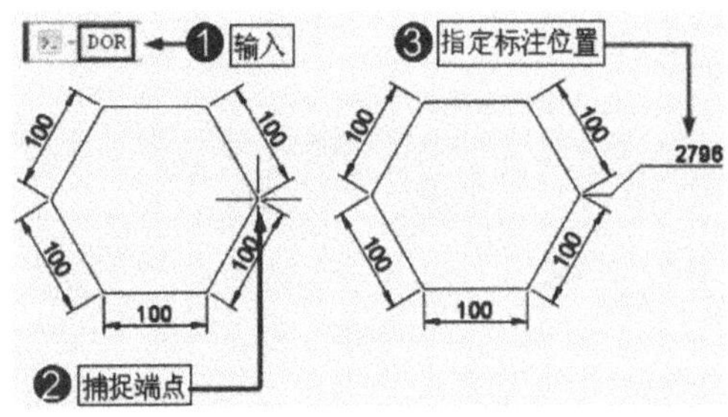

图 8-18

 标注六边形的其他点的 X 坐标和 Y 坐标，标注结果如图 8-19 所示。

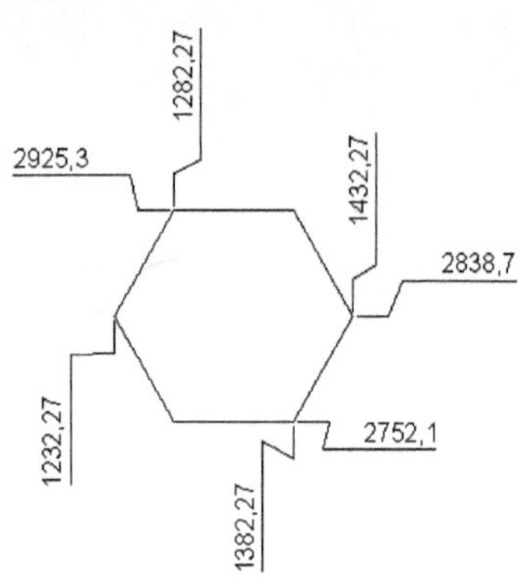

图 8-19

8.5　"角度"标注

使用【角度】命令，可以标注两条图线间的角度或者圆弧的圆心角。

8.5.1　启动【角度】命令（DIMANGULAR，DAN）

1. 快捷命令

DIMANGULAR，DAN

2. 功能 / 用途

标注两条图线形成的角度。

3. 启动方式

输入"DIMANGULAR"或"DAN"，按 Enter 键，激活【角度】标注命令。

| 技术看板 | 执行菜单栏中的【标注】/【角度】命令；或者在命令行输入"ANGULAR"后按 Enter 键；或者单击【标注】工具栏上的"角度"按钮，如图 8-20 所示，均可激活【角度】标注命令。

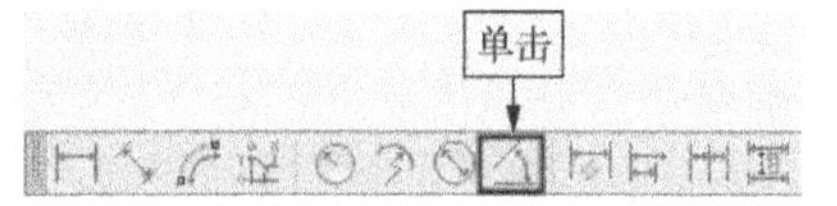

图 8-20

8.5.2　实例——标注六边形的内角

操作步骤

Step 01 ▶ 输入"DAN"，按 Enter 键，激活【角度】命令。

Step 02 ▶ 单击六边形的下水平边。

Step 03 ▶ 单击六边形的右倾斜边。

Step 04 ▶ 向六边形内引导光标。

Step 05 ▶ 在合适位置单击指定标注位置，标注结果如图 8-21 所示

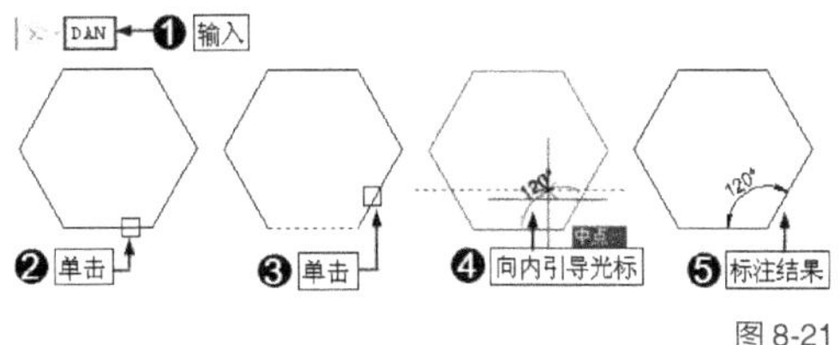

图 8-21

练一练 标注六边形的外角角度，标注结果如图 8-22 所示。

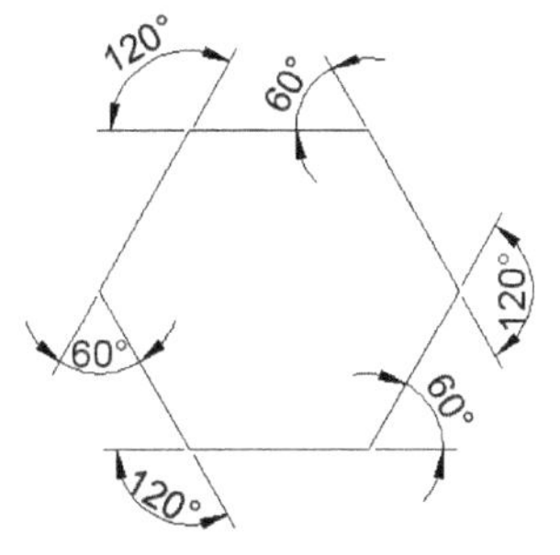

图 8-22

8.6　"弧长" 标注

使用【弧长】命令可以标注圆弧或多段线弧的长度尺寸，在默认设置下，会在尺寸数字的一端添加弧长符号。

8.6.1　启动【弧长】命令（DIMARC，DAR）

1. 快捷命令

DIMARC，DAR

2. 功能 / 用途

标注圆弧或多段线的长度尺寸。

3. 启动方式

输入 "DIMARC" 或 "DAR"，按 Enter 键，激活【弧长】标注命令。

| 技术看板 | 执行菜单栏中的【标注】/【弧长】命令；或者单击【标注】工具栏上的 "弧长" 按钮，如图 8-23 所示，均可激活【弧长】标注命令。

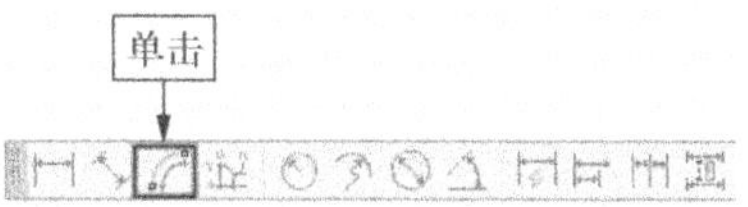

图 8-23

8.6.2　实例——标注弧长尺寸

本实例绘制一段圆弧，然后标注该圆弧的弧长。

操作步骤

Step 01 ▶ 输入 "DAR"，按 Enter 键，激活【弧长】命令。

Step 02 ▶ 单击选择圆弧。

Step 03 ▶ 向下引导光标指定标注位置。

Step 04 ▶ 单击确定位置，标注结果如图8-24所示。

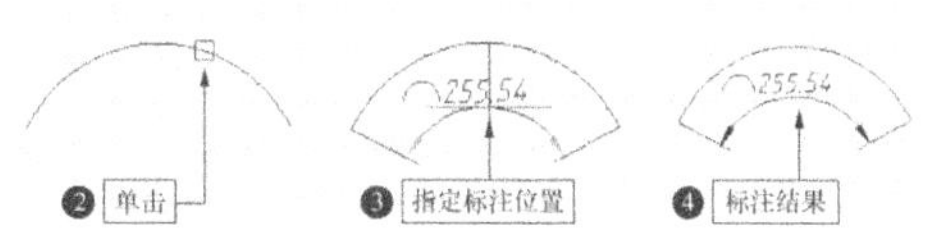

图 8-24

| 技术看板 | 如果想标注圆弧或多段线弧上的部分弧长，可以激活【部分】选项，具体操作如下。

Step 01 ▶ 输入 "DAR"，按 Enter 键，激活【弧长】命令。

Step 02 ▶ 单击圆弧。

Step 03 ▶ 输入 "P"，按 Enter 键，激活【部分】选项。

Step 04 ▶ 捕捉圆弧的端点。

Step 05 ▶ 捕捉圆弧的中点。

Step 06 ▶ 向下引导光标，指是标注位置。

Step 07 ▶ 单击标注位置，标注结果如图 8-25 所示。

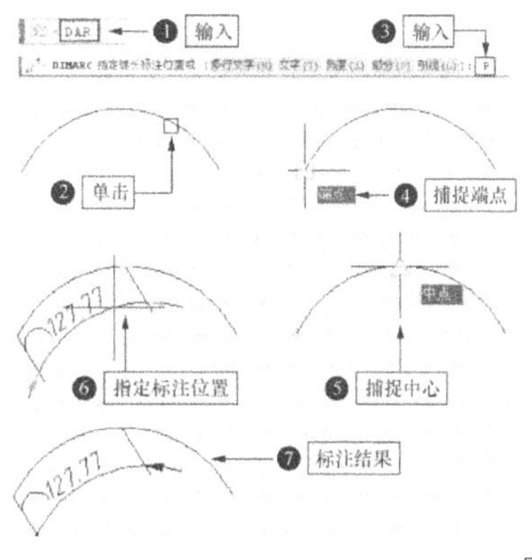

图 8-25

8.7　"半径"标注

使用【半径】命令，可以标注圆、圆弧的半径尺寸，同时会在尺寸前自动添加符号"R"。

8.7.1　启动【半径】命令
（DIMRADIUS，DRA）

1. 快捷命令

DIMRADIUS，DRA

2. 功能 / 用途

标注圆或圆弧的半径尺寸。

3. 启动方式

输入"DIMRADIUS"或"DRA"，按 Enter 键，激活【半径】标注命令。

| **技术看板** | 执行菜单栏中的【标注】【半径】命令；或者在命令行输入"DIMRAD"后按 Enter 键；或者单击【标注】工具栏中的"半径"按钮 ⊙，如图 8-26 所示，均可激活【半径】标注命令。

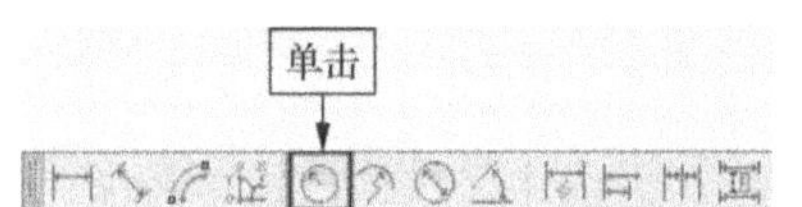

图 8-26

8.7.2　实例——标注圆的半径

本实例绘制一个半径为 100mm 的圆，如图 8-27 左部所示，然后标注该圆的半径，标注结果如图 8-27 右部所示。

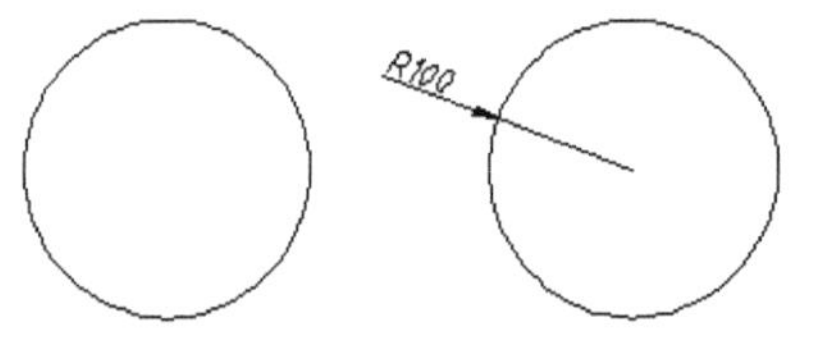

图 8-27

操作步骤

Step 01 ▶ 输入"DRA"，按 Enter 键，激活【半径】标注命令。

Step 02 ▶ 单击圆。

Step 03 ▶ 引导光标到合适位置并单击。

Step 04 ▶ 标注结果如图 8-28 所示。

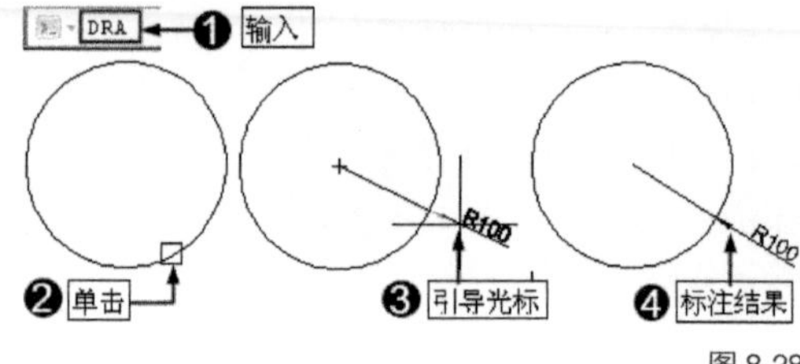

图 8-28

8.8　"直径"标注

使用【直径】命令，可以标注圆、圆弧的直径尺寸，同时会在尺寸前自动添加符号"∅"。

8.8.1　启动【直径】命令
（DIMDIAMETER，DDI）

1. 快捷命令

DIMDIAMETER，DDI

2. 功能 / 用途

标注圆或圆弧的直径尺寸。

3. 启动方式

输入"DIMDIAMETER"或"DDI"，按 Enter 键，激活【直径】标注命令。

| **技术看板** | 执行菜单栏中的【标注】【直径】命令；或者在命令行输入"DIMDIA"后按 Enter 键；或者单击【标注】工具栏上的"直径"按钮 ⊘，如图 8-29 所示，均可激活【直径】标注命令。

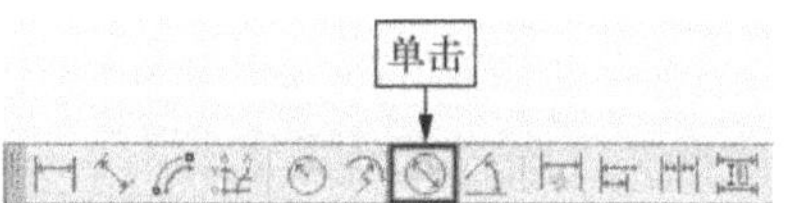

图 8-29

8.8.2　实例——标注圆的直径

首先绘制一个直径为 200mm 的圆，如图 8-30 左部所示，然后标注该圆的直径，标注结果如图 8-30 右部所示。

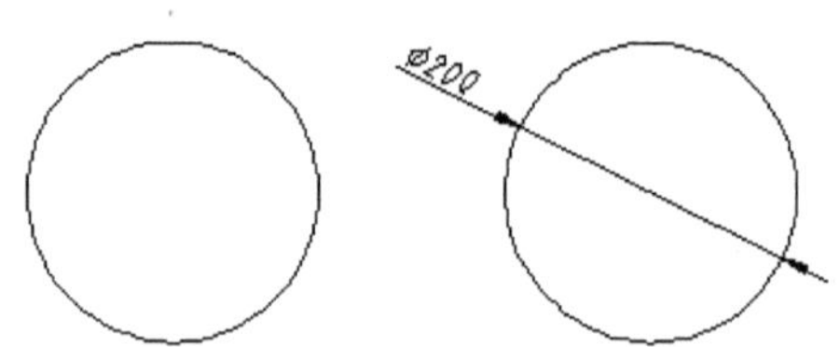

图 8-30

操作步骤

Step 01 ▶ 输入"DIMDIAMETER"或"DDI"，按 Enter 键，激活【直径】命令。

Step 02 ▶ 单击圆。

Step 03 ▶ 引导光标到合适位置并单击。

Step 04 ▶ 标注结果如图 8-31 所示。

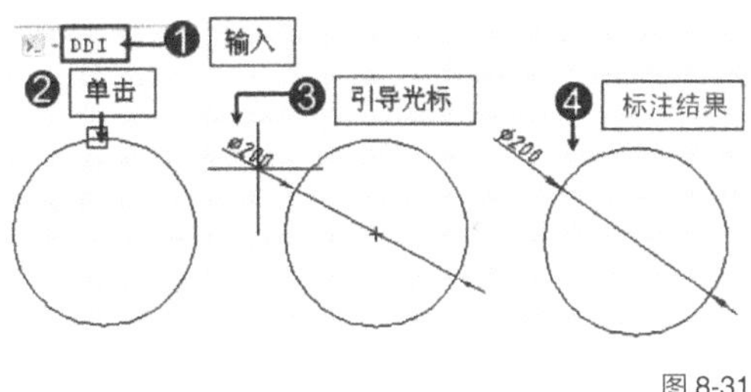

图 8-31

8.9　"基线"标注

基线其实就是基准线。基线标注就是在现有尺寸的基础上，以现有尺寸界线为基准线，快速标注其他尺寸，如图 8-32 所示。

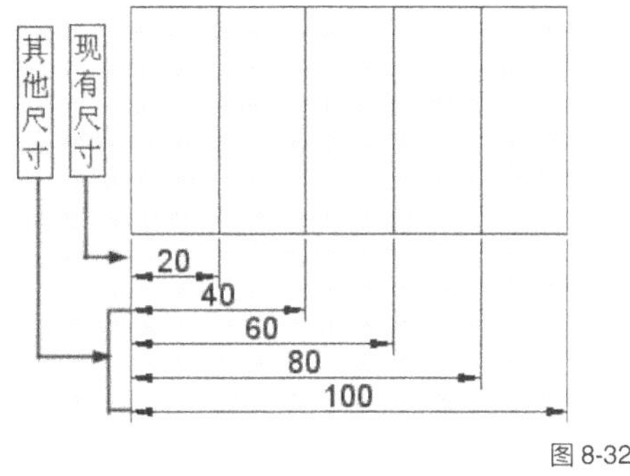

图 8-32

8.9.1　启动【基线】命令

（DIMBASELINE，DBA）

1. 快捷命令

DIMBASELINE，DBA

2. 功能 / 用途

标注基线尺寸。

3. 启动方式

输入"DIMBASELINE"或"DBA"，按 Enter 键，激活【基线】标注命令。

｜技术看板｜ 执行菜单栏中的【标注】/【基线】命令；或者在命令行输入"DIMBASE"后按

Enter 键；或者单击【标注】工具栏上的"基线"按钮，如图 8-33 所示，均可激活【基线】标注命令。

图 8-33

8.9.2　实例——标注图形的基线尺寸

绘制 100mm×20mm 的矩形，将该矩形分解，并将其左垂直边向右依次偏移 20 个绘图单位，然后在左边标注【线性】尺寸作为基准尺寸，如图 8-34 上部所示。下面来标注各偏移图线的基线尺寸，标注结果如图 8-34 下部所示。

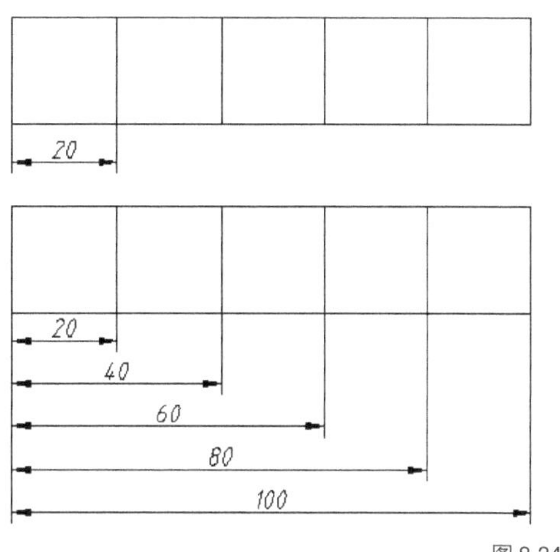

图 8-34

操作步骤

Step 01 ▶ 输入"DBA"，按 Enter 键，激活【基线】标注命令。

Step 02 ▶ 单击已有尺寸的左尺寸界线。

Step 03 ▶ 捕捉图形的端点。

Step 04 ▶ 继续捕捉下一个端点。

Step 05 ▶ 依次捕捉其他端点，最后按 2 次 Enter 键结束操作，标注结果如图 8-35 所示。

｜技术看板｜ 在进行基线标注时，单击选择已有的基准尺寸时，选择的尺寸界线不同，标注的结果也不同。如果单击左边尺寸界线，则基线标注是以左边的尺寸界线为基准进行标注的，如图 8-36 所示；如果单击右边的尺寸界线，则基线标注会以右侧的尺寸界线为基准进行标注，如图 8-37 所示。

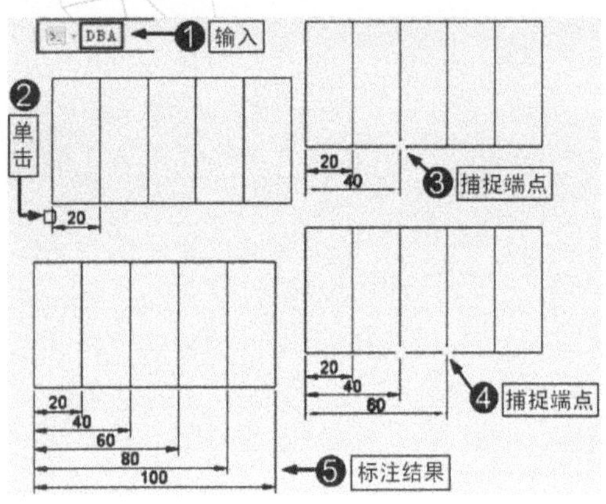

图 8-35

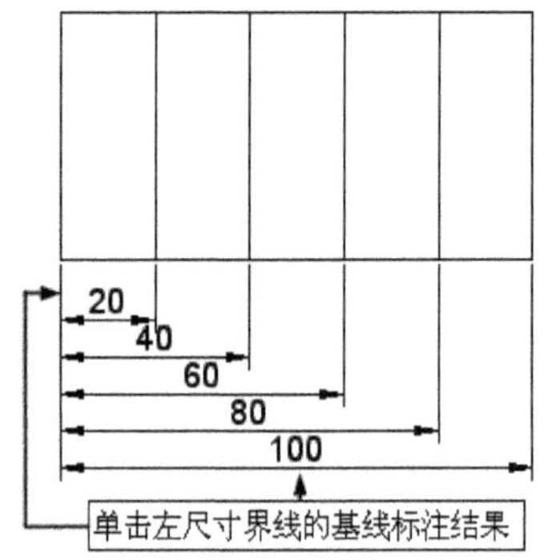

图 8-36

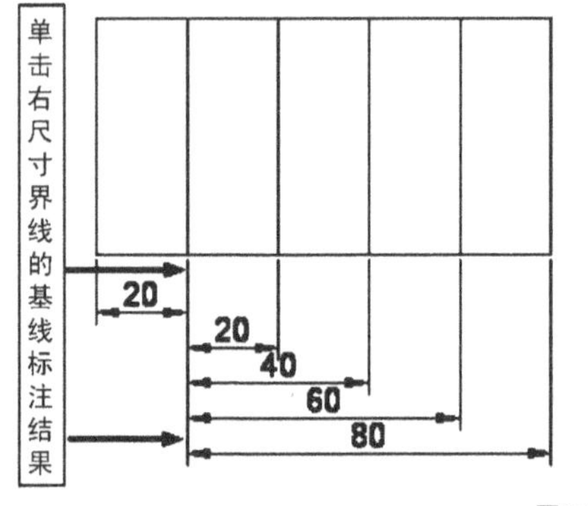

图 8-37

8.10　"连续"标注

　　"连续"标注也是在现有尺寸的基础上创建连续的尺寸标注，与"基线"标注不同的是，"连续"标注所创建的连续尺寸位于同一个方向矢量上。

8.10.1　启动【连续】命令（DIMCONTINUE，DCO）

　　1. 快捷命令

DIMCONTINUE，DCO

　　2. 功能 / 用途

标注连续尺寸。

　　3. 启动方式

　　输入"DIMCONTINUE"或"DCO"，按 Enter 键，激活【连续】标注命令。

| **技术看板** | 执行菜单栏中的【标注】/【连续】命令；或者在命令行输入"DIMCONT"后按 Enter 键；或者单击【标注】工具栏中的"连续"按钮，如图 8-38 所示，均可激活【连续】标注命令。

图 8-38

8.10.2　实例——标注图形的连续尺寸

　　删除上一节实例中的基线尺寸，保留左边的线性尺寸作为基准尺寸，然后在基准尺寸的基础上进行连续标注，标注结果如图 8-39 所示。

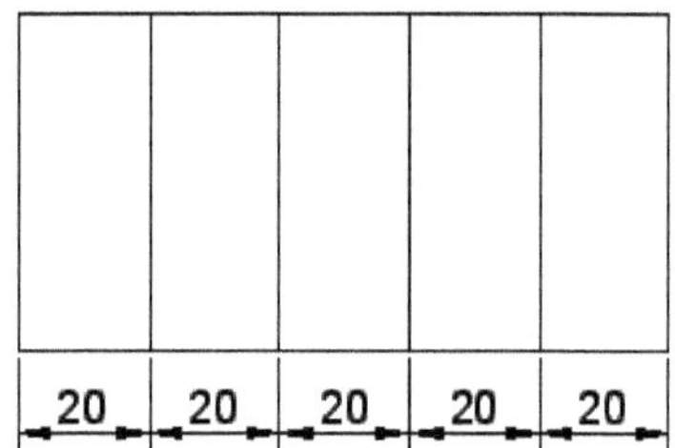

图 8-39

操作步骤

Step 01 ▶ 输入"DCO"，按 Enter 键，激活【连续】命令。

Step 02 ▶ 单击已有尺寸的右尺寸界线。

Step 03 ▶ 捕捉图形的端点。

Step 04 ▶ 继续捕捉其他端点．

Step 05 ▶ 然后按 2 次 Enter 键结束操作，标注结果如图 8-40 所示。

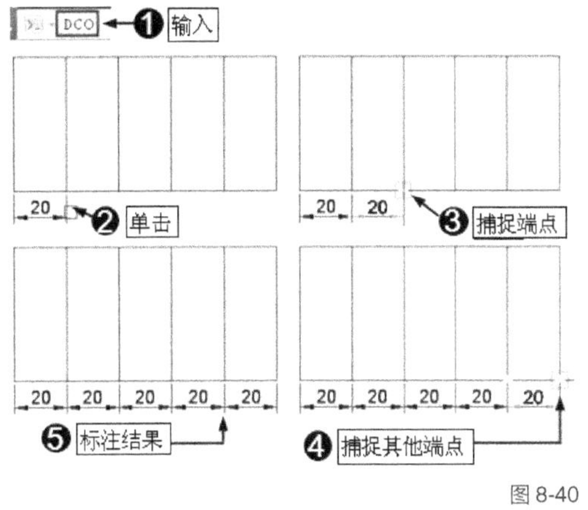

图 8-40

8.11　快速标注

与其他标注方式不同，【快速标注】命令一次可以标注对象间的多个水平尺寸或垂直尺寸，它是一种比较常用的复合标注工具。

8.11.1　启动【快速标注】命令（QDIM，QD）

1. 快捷命令

QDIM，QD

2. 功能／用途

快速标注图形的直线型尺寸。

3. 启动方式

输入"QDIM"或"QD"，按 Enter 键，激活【快速标注】命令。

｜技术看板｜ 执行菜单栏中的【标注】/【快速标注】命令；或者单击【标注】工具栏中的"快速标注"按钮，如图 8-41 所示，均可激活【快速标注】命令。

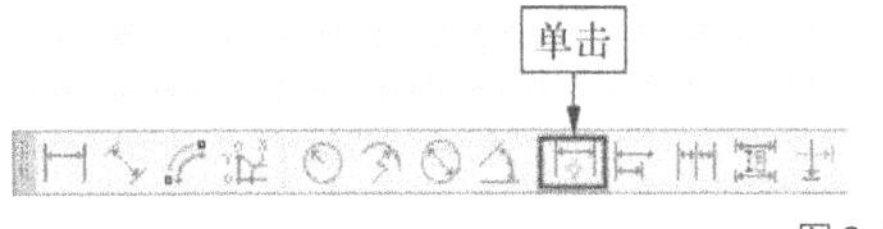

图 8-41

8.11.2　实例——快速标注图形的垂直边尺寸

将上一节标注的图形的连续尺寸全部删除，然后快速标注该图形的垂直边尺寸。

Step 01 ▶ 输入"QD"，按 Enter 键，启动【快速标注】命令。

Step 02 ▶ 窗交方式选择所有垂直线。

Step 03 ▶ 按 Enter 键确认，然后向下引导光标。

Step 04 ▶ 在合适位置单击确定标注位置，标注结果如图 8-42 所示。

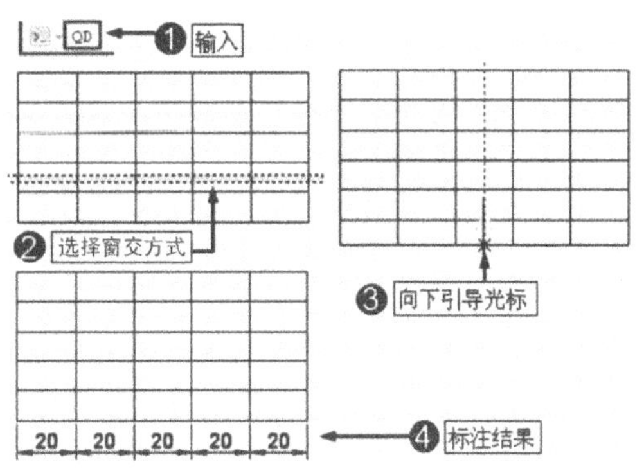

图 8-42

8.12　"公差"标注（TOLERANCE，TOL）

"公差"标注主要包括"形位公差"和"尺寸公差"，其中"形位公差"标注与前面学习的其他各种尺寸标注不同。"形位公差"标注的是机械零件在极限尺寸内的最大、最小包容量以及设置形位公差的包容条件，其标注都带有特征符号。因此，标注前要首先根据标注的内容设置相关特征符号，然后再进行标注。

1. 快捷命令

TOLERANCE，TOL

2. 功能／用途

标注图形公差尺寸。

3. 启动方式

（1）输入"TOLERANCE"或"TOL"，按 Enter 键，激活【公差】命令，打开【形位公差】对话框，如图 8-43 所示。

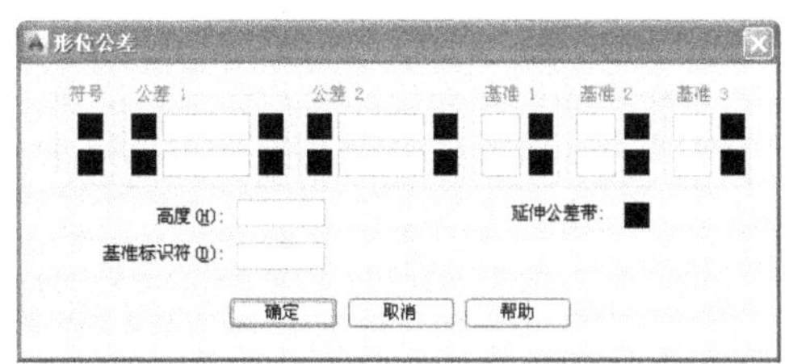

图 8-43

技术看板 | 单击【标注】工具栏中的"公差"按钮，也可激活【公差】命令，如图 8-44 所示。

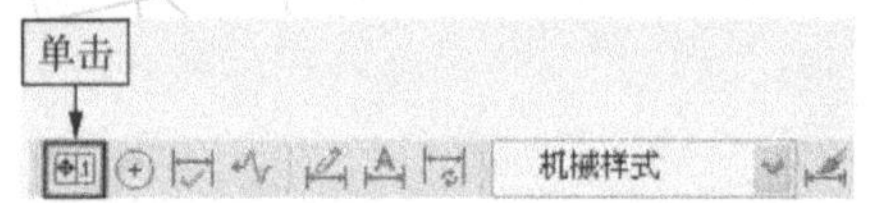

图 8-44

（2）在【形位公差】对话框中添加相关符号，标注图形公差尺寸。

功能验证——形位公差

下面标注如图 8-45 所示的形位公差。

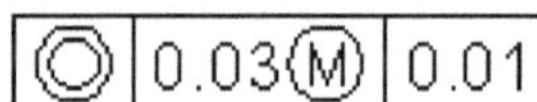

图 8-45

1. 添加特征符号

Step 01 ▶ 输入 "TOL"，按 Enter 键，激活【形位公差】命令。

Step 02 ▶ 打开【形位公差】对话框。

Step 03 ▶ 单击【符号】选项组中的颜色块。

Step 04 ▶ 打开【特征符号】对话框，如图 8-46 所示。

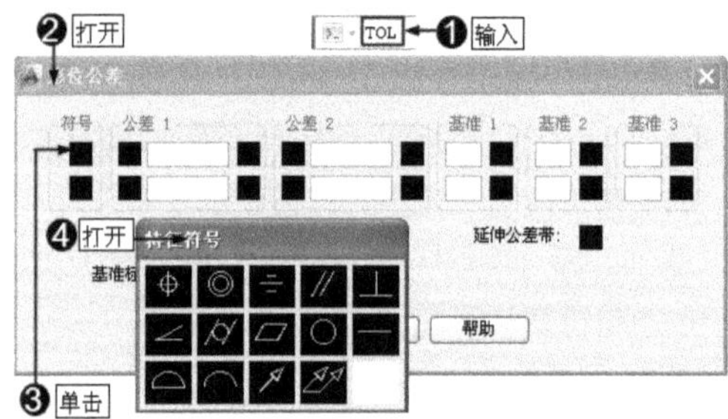

图 8-46

Step 05 ▶ 单击 "直径特征" 符号 ◎。

Step 06 ▶ 添加特征符号。

Step 07 ▶ 输入公差值 "0.03"，如图 8-47 所示。

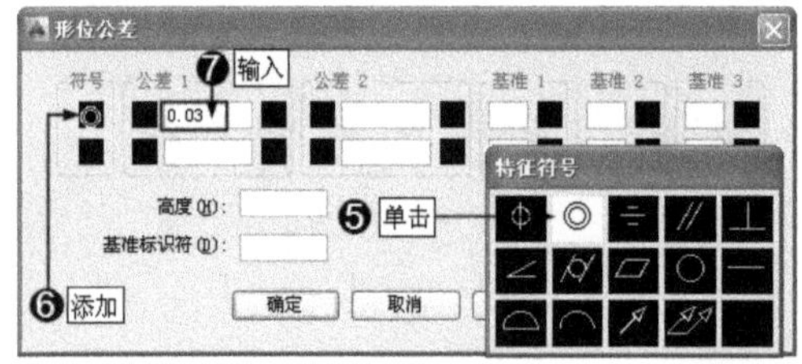

图 8-47

技术看板 | 单击【特征符号】对话框中的特征符号，即可添加特征符号，如果要取消添加的特征符号，则单击【特征符号】对话框中的无符号按钮。另外，单击 "公差 1""公差 2" 下方的颜色按钮，即可添加一个直径符号，然后在输入框中输入公差值。

2. 添加附加符号并标注公差。

Step 01 ▶ 单击【公差 1】或【公差 2】选项组中右侧的颜色块。

Step 02 ▶ 打开【附加符号】对话框，如图 8-48 所示。

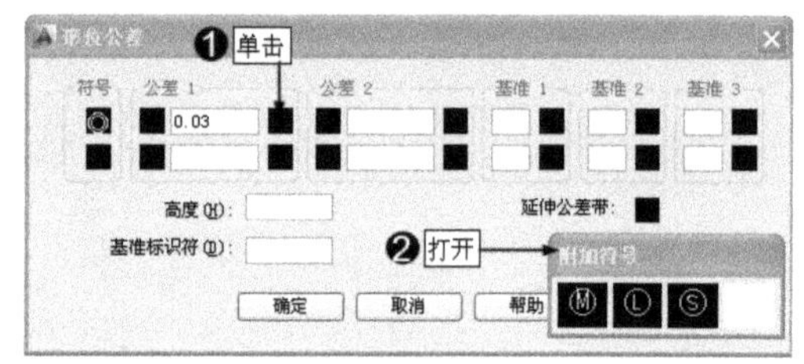

图 8-48

Step 03 ▶ 单击附加符号。

Step 04 ▶ 添加附加符号以设置公差的包容条件。

Step 05 ▶ 输入公差 2 的值。

Step 06 ▶ 单击 确定 按钮。

Step 07 ▶ 在绘图区单击标注公差，如图 8-49 所示。

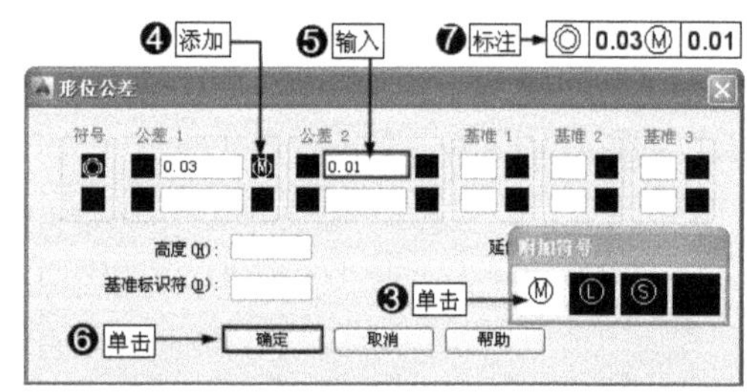

图 8-49

【附加符号】对话框中各符号的含义如下。

符号 Ⓜ 表示最大包容条件，规定零件在极限尺寸内的最大包容量。

符号 Ⓛ 表示最小包容条件，规定零件在极限尺寸内的最小包容量。

符号 Ⓢ 表示不考虑特征条件，不规定零件在极限尺寸内的任意几何大小。

8.13　打断标注

在尺寸标注中，尺寸标注线有时会与图形轮廓线相交，如图 8-50（左）所示，尺寸为 50mm 的标注线与外侧的矩形水平边相交，这在图形设计中是不允许的。此时，用户可以使用【打断标注】命令将尺寸线在图形轮廓线位置打断，如图 8-50（右）所示。

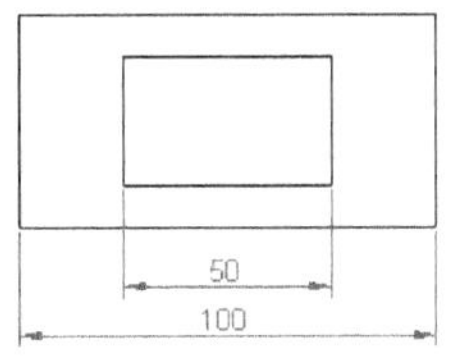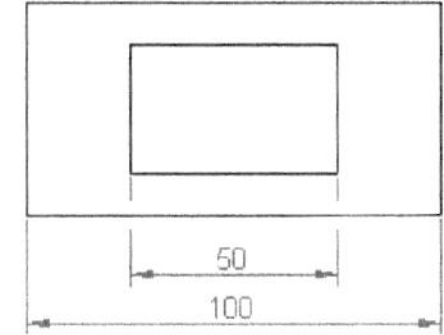

图 8-50

8.13.1　启动【打断标注】命令（DIMBREAK）

1．快捷命令

DIMBREAK

2．功能 / 用途

打断与图形轮廓线相交的尺寸标注线。

3．启动方式

输入"DIMBREAK"，按 Enter 键，激活【打断标注】命令。

┃ **技术看板** ┃ 单击【标注】工具栏上的"打断标注"按钮，也可以激活【打断标注】命令，如图 8-51 所示。

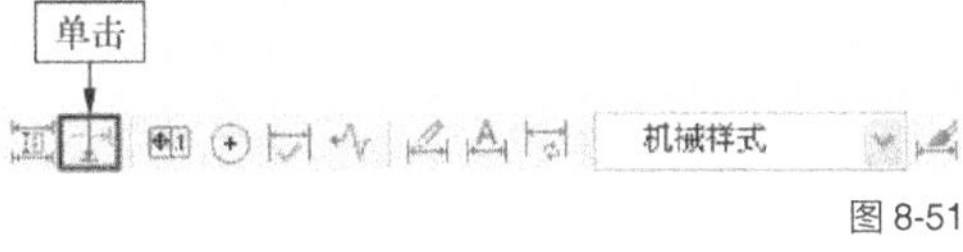

图 8-51

8.13.2　实例——打断与图形轮廓线相交的尺寸标注线

绘制 50mm×30mm 的矩形，将矩形向外偏移 20 个绘图单位，使用【线性】命令标注如图 8-52（左）所示的尺寸。然后使用【打断标注】命令将与外部图形轮廓线相交的内部尺寸标注线打断，标注结果如图 8-52（右）所示。

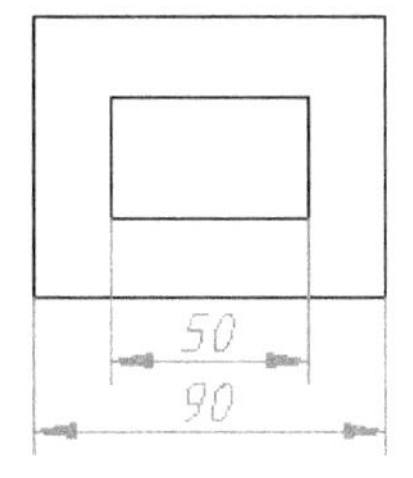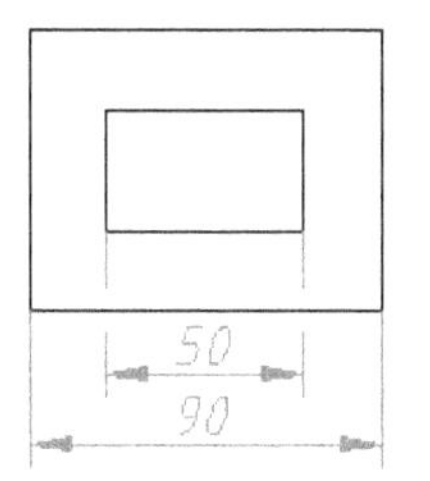

图 8-52

操作步骤

Step 01 ▶ 输入"DIMBREAK"，按 Enter 键，激活【打断标注】命令。

Step 02 ▶ 单击尺寸标注为"50"的尺寸线。

Step 03 ▶ 单击外侧矩形的下水平边。

Step 04 ▶ 按 Enter 键确认，标注结果如图 8-53 所示。

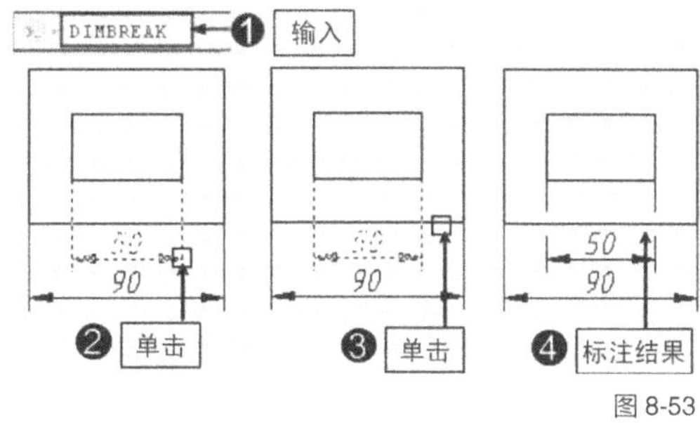

图 8-53

┃ **技术看板** ┃ 进行打断标注时，系统默认采用的是【自动】打断方式，也就是说，系统自动设置打断位置来进行打断。如果需要重新设置打断位置，则可以输入"M"以激活【手动】选项，然后重新设置打断位置。另外，如果想恢复被打断的尺寸对象，可输入"R"激活【删除】选项，以恢复被打断的尺寸线。

8.14　标注间距

为了使所标注的尺寸更加美观，可以使用【标注间距】命令调整尺寸标注的间距。调整标注间距时，不仅可以自动调整，也可以根据指定的间距值进行调整。

8.14.1　启动【标注间距】命令（DIMSPACE）

1．快捷命令

DIMSPACE

2. 功能 / 用途

调整图形尺寸标注的间距。

3. 启动方式

输入"DIMSPACE"，按 Enter 键，激活【标注间距】命令。

| **技术看板** | 单击菜单栏中的【标注】/【标注间距】命令；或者单击【标注】工具栏上的"等距标注"按钮，如图 8-54 所示，均可激活【标注间距】命令。

图 8-54

8.14.2　实例——调整基线标注的间距

继续上一节的操作，使用【线性】命令标注图形的基线尺寸，如图 8-55（左）所示，各尺寸标注之间的间距不相等。下面使用【标注间距】命令调整尺寸标注之间的距离，如图 8-55（右）所示。

图 8-55

操作步骤

Step 01 ▶ 输入"DIMSPACE"，按 Enter 键，激活【标注间距】命令。

Step 02 ▶ 选择标注内容为"20"的尺寸线作为基准尺寸。

Step 03 ▶ 继续选择其他尺寸线。

Step 04 ▶ 按 2 次 Enter 键，调整结果如图 8-56 所示。

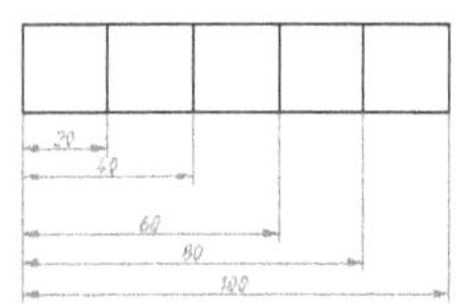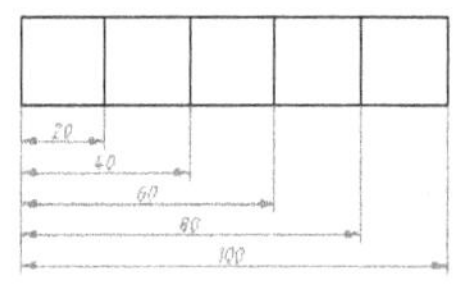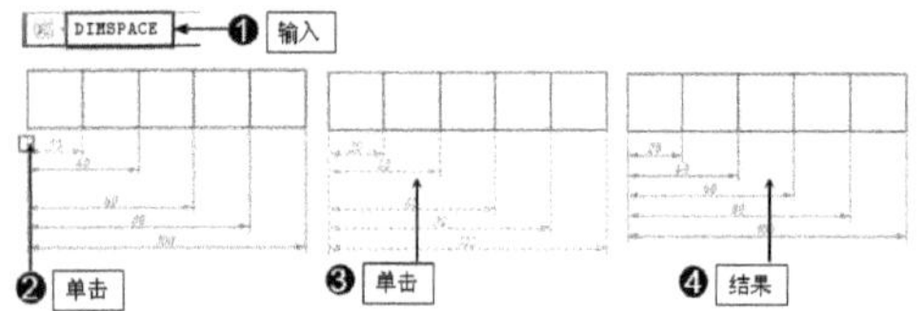

图 8-56

| **技术看板** | 在调整尺寸标注的间距时，系统默认以【自动】方式，将选择的尺寸线作为基准进行调整。如果需要按照具体距离调整标注间距，可以直接输入相关参数，例如要将尺寸线之间的间距设置为 10mm，其操作步骤如下。

Step 01 ▶ 输入"DIMSPACE"，按 Enter 键，激活【标注间距】命令。

Step 02 ▶ 依次选择所有基准尺寸，按 Enter 键。

Step 03 ▶ 输入"10"，按 Enter 键，输入间距值。

Step 04 ▶ 调整结果是各尺寸线之间的距离均为 10mm，如图 8-57 所示。

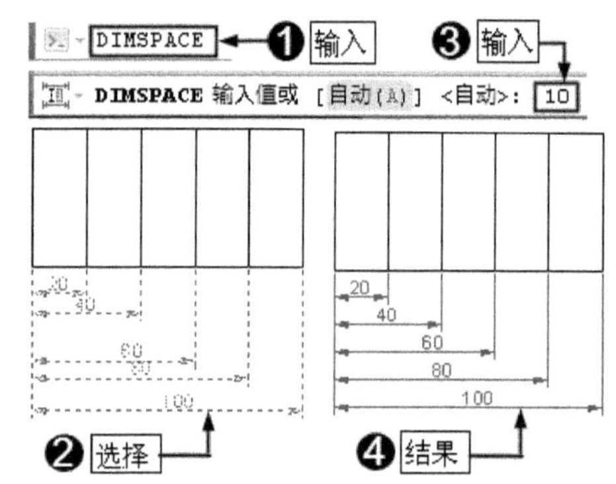

图 8-57

8.15　编辑标注

使用【编辑标注】命令，可以修改尺寸内容、设置尺寸旋转角度以及尺寸界线的倾斜角度等，即对尺寸标注进行编辑。

8.15.1　启动【编辑标注】命令（DIMEDIT，DED）

1. 快捷命令

DIMEDIT，DED

2. 功能 / 用途

对尺寸标注内容进行编辑修改。

3. 启动方式

输入"DIMEDIT"或"DED"，按 Enter 键，激活【编辑标注】命令。

| **技术看板** | 单击菜单栏中的【标注】/【倾斜】命令；或者单击【标注】工具栏上的"编辑标注"按钮，如图 8-58 所示，均可激活【编辑标注】命令。

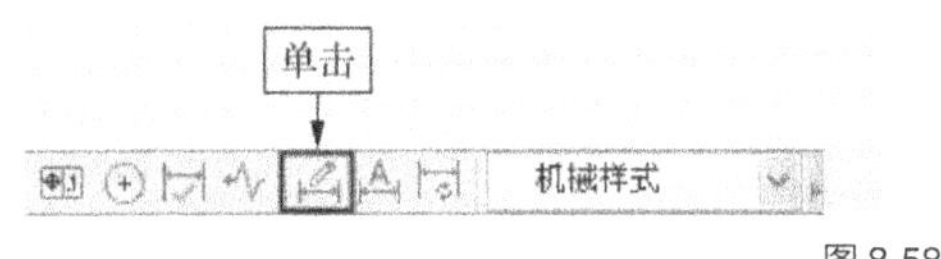

图 8-58

8.15.2　实例——编辑图形尺寸标注

下面将上一节标注尺寸为"100"的尺寸内容修改为"200"，并为其添加直径符号，设置文字旋转角度为30°。

操作步骤

1．修改尺寸内容并添加直径符号

Step 01 ▶ 输入"DED"，按 Enter 键，激活【编辑标注】命令。

Step 02 ▶ 输入"N"，按 Enter 键，激活【新建】选项。

Step 03 ▶ 打开【文字格式】编辑器。

Step 04 ▶ 单击@符号，在弹出的下拉列表中选择"直径"选项，如图 8-59 所示。

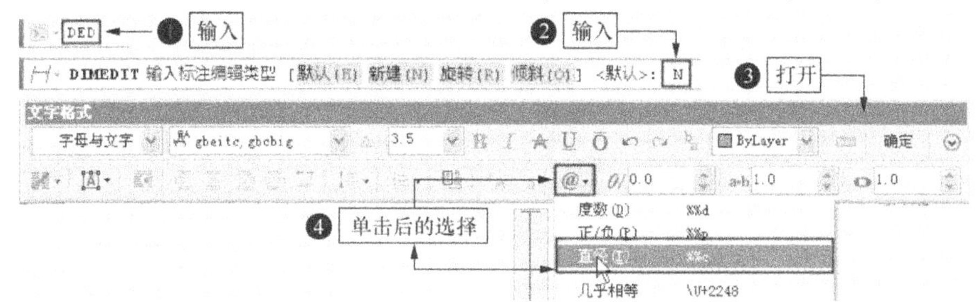

图 8-59

Step 05 ▶ 在文本输入框中添加直径符号。

Step 06 ▶ 继续输入"200"。

Step 07 ▶ 单击 确定 按钮。

Step 08 ▶ 返回绘图区，单击尺寸标注为"100"的文字。

Step 09 ▶ 按 Enter 键，操作结果是尺寸内容被修改为"200"，如图 8-60 所示。

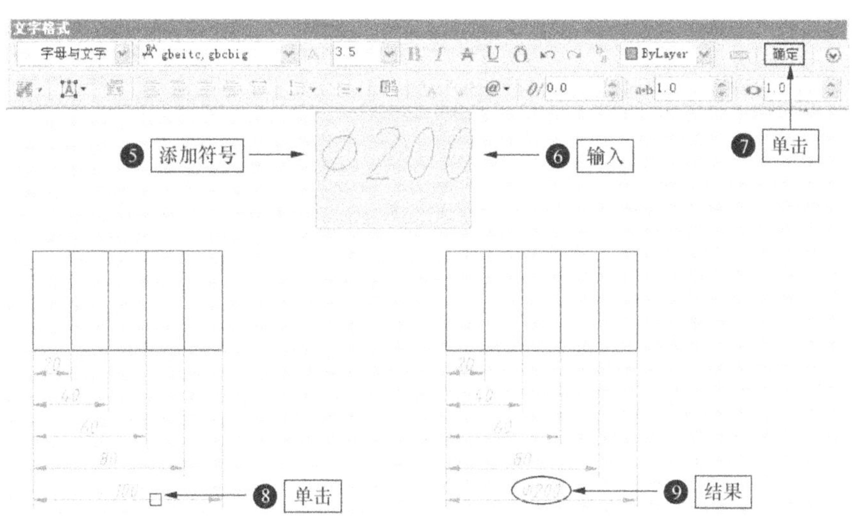

图 8-60

2．设置标注文字的旋转角度

Step 01 ▶ 输入"DED"，按 Enter 键，激活【编辑标注】命令。

Step 02 ▶ 输入"R"，按 Enter 键，激活"旋转"选项。

Step 03 ▶ 输入"30"，按 Enter 键，设置旋转角度。

Step 04 ▶ 单击标注的尺寸内容。

Step 05 ▶ 按 Enter 键，调整结果是尺寸内容被旋转了 30°，如图 8-61 所示。

| 技术看板 | 除了对标注的尺寸进行旋转以及对尺寸文字内容进行编辑之外，还可以对尺寸线进行倾斜操作。输入"O"激活"倾斜"命令，系统将按指定的角度调整标注尺寸界线的倾斜角度。该操作比较简单，在此不再赘述。

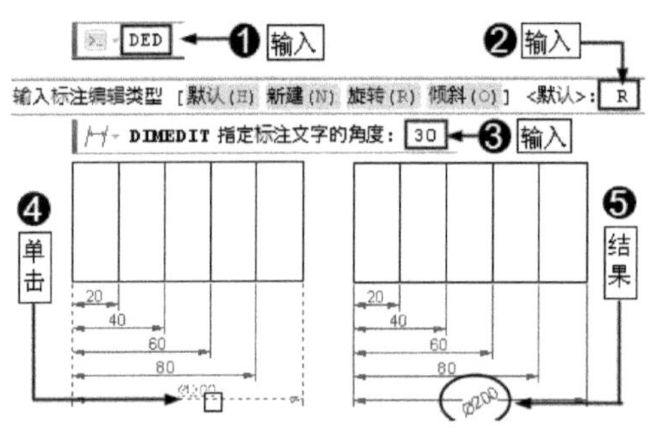

图 8-61

8.16　编辑标注文字

进行尺寸标注时，经常会出现两个尺寸文字相互重叠的情况，在图 8-62 所示的图形中，左边尺寸为"5"的两个标注文字与尺寸为"10"的标注文字出现了重叠交织的情况，这在 AutoCAD 图形设计中是不允许出现的。此时，可以使用【编辑标注文字】命令对标注文字的位置进行调整，以避免此类情况的出现。

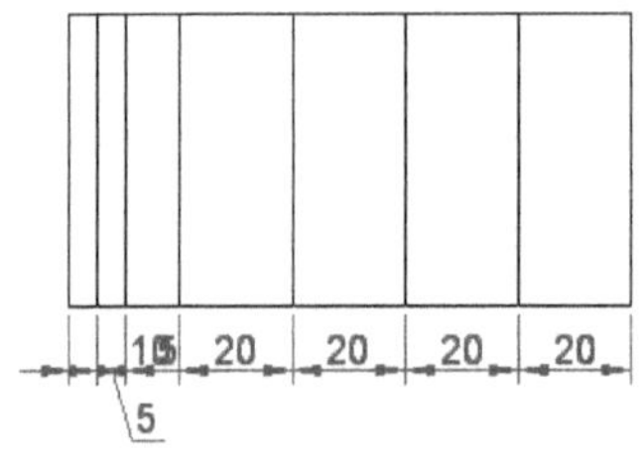

图 8-62

8.16.1　启动【编辑标注文字】命令（DIMTEDIT）

1．快捷命令

DIMTEDIT

2．功能 / 用途

调整尺寸标注文字的位置、旋转角度等。

3．启动方式

输入"DIMTEDIT"，按 Enter 键，激活【编辑标注文字】命令。

| 技术看板 | 单击【标注】工具栏上的"编辑标注文字"按钮，也可激活【编辑标注文字】命令，如图 8-63 所示。

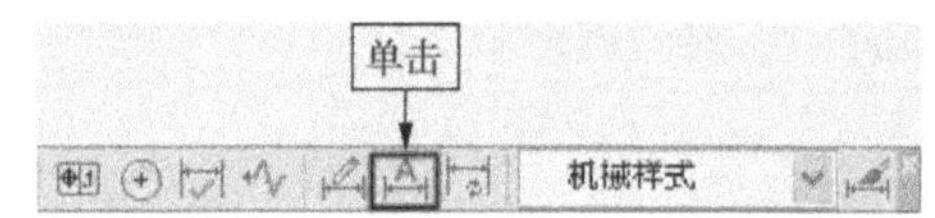

图 8-63

8.16.2　实例——调整尺寸标注的位置

打开"素材文件"目录下的"编辑标注文字示例 .dwg"素材文件，如图 8-64 左部所示，然后对左侧相互重叠的尺寸文字进行调整，调整结果如图 8-64 右部所示。

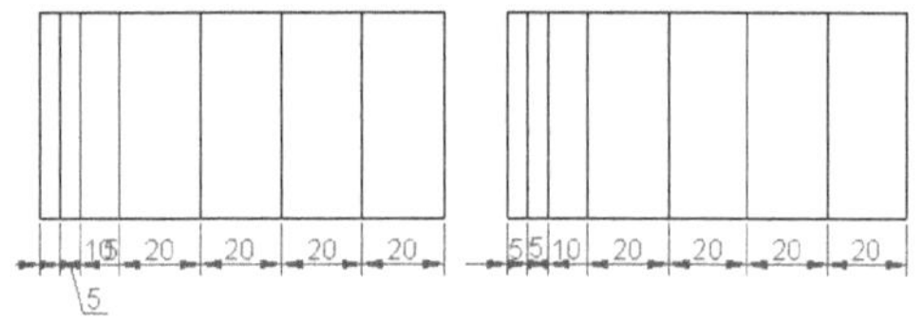

图 8-64

操作步骤

Step 01 ▶ 输入"DIMTEDIT"，按 Enter 键，激活【编辑标注文字】命令。

Step 02 ▶ 单击左边尺寸为"5"的标注。

Step 03 ▶ 将其移动到左边第 2 个尺寸标注线的位置，如图 8-65 所示。

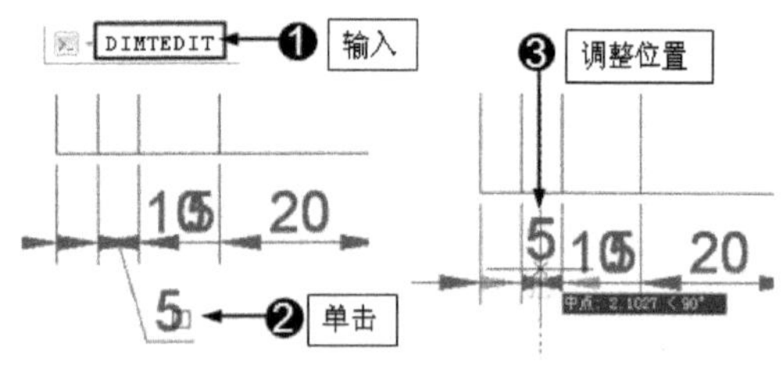

图 8-65

Step 04 ▶ 按 Enter 键，继续执行【编辑标注文字】命令。

Step 05 ▸ 继续选择右侧与尺寸标注为“10”的尺寸相重叠的尺寸标注为“5”的尺寸，对其进行调整，调整结果如图 8-66 所示。

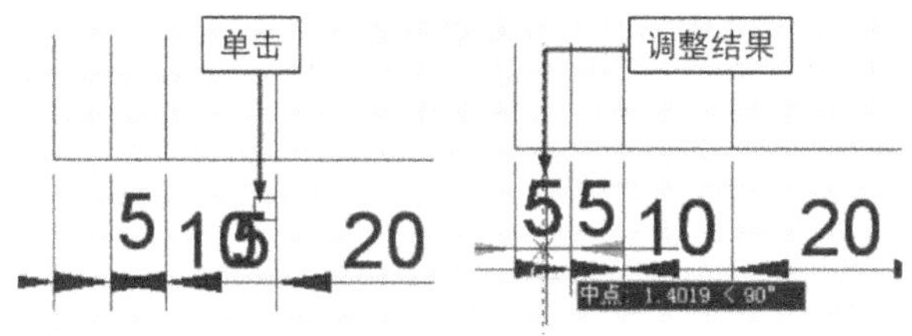

图 8-66

| 技术看板 | 进入【编辑标注文字】状态后，命令行会出现相关命令选项，激活相关选项，即可进行标注文字的其他编辑，例如设置标注文字的旋转角度、对齐方式等，如图 8-67 所示。

DIMTEDIT 为标注文字指定新位置或 [左对齐(L) 右对齐(R) 居中(C) 默认(H) 角度(A)]:

图 8-67

- 激活【左对齐】选项：标注文字沿尺寸线左端对齐。
- 激活【右对齐】选项：标注文字沿尺寸线右端放置。
- 激活【居中】选项：标注文字放在尺寸线的中心。
- 激活【默认】选项：标注文字移回默认位置。
- 激活【角度】选项：设置旋转角度旋转标注文字。
- 以上选项的操作都比较简单，在此不再详述。

第 9 章
三维建模快捷命令

三维建模是 AutoCAD 设计软件的又一个强大功能，本章就来学习三维建模的相关快捷命令。

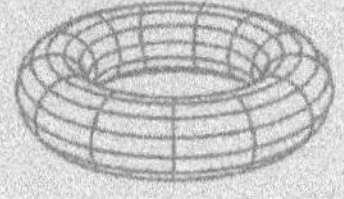

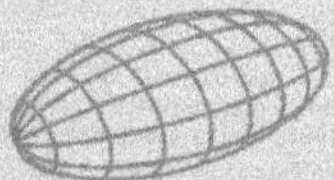

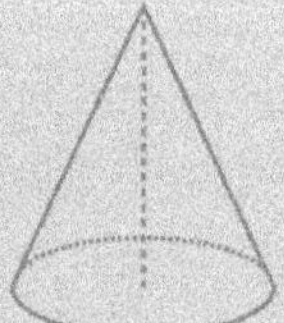

本章快捷命令概览

	名称	快捷命令	功能 / 用途
三维实体建模	长方体（P152）	BOX	创建长方体、立方体三维实体模型
	楔体（P152）	WEDGW WE	创建楔体三维实体模型
	球体（P153）	SPHERE SPH	创建球体三维实体模型
	圆柱体（P153）	CYLINDER CYL	创建圆柱体三维实体模型
	圆环（P154）	TORUS TOR	创建圆环三维实体模型
	圆锥体（P154）	CONE	创建圆锥体三维实体模型
	棱锥体（P155）	PYRAMID PYR	创建棱锥体三维实体模型
三维曲面建模	拉伸（P156）	EXTRUDE EXT	将二维图形拉伸为三维曲面模型
	沿倾斜角度拉伸（P157）	T	将二维图形沿倾斜角度拉伸为三维曲面模型
	沿方向拉伸（P157）	D	将二维图形沿方向拉伸为三维曲面模型
	沿路径拉伸（P157）	P	将二维图形沿路径拉伸为三维曲面模型
	旋转（P159）	REVOLVE REV	将二维图形沿轴线旋转创建三维模型
	扫掠（P159）	SWEEP	将二维图形沿路径延伸创建三维模型
	放样（P160）	LOFT	在多个二维图形之间创建三维模型
查看三维模型	视点（P161）	VPOINT	通过设置视点查看三维模型
	视点预设（P162）	DDVPOINT VP	通过【视点预设】对话框设置视点查看三维模型
	受约束的动态观察（P163）	3DORBIT 3DO	从任意角度观察三维模型
	自由动态观察（P163）	3DFORBIT 3DF	通过圆形辅助框沿任意角度观察三维模型
	连续动态观察（P163）	3DCORNIT 3DC	连续动态观察三维模型
视觉样式	"二维线框"视觉样式（P165）	2	以二维线框显示三维模型
	"线框"视觉样式（P165）	W	以线框显示三维模型
	"隐藏"视觉样式（P166）	H	只显示位于前面的对象，其他对象被隐藏
	"真实"视觉样式（P166）	R	只对三维模型各多边形的面着色，不对面边界作光滑处理
	"概念"视觉样式（P167）	C	不仅对三维模型各多边型的面着色，而且也对面边界作光滑处理
	"着色"视觉样式（P167）	S	对三维模型进行平滑着色
	"带边缘着色"视觉样式（P168）	E	对三维模型的可见边进行平滑着色
	"灰度"视觉样式（P168）	G	对三维模型进行灰度着色
	"勾画"视觉样式（P169）	SK	对三维模型以外伸和抖动方式着色，使其具有手绘效果
	"X 射线"视觉样式（P169）	X	更改三维模型的透明度，使其部分透明

9.1　三维实体建模

实体模型不仅包含面、边信息，而且还具备实物的一切特性，这种模型不仅可以进行着色和渲染，还可以对其进行打孔、切槽、倒角等布尔运算。另外，也可以检测和分析实体内部的质心、体积和惯性矩等。图 9-1 所示是电机零件的实体模型。

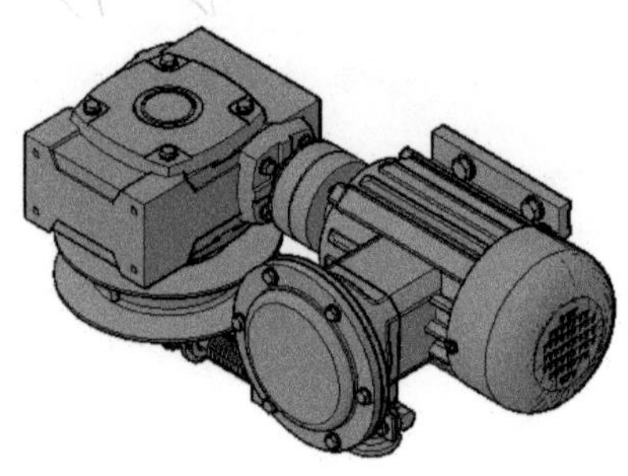

图 9-1

9.1.1 长方体（BOX）

1. 快捷方式

BOX

2. 功能 / 用途

创建长方体、立方体三维实体模型。

3. 启动方式

输入"BOX"，按 Enter 键，激活【长方体】命令。

| 技术看板 | 单击菜单栏中的【绘图】/【建模】/【长方体】命令；或者单击【建模】工具栏上的"长方体"按钮，如图 9-2 所示，均可以激活【长方体】命令。

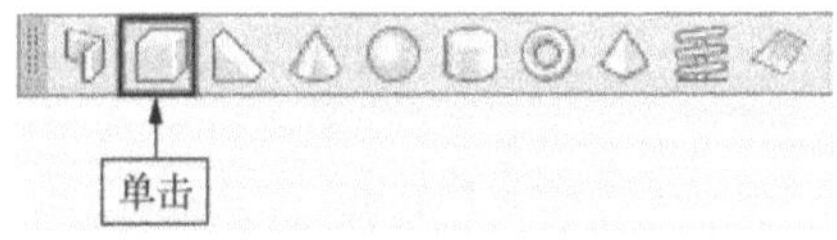

图 9-2

功能验证——创建长方体模型

下面创建长度为200 mm、宽度为150mm、高度为 35mm 的长方体三维实体模型。

Step 01 ▶ 输入"BOX"，按 Enter 键，激活【长方体】命令。

Step 02 ▶ 输入"0,0,0"，按 Enter 键，设置第 1 个角点坐标。

Step 03 ▶ 输入"@200,150"，按 Enter 键，指定长方体的长度和宽度。

Step 04 ▶ 输入"35"，按 Enter 键，指定长方

体的高度。

Step 05 ▶ 创建结果如图 9-3 所示。

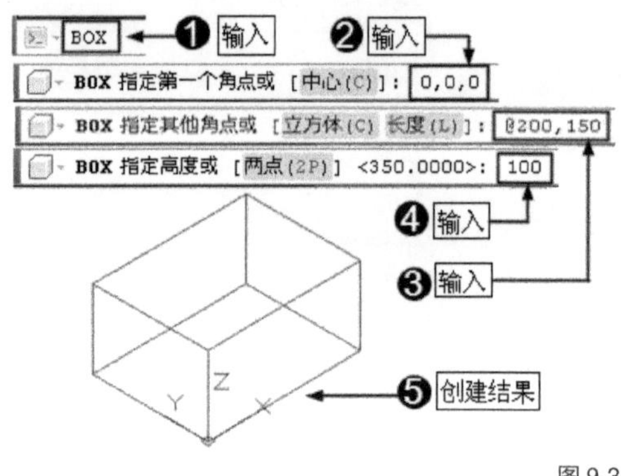

图 9-3

9.1.2 楔体（WEDGE，WE）

1. 快捷命令

WEDGE，WE

2. 功能 / 用途

创建楔体三维实体模型。

3. 启动方式

输入"WEDGE"或"WE"，按 Enter 键，激活【楔体】命令。

| 技术看板 | 单击菜单栏中的【绘图】/【建模】/【楔体】命令；或者单击【建模】工具栏上的"楔体"按钮，如图 9-4 所示，均可以激活【楔体】命令。

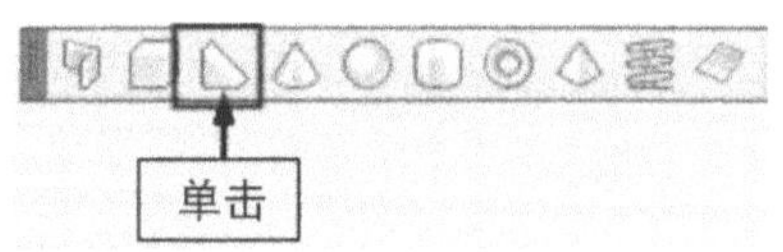

图 9-4

功能验证——创建楔体

下面创建长度为 120mm、宽度为 20mm、高度为 150mm 的楔体模型三维实体。

Step 01 ▶ 输入"WEDGW"或"WE"，按 Enter 键，激活【楔体】命令。

Step 02 ▶ 输入"0,0,0"，按 Enter 键，确定起点。

Step 03 ▶ 输入"@120,20"，按 Enter 键，确定其他角。

Step 04 ▶ 输入"150"，按 Enter 键，输入高度。

Step 05 ▶ 创建结果如图 9-5 所示。

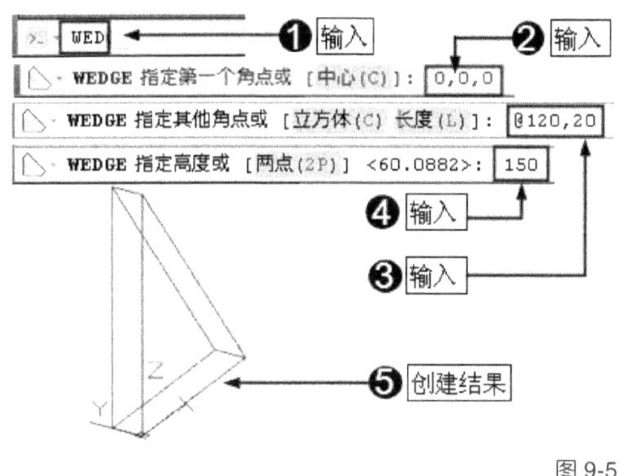

图 9-5

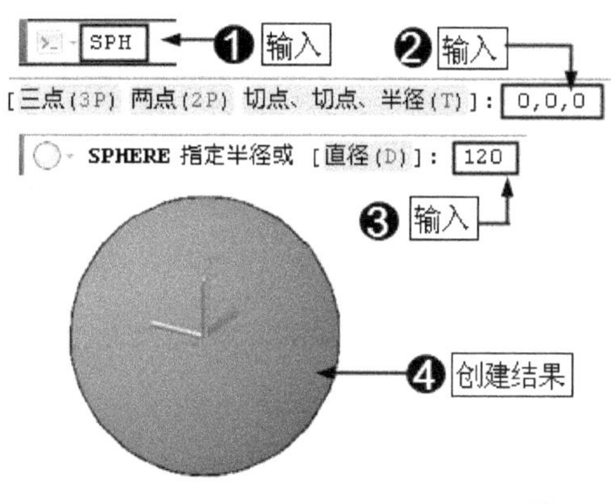

图 9-7

9.1.3　球体（SPHERE，SPH）

1. 快捷命令

SPHERE，SPH

2. 功能 / 用途

创建球体三维实体模型

3. 启动方式

输入"SPHERE"或"SPH"，按 Enter 键，激活【球体】命令。

| 技术看板 | 单击菜单栏中的【绘图】/【实体】/【球体】命令；或者单击【建模】工具栏上的"球体"按钮○，如图 9-6 所示，均可激活【球体】命令。

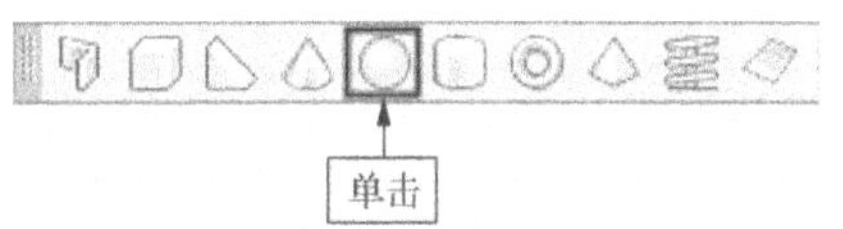

图 9-6

功能验证——创建球体三维实体模型

下面创建半径为 120mm 的球体三维实体模型。

Step 01 ▶ 输入"SPH"，按 Enter 键，激活【球体】命令。

Step 02 ▶ 输入"0,0,0"，按 Enter 键，指定球体的中心点。

Step 03 ▶ 输入"120"，按 Enter 键，指定球体的半径。

Step 04 ▶ 完成创建后，执行【视觉样式】命令，对球体进行概念着色，效果如图 9-7 所示。

9.1.4　圆柱体（CYLINDER，CYL）

1. 快捷命令

CYLINDER，CYL

2. 功能 / 用途

创建圆柱体三维实体模型。

3. 启动方式

输入"CYLINDER"或"CYL"，按 Enter 键，激活【圆柱体】命令。

| 技术看板 | 单击菜单栏中的【绘图】/【建模】/【圆柱体】命令；或者单击【建模】工具栏上的"圆柱体"按钮○，如图 9-8 所示，均可激活【圆柱体】命令。

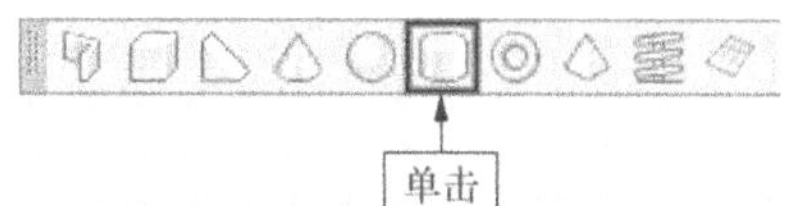

图 9-8

功能验证——创建圆柱体三维实体模型

下面创建底面半径为 120mm、高度为 250mm 的圆柱体三维实体模型。

Step 01 ▶ 输入"CYL"，按 Enter 键，激活【圆柱体】命令。

Step 02 ▶ 输入"0,0,0"，按 Enter 键，指定圆柱体的底面圆心。

Step 03 ▶ 输入"120"，按 Enter 键，指定圆柱体的底面半径。

Step 04 ▶ 输入"250"，按 Enter 键，指定圆柱

体的高度。

Step 05 ▶ 执行【视图】/【消隐】命令，效果如图 9-9 所示。

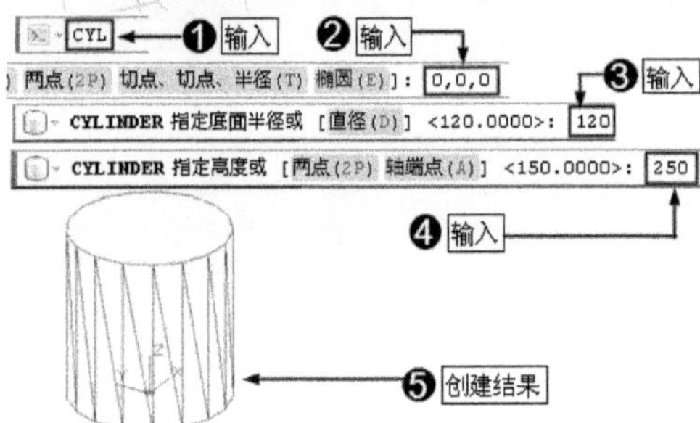

图 9-9

| **技术看板** | 激活【圆柱体】命令，在命令行中会出现相关选项，用于设置圆柱体的绘图方式，如图 9-10 所示。

【三点】选项：以指定圆上的 3 个点来定位圆柱体的底面的方式绘制圆柱体。

【两点】选项：以指定圆直径的两个端点来定位圆柱体的底面的方式绘制圆柱体。

【切点、切点、半径】选项：用于绘制与已知两对象相切的圆柱体。

【椭圆】选项：用于绘制底面为椭圆的圆柱体。

图 9-10

9.1.5 圆环（TORUS，TOR）

1. 快捷命令

TORUS，TOR

2. 功能 / 用途

创建圆环体三维实体模型

3. 启动方式

输入"TOR"，按 Enter 键，激活【圆环】命令。

| **技术看板** | 单击菜单栏中的【绘图】/【建模】/【圆环】命令；或得单击【建模】工具栏上的"圆环"按钮◎，如图 9-11 所示，均可激活【圆环】命令。

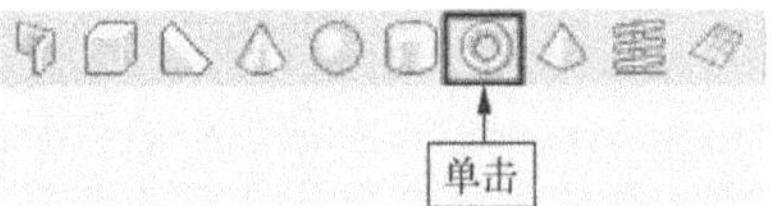

图 9-11

功能验证——创建圆环体三维实体模型

下面创建半径为 200mm、圆管半径为 20mm 的圆环体三维实体模型。

Step 01 ▶ 输入"TOR"，按 Enter 键，激活【圆环】命令。

Step 02 ▶ 输入"0,0,0"，按 Enter 键，定位环体的中心点。

Step 03 ▶ 输入"200"，按 Enter 键，指定圆环的半径。

Step 04 ▶ 输入"20"，按 Enter 键，指定圆管半径。

Step 05 ▶ 创建结果如图 9-12 所示。

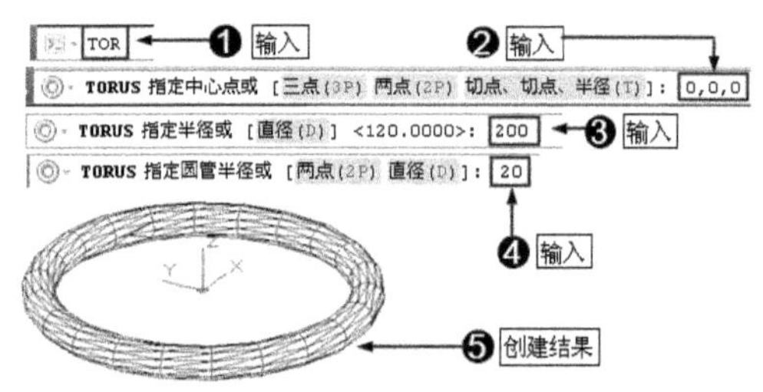

图 9-12

9.1.6 圆锥体（CONE）

1. 快捷命令

CONE

2. 功能 / 用途

创建圆椎体三维实体模型。

3. 启动方式

输入"CONE"，按 Enter 键，激活【圆锥体】命令。

| **技术看板** | 单击菜单栏中的【绘图】/【建模】/【圆锥体】命令；或者单击【建模】工具栏上的"圆锥体"按钮△，如图 9-13 所示，均可激活【圆锥体】命令。

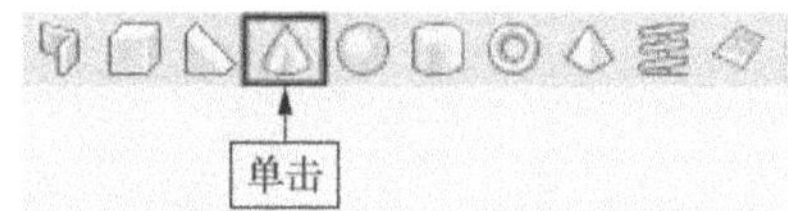

图 9-13

功能验证——创建圆锥体三维实体模型

下面创建底面半径为 100mm、高度为

150mm 的圆锥体三维实体模型。

Step 01 ▶ 输入"CONE"，按 Enter 键，激活【圆锥体】命令。

Step 02 ▶ 输入"0,0,0"，按 Enter 键，确定圆锥体底面的中心点。

Step 03 ▶ 输入"100"，按 Enter 键，指定圆锥体底面半径。

Step 04 ▶ 输入"150"，按 Enter 键，指定圆锥体的高度。

Step 05 ▶ 完成圆锥体的创建后，输入"HI"，按 Enter 键，激活【消隐】命令，效果如图 9-14 所示。

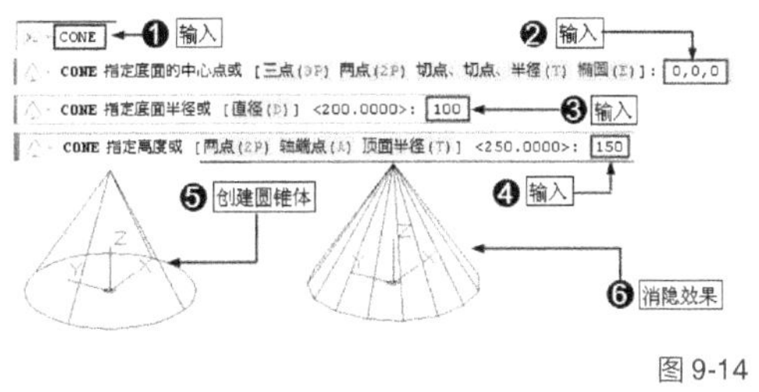

图 9-14

9.1.7　棱锥体（PYRAMID，PYR）

1. 快捷命令

PYRAMID，PYR

2. 功能 / 用途

创建棱锥体三维实体模型。

3. 启动方式

输入"PYRAMID"或"PYR"，按 Enter 键，激活【棱锥体】命令。

| 技术看板 | 单击菜单栏中的【绘图】/【建模】/【棱锥体】命令；或者单击【建模】工具栏上的"棱锥体"按钮◁，如图 9-15 所示，均可激活【环体】命令。

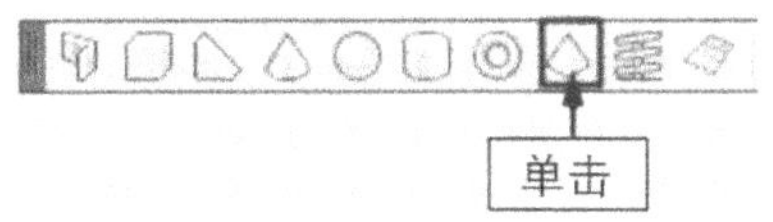

图 9-15

功能验证——创建六面棱锥体

【棱锥体】命令用于创建三维实体棱锥，如底面为四边形、五边形、六边形等的棱锥，下面创建底面半径为 120mm 的六面棱锥体。

Step 01 ▶ 输入"PYR"，按 Enter 键，激活【棱锥体】命令。

Step 02 ▶ 输入"S"，按 Enter 键，激活"侧面"选项。

Step 03 ▶ 输入"6"，按 Enter 键，指定侧面数

Step 04 ▶ 输入"0,0,0"，按 Enter 键，指定底面的中心点。

Step 05 ▶ 输入"120"，按 Enter 键，指定底面半径。

Step 06 ▶ 输入"100"，按 Enter 键，指定高度。

Step 07 ▶ 完成棱锥体的创建后，输入"VS"，按 Enter 键，激活【视觉样式】命令，对模型进行灰度着色，效果如图 9-16 所示。

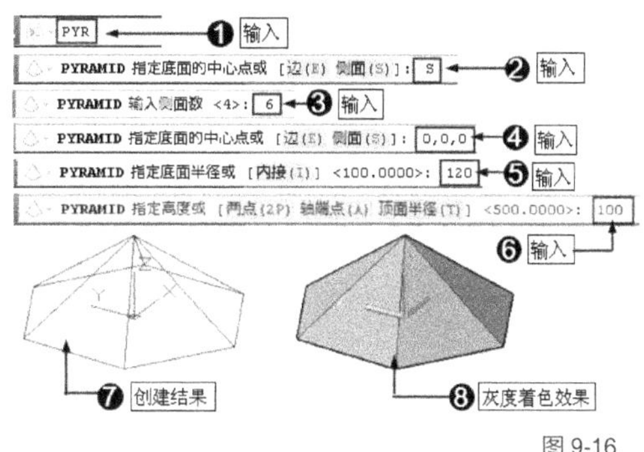

图 9-16

9.2　三维曲面建模

与实体模型不同，曲面模型其实就是实体模型的一个面，这种模型不仅能着色、渲染等，还可以对其进行修剪、延伸、圆角、偏移等操作，但是不能对其进行打孔、开槽等操作。图 9-17 所示是齿轮零件的曲面模型。

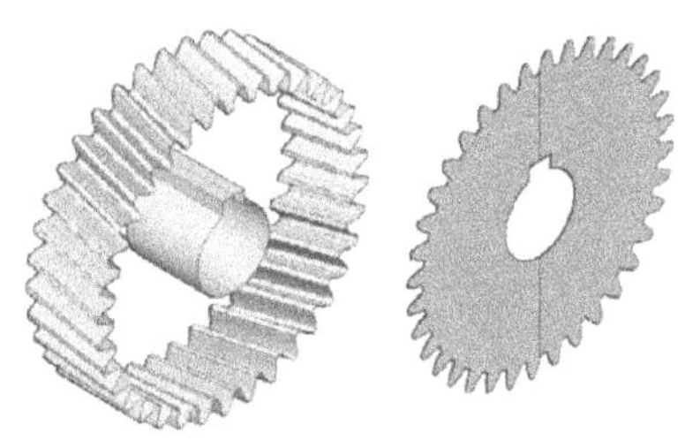

图 9-17

曲面模型基本是由二维图形转换而来，除了采用传统的方法创建曲面模型之外，我们同样可以采用相关快捷命令来快速创建曲面模型。

9.2.1 拉伸（EXTRUDE，EXT）

1. 快捷命令

EXTRUDE，EXT

2. 功能 / 用途

将二维图形拉伸创建三维曲面模型。

3. 启动方式

输入"EXTRVDE"或"EXT"，按 Enter 键，激活【拉伸】命令。

| **技术看板** | 单击菜单栏中的【绘图】/【建模】/【拉伸】命令；或者单击【建模】工具栏上的"拉伸"按钮，如图 9-18 所示，均可激活【拉伸】命令。

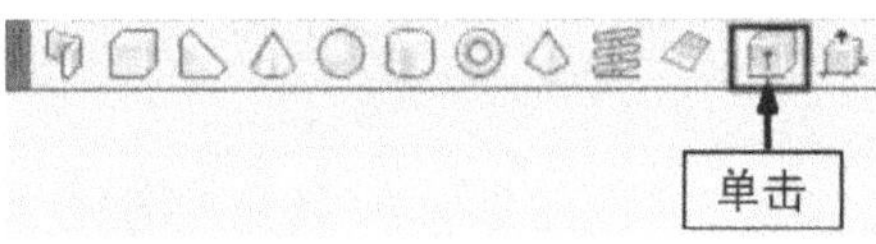

图 9-18

功能验证——拉伸创建三维曲面模型

首先在"西南视图"模式下绘制一个圆弧，如图 9-19（a）所示，然后通过拉伸创建三维曲面模型，结果如图 9-19（b）所示。

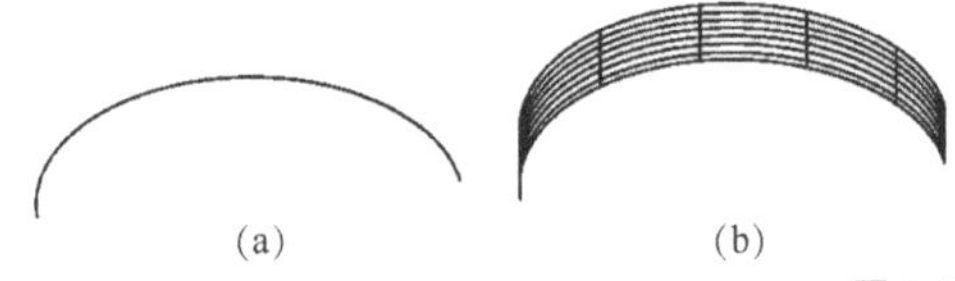

图 9-19

Step 01 ▶ 输入"EXT"，按 Enter 键，激活【拉伸】命令。

Step 02 ▶ 单击选择创建的圆弧图形，按 Enter 键确认。

Step 03 ▶ 输入"20"，按 Enter 键，指定拉伸高度。

Step 04 ▶ 拉伸结果如图 9-20 所示。

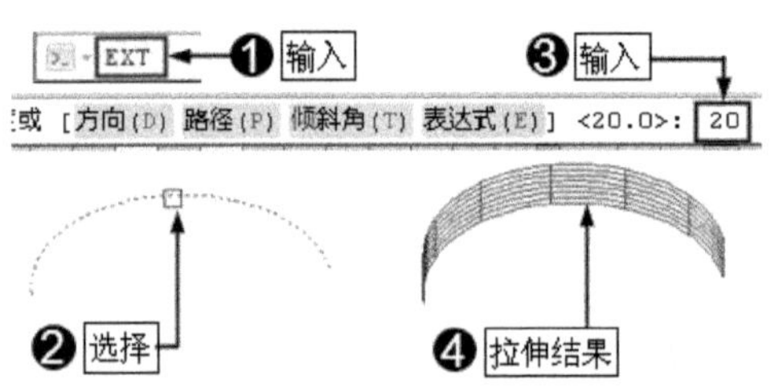

图 9-20

| **技术看板** | 在拉伸二维图形时，如果拉伸

的是非闭合的二维图形，拉伸结果是创建三维曲面模型，如图 9-20 所示；如果拉伸的是闭合的二维图形，拉伸结果是创建三维实体模型，具体操作如下。

首先在西南等轴测视图模式下创建一个半径为 10mm 的圆，如图 9-21（a）所示，然后将其拉伸为半径为 10mm、高度为 20mm 的圆柱体三维实体模型，如图 9-21（b）所示。

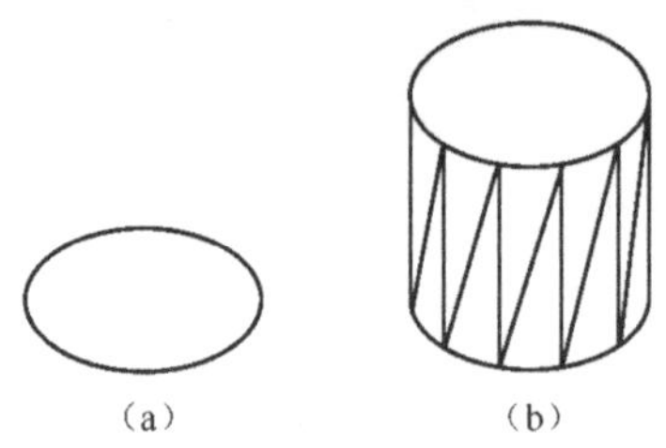

图 9-21

Step 01 ▶ 输入"EXT"，按 Enter 键，激活【拉伸】命令。

Step 02 ▶ 输入"MO"，按 Enter 键，激活"模式"选项。

Step 03 ▶ 输入"SO"，按 Enter 键，选择"实体"模式。

Step 04 ▶ 单击选择创建的圆图形，按 Enter 键确认。

Step 05 ▶ 输入"20"，按 Enter 键，指定拉伸高度完成拉伸。

Step 06 ▶ 输入"HI"，激活【消隐】命令，结果如图 9-22 所示。

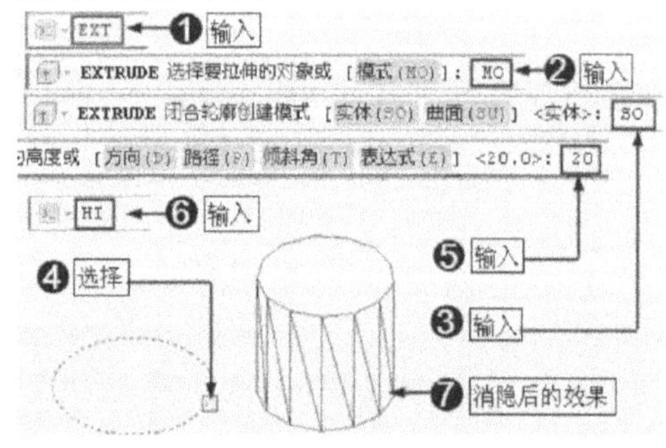

图 9-22

| **技术看板** | 输入"MO"，按 Enter 键，激活"模式"选项后，您可以选择拉伸模式。例如，输入"SO"，激活"实体"选项，即可对闭合二维图形拉伸创建三维实体模型；输入"SU"，激活"曲面"选项，即可对闭合和非闭合二维图形拉伸创建三维曲面模型。

9.2.2　沿倾斜角拉伸（T）

系统默认下，拉伸时是沿 Z 轴 90°方向进行拉伸的，您可以根据需要设置拉伸的倾斜角度，使其按照一定的倾斜角度进行拉伸。

1. 选项

T

2. 功能 / 用途

将二维图形沿倾斜角度拉伸创建三维曲面模型。

3. 启动方式

Step 01 ▸ 输入"EXT"，按 Enter 键，激活【拉伸】命令。

Step 02 ▸ 选择要拉伸的二维图形，按 Enter 键确认

Step 03 ▸ 输入"T"，按 Enter 键，激活"倾斜角"选项。

Step 04 ▸ 输入拉伸的倾斜角度，按 Enter 键确认。

功能验证——将圆图形沿 20°角进行拉伸创建三维曲面模型

下面将圆图形按照 20°的倾斜角度进行拉伸，以创建三维曲面模型。

Step 01 ▸ 输入"EXT"，按 Enter 键，激活【拉伸】命令。

Step 02 ▸ 单击选择圆图形，按 Enter 键结束选择。

Step 03 ▸ 输入"T"，按 Enter 键，激活"倾斜角"选项。

Step 04 ▸ 输入"20"，按 Enter 键，指定倾斜角度。

Step 05 ▸ 输入"20"，按 Enter 键，指定拉伸高度。

Step 06 ▸ 按 Enter 键，拉伸结果如图 9-23 所示。

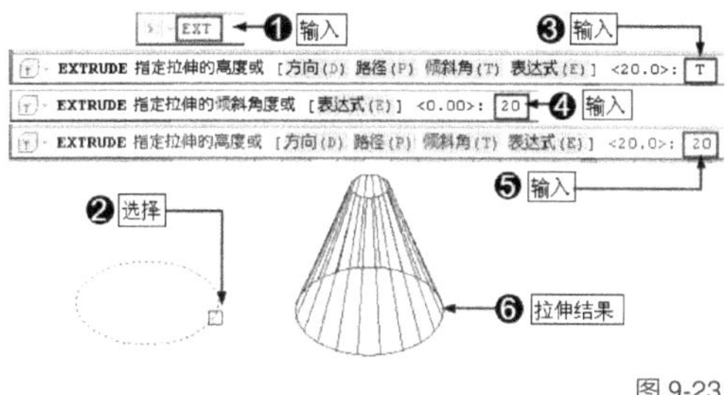

图 9-23

9.2.3　沿方向拉伸（D）

系统默认下，拉伸时是沿 Z 轴方向进行拉伸的，您也可以根据需要设置拉伸的方向。

1. 选项

D

2. 功能 / 用途

将二维图形沿指定方向拉伸创建三维曲面模型。

3. 启动方式

（1）输入"EXT"，按 Enter 键，激活【拉伸】命令。

（2）选择要拉伸的二维图形，按 Enter 键确认

（3）输入"D"，按 Enter 键，激活"方向"选项。

（4）指定方向的起点与端点。

功能验证——沿方向拉伸圆图形

下面我们将圆图形按照"10,30,5"的方向进行拉伸。

Step 01 ▸ 输入"EXT"，按 Enter 键，激活【拉伸】命令。

Step 02 ▸ 单击选择圆图形，按 Enter 键结束选择。

Step 03 ▸ 输入"D"，按 Enter 键，激活"方向"选项。

Step 04 ▸ 捕捉圆心作为方向的起点。

Step 05 ▸ 输入"@10,30,5"，按 Enter 键，指定方向的端点。

Step 06 ▸ 按 Enter 键，完成拉伸，结果如图 9-24 所示。

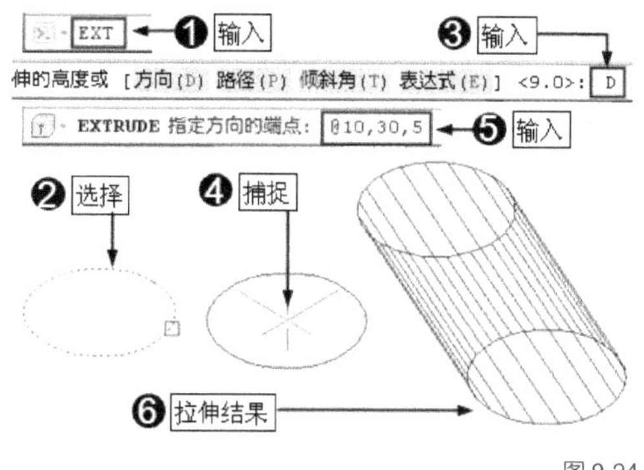

图 9-24

9.2.4　沿路径拉伸（P）

还可以沿一条路径对二维图形进行拉

伸，但需要注意的是，路径不能与拉伸图形在同一个平面。例如，在 XY 平面上拉伸图形，如果路径也在 XY 平面上，那么这两个图形就是在同一个平面上。路径可以是直线、样条曲线或多段线。

1. 选项

P

2. 功能 / 用途

将二维图形沿路径拉伸创建三维曲面模型。

3. 启动方式

（1）输入"EXT"，按 Enter 键，激活【拉伸】命令。

（2）选择要拉伸的二维图形，按 Enter 键确认。

（3）输入"P"，按 Enter 键，激活"路径"选项。

（4）单击选择拉伸路径。

功能验证——沿路径拉伸

下面沿一条样条曲线对图形进行拉伸。

首先绘制路径，为了不使路径与拉伸图形在同一个平面上，在绘制路径时需要设置用户坐标系。我们首先来看，目前拉伸图形在 XY 平面上，如图 9-25 所示，那么就将路径绘制在 ZX 或者 YZ 平面上，这样路径与拉伸对象就不在同一个平面上了。在绘制路径时，首先需要定义用户坐标系。

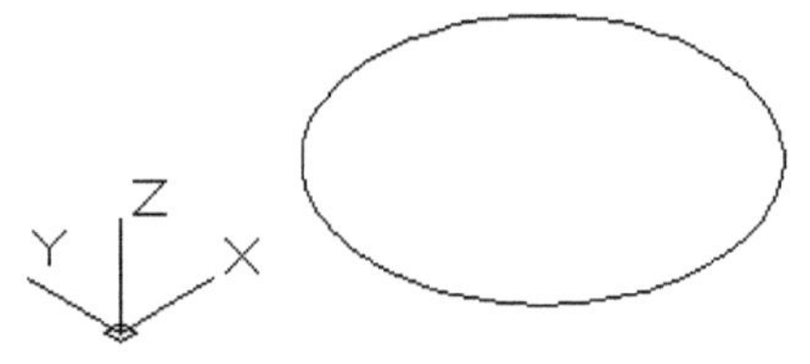

图 9-25

1. 定义用户坐标系

Step 01 ▶ 输 入"UCS"，按 Enter 键，激活【UCS】命令。

Step 02 ▶ 输入"X"，按 Enter 键，激活 X 轴。

Step 03 ▶ 输入"90"，按 Enter 键，将 X 轴旋转 $90°$，如图 9-26 所示。

2. 绘制样条曲线作为路径

Step 01 ▶ 输入"SPL"，按 Enter 键，激活【样条曲线】命令。

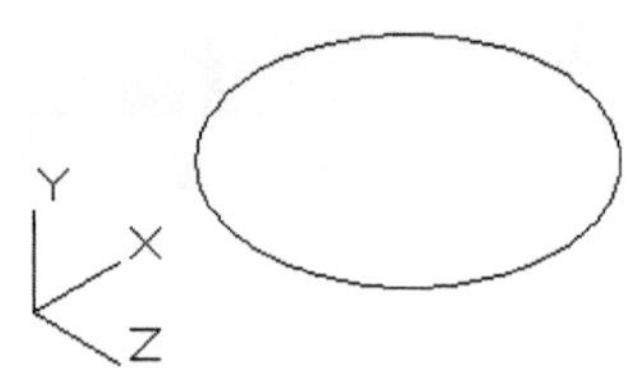

图 9-26

Step 02 ▶ 捕捉圆心作为起点。

Step 03 ▶ 绘制一段样条曲线，如图 9-27 所示。

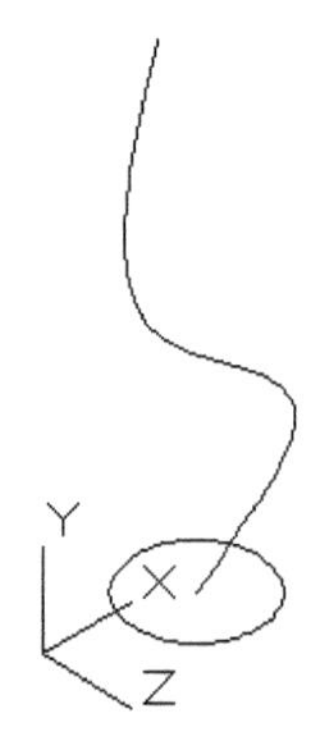

图 9-27

3. 沿样条曲线路径拉伸图形

Step 01 ▶ 输入"EXT"，按 Enter 键，激活【拉伸】命令。

Step 02 ▶ 单击选择圆图形，按 Enter 键结束选择。

Step 03 ▶ 输入"P"，按 Enter 键，激活"路径"选项。

Step 04 ▶ 单击样条曲线。

Step 05 ▶ 完成拉伸，结果如图 9-28 所示。

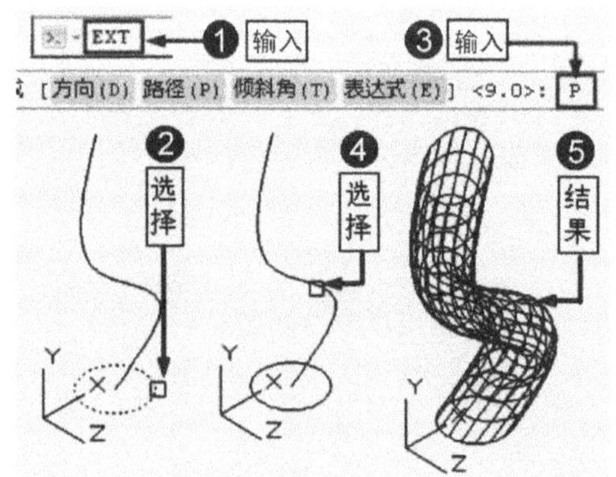

图 9-28

9.2.5　旋转（REVOLVE，REV）

将二维图形沿某轴线进行旋转，即可创建三维曲面模型或三维实体模型。

1. 快捷命令

REVOLVE，REV

2. 功能 / 用途

将二维图形沿轴线旋转创建三维模型

3. 启动方式

输入"REVOLVE"或"REV"，按 Enter 键，激活【旋转】命令。

| **技术看板** | 单击菜单栏中的【绘图】/【建模】/【旋转】命令，单击【建模】工具栏上的"旋转"按钮，如图 9-29 所示，均可激活【旋转】命令。

图 9-29

功能验证——旋转创建传动轴零件三维模型

打开"素材文件"目录下的"旋转网格示例 .dwg"素材文件，这是传动轴机械零件平面图，如图 9-30（a）所示，下面通过旋转创建该零件的三维曲面模型，如图 9-30（b）所示。

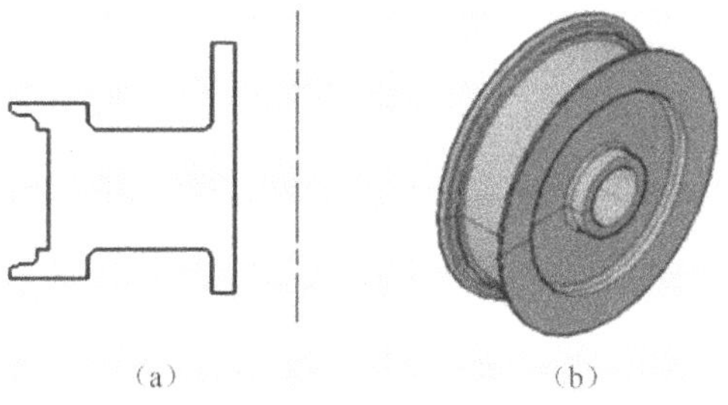

图 9-30

Step 01 ▶ 将视图切换为西南等轴测视图，并设置"概念"视觉样式。

Step 02 ▶ 输入"REV"，按 Enter 键，激活【旋转】命令。

Step 03 ▶ 选择传动轴平面图，按 Enter 键确认。

Step 04 ▶ 捕捉中心线的上端点作为旋转轴的起点。

Step 05 ▶ 捕捉中心线的下端点作为旋转轴的另一个端点。

Step 06 ▶ 按 Enter 键，采用默认的旋转角度，结果如图 9-31 所示。

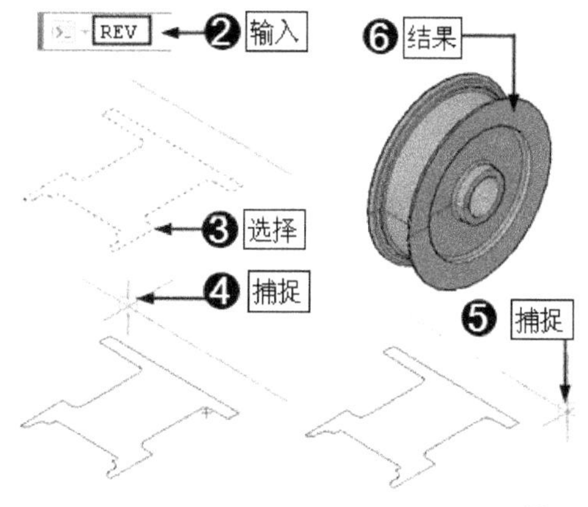

图 9-31

| **技术看板** | 系统默认下，【旋转】命令创建的是三维实体模型。当激活【旋转】命令后，可以在命令行中输入"MO"激活"模式"选项，然后输入"SU"激活"曲面"选项，以创建三维曲面模型。

另外，还可以选择以 X 轴或者 Y 轴作为旋转轴进行旋转，这些选项的设置都非常简单，由于篇幅所限，在此不再详述，读者可以自己尝试操作。

9.2.6　扫掠（SWEEP）

"扫掠"与沿路径拉伸创建三维模型非常相似，也是沿路径对闭合的二维图形进行拉伸，以创建三维实体（或曲面）模型。需要注意的是，扫掠路径与二维图形不能在同一平面上。

1. 快捷命令

SWEEP

2. 功能 / 用途

将二维图形沿路径运动创建三维模型。

3. 启动方式

输入"SWEEP"，按 Enter 键，激活【扫掠】命令。

| **技术看板** | 单击菜单栏中的【绘图】/【建模】/【扫掠】命令；或者单击【建模】工具栏上的"扫掠"按钮，如图 9-32 所示，均可激活【扫掠】命令。

图 9-32

功能验证——使用【扫掠】命令创建弹簧三维模型

扫掠时必须满足两个条件，那就是截面图形和扫掠路径。下面我们首先创建半径为 6mm 的截面圆图形。

1. 创建截面图形

Step 01 ▸ 使用快捷键 "C" 激活【圆】命令。

Step 02 ▸ 在 XY 平面上绘制半径为 6mm 的圆，如图 9-33 所示。

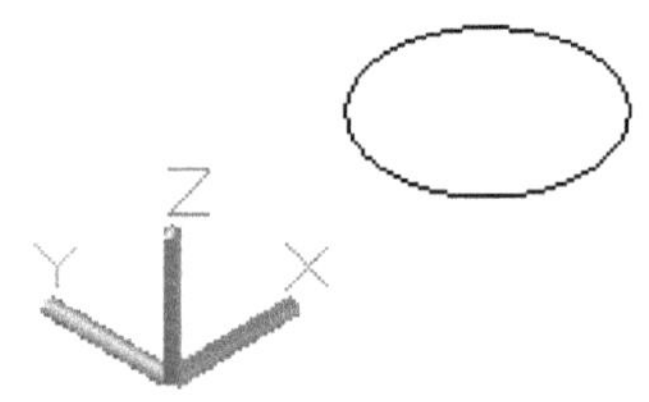

图 9-33

2. 创建扫掠路径

下面创建扫掠路径，由于路径和截面图形不能在同一平面上，目前圆图形在 XY 平面，因此需要将 X 轴旋转 90°，以设置用户坐标系，然后再绘制扫掠路径。

Step 01 ▸ 输入 "UCS"，按 Enter 键，激活【UCS】命令。

Step 02 ▸ 输入 "X"，按 Enter 键，激活 X 轴。

Step 03 ▸ 输入 "90"，按 Enter 键，将 X 轴旋转 90° 创建用户坐标系，如图 9-34 所示。

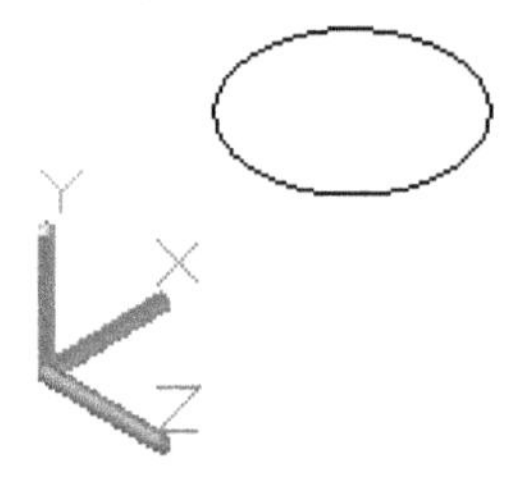

图 9-34

下面在 XY 平面创建螺旋线作为扫掠路径。

Step 04 ▸ 输入 "HELIX"，按 Enter 键，激活【螺旋线】命令。

Step 05 ▸ 捕捉圆心作为螺旋线的起点。

Step 06 ▸ 输入 "45"，按 Enter 键，指定底面半径。

Step 07 ▸ 输入 "45"，按 Enter 键，指定顶面半径。

Step 08 ▸ 输入 "T"，按 Enter 键，激活 "圈数" 选项。

Step 09 ▸ 输入 "5"，按 Enter 键，设置圈数。

Step 10 ▸ 输入 "120"，按 Enter 键，指定螺旋高度，结果如图 9-35 所示。

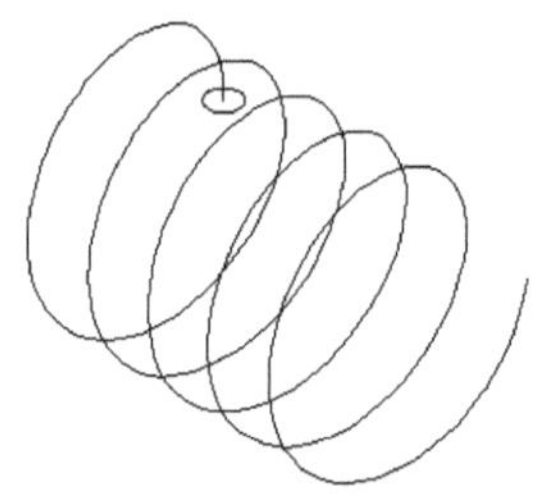

图 9-35

3. 扫掠创建弹簧三维模型

下面进行扫掠以创建弹簧三维模型。

Step 01 ▸ 输入 "SWEEP"，按 Enter 键，激活【扫掠】命令。

Step 02 ▸ 选择圆图形，按 Enter 键，结束选择。

Step 03 ▸ 选择螺旋线，结果如图 9-36 所示。

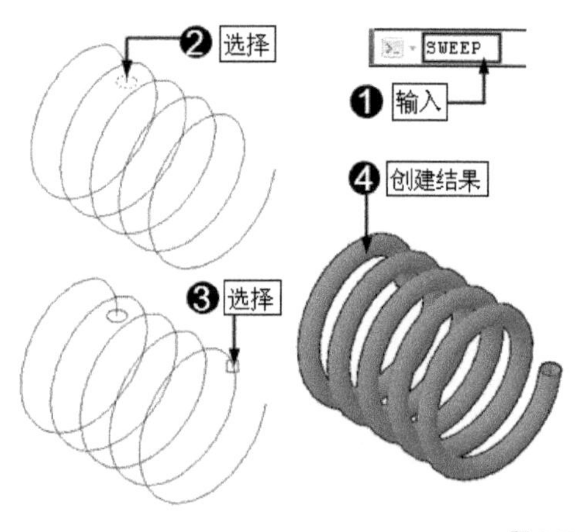

图 9-36

9.2.7 放样（LOFT）

放样是指在多个横截面之间创建三维实

体模型或三维曲面模型，横截面可以是开放或闭合的平面，开放的横截面可以创建三维曲面模型，而闭合的横截面则可以创建三维曲面模型或者三维实体模型。

1．快捷命令

LOFT

2．功能 / 用途

在多个二维图形之间创建三维模型。

3．启动方式

输入"LOFT"，按 Enter 键，激活【放样】命令。

| **技术看板** | 单击菜单栏中的【绘图】/【建模】/【放样】命令；或者单击【建模】工具栏上的"放样"按钮，如图 9-37 所示，均可激活【放样】命令。

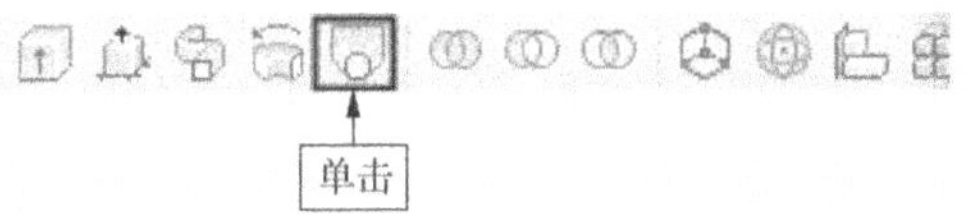

图 9-37

功能验证——放样创建曲面模型

首先在西南等轴测视图模式下绘制大小不等的 3 个圆，如图 9-38（a）所示，然后通过放样在这 3 个圆之间创建曲面模型，效果如图 9-38（b）所示。

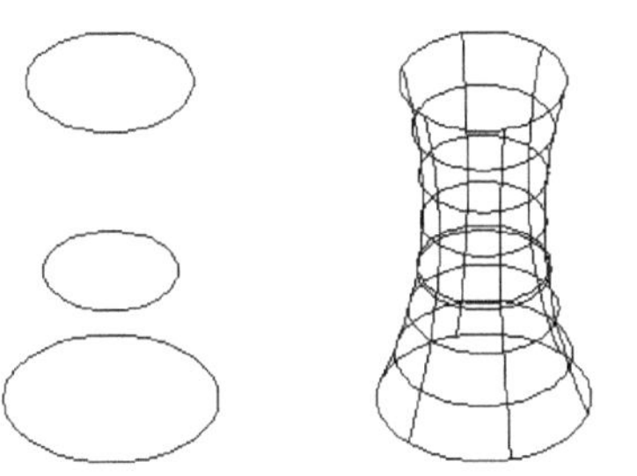

图 9-38

Step 01 ▶ 输入"LOFT"，按 Enter 键，激活【放样】命令。

Step 02 ▶ 输入"MO"，按 Enter 键，激活"模式"选项。

Step 03 ▶ 输入"SU"，按 Enter 键，选择"曲面"模式。

Step 04 ▶ 依次选择 3 个圆。

Step 05 ▶ 按 2 次 Enter 键，结果如图 9-39 所示。

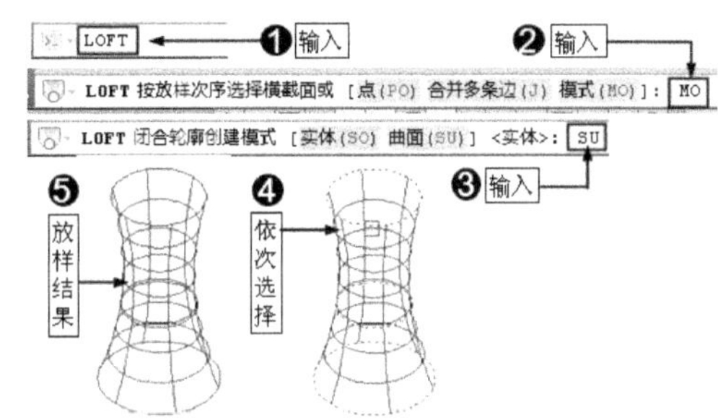

图 9-39

| **技术看板** | 系统默认下，【放样】命令创建的是三维实体模型，当激活【放样】命令后，可以在命令行中输入"MO"激活"模式"选项，然后输入"SU"激活"曲面"选项，以创建三维曲面模型。

9.3　查看三维模型

可以通过多种方式查看三维模型。

9.3.1　视点（VPOINT）

【视点】命令用于查看三维模型的位置。

1．快捷命令

VPOINT

2．功能 / 用途

设置视点以查看三维模型。

3．启动方式

输入"VPOINT"，按 Enter 键，激活【视点】命令。

| **技术看板** | 单击菜单栏中的【视图】/【三维视图】/【视点】命令也可以激活该命令。

功能验证——通过设置视点查看三维模型

打开"素材文件"目录下的"轴零件三维模型 .dwg"素材文件，这是一个轴零件三维模型，如图 9-40 所示，下面通过设置视点来查看该三维模型。

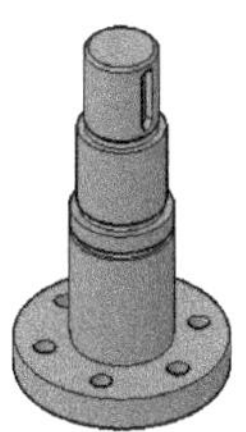

图 9-40

Step 01 ▶ 输入"VPOINT"，按 Enter 键，激活【视点】命令。

Step 02 ▶ 输入观察点的坐标，例如输入"60,50,100"，按 Enter 键。

Step 03 ▶ 此时模型视角发生变化，您可以观察模型，如图 9-41 所示。

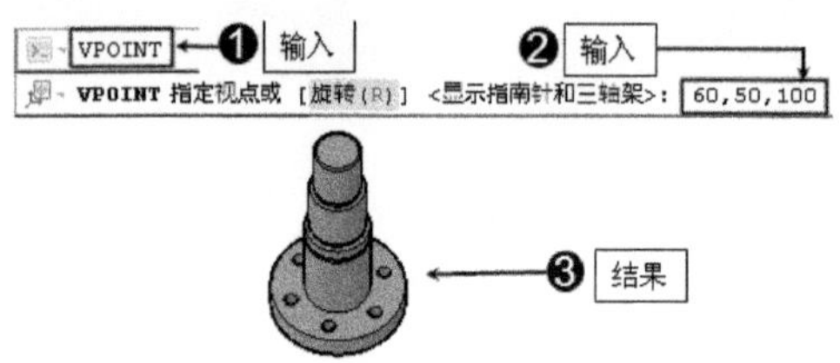

图 9-41

| **技术看板** | 如果没有输入视点坐标，而是直接按 Enter 键，那么绘图区会显示如图 9-42 所示的指南针和三轴架，其中三轴架代表 X、Y、Z 轴的方向，当相对于指南针移动十字线时，三轴架会自动进行调整，以显示 X、Y、Z 轴对应的方向。

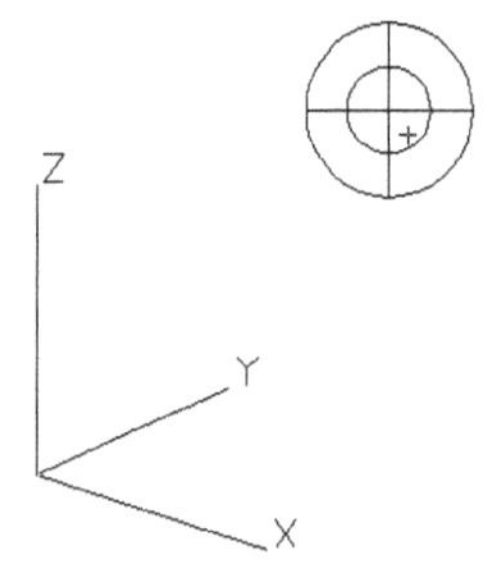

图 9-42

9.3.2 视点预设（DDVPOINT，VP）

还可以打开【视点预设】对话框，通过设置视点观察三维模型。

1. 快捷命令

DDVPOINT，VP

2. 功能 / 用途

设置视点以查看三维模型。

3. 启动方式

输入"DDVPOINT"或"VP"，按 Enter 键，打开【视点预设】对话框。

| **技术看板** | 单击菜单栏中的【视图】/【三维视图】/【视点预设】命令，也可以打开【视点预设】对话框。

功能验证——通过【视点预设】对话框设置视点查看三维模型

Step 01 ▶ 输入"VP"，按 Enter 键，打开【视点预设】对话框。

Step 02 ▶ 勾选"绝对于 WCS"选项。

Step 03 ▶ 在【X 轴】文本框内输入角度值"225"，在【XY 平面】文本框内输入角度值"-90"。

Step 04 ▶ 单击 确定 按钮。

Step 05 ▶ 此时可以观察模型底部，如图 9-43 所示。

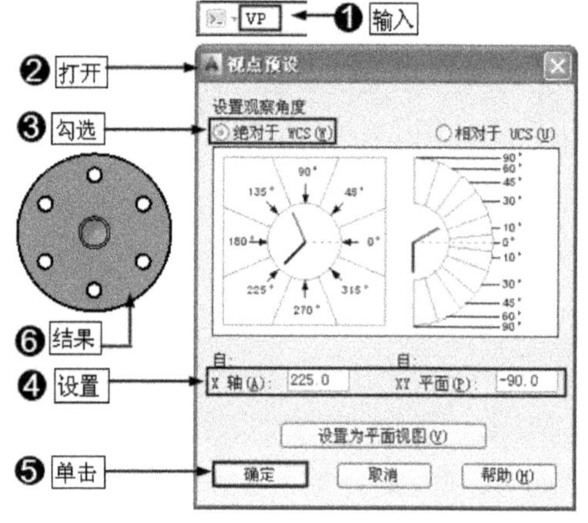

图 9-43

| **技术看板** | 在【视点预设】对话框中还可以进行如下设置。

（1）设置视点、原点的连线与 XY 平面的夹角。具体操作就是在右侧半圆图形上选择相应的点，或直接在【XY 平面】文本框内输入角度值。

（2）设置视点、原点的连线在 XOY 面上的投影与 X 轴的夹角。具体操作就是在左侧图形上选择相应点，或在【X 轴】文本框内输入角度值。

（3）设置观察角度。系统将设置的角度默认为是相对于当前 WCS，如果选择了【相对于 UCS】单选项，设置的角度值就是相对于 UCS 的。

（4）设置为平面视图。单击 设置为平面视图(V) 按钮，系统将重新设置为平面视图。

9.3.3　受约束的动态观察（3DORBIT，3DO）

执行【受约束的动态观察】命令后，在绘图区拖曳鼠标指针，即可观察三维模型。

1. 快捷命令

3DORBIT，3DO

2. 功能 / 用途

从任意角度观察三维模型。

3. 启动方式

输入"3DORBIT"或"3DO"，按 Enter 键，激活【受约束的动态观察】命令。

┃**技术看板**┃单击菜单栏中的【视图】/【动态观察】/【受约束的动态观察】命令；单击【动态观察】工具栏上的"受约束的动态观察"按钮，如图 9-44 所示，均可以激活【受约束的动态观察】命令

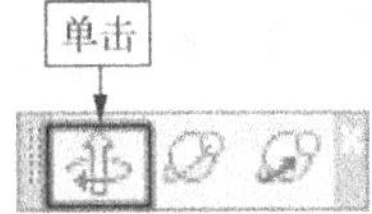

图 9-44

功能验证——使用【受约束的动态观察】命令查看三维模型

Step 01 ▶ 输入"3DORBIT"或"3DO"，按 Enter 键确认。

Step 02 ▶ 此时绘图区会出现 ⊕ 图标。

Step 03 ▶ 拖曳鼠标手动调整观察点，以观察模型，如图 9-45 所示。

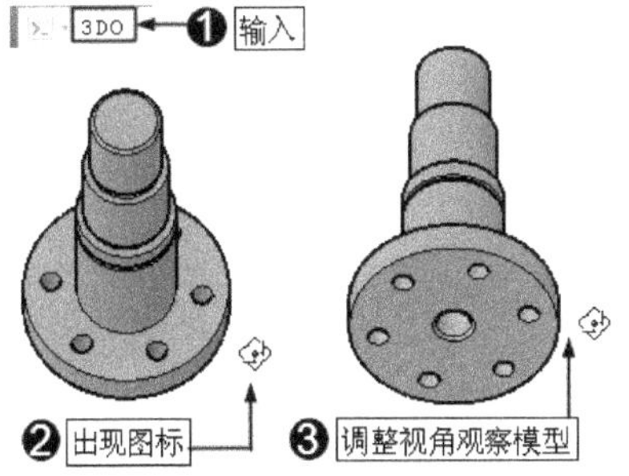

图 9-45

9.3.4　自由动态观察（3DFORBIT，3DF）

执行【自由动态观察】命令后，绘图区会出现椭圆形辅助框架，拖动辅助框架即可观察三维模型。

1. 快捷命令

3DFORBIT，3DF

2. 功能 / 用途

从任意角度观察三维模型。

3. 启动方式

输入"3DFORBIT"或"3DF"，按 Enter 键，激活【自由动态观察】命令。

┃**技术看板**┃单击菜单栏中的【视图】/【动态观察】/【自由动态观察】命令；或者单击【动态观察】工具栏或【导航】面板上的"自由动态观察"按钮，如图 9-46 所示，均可以激活【自由动态观察】命令。

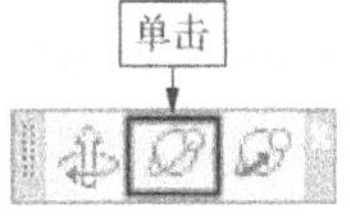

图 9-46

功能验证——使用【自由动态观察】命令查看三维模型

Step 01 ▶ 输入"3DF"，按 Enter 键，激活【自由动态观察】命令。

Step 02 ▶ 此时绘图区会出现圆形辅助框。

Step 03 ▶ 拖曳鼠标手动调整观察点，以观察模型，如图 9-47 所示。

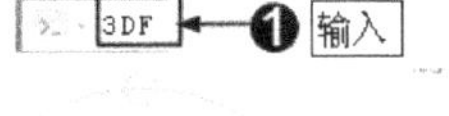

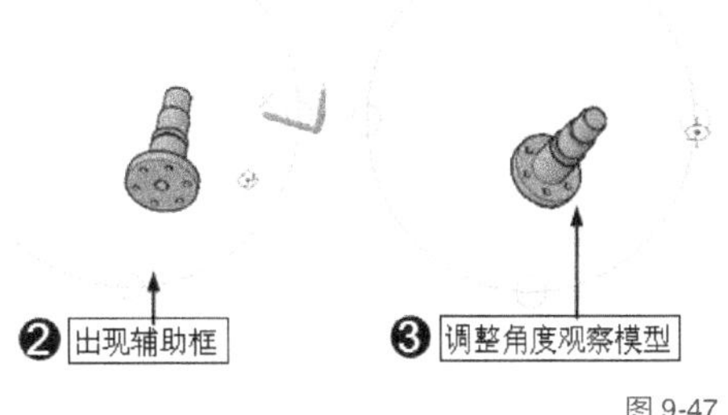

图 9-47

9.3.5　连续动态观察（3DCORBIT，3DC）

【连续动态观察】命令用于以连续运动的方式在三维空间中旋转视图，以持续观察三

维模型的不同侧面，而不需要进行手动设置视点。

1．快捷命令

3DCORBIT，3DC

2．功能／用途

连续动态观察三维模型。

3．启动方式

输入"3DCORBIT"或"3DC"，按 Enter 键，激活【自由动态观察】命令。

| **技术看板** | 单击菜单栏中的【视图】/【动态观察】/【连续动态观察】命令；或者单击【动态观察】工具栏上的"连续动态观察"按钮 ，如图 9-48 所示，均可以激活【连续动态观察】命令。

图 9-48

功能验证——使用【连续动态观察】命令查看三维模型

Step 01 ▶ 输入"3DCORBIT"或"3DC"，按

Enter 键，激活【连续动态观察】命令。

Step 02 ▶ 绘图区出现 图标。

Step 03 ▶ 沿观察方向拖曳 图标，此时会连续旋转视图，以便观察模型。

Step 04 ▶ 单击鼠标即可停止旋转，如图 9-49 所示。

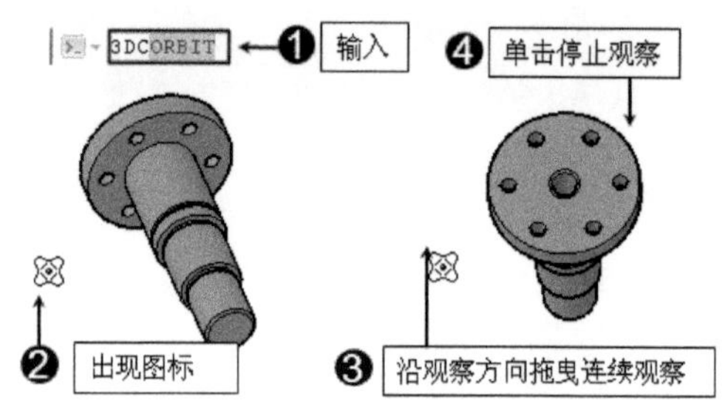

图 9-49

9.3.6　切换视图

AutoCAD 提供了 6 个正交视图和 4 个等轴测视图，您可以通过在这几个视图之间进行切换来观察三维模型，其中每种视图的视点、与 X 轴夹角和与 XY 平面夹角等参数设置如表 9-1 所示。

表 1　基本视图及其参数设置

视图	菜单选项	方向矢量	与 X 轴夹角	与 XY 平面夹角
俯视图	TOM	（0，0，1）	270°	90°
仰视图	BOTTOM	（0，0，-1）	270°	90°
左视图	LEFT	（-1，0，0）	180°	0°
右视图	RIGHT	（1，0，0）	0°	0°
前视图	FRONT	（0，-1，0）	270°	0°
后视图	BACK	（0，1，0）	90°	0°
西南轴测视图	SW ISOMETRIC	（-1，-1，1）	225°	45°
东南轴测视图	SE ISOMETRIC	（1，-1，1）	315°	45°
东北轴测视图	NE ISOMETRIC	（1，1，1）	45°	45°
西北轴测视图	NW ISOMETRIC	（-1，1，1）	135°	45°

| **技术看板** | 打开【视图】工具栏，单击各视图按钮切换到相应的视图模式下，也可以观察三维模型，如图 9-50 所示。

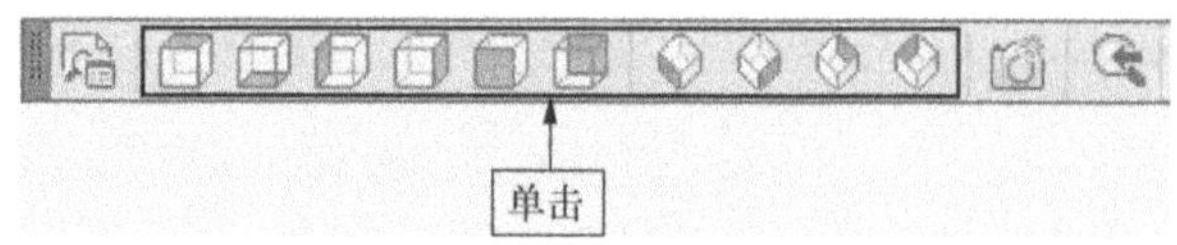

图 9-50

另外，在菜单栏中的【视图】/【三维视图】子菜单下，有一组视图菜单命令，如图 9-51 所示。执行相关的视图菜单命令，也可以在视图之间进行视图切换，以便从不同的视点观察三维模型。

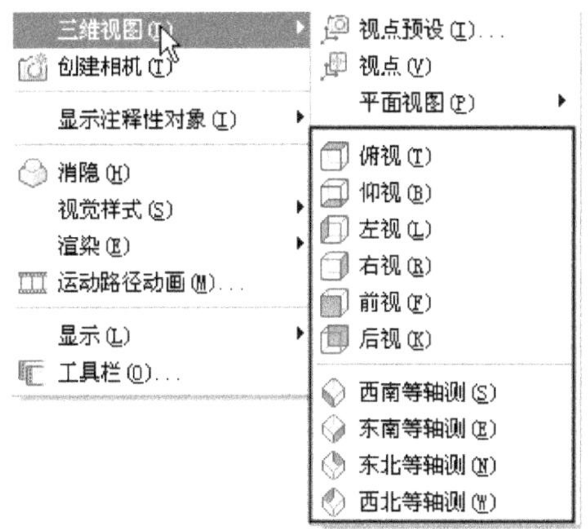

图 9-51

9.4　视觉样式

"视觉样式"就是三维模型在视图中的显示状态，改变三维模型的视觉样式，也是查看三维模型的一种方法。图 9-52 所示为某轴类零件三维模型以不同视觉样式显示的效果。

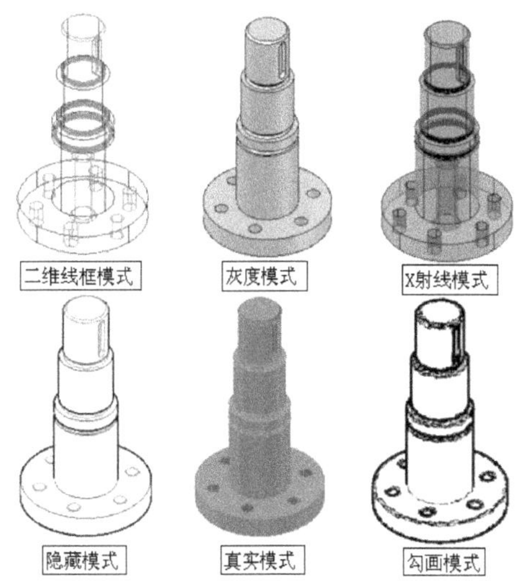

图 9-52

9.4.1 "二维线框"视觉样式（z）

"二维线框"视觉样式模式是用直线和曲线显示模型的边缘，对象的线型和线宽都可见。

1. 选项

2

2. 功能 / 用途

以二维线框显示三维模型。

3. 启动方式

（1）输入"VSCURRENT"或"VS"，按 Enter 键，激活【视觉样式】命令。

（2）输入"2"，按 Enter 键激活"二维线框"选项。

｜技术看板｜ 单击菜单栏中的【视图】/【视角样式】/【二维线框】命令；或者单击【视觉样式】工具栏上的"二维线框"按钮，如图 9-53 所示，均可激活【二维线框】命令。

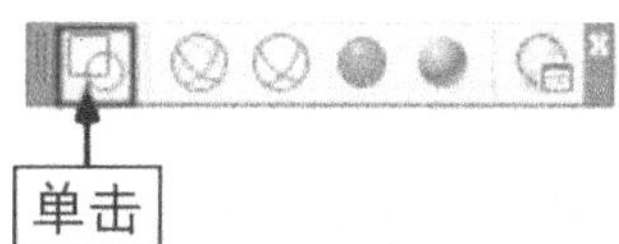

图 9-53

功能验证 ——设置"二维线框"视觉样式

打开"素材文件"目录下的"轴零件三维模型 .dwg"素材文件，下面设置其视觉样式为"二维线框"。

Step 01 ▶ 输入"VS"，按 Enter 键，激活【视觉样式】命令。

Step 02 ▶ 输入"2"，按 Enter 键，激活"二维线框"选项。

Step 03 ▶ 此时模型显示二维线框效果，如图 9-54 所示。

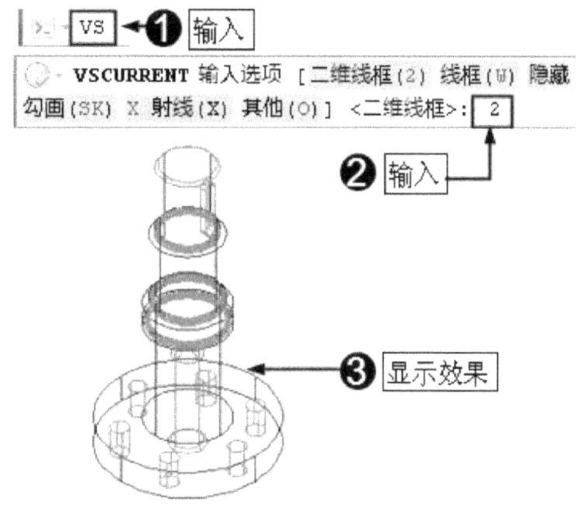

图 9-54

9.4.2 "线框"视觉样式（w）

"线框"视觉样式也是用直线和曲线显示模型的边缘轮廓，与"二维线框"模式不同的是，表示坐标系的按钮会显示成三维着色形式，并且对象的线型及线宽都不可见。

1. 选项

W

2. 功能 / 用途

以线框显示三维模型。

3. 启动方式

（1）输入"VSCURRENT"或"VS"，按 Enter 键，激活【视觉样式】命令。

（2）输入"W"，按 Enter 键，激活"线框"选项。

| **技术看板** | 单击菜单栏中的【视图】/【视角样式】/【线框】命令，也可以设置三维模型的线框显示效果。

功能验证——设置"线框"视觉样式

打开"素材文件"目录下的"轴零件三维模型 .dwg"素材文件，下面设置其视觉样式为"线框"。

Step 01 ▶ 输入"VS"，按 Enter 键，激活【视觉样式】命令。

Step 02 ▶ 输入"W"，按 Enter 键，激活"线框"选项。此时模型显示效果如图 9-55 所示。

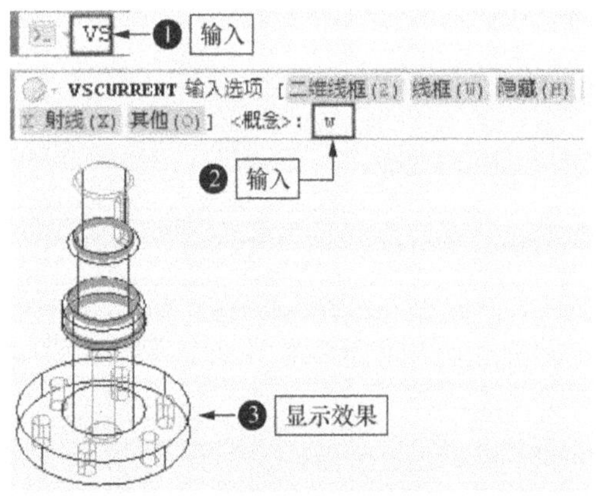

图 9-55

9.4.3 "隐藏"视觉样式（H）

"隐藏"视觉样式会将三维模型中观察不到的对象隐藏起来，只显示那些位于前面无遮挡的对象。

1. 选项

H

2. 功能 / 用途

将三维模型中观察不到的对象隐藏起来，而只显示那些位于前面无遮挡的对象。

3. 启动方式

（1）输入"VS"，按 Enter 键，激活【视觉样式】命令。

（2）输入"H"，按 Enter 键，激活"隐藏"选项。

| **技术看板** | 单击菜单栏中的【视图】/【视角样式】/【消隐】命令，也可以设置三维模型的消隐效果。

功能验证——设置"隐藏"视觉样式

打开"素材文件"目录下的"轴零件三维模型 .dwg"素材文件，然后设置其视觉样式为"隐藏"。

Step 01 ▶ 输入"VS"，按 Enter 键，激活【视觉样式】命令。

Step 02 ▶ 输入"H"，按 Enter 键，激活"隐藏"选项，此时模型显示效果如图 9-56 所示。

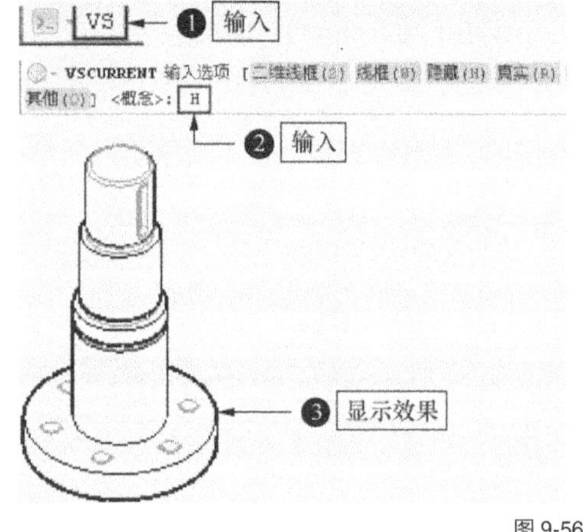

图 9-56

9.4.4 "真实"视觉样式（R）

"真实"视觉样式可使模型实现平面着色，但它只对各多边形的面着色，不对面边界作光滑处理。

1. 选项

R

2. 功能 / 用途

只对三维模型各多边形的面着色，不对

面边界作光滑处理。

3．启动方式

（1）输入"VS"，按 Enter 键，激活【视觉样式】命令。

（2）输入"R"，按 Enter 键，激活"真实"选项。

| **技术看板** | 单击菜单栏中的【视图】/【视角样式】/【真实】命令；或者单击【视觉样式】工具栏上的"真实视觉样式"按钮，如图 9-57 所示，均可设置为【真实】视觉样式。

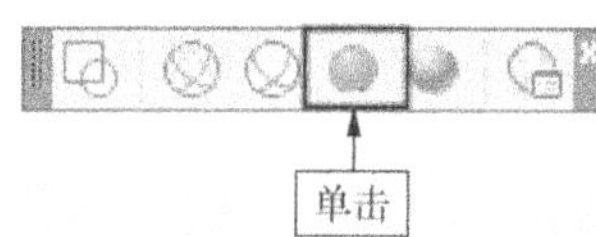

图 9-57

功能验证——设置"真实"视觉样式

打开"素材文件"目录下的"轴零件三维模型 .dwg"素材文件，然后设置其视觉样式为"真实"。

Step 01 ▶ 输入"VS"，按 Enter 键，激活【视觉样式】命令。

Step 02 ▶ 输入"R"，按 Enter 键，激活"真实"选项。此时模型显示效果，如图 9-58 所示。

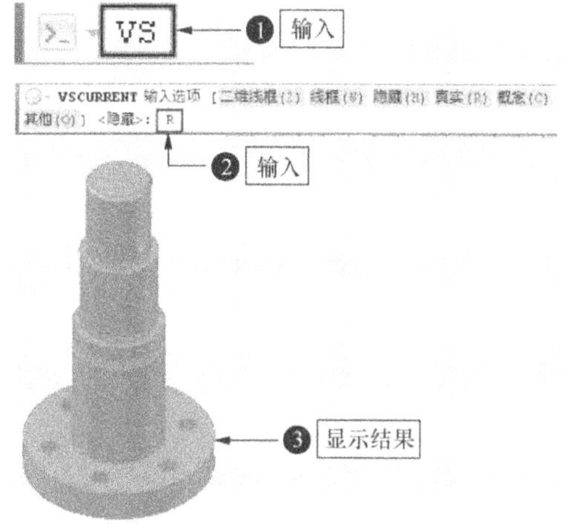

图 9-58

9.4.5　"概念"视觉样式（C）

"概念"视觉样式也可使模型实现平面着色，并且它不仅可以对各多边形的面着色，还可以对面边界作光滑处理。

1．选项

C

2．功能 / 用途

不仅对三维模型各多边形的面着色，而且也对面边界作光滑处理。

3．启动方式

（1）输入"VS"，按 Enter 键，激活【视觉样式】命令。

（2）输入"C"，按 Enter 键，激活"概念"选项。

| **技术看板** | 单击菜单栏中的【视图】/【视角样式】/【概念】命令；或者单击【视觉样式】工具栏上的"概念视觉样式"按钮，如图 9-59 所示，均可设置为【概念】视觉样式。

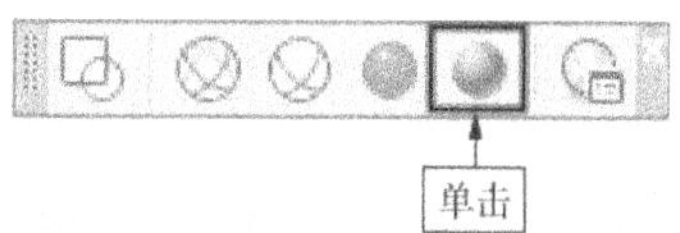

图 9-59

功能验证——设置"概念"视觉样式

打开"素材文件"目录下的"轴零件三维模型 .dwg"素材文件，然后设置其视觉样式"概念"。

Step 01 ▶ 输入"VS"，按 Enter 键，激活【视觉样式】命令。

Step 02 ▶ 输入"C"，按 Enter 键，激活"概念"选项。此时模型显示效果如图 9-60 所示。

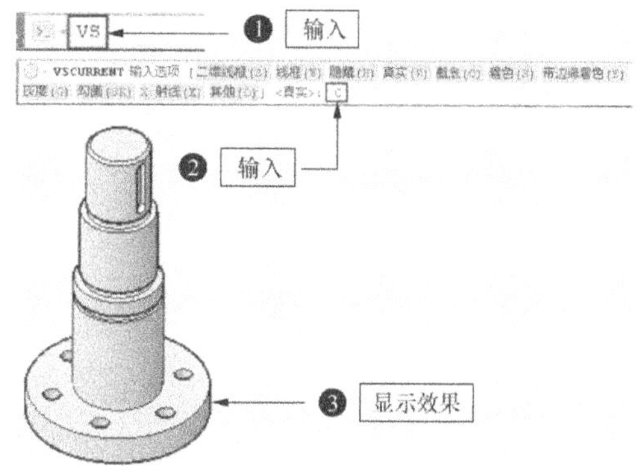

图 9-60

9.4.6　"着色"视觉样式（S）

"着色"视觉样式是将三维模型进行平

滑着色。

1. 选项

S

2. 功能／用途

对三维模型进行平滑着色。

3. 启动方式

（1）输入"VS"，按 Enter 键，激活【视觉样式】命令。

（2）输入"S"，按 Enter 键，激活"着色"选项。

| **技术看板** | 单击菜单栏中的【视图】/【视角样式】/【着色】命令，也可以设置三维模型的着色效果。

功能验证——设置"着色"视觉样式

打开"素材文件"目录下的"轴零件三维模型 .dwg"素材文件，然后设置其视觉样式为"着色"。

Step 01 ▶ 输入"VS"，按 Enter 键，激活【视觉样式】命令。

Step 02 ▶ 输入"S"，按 Enter 键，激活"着色"选项。　此时模型显示效果如图 9-61 所示。

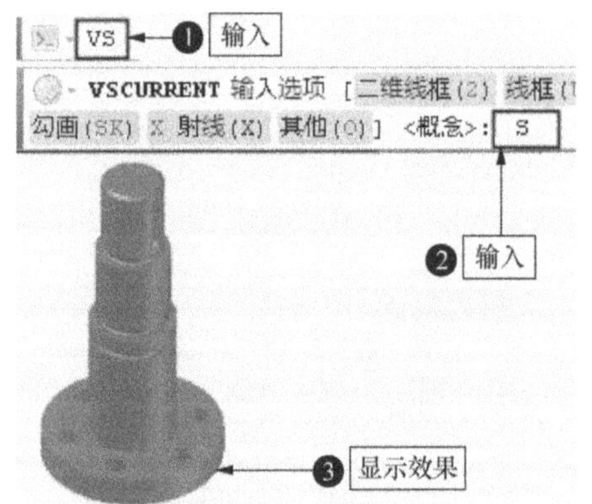

图 9-61

9.4.7 "带边缘着色"视觉样式（E）

"带边缘着色"视觉样式是对三维模型的可见边进行平滑着色。

1. 选项

E

2. 功能／用途

对三维模型的可见边进行平滑着色。

3. 启动方式

（1）输入"VS"，按 Enter 键，激活【视觉样式】命令。

（2）输入"E"，按 Enter 键，激活"带边缘着色"选项。

| **技术看板** | 单击菜单栏中的【视图】/【视角样式】/【带边缘着色】命令，也可以设置三维模型的着色效果。

功能验证——设置"着色"视觉样式

打开"素材文件"目录下的"轴零件三维模型 .dwg"素材文件，然后设置其视觉样式为"带边缘着色"。

Step 01 ▶ 输入"VS"，按 Enter 键，激活【视觉样式】命令。

Step 02 ▶ 输入"E"，按 Enter 键，激活"带边缘着色"选项。此时模型显示效果如图 9-62 所示。

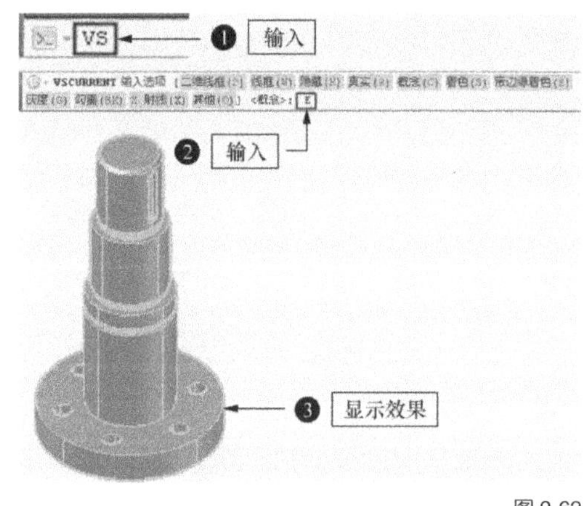

图 9-62

9.4.8 "灰度"视觉样式（G）

"灰度"视觉样式是对三维模型以单色颜色模式进行着色，以产生灰色效果。

1. 选项

G

2. 功能／用途

对三维模型进行单色颜色着色，以产生灰度效果。

3. 启动方式

（1）输入"VS"，按 Enter 键，激活【视

觉样式】命令。

（2）输入"G"，按 Enter 键，激活"灰度"选项。

| **技术看板** | 单击菜单栏中的【视图】/【视角样式】/【灰度】命令，也可以设置三维模型的灰度着色效果。

功能验证——设置"着色"视觉样式

打开"素材文件"目录下的"轴零件三维模型 .dwg"素材文件，然后设置其视觉样式为"灰度"。

Step 01 ▶ 输入"VS"，按 Enter，激活【视觉样式】命令。

Step 02 ▶ 输入"G"，按 Enter 键，激活"灰度"选项。此时模型显示效果如图 9-63 所示。

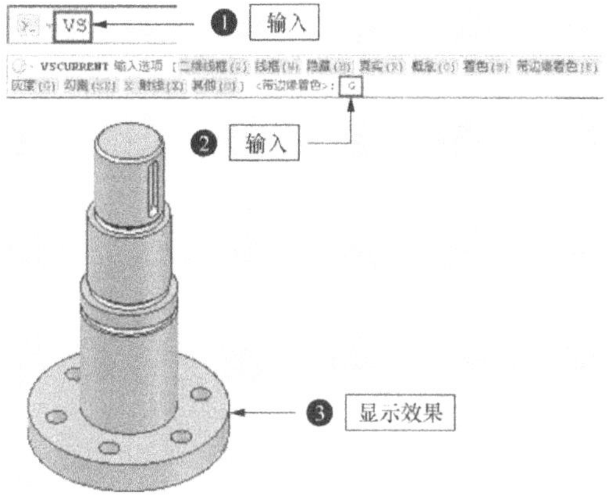

图 9-63

9.4.9　"勾画"视觉样式（SK）

"勾画"视觉样式是将三维模型使用外伸和抖动方式着色，以产生手绘效果。

1. 选项

SK

2. 功能 / 用途

将三维模型使用外伸和抖动方式着色，以产生手绘效果。

3. 启动方式

（1）输入"VS"，按 Enter 键，激活【视觉样式】命令。

（2）输入"SK"，按 Enter 键，激活"勾画"选项。

| **技术看板** | 单击菜单栏中的【视图】/【视角样式】/【勾画】命令，也可以设置三维模型的勾画着色效果。

功能验证——设置"勾画"视觉样式

打开"素材文件"目录下的"轴零件三维模型 .dwg"素材文件，然后设置其视觉样式为"勾画"。

Step 01 ▶ 输入"VS"，按 Enter 键，激活【视觉样式】命令。

Step 02 ▶ 输入"SK"，按 Enter 键，激活"勾画"选项。此时模型显示效果如图 9-64 所示。

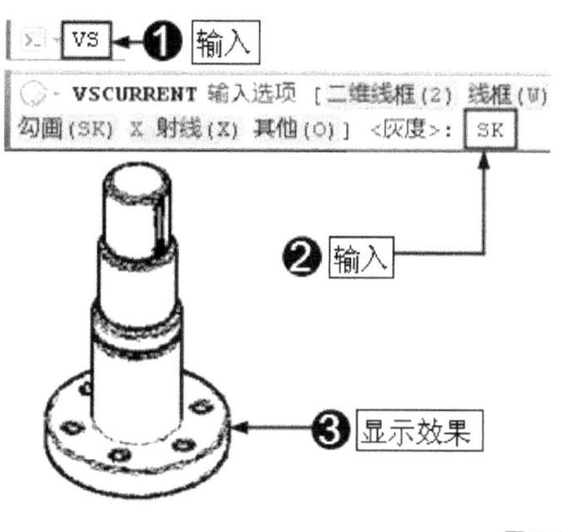

图 9-64

9.4.10　"X 射线"视觉样式（x）

"X 射线"视觉样式用于更改三维模型的不透明度，使其部分透明。

1. 选项

X

2. 功能 / 用途

更改三维模型的不透明度，使其部分透明。

3. 启动方式

（1）输入"VS"，按 Enter 键，激活【视觉样式】命令。

（2）输入"X"，按 Enter 键，激活"X 射线"选项。

| **技术看板** | 单击菜单栏中的【视图】/【视角样式】/【X 射线】命令，也可以设置三维

模型的透明效果。

⚙ **功能验证**——设置"勾画"视觉样式

打开"素材文件"目录下的"轴零件三维模型 .dwg"素材文件，然后设置其视觉样式为"X 射线"。

Step 01 ▶ 输入"VS"，按 Enter 键，激活【视觉样式】命令。

Step 02 ▶ 输入"X"，按 Enter 键，激活"X 射线"选项。此时模型显示效果如图 9-65 所示。

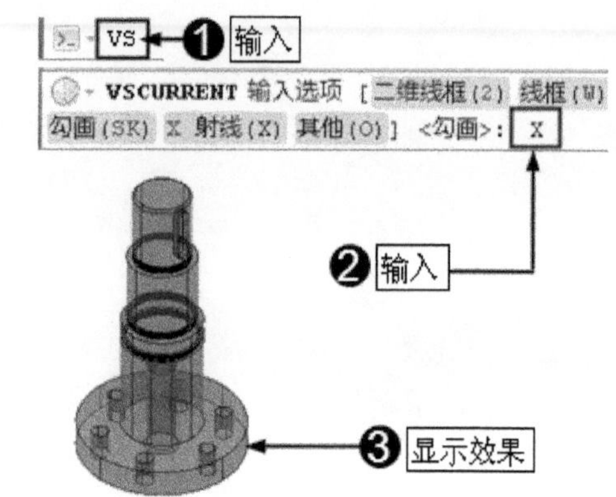

图 9-65

第 10 章
编辑三维模型快捷命令

本章学习编辑三维模型的相关快捷命令。

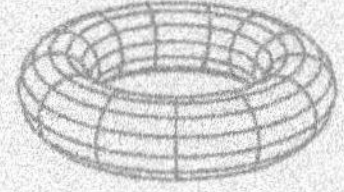

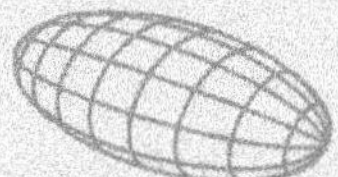

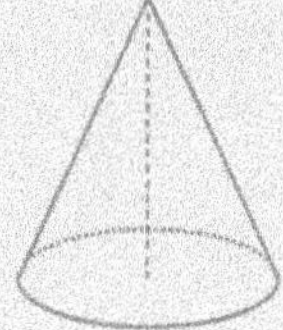

本章快捷命令概览

	名称	快捷命令	功能 / 用途
定义用户坐标系	启动【用户坐标系】命令（P172）	UCS	定义用户坐标系
	"面"选项（P173）	F	以三维模型的某一个面来定义用户坐标系
	"对象"选项（P175）	OB	通过选择对象定义用户坐标系
	"世界"选项（P175）	W	将用户坐标系恢复为世界坐标系
	"视图"选项（P175）	V	将当前视图定义为 UCS 坐标系
	"Z 轴"选项（P176）	ZA	通过指定坐标系原点和 Z 轴来定义用户坐标系
	"X 轴""Y 轴""Z 轴"选项（P176）	X、Y、Z	通过对 X、Y、Z 轴进行旋转来定义用户坐标系
	命名并保存用户坐标系（P177）	NAS	为定义的用户坐标系命名，并将其保存
布尔运算	"并集"运算（P178）	UNION UNI	将两个以上相交的三维实体、面域或曲面模型通过相加运算，组合成一个新的实体面域或曲面模型
	"差集"运算（P178）	SUBTRACT SU	从一个实体（或面域）中移去与其相交的实体（或面域），从而生成新的实体（或面域、曲面）
	"交集"运算（P179）	INTERSECT IN	将多个实体（或面域、曲面）的公有部分提取出来，形成一个新的实体（或面域、曲面），同时删除公共部分以外的部分
三维阵列	三维矩形阵列（P180）	R	将三维模型在三维空间呈矩形排列复制
	三维环形阵列（P180）	P	将三维模型在三维空间呈环形排列复制
三维操作	三维旋转（P181）	3DROTATE 3DR	将三维模型在三维空间进行旋转
	三维对齐（P182）	3DALIGN 3DAL	以定位源平面和目标平面的形式，将三维模型在三维空间中对齐
	三维镜像（P183）	MIRROR3D	将三维模型在三维空间内按照指定的镜像平面进行镜像，以创建结构对称的三维模型
	三维移动（P184）	3DMOVE	使三维模型在三维空间内移动，以改变三维模型的位置

10.1　定义用户坐标系

　　在默认设置下，AtuoCAD 是以世界坐标系（WCS）的 XY 平面作为绘图平面来绘制图形的，由于世界坐标系是固定的，其应用范围有一定的局限性，为此，AutoCAD 又提供了用户坐标系（UCS）。正确定义用户坐标系是绘图的关键。

10.1.1　启动【用户坐标系】（UCS）

1. 快捷命令

UCS

2. 功能 / 用途

定义用户坐标系。

3. 启动方式

输入"UCS"，按 Enter 键，激活【UCS】命令。

｜技术看板｜ 单击菜单栏中的【工具】/【新建 UCS】/【三点】命令，也可以启动【UCS】命令。

⚙ 功能验证 ——定义 UCS 坐标系

打开"素材文件"目录下的"插秧轴零件三维模型 .dwg"素材文件，该文件中的坐标系并没有显示在模型上，如图 10-1 所示。

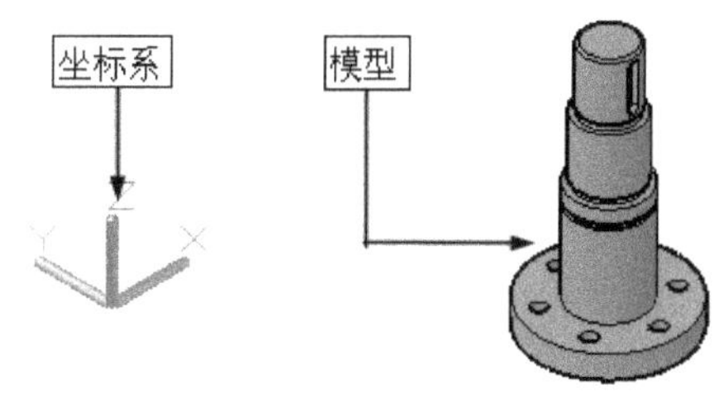

图 10-1

下面重新定义 UCS 坐标系，使其位于插秧轴模型的圆柱体上表面。为了能准确捕捉，首先设置【圆心】和【象限点】捕捉模式。

Step 01 ▶ 输入"UCS"，按 Enter 键，激活【UCS】命令。

Step 02 ▶ 捕捉插秧轴圆柱体上表面圆心作为坐标系原点。

Step 03 ▶ 捕捉插秧轴圆柱体上表面圆右象限点，以确定 X 轴。

Step 04 ▶ 捕捉插秧轴圆柱体上表面圆左象限点，以确定 Y 轴。

Step 05 ▶ 结果如图 10-2 所示。

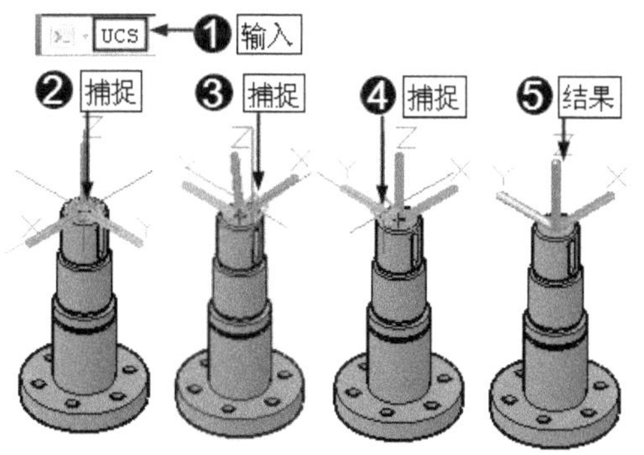

图 10-2

练一练 请读者自己尝试以插秧轴螺孔圆心为坐标系原点，再次设置如图 10-3 所示的

UCS 坐标系，然后将其命名为"UCS2"并保存。注意给定坐标系的 X 轴、Y 轴的方向。

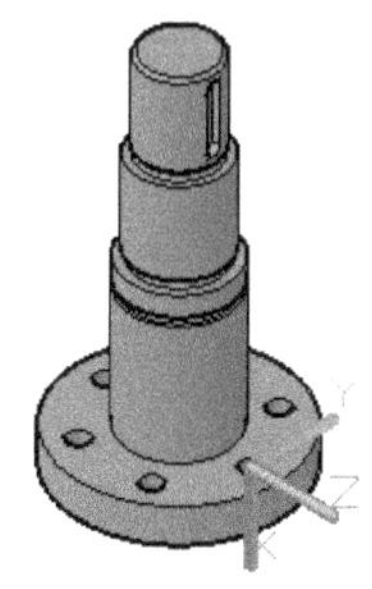

图 10-3

10.1.2 "面"选项（F）

"面"选项是以三维模型的某一个面来定义用户坐标系，与"三点"选项不同的是，只要选择某一个面，系统会自动将 XY 绘图平面与该面对齐，以满足绘图需要。

1. 选项

F

2. 功能 / 用途

以三维模型的某一个面来定义用户坐标系。

3. 启动方式

（1）输入"UCS"，按 Enter 键，激活【UCS】命令。

（2）输入"F"，按 Enter 键，激活"面"选项。

｜技术看板｜ 单击菜单栏中的【工具】/【新建 UCS】/【面】命令；或者单击【UCS】工具栏上的"面"按钮 ，如图 10-4 所示，均可激活【面】命令。

图 10-4

⚙ 功能验证 ——通过"面"选项定义用户坐标系

打开"素材文件"目录下的"坐标系示例 .dwg"素材文件，这是一个棱锥体，如图 10-5（a）所示。如果要在该棱锥体左侧面上

绘制一个圆柱体，如图 10-5（b）所示，则需要使坐标系的 *XY* 绘图平面与该侧面对齐，也就是说必须定义用户坐标系。下面激活"面"选项，以该棱锥体的左侧面来定义用户坐标系，并在该侧面上绘制一个半径为 3mm、高度为 5mm 的圆柱体。

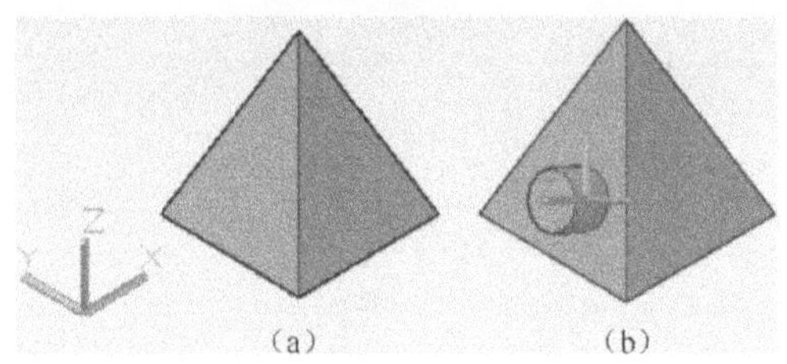

图 10-5

1. 将棱锥体左侧面定义为用户坐标系

Step 01 ▶ 输入 "UCS"，按 Enter 键，激活【UCS】命令。

Step 02 ▶ 输入 "F"，按 Enter 键，激活 "面" 选项。

Step 03 ▶ 单击选择棱锥体左侧面。

Step 04 ▶ 按 Enter 键确认，结果如图 10-6 所示。

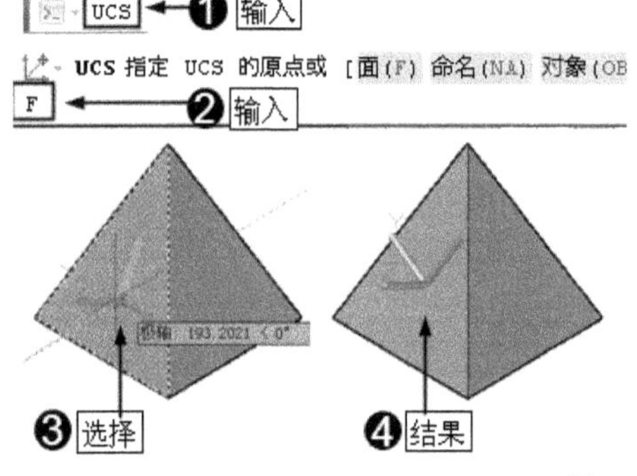

图 10-6

┃技术看板┃ 通过 "面" 选项定义用户坐标系时，还可以沿 *X* 轴或 *Y* 轴对坐标系进行 180° 的旋转。在执行 "面" 选项并选择 1 个面之后，输入 "X" 并按 Enter 键，坐标系将沿 *X* 轴旋转 180°，系统称之为 "X 轴反向"；输入 "Y" 并按 Enter 键，坐标系将沿 *Y* 轴旋转 180°，系统称之为 "Y 轴反向"，结果如图 10-7 所示。

2. 在棱锥体左侧面上绘制圆柱体

Step 01 ▶ 输入 "CYL"，按 Enter 键，激活【圆柱体】命令。

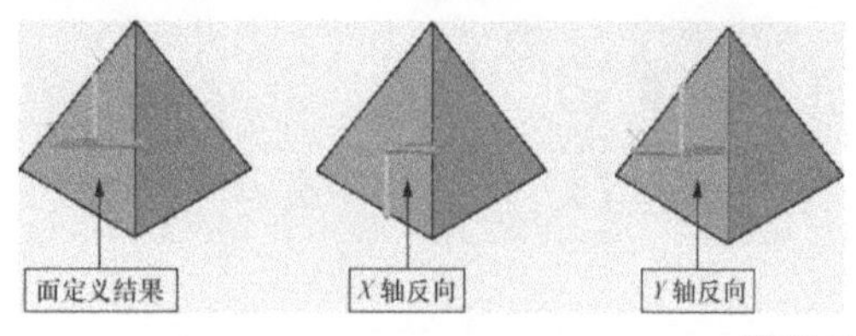

图 10-7

Step 02 ▶ 输入 "0,0,0"，按 Enter 键，确定圆柱体的底面圆心为坐标系原点。

Step 03 ▶ 输入 "25"，按 Enter 键，确定圆柱体的底面半径。

Step 04 ▶ 输入 "25"，按 Enter 键，确定圆柱体的高度。

Step 05 ▶ 创建结果如图 10-8 所示。

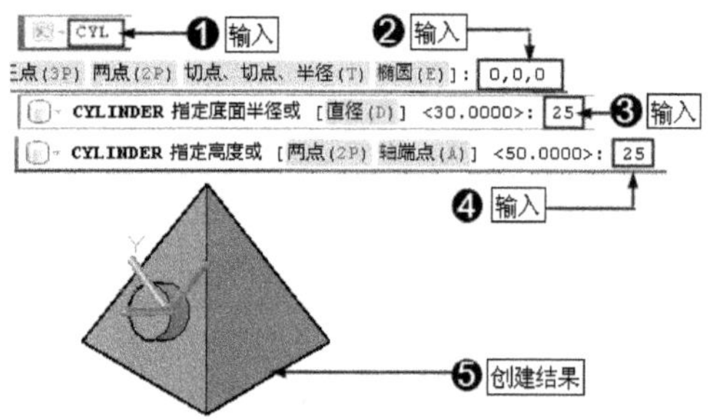

图 10-8

┃技术看板┃ 单击菜单栏中的【绘图】/【建模】/【圆柱体】命令，或者单击【建模】工具栏上的 "圆柱体" 按钮，也可以激活【圆柱体】命令，如图 10-9 所示。

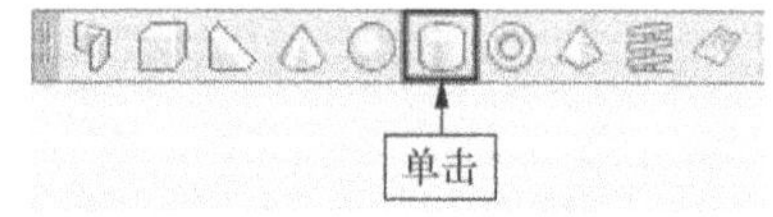

图 10-9

练一练 请读者自己尝试以棱锥体的右侧面来定义用户坐标系，并在该平面绘制半径为 30mm、高度为 35mm 的圆柱体，如图 10-10 所示。

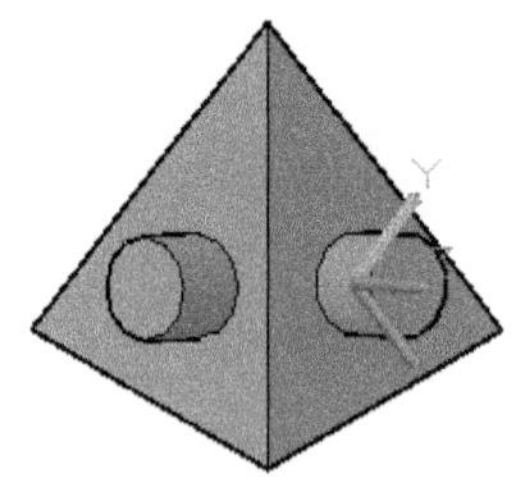

图 10-10

10.1.3 "对象"选项（OB）

"对象"选项定义用户坐标系是指单击选择某一对象，将用户坐标系对齐到鼠标单击的对象的面上，这与"面"选项定义用户坐标系效果相同。

1. 选项

OB

2. 功能 / 用途

通过选择对象定义用户坐标系。

3. 启动方式

（1）输入"UCS"，按 Enter 键，激活【UCS】命令。

（2）输入"OB"，按 Enter 键，激活"对象"选项。

| **技术看板** | 单击菜单栏中的【工具】/【新建 UCS】/【对象】命令，或者单击【UCS】工具栏上的"对象"按钮，均可激活【对象】命令，如图 10-11 所示。

图 10-11

功能验证——通过"对象"选项定义用户坐标系

打开"素材文件"目录下的"坐标系示例 .dwg"素材文件，然后通过"对象"选项，以棱锥体左侧面定义用户坐标系。

Step 01 ▶ 输入"UCS"，按 Enter 键，激活【UCS】命令。

Step 02 ▶ 输入"OB"，按 Enter 键，激活"对象"选项。

Step 03 ▶ 单击选择棱锥体左侧面，即将左侧面定义为用户坐标系，结果如图 10-12 所示。

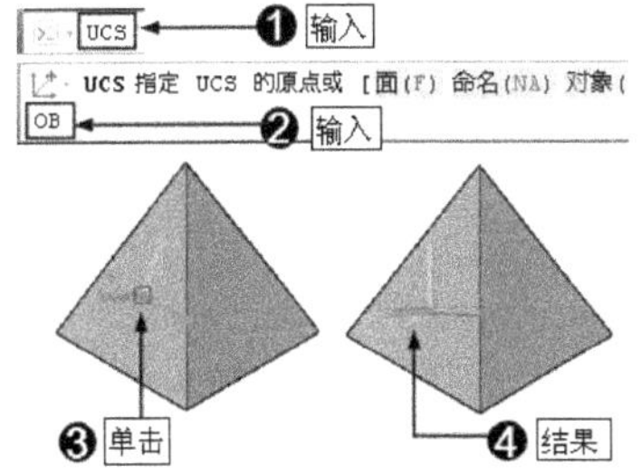

图 10-12

10.1.4 "世界"选项（W）

也可以将用户坐标系恢复为世界坐标系。

1. 选项

W

2. 功能 / 用途

将用户坐标系恢复为世界坐标系。

3. 启动方式

（1）输入"UCS"，按 Enter 键，激活【UCS】命令。

（2）输入"W"，按 Enter 键，激活"世界"选项。

| **技术看板** | 单击菜单栏中的【工具】/【新建 UCS】/【世界】命令，或者单击【UCS】工具栏上的"世界"按钮，如图 10-13 所示，均可将用户坐标系恢复为世界坐标系。

图 10-13

功能验证——定义世界坐标系

下面我们将 10.1.3 小节中以棱锥体左侧面定义的用户坐标系恢复为世界坐标系。

Step 01 ▶ 输入"UCS"，按 Enter 键，激活【UCS】命令。

Step 02 ▶ 输入"W"，按 Enter 键，激活"世界"选项。

Step 03 ▶ 此时用户坐标系恢复为世界坐标系，如图 10-14 所示。

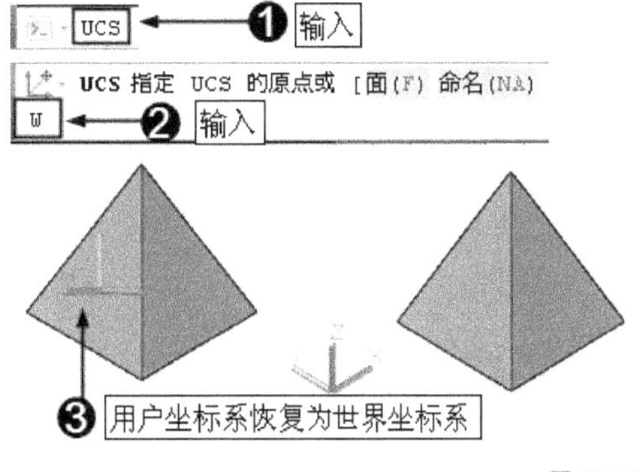

图 10-14

10.1.5 "视图"选项（V）

"视图"选项可将当前视图平面定义用户

坐标系，这相当于平面视图的坐标系。

1. 选项

V

2. 功能 / 用途

将当前视图平面定义为 UCS 坐标系。

3. 启动方式

（1）输入"UCS"，按 Enter 键，激活【UCS】命令。

（2）输入"V"，按 Enter 键，激活"视图"选项。

| **技术看板** | 单击菜单栏中的【工具】/【新建 UCS】/【视图】命令，或者单击【UCS】工具栏上的"视图"按钮，均可激活【视图】命令，如图 10-15 所示。

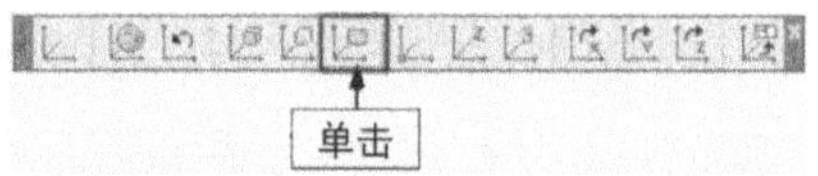

图 10-15

功能验证——定义视图坐标系

下面继续将棱锥体的世界坐标系定义为当前视图坐标系。

Step 01 ▶ 输入"UCS"，按 Enter 键，激活【UCS】命令。

Step 02 ▶ 输入"V"，按 Enter 键，激活"视图"选项。

Step 03 ▶ 结果是世界坐标系被定义为视图坐标系，如图 10-16 所示。

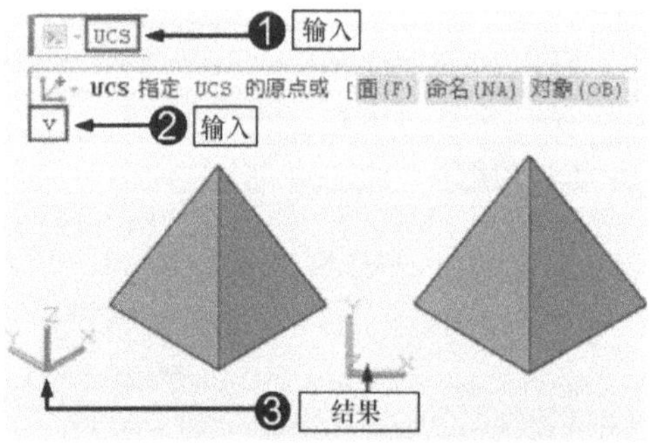

图 10-16

10.1.6 "Z 轴"选项（ZA）

"Z 轴"是指通过指定坐标系原点和 Z 轴来定义用户坐标系。

1. 选项

ZA

2. 功能 / 用途

通过指定坐标系原点和 Z 轴来定义用户坐标系。

3. 启动方式

（1）输入"UCS"，按 Enter 键，激活【UCS】命令。

（2）输入"ZA"，按 Enter 键，激活"Z轴"选项。

| **技术看板** | 单击菜单栏中的【工具】/【新建 UCS】/【Z 轴】命令，或者单击【UCS】工具栏上的"Z 轴矢量"按钮，均可激活【Z 轴】选项，如图 10-17 所示。

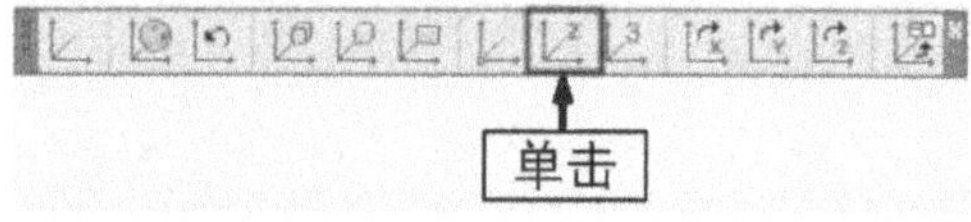

图 10-17

功能验证——定义"Z 轴"坐标系

下面以棱锥体的上顶点为坐标系原点，以棱锥体的一条棱边为 Z 轴坐标来定义用户坐标系。

Step 01 ▶ 输入"UCS"，按 Enter 键，激活【UCS】命令。

Step 02 ▶ 输入"ZA"，按 Enter 键，激活"Z轴"选项。

Step 03 ▶ 捕捉棱锥体的上顶点。

Step 04 ▶ 捕捉棱锥体的左下顶点。

Step 05 ▶ 结果如图 10-18 所示。

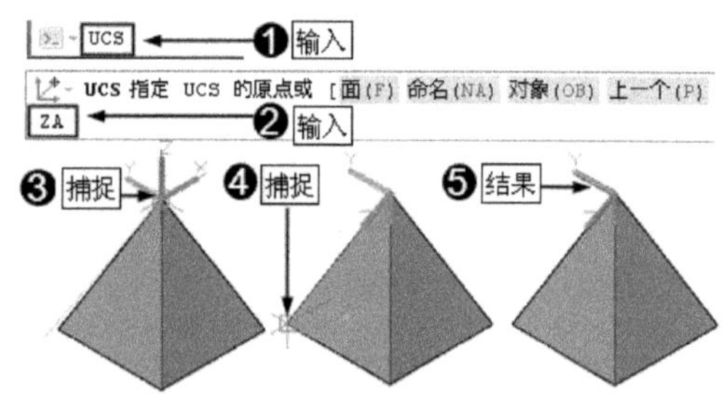

图 10-18

10.1.7 "X 轴""Y 轴""Z 轴"选项（X、Y 或 Z）

用户可以通过对 X、Y、Z 轴进行旋转来设置用户坐标系，下面分别将 X、Y、Z 轴旋转 90°来设置用户坐标系。

1．选项

X、Y 或 Z

2．功能 / 用途

通过对 X、Y、Z 轴进行旋转来定义用户坐标系。

3．启动方式

（1）输入"UCS"，按 Enter 键，激活【UCS】命令。

（2）分别输入"X""Y"或"Z"，按 Enter 键，激活"X 轴""Y 轴"或"Z 轴"选项。

| **技术看板** | 单击菜单栏中的【工具】/【新建 UCS】/【X】、【Y】或【Z】命令；或者单击【UCS】工具栏上的"X"按钮⒁、"Y"按钮⒁或"Z"按钮⒁，如图 10-19 所示，均可激活【X 轴】、【Y 轴】或【Z 轴】命令。

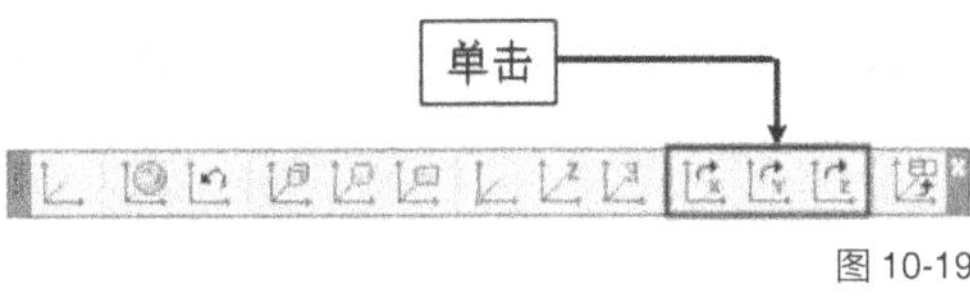

图 10-19

功能验证——设置"X/Y/Z"坐标系

下面分别设置 X、Y、Z 坐标系。

Step 01 ▶ 输入"UCS"，按 Enter 键，激活【UCS】命令。

Step 02 ▶ 输入"X"，按 Enter 键，激活"X 轴"选项。

Step 03 ▶ 输入"90"，按 Enter 键，设置 X 轴的旋转角度。结果如图 10-20 所示。

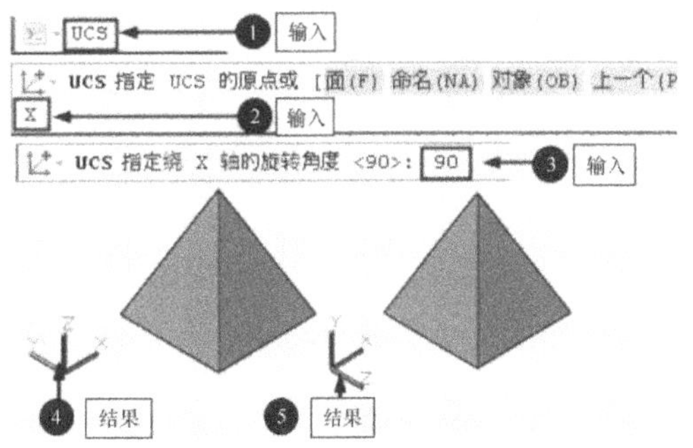

图 10-20

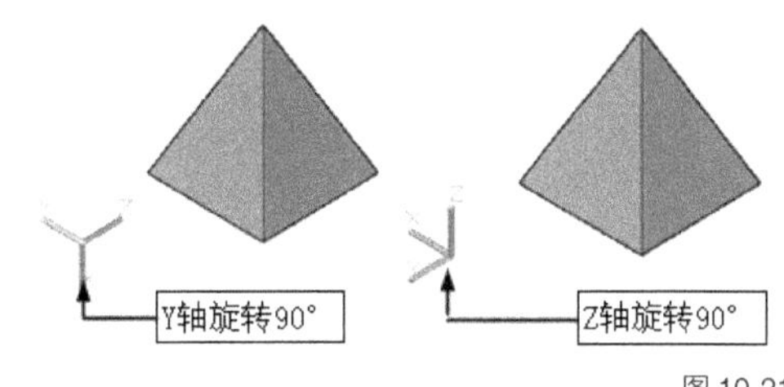

图 10-21

10.1.8　命名并保存 UCS 坐标系（NA+S）

定义"UCS"坐标系之后，应该对其进行保存，以便之后能使用该坐标系。

1．快捷命令

NA+S

2．功能 / 用途

为定义的用户坐标系命令，并将其保存。

3．启动方式

（1）输入"UCS"，按 Enter 键，激活【UCS】命令。

（2）输入"NA"，按 Enter 键，激活"命名"选项。

（3）输入坐标系的名称，按 Enter 键确认。

（4）输入"S"，按 Enter 键，将坐标系保存。

功能验证——命名并保存用户坐标系

下面将定义的坐标系命名为"UCS1"并对其进行保存。

Step 01 ▶ 输入"UCS"，按 Enter 键，激活【UCS】命令。

Step 02 ▶ 输入"NA"，按 Enter 键，激活"命名"选项。

Step 03 ▶ 输入"S"，按 Enter 键，激活【保存】命令。

Step 04 ▶ 输入"UCS1"，按 Enter 键，输入坐标系名称。

Step 05 ▶ 按 Enter 键，对该坐标系进行保存，如图 10-22 所示。

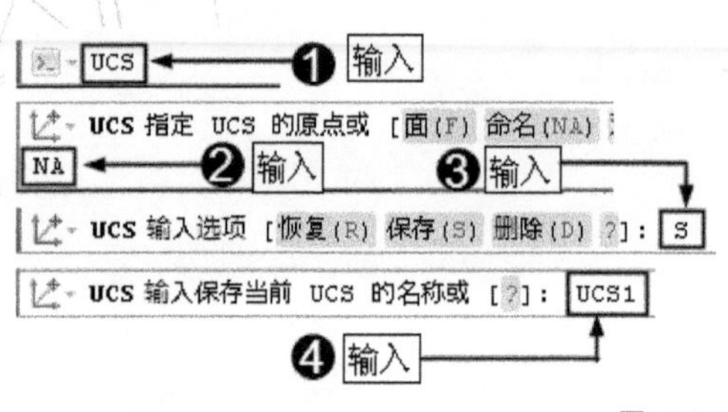

图 10-22

| **技术看板** | 在命令行输入 "UCS"，即可激活【UCS】命令，此时可以重新设置 UCS、命名 UCS 等，如果要保存 UCS，则输入 "S" 激活【保存】命令，然后为 UCS 命名即可。

10.2 布尔运算

布尔运算就是通过对两个以上的三维模型进行相加、相减以及相交的运算，生成新的模型对象，这是创建复杂三维模型的较为有效的方法。

10.2.1 "并集"运算（UNION，UNI）

1. 快捷命令

UNION，UNI

2. 功能 / 用途

将两个以上相交的三维实体、面域或曲面模型通过相加运算，组合成一个新的实体、面域或曲面模型。

3. 启动方式

输入 "UNION" 或 "UNI"，按 Enter 键，激活【并集】命令。

| **技术看板** | 单击菜单栏中的【修改】/【实体编辑】/【并集】命令；或者单击【建模】工具栏上的 "并集" 按钮，如图 10-23 所示，均可激活【并集】命令。

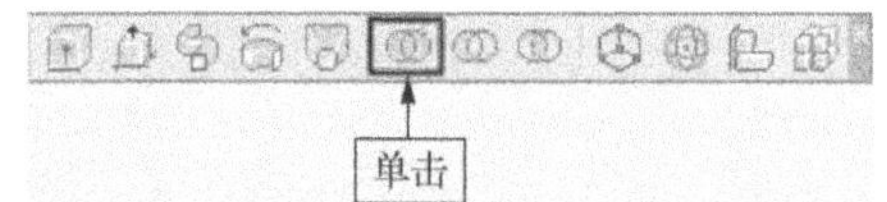

图 10-23

功能验证——对长方体模型进行 "并集" 运算

首先在西南等轴侧视图中创建两个相交

的长方体实体模型，如图 10-24（左）所示，然后对这两个实体模型进行并集运算，以创建新的三维模型，如图 10-24（右）所示。

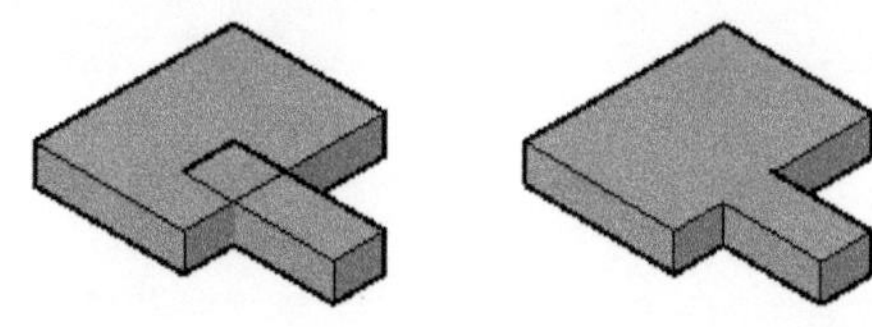

图 10-24

Step 01 ▶ 输入 "UNI"，按 Enter 键，激活【并集】命令。

Step 02 ▶ 单击大长方体。

Step 03 ▶ 单击小长方体。

Step 04 ▶ 按 Enter 键，结果如图 10-25 所示。

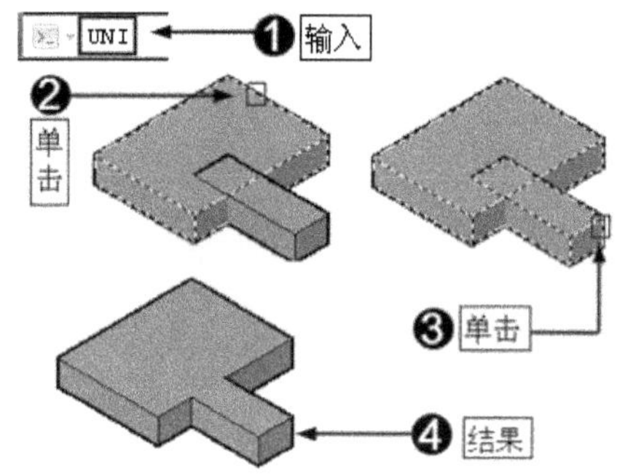

图 10-25

练一练 创建一个球体和一个长方体，如图 10-26 左部所示，然后对这两个三维模型进行并集运算，结果如图 10-26 右部所示。

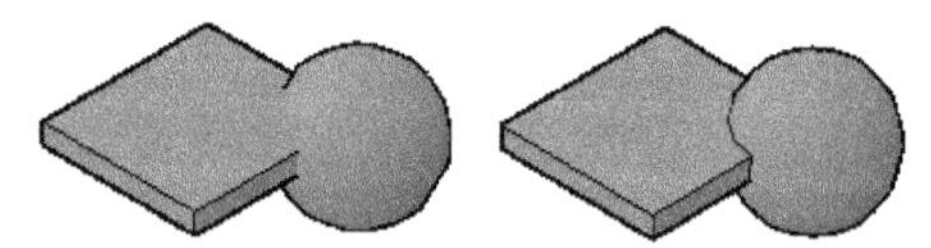

图 10-26

10.2.2 "差集"运算（SUBTRACT，SU）

与 "并集" 运算相反，"差集" 运算是指从一个实体（或面域）中移去与其相交的实体（或面域），从而生成新的实体（或面域、曲面）。

1. 快捷命令

SUBTRACT，SU

2．功能／用途

从一个实体（或面域）中移去与其相交的实体（或面域），从而生成新的实体（或面域、曲面）。

3．启动方式

输入"SUBTRACT"或"SU"，按 Enter 键，激活【差集】命令。

| **技术看板** | 单击菜单栏中的【修改】/【实体编辑】/【差集】命令；或者单击【建模】工具栏上的"差集"按钮，如图 10-27 所示，均可激活【差集】命令。

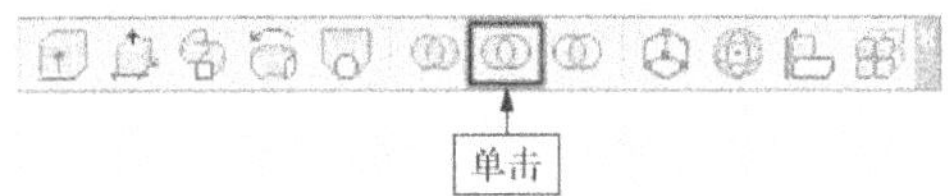

图 10-27

功能验证——求差集

再次创建两个相交的长方体实体模型，如图 10-28 左部所示，然后对这两个长方体进行差集运算，以创建新的三维模型，结果如图 10-28 右部所示。

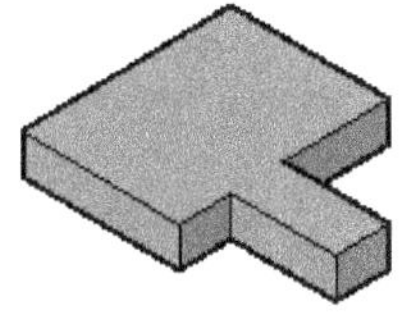
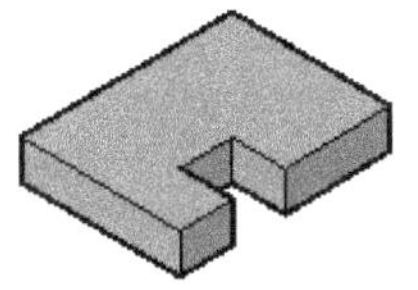

图 10-28

Step 01 ▶ 输入"SU"，按 Enter 键，激活【差集】命令。

Step 02 ▶ 选择大长方体作为运算对象，按 Enter 键确认。

Step 03 ▶ 选择小长方体作为被运算对象。

Step 04 ▶ 按 Enter 键确认，结果如图 10-29 所示。

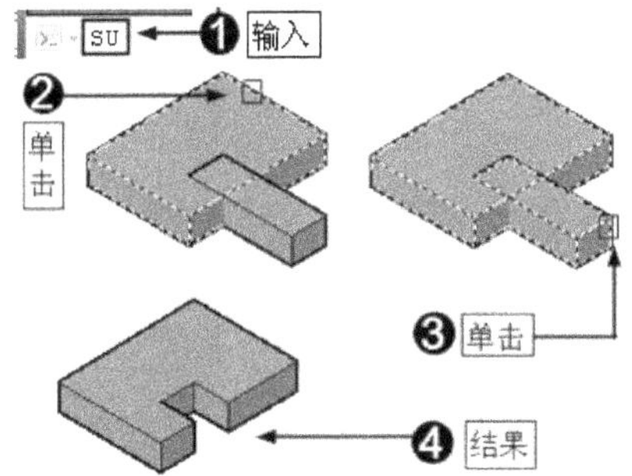

图 10-29

10.2.3　"交集"运算（INTERSECT，IN）

所谓"交集"，是指将多个实体（或面域、曲面）的公有部分提取出来，形成一个新的实体（或面域、曲面），同时删除公共部分以外的部分。

1．快捷命令

INTERSECT，IN

2．功能／用途

将多个实体（或面域、曲面）的公有部分提取出来，形成一个新的实体（或面域、曲面），同时删除公共部分以外的部分。

3．启动方式

输入"INTERSECT"或"IN"，按 Enter 键，激活【交集】命令。

| **技术看板** | 单击菜单栏中的【修改】/【实体编辑】/【交集】命令；或者单击【建模】工具栏上的"交集"按钮，如图 10-30 所示，均可激活【交集】命令。

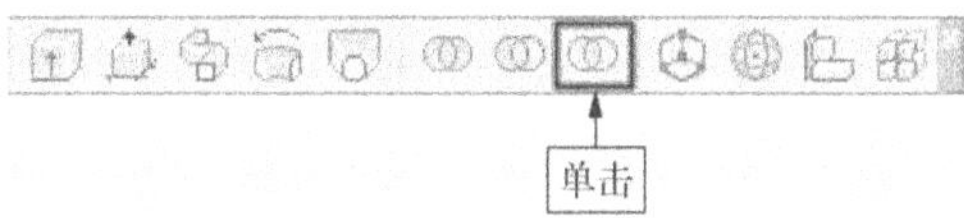

图 10-30

功能验证——求交集

创建一个长方体和一个球体，并使其相交，然后对其进行交集运算。

Step 01 ▶ 输入"IN"，按 Enter 键，激活【交集】命令。

Step 02 ▶ 单击长方体。

Step 03 ▶ 单击球体。

Step 04 ▶ 按 Enter 键，交集运算结果如图 10-31 所示。

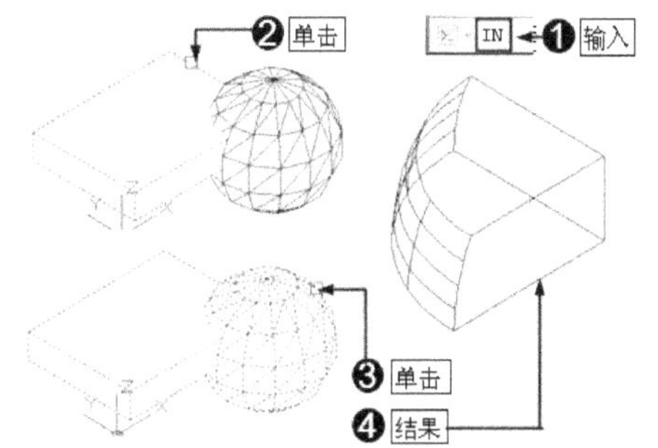

图 10-31

10.3 三维阵列

三维阵列是指将三维模型在三维空间中进行规则排列，以创建更为复杂的三维模型。

10.3.1 三维矩形阵列

（3DARRAY+R）

"三维矩形阵列"是指在三维空间对三维模型进行矩形复制，以创建多个结构、大小、形状相同的三维模型。

1. 快捷命令

3DARRAY+R

2. 功能/用途

将三维模型在三维空间呈矩形排列复制。

3. 启动方式

（1）输入"3DARRAY"，按 Enter 键，激活【三维阵列】命令。

（2）单击选择要阵列的三维对象，按 Enter 键确认。

（3）输入"R"，按 Enter 键，激活"矩形"选项。

技术看板 单击菜单栏中的【修改】/【三维操作】/【三维阵列】命令；或者单击【建模】工具栏上的"三维阵列"按钮，如图 10-32 所示，均可激活【三维矩形阵列】命令。

图 10-32

功能验证——对长方体模型进行三维矩形阵列

首先在西南视图创建 10mm×10mm×10mm 的长方体三维模型，如图 10-33（左）所示，然后对该长方体进行矩形阵列，以创建 5 行、5 列、2 层整齐排列的长方体模型，如图 10-33（右）所示。

Step 01 ▶ 输入"3DARRAY"，按 Enter 键，激活【三维阵列】命令。

Step 02 ▶ 单击创建的长方体，然后按 Enter 键，结束选择。

Step 03 ▶ 输入"R"，按 Enter 键，激活"矩形"选项。

图 10-33

Step 04 ▶ 输入"5"，按 Enter 键，设置行数。

Step 05 ▶ 输入"5"，按 Enter 键，设置列数。

Step 06 ▶ 输入"2"，按 Enter 键，设置层数。

Step 07 ▶ 输入"15"，按 Enter 键，设置行间距。

Step 08 ▶ 输入"15"，按 Enter 键，指定列间距。

Step 09 ▶ 输入"15"，按 Enter 键，指定层间距。

Step 10 ▶ 阵列结果如图 10-34 所示。

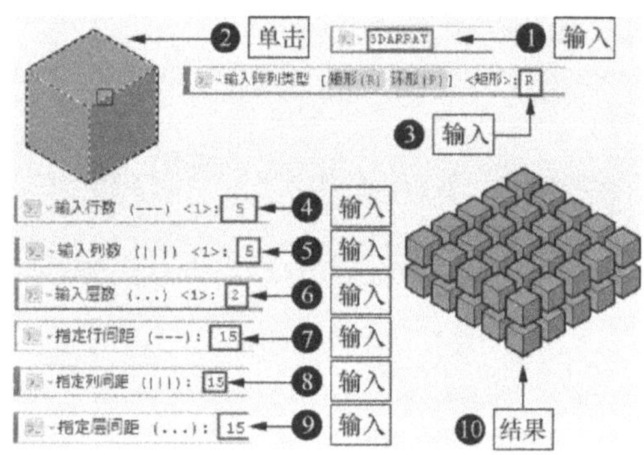

图 10-34

练一练 将长方体阵列为 3 行、6 列、5 层，各间距均为 15mm，结果如图 10-35 所示。

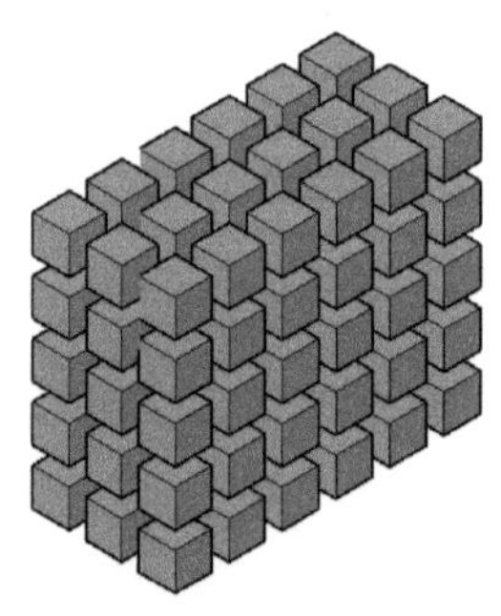

图 10-35

10.3.2 三维环形阵列

（3DARRAY+P）

与"三维矩形阵列"不同，"三维环形阵

列"是指在三维空间，以某中心点为基点对三维模型进行环形复制，以创建多个结构、大小、形状相同的三维模型。

1．快捷命令

3DARRAY+P

2．功能／用途

将三维模型在三维空间呈矩形排列复制。

3．启动方式

（1）输入"3DARRAY"，按 Enter 键，激活【三维阵列】命令。

（2）单击选择要阵列的三维对象，按 Enter 键确认。

（3）输入"P"，按 Enter 键，激活"环形"选项。

功能验证——极轴阵列

在西南视图创建半径为 10mm 和半径为 5mm 的两个球体三维模型，如图 10-36（左）所示，然后将半径为 5mm 的球体以半径为 10mm 的球体为中心环形阵列 20 个，结果如图 10-36（右）所示。

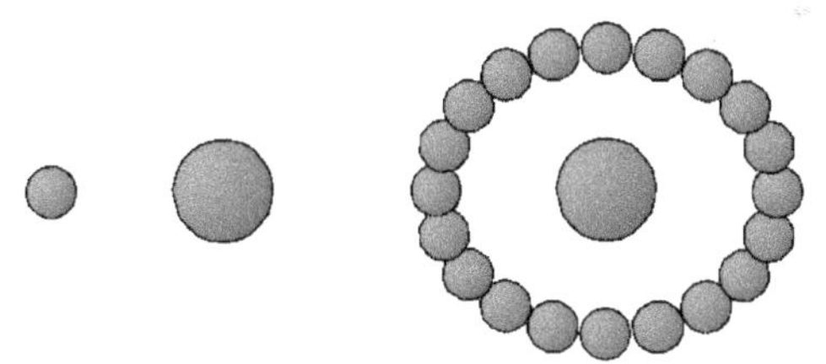

图 10-36

Step 01 ▶ 输入"3DARRAY"，按 Enter 键，激活【三维阵列】命令。

Step 02 ▶ 单击半径为 5mm 的球体，然后按 Enter 键，结束选择。

Step 03 ▶ 输入"P"，按 Enter 键，激活"环形"选项。

Step 04 ▶ 输入"20"，按 Enter 键，设置阵列数目。

Step 05 ▶ 按 Enter 键，采用默认的填充角度（即 360°）。

Step 06 ▶ 按 Enter 键，捕捉半径为 10mm 的球体的中心，指定环形阵列轴上的第 1 点。

Step 07 ▶ 向上引导光标拾取另一点，以指定旋转轴上的第 2 点。

Step 08 ▶ 环形阵列结果如图 10-37 所示。

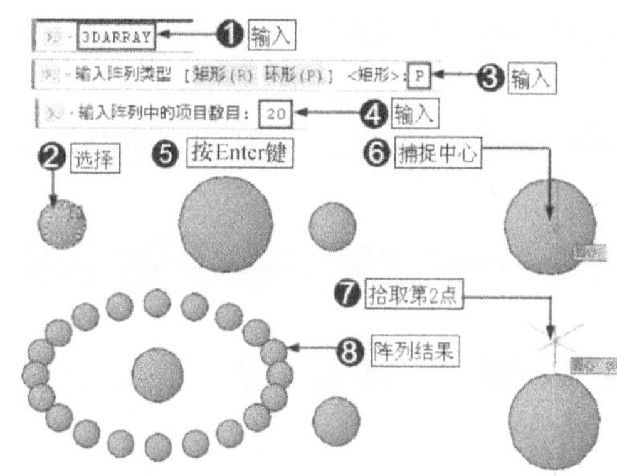

图 10-37

┃ 技术看板 ┃ 进行环形阵列时，系统默认环形阵列的填充角度为 360°，用户也可以根据需要设置环形阵列的填充角度，以创建其他环形阵列效果。下面请读者自己设置环形阵列的填充角度，创建如图 10-38 所示的环形阵列效果。

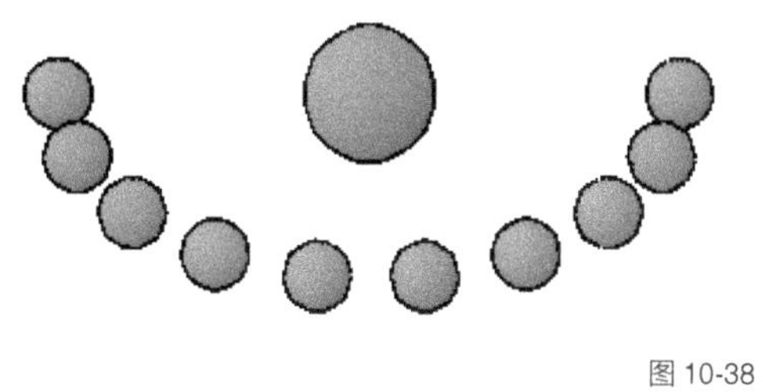

图 10-38

10.4　三维操作

三维操作是指在三维空间对模型进行旋转、镜像、对齐、移动等操作，这也是编辑三维模型的一种方式。

10.4.1　三维旋转

（3DROTATE，3DR）

"三维旋转"是指在三维空间对模型进行旋转操作，它与二维旋转的差别很大，二维旋转时，用户只需输入旋转角度即可，但在三维旋转中，除了要输入旋转角度之外，还需要指定一个旋转轴，这样才能完成对三维模型的旋转操作。

1. 快捷命令

3DROTATE，3DR

2. 功能/用途

将三维模型在三维空间进行旋转。

3. 启动方式

输入"3DROTATE"或"3DR"，按 Enter 键，激活【三维旋转】命令。

| 技术看板 | 单击菜单栏中的【修改】/【三维操作】/【三维旋转】命令；或者单击【建模】工具栏上的"三维旋转"按钮，如图 10-39 所示，均可激活【三维旋转】命令。

图 10-39

功能验证——将长方体沿 X 轴旋转 90°

首先在西南视图创建一个长方体，如图 10-40（左）所示，下面将该长方体沿 X 轴旋转 90°，结果如图 10-40（右）所示。

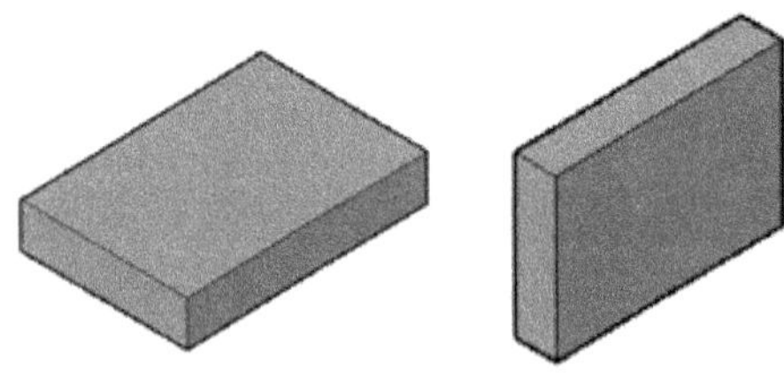

图 10-40

Step 01 ▶ 输入"3DR"，按 Enter 键，激活【三维旋转】命令。

Step 02 ▶ 单击选择长方体三维模型，按 Enter 键确认。

Step 03 ▶ 进入三维旋转模式，此时传动轴模型上会出现红、黄、蓝三种颜色的圆环，分别代表三维模型的 X 轴、Y 轴和 Z 轴。

Step 04 ▶ 捕捉长方体左下端点作为基点（即旋转的中心点）。

Step 05 ▶ 将光标移动到红色圆环（即 X 轴）上，红色圆环显示为黄色，单击确定 X 轴为旋转轴。

Step 06 ▶ 输入"90"，按 Enter 键，确定旋转角度。

Step 07 ▶ 旋转结果如图 10-41 所示。

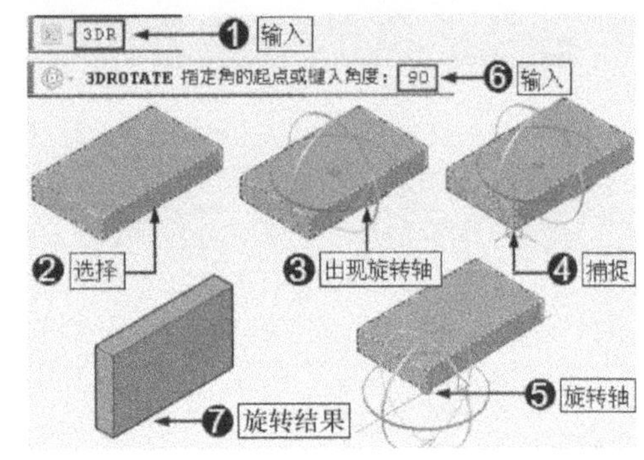

图 10-41

练一练 将以上长方体继续沿 Y 轴旋转 90°，结果如图 10-42 所示。

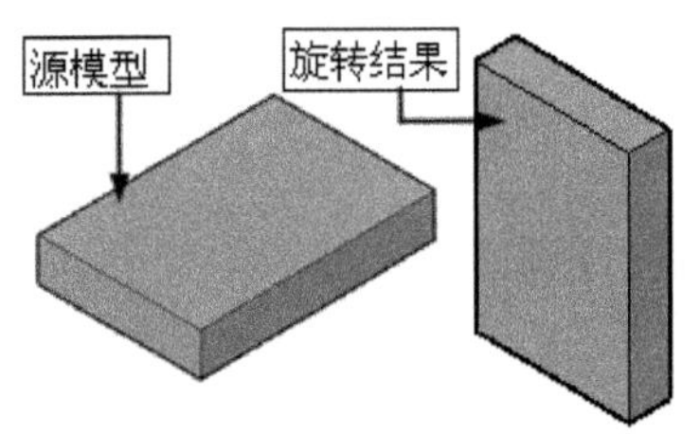

图 10-42

10.4.2 三维对齐（3DALIGN，3DAL）

所谓"三维对齐"，是指以定位源平面和目标平面的形式，对两个三维对象在三维操作空间中进行对齐。

1. 快捷命令

3DALIGN，3DAL

2. 功能/用途

以定位源平面和目标平面的形式，将两个三维对象在三维操作空间中对齐。

3. 启动方式

输入"3DALIGN"或"3DAL"，按 Enter 键，激活【三维对齐】命令。

| 技术看板 | 单击菜单栏中的【修改】/【三维操作】/【三维对齐】命令；或者单击【建模】工具栏上的"三维对齐"按钮，如图 10-43 所示，均可激活【三维对齐】命令。

图 10-43

⚙ **功能验证**——将两个长方体对齐

使用【复制】命令将上一节创建的长方体复制一个，如图 10-44（左）所示，然后将左边的长方体对齐到右边的长方体上，使这两个长方体模型重叠对齐，结果如图 10-44（右）所示。

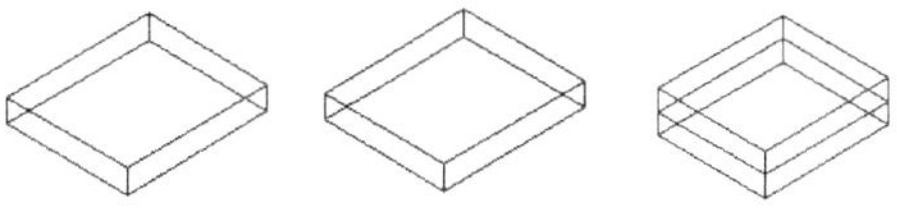

图 10-44

Step 01 ▶ 输入"3DAL"，按 Enter 键，激活【三维对齐】命令。

Step 02 ▶ 选择左边的长方体，按 Enter 键，结束选择。

Step 03 ▶ 捕捉左边长方体的左下端点，指定第 1 个基点。

Step 04 ▶ 捕捉左边长方体的中下端点，指定第 2 个点。

Step 05 ▶ 捕捉左边长方体的右下端点，指定第 3 个点。

Step 06 ▶ 捕捉右边长方体的左上端点，指定第 1 个目标点。

Step 07 ▶ 捕捉右边长方体的中上端点，指定第 2 个目标点。

Step 08 ▶ 捕捉右边长方体的右上端点，指定第 3 个目标点。

Step 09 ▶ 对齐结果如图 10-45 所示。

练一练 对两个长方体模型的侧面进行对齐，

结果如图 10-46 所示。

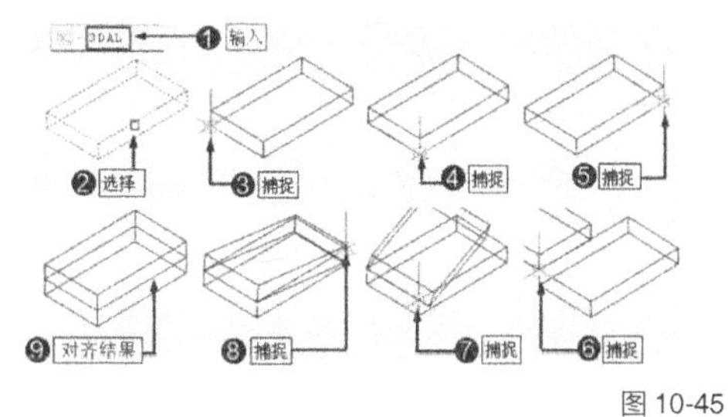

图 10-45

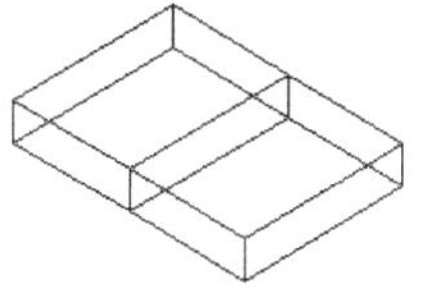

图 10-46

10.4.3　三维镜像（MIRROR3D）

"三维镜像"是指将三维模型在三维空间内按照指定的镜像平面进行镜像，以创建结构对称的三维模型。在镜像模型时，源模型可以删除也可以不删除。

1. 快捷命令

MIRROR3D

2. 功能 / 用途

将三维模型在三维空间内按照指定的镜像平面进行镜像，以创建结构对称的三维模型。

3. 启动方式

输入"MIRROR3D"，按 Enter 键，激活【三维镜像】命令。

｜ **技术看板** ｜单击菜单栏中的【修改】/【三维操作】/【三维镜像】命令，或者进入【三维建模】操作空间，单击【常用】选项卡 /【修改】面板上的"三维镜像"按钮 ％，如图 10-47 所示，均可激活【三镜镜像】命令。

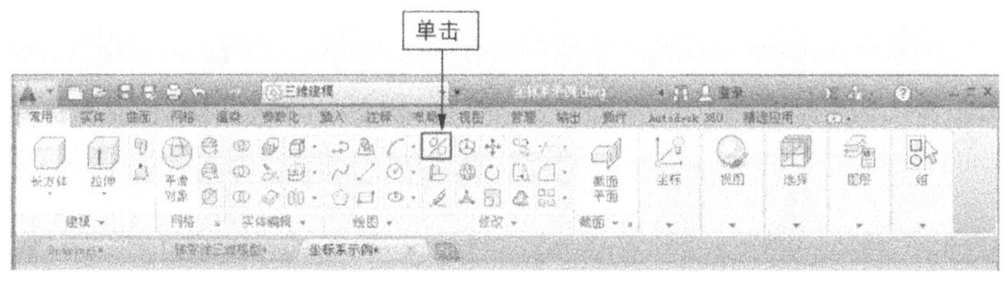

图 10-47

功能验证——三维镜像楔体模型

首先在西南等轴侧视图中绘制一个楔体三维模型，如图 10-48（左）所示，然后在 *YZ* 平面内三维镜像并复制该楔体模型，结果如图 10-48（右）所示。

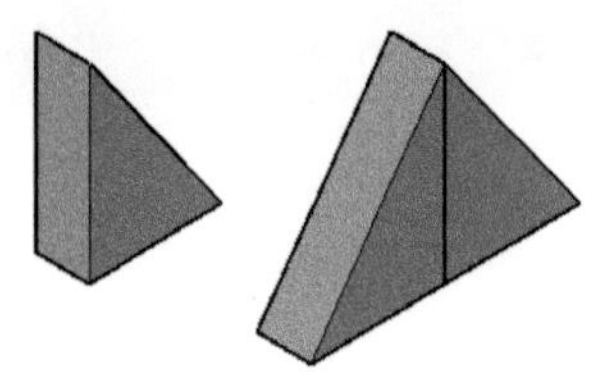

图 10-48

Step 01 ▶ 输入"MIRROR3D"，按 Enter 键，激活【三维镜像】命令。

Step 02 ▶ 选择楔体模型，按 Enter 键，结束对象的选择。

Step 03 ▶ 输入"YZ"，按 Enter 键，指定镜像平面。

Step 04 ▶ 捕捉楔体下水平边的中点。

Step 05 ▶ 按 Enter 键，结果是楔体被镜像并复制，如图 10-49 所示。

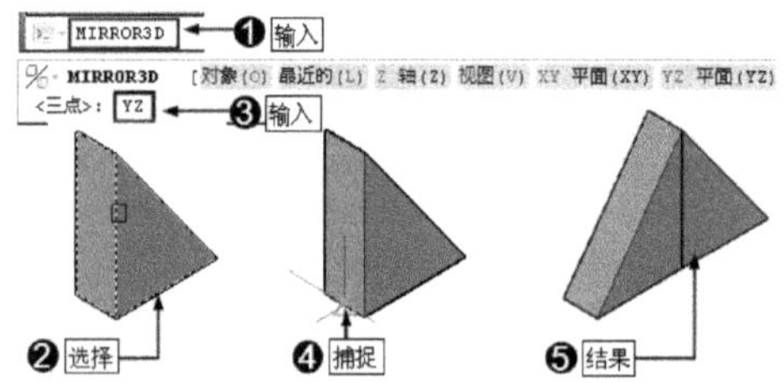

图 10-49

技术看板 进行三维镜像时，除可以选择坐标平面作为镜像平面，还可以选定某一对象所在的平面作为镜像平面，或者以上次镜像使用的镜像平面为当前镜像平面来镜像对象，或者选取对象上的三点作为镜像平面。除此之外，三维镜像与二维镜像相同，既可以保留源对象，也可以删除源对象。这些操作都非常简单，由于篇幅所限，在此不再赘述。

练一练 将楔体模型分别以 XY 平面和 ZX 平面为镜像平面进行镜像，结果如图 10-50 所示。

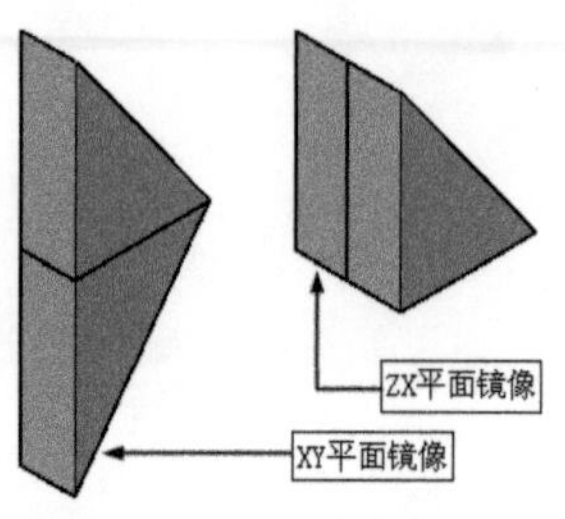

图 10-50

10.4.4　三维移动（3DMOVE）

"三维移动"是指使三维模型在三维空间内进行移动，以改变三维模型的位置，这与二维图形的移动相似。

1. 快捷命令

3DMOVE

2. 功能 / 用途

使三维模型在三维空间内移动，以改变三维模型的位置。

3. 启动方式

输入"3DMOVE"，按 Enter 键，激活【三维移动】命令。

技术看板 单击菜单栏中的【修改】/【三维操作】/【三维移动】命令；或者单击【建模】工具栏上的"三维移动"按钮，如图 10-51 所示，均可激活【三维镜像】命令。

图 10-51

功能验证——使楔体模型在三维空间内移动

首先在西南等轴侧视图上以坐标系原点为楔体的第 1 点，绘制一个楔体三维模型，如图 10-52（左）所示，然后使该楔体模型以"@100,50,30"为目标点进行移动，结果如图 10-52（右）所示。

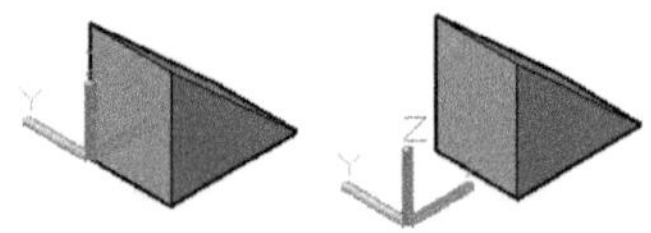

图 10-52

Step 01 ▶ 输入"3DMOVE"，按 Enter 键，激活【三维移动】命令。

Step 02 ▸ 选择楔体模型，然后按 Enter 键结束对象的选择。

Step 03 ▸ 输入 "0,0,0"，按 Enter 键，指定基点。

Step 04 ▸ 继续输入 "@100,50,30"，按 Enter 键，指定目标点。

Step 05 ▸ 移动结果如图 10-53 所示。

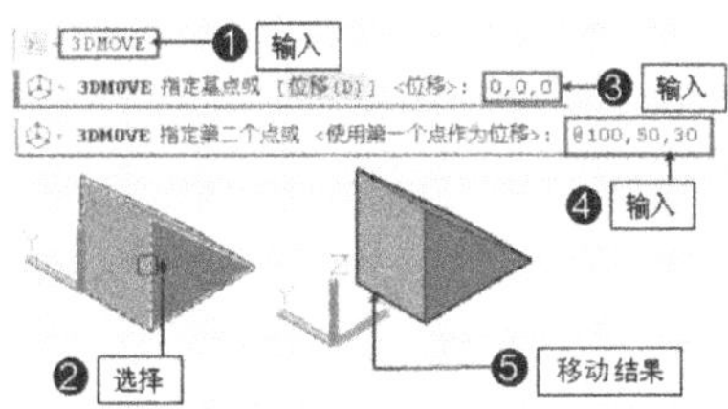

图 10-53

第 11 章
综合实例——建筑设计

AutoCAD 是建筑设计领域首选的一款设计软件，本章就来学习如何绘制住宅楼建筑平面图。

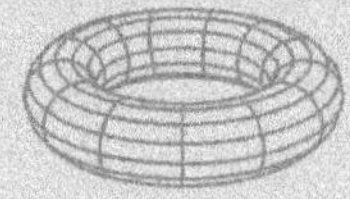
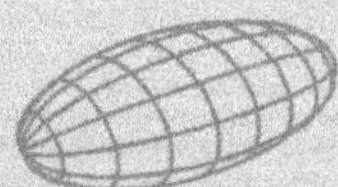
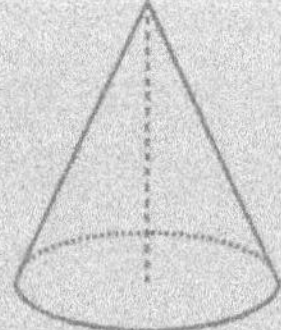

本实例综合运用前面所学的知识，绘制如图 11-1 所示的某住宅楼建筑平面图。

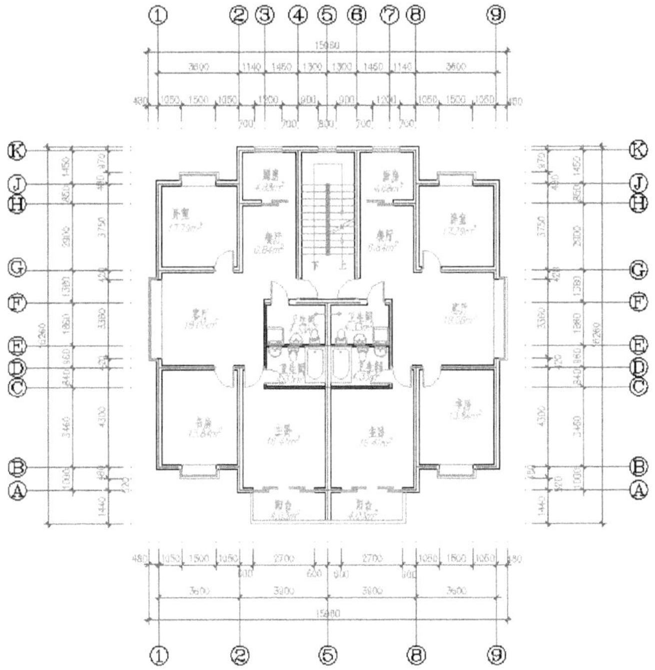

图 11-1

11.1　绘制建筑平面图轴线网

在建筑设计中，定位轴线用于表达建筑物纵、横向墙体之间的结构位置关系，是墙体定位的主要依据。

11.1.1 绘制纵横定位轴线

本节绘制建筑平面图的定位轴线。

操作步骤

1. 调用样板并设置绘图环境

Step 01 ▸ 输入 "QNEW"，按 Enter 键，打开【选择样板】对话框。

Step 02 ▸ 选择 "样板文件" 目录下的 "建筑样板 .dwt" 作为基础样板。

Step 03 ▸ 在 "图层" 控制下拉列表中将 "轴线层" 图层设置为当前图层。

Step 04 ▸ 输入 "LT"，按 Enter 键，打开【线型管理器】对话框。

Step 05 ▸ 在 "全局比例因子" 输入框中调整线型比例为 1。

2. 绘制矩形并分解

Step 01 ▸ 输入 "REC"，按 Enter 键，激活【矩形】命令。

Step 02 ▸ 在绘图区绘制 7500×16020 的矩形。

Step 03 ▸ 输入 "X"，按 Enter 键，激活【分解】命令。

Step 04 ▸ 选择绘制的矩形，按 Enter 键，将其分解为 4 条独立的线段。

3. 偏移轴线

Step 01 ▸ 输入 "O"，按 Enter 键，激活【偏移】命令。

Step 02 ▸ 输入 "3600"，按 Enter 键，指定偏移距离。

Step 03 ▸ 选择矩形左侧垂直边。

Step 04 ▸ 在右侧单击，将其向右偏移 3600 个绘图单位。偏移结果如图 11-2 所示。

Step 05 ▸ 按 Enter 键，重复【偏移】命令，根据图示尺寸，继续偏移出内部的垂直轴线和水平轴线，结果如图 11-3 所示。

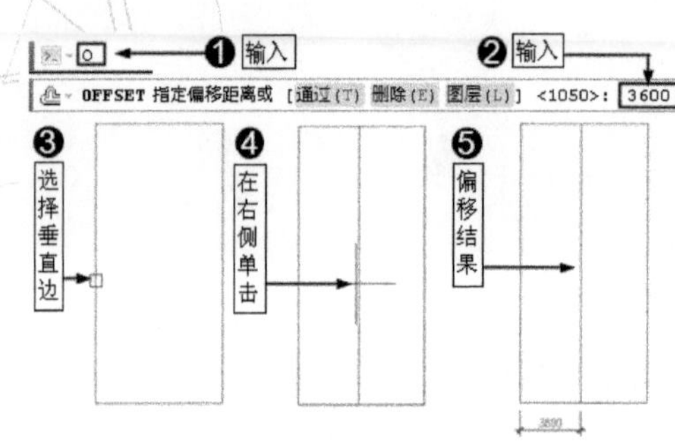

图 11-2

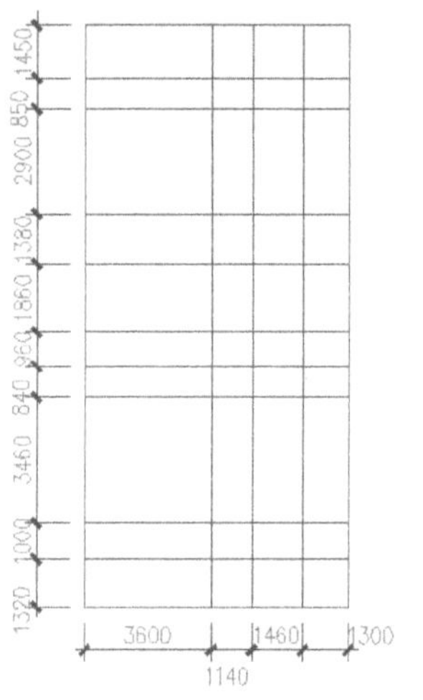

图 11-3

4. 删除水平轴线

Step 01 ▶ 使用快捷键"E"激活【删除】命令。

Step 02 ▶ 选择最下方的水平轴线，按 Enter 键，将其删除，如图 11-4 所示。

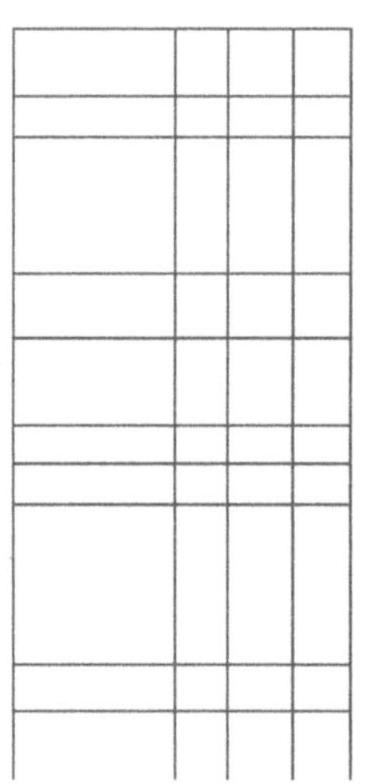

图 11-4

5. 修剪垂直轴线

Step 01 ▶ 输入"TR"，按 Enter 键，激活【修剪】命令。

Step 02 ▶ 选择以第 2 条垂直轴线（由左向右数）作为剪切边界，按 Enter 键。

Step 03 ▶ 在第 1 条、第 3 条和第 10 条水平轴线的左端单击。

Step 04 ▶ 在第 2 条、第 4 条、第 7 条和第 9 条水平轴线的右端单击，继续修剪，如图 11-5 所示。

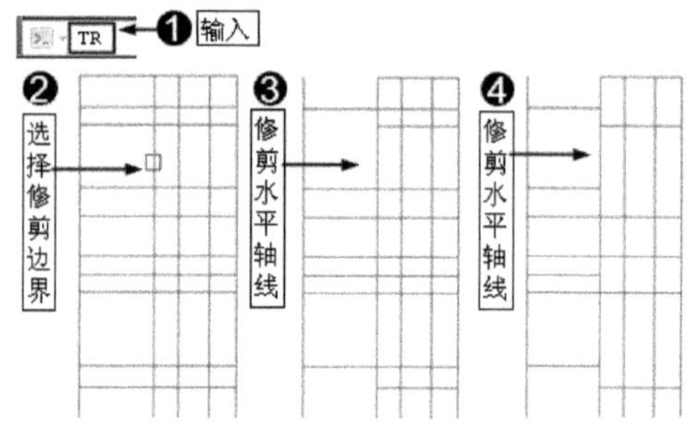

图 11-5

Step 05 ▶ 重复执行【修剪】命令，以第 3 条垂直轴线作为剪切边界，分别对第 5 条、6 条和 8 条水平轴线进行修剪，修剪结果如图 11-6 所示。

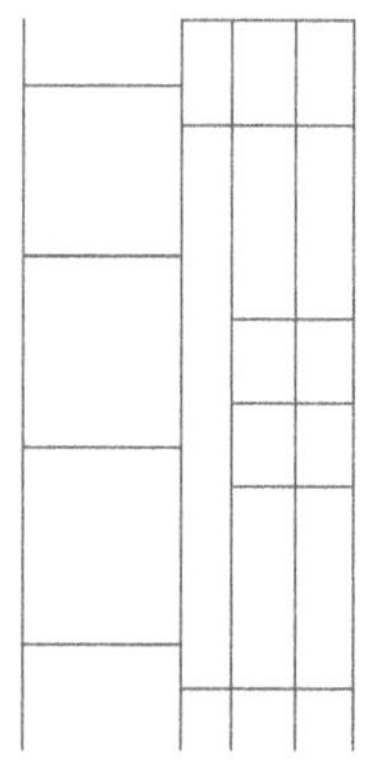

图 11-6

6. 修剪水平轴线

Step 01 ▶ 重复执行【修剪】命令，以第 2 条和第 9 条水平轴线作为修剪边界，对第 1 条垂直轴线进行修剪。

Step 02 ▶ 以第 4 条和第 7 条水平轴线作为修剪边界，对第 2 条垂直轴线进行修剪。

Step 03 ▶ 以第 5 条和第 8 条水平轴线作为修剪边界，对第 3 条、第 4 条和第 5 条垂直轴线进行修剪，修剪结果如图 11-7 所示。

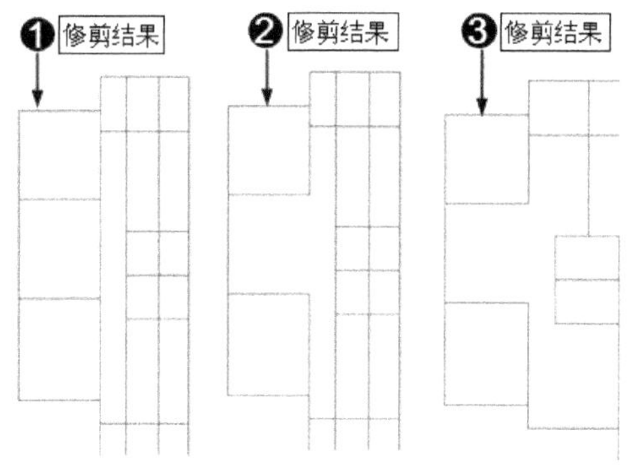

图 11-7

Step 04 ▶ 至此，定位轴线绘制完毕，将该文件命名并保存为"绘制纵横定位轴线 .dwg"。

11.1.2　在定位轴线上创建门窗洞

绘制好定位轴线之后，还需要在定位轴线上创建门、窗的洞口，这样便于绘制墙线，并插入门、窗等建筑构件。本节就在定位轴线上创建门洞和窗洞。

操作步骤

1. 偏移轴线

Step 01 ▶ 使用快捷键"O"激活【偏移】命令。

Step 02 ▶ 输入"1050"，按 Enter 键，输入偏移距离。

Step 03 ▶ 选择最左侧的垂直轴线，按 Enter 键确认。

Step 04 ▶ 在该轴线右侧单击进行偏移。

Step 05 ▶ 按 Enter 键，偏移结果如图 11-8 所示。

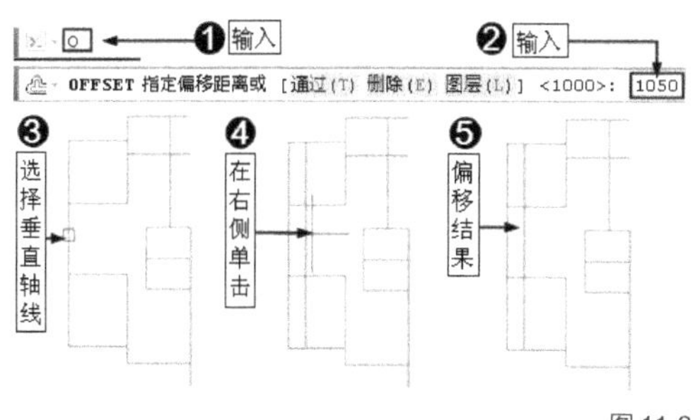

图 11-8

Step 06 ▶ 使用相同的方法，继续将最左侧垂直轴线向右偏移 2550 个单位。

2. 修剪创建窗洞

Step 01 ▶ 使用快捷键"TR"激活【修剪】命令。

Step 02 ▶ 使用"窗交"方式选择刚偏移的两条垂直轴线作为修剪边，按 Enter 键确认。

Step 03 ▶ 在两条辅助轴线之间单击第 2 条水平轴线，按 Enter 键确认。

Step 04 ▶ 在未启动任何命令的情况下选择偏移得到的两条轴线。

Step 05 ▶ 按 Delete 键将其删除，这样就创建了宽度为 1500 个绘图单位的窗洞，如图 11-9 所示。

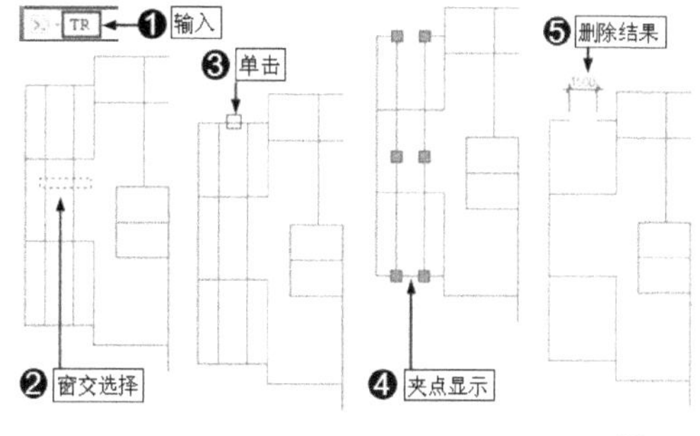

图 11-9

3. 打断创建窗洞和门洞

Step 01 ▶ 输入"BR"，按 Enter 键，激活【打断】命令。

Step 02 ▶ 选择最上方的水平轴线。

Step 03 ▶ 输入"F"，按 Enter 键，激活"第 1 点"选项。

Step 04 ▶ 按住 Shift 键右击，选择【自】选项。

Step 05 ▶ 捕捉轴线的左端点。

Step 06 ▶ 输入"@700,0"，按 Enter 键，指定窗洞起点坐标。

Step 07 ▶ 输入"@1200,0"，按 Enter 键，指定窗洞端点坐标。

Step 08 ▶ 创建的窗洞效果如图 11-10 所示。

4. 夹点编辑创建门窗洞

Step 01 ▶ 在无任何命令执行的前提下选择第 3 条水平轴线，使其夹点显示。

Step 02 ▶ 单击右侧的夹点进入夹基点（夹点显示红色）编辑模式。

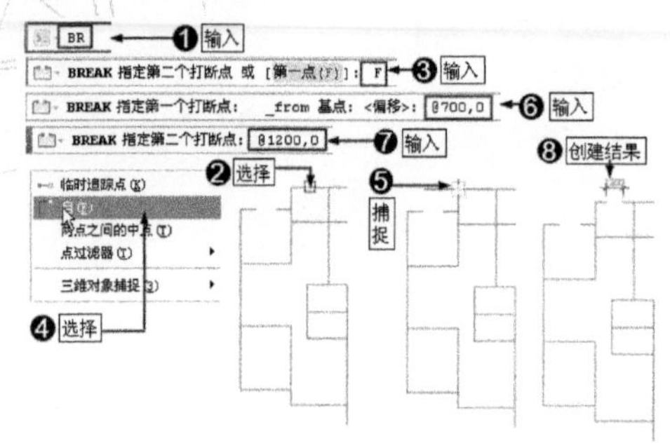

图 11-10

Step 03 ▶ 向左引导光标，然后输入"2900"，按 Enter 键确认。

Step 04 ▶ 按 Esc 键取消夹点显示，结果如图 11-11 所示。

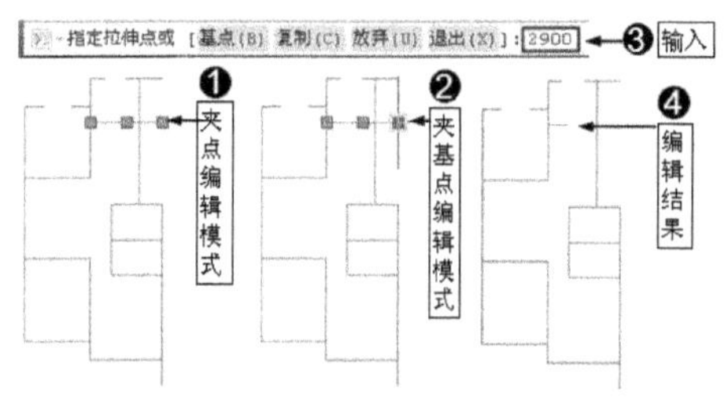

图 11-11

5. 创建其他门洞和窗洞

综合以上 3 种开洞方法，根据图示尺寸，创建其他位置处的门洞和窗洞，最终结果如图 11-12 所示。

6. 保存文件

所需要的门洞和窗洞都创建完成后，将图形文件重命名并保存为"在定位轴线上创建门窗洞 .dwg"。

11.1.3　完善定位轴线

在定位轴线上创建门洞和窗洞后，只是创建了建筑平面图定位轴线的一半，还需要创建出定位轴线的另一半，并修改定位轴线的比例因子。下面继续对创建门洞和窗洞之后的定位轴线进行镜像操作，对其进行完善。

操作步骤

1. 镜像定位轴线

Step 01 ▶ 输入"MI"，按 Enter 键，激活【镜像】命令。

Step 02 ▶ 使用"窗交"选择方式选择除右侧垂直轴线之外的其他所有轴线。

Step 03 ▶ 按 Enter 键，捕捉右侧定位轴线的上端点作为镜像轴的第 1 点。

Step 04 ▶ 捕捉右侧定位轴线的下端点作为镜像轴的第 2 点。

Step 05 ▶ 按 Enter 键，镜像结果如图 11-12 所示。

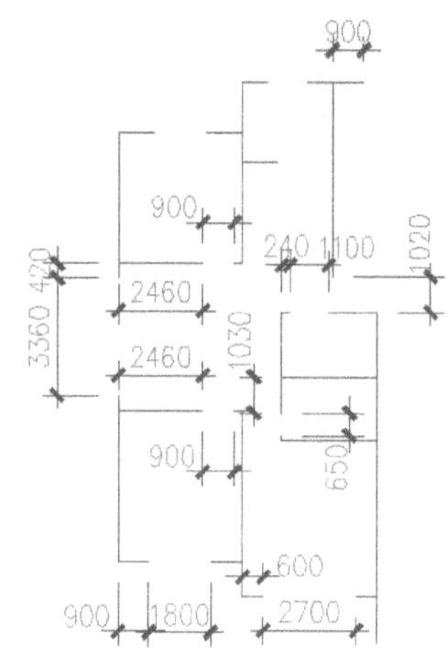

图 11-12

2. 修改定位轴线的线型比例

Step 01 ▶ 单击【格式】菜单中的【线型】命令，打开【线型管理器】对话框。

Step 02 ▶ 修改"全局比例因子"的值为 100。

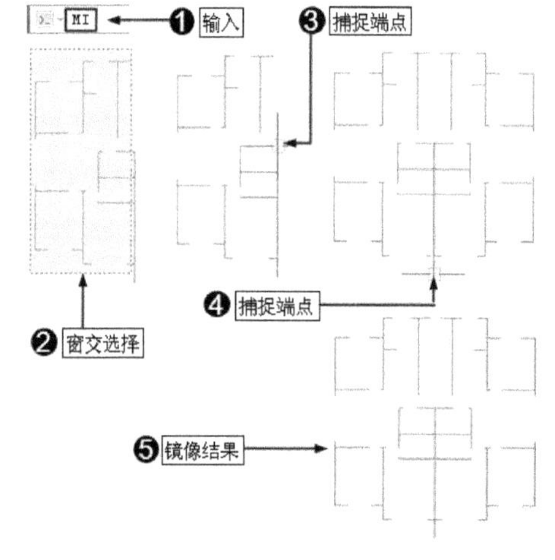

图 11-13

Step 03 ▶ 单击"确认"按钮并关闭【线型管理器】对话框，此时定位轴线显示效果如图 11-14 所示。

Step 04 ▶ 至此，建筑平面图定位轴线绘制完毕，将该文件重命名并保存为"完善定位轴线 .dwg"。

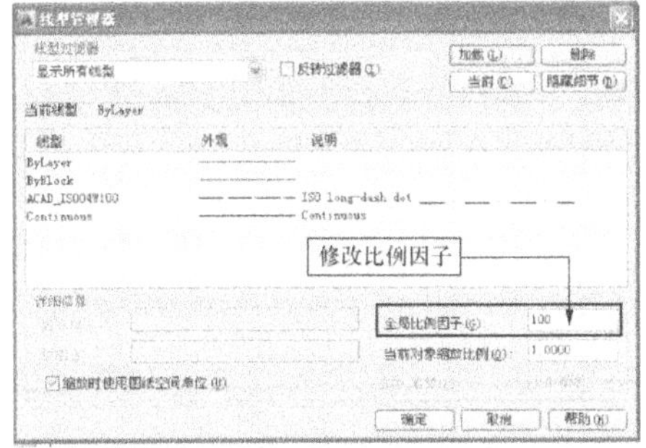

图 11-14

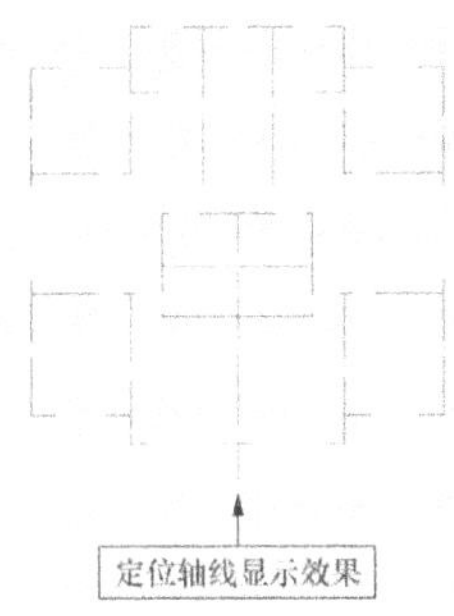

定位轴线显示效果

11.2　绘制建筑平面图墙线

在建筑设计中，建筑物墙线分为主墙线和次墙线，主墙线是房屋的承重墙，而次墙线则主要用于划分房屋空间，本节就来绘制墙线。

11.2.1　创建墙线

打开 11.1.3 节保存的图形文件，在该文件的基础上创建主墙线和次墙线。

操作步骤

1. 创建主墙线

Step 01 ▶ 在"图层"控制列表中将"墙线层"图层设置为当前图层。

Step 02 ▶ 使用快捷键"LT"激活【线型】命令，暂时将线型比例设置为 1。

Step 03 ▶ 执行【格式】/【多线样式】命令，在打开的【多线样式】对话框中将"墙线样式"设置为当前样式。

Step 04 ▶ 输入"ML"，按 Enter 键，激活【多线】命令。

Step 05 ▶ 输入"J"，按 Enter 键，激活"对正"选项。

Step 06 ▶ 输入"Z"，按 Enter 键，设置对正方式为"无对正"方式。

Step 07 ▶ 输入"S"，按 Enter 键，激活"比例"选项。

Step 08 ▶ 输入"240"，按 Enter 键，指定多线比例，如图 11-15 所示。

图 11-15

Step 09 ▶ 捕捉左侧定位轴线的端点。

Step 10 ▶ 继续捕捉下一点。

Step 11 ▶ 继续捕捉下一点。

Step 12 ▶ 按 Enter 键，绘制结果如图 11-16 所示。

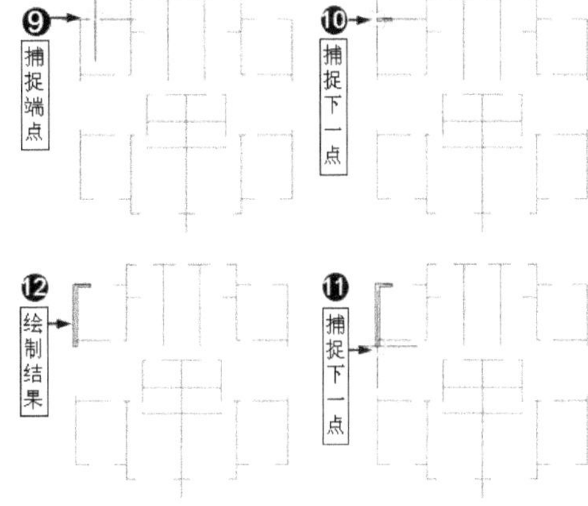

图 11-16

Step 13 ▶ 重复执行【多线】命令，保持多线样式、对正方式和多线比例不变，配合"捕捉"功能分别绘制其他位置的墙线，结果如图 11-17 所示。

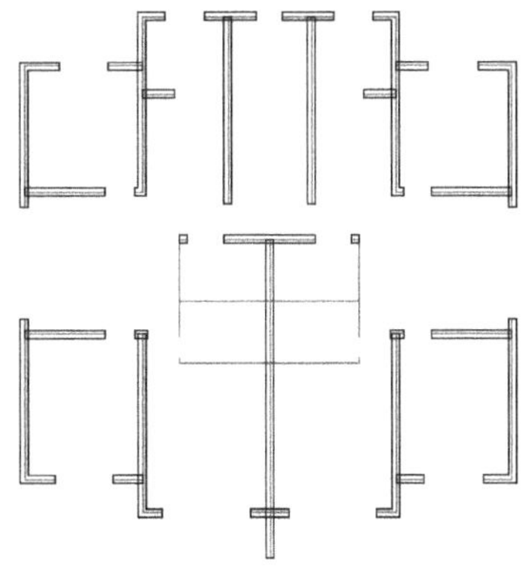

图 11-17

2. 创建次墙线

次墙线的宽度一般为 120mm，因此在绘制次墙线时要修改多线比例为 120，其他设置采用与主墙线相同的设置即可。

Step 01 ▶ 按 Enter 键，重复执行【多线】命令。

Step 02 ▶ 输入"S"，按 Enter 键，激活"比例"选项。

Step 03 ▶ 输入"120"，按 Enter 键，指定多线比例。

Step 04 ▶ 依照前面的操作，捕捉轴线的端点，绘制次墙线，结果如图 11-18 所示。

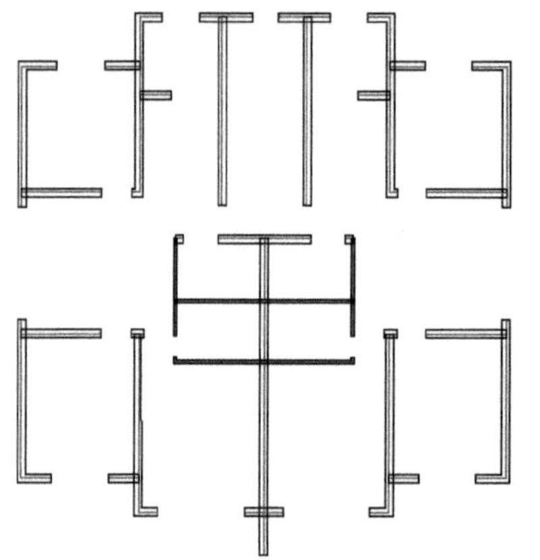

图 11-18

Step 05 ▶ 在"图层"控制列表中关闭"轴线层"图层，最后将该图形重命名并保存为"绘制主次墙线 .dwg"。

11.2.2 编辑墙线

创建好墙线之后，还需要对主墙线和次墙线的相交部分进行编辑，这样才能符合绘图要求。打开 11.2.1 节保存的图形文件，在该文件的基础上编辑主墙线和次墙线。

操作步骤

1. 合并 T 形相交的墙线

Step 01 ▶ 在无任何命令发出的情况下双击任意墙线，打开【多线编辑工具】对话框。

Step 02 ▶ 单击"T 形合并"按钮。

Step 03 ▶ 返回绘图区，单击水平墙线。

Step 04 ▶ 单击垂直墙线，按 Enter 键，T 形相交的两条墙线被合并，结果如图 11-19 所示。

Step 05 ▶ 按 Enter 键，再次打开【多线编辑工具】对话框，单击"T 形合并"按钮，然后使用相同的方法，分别对其他 T 形相交的墙线进行合并。

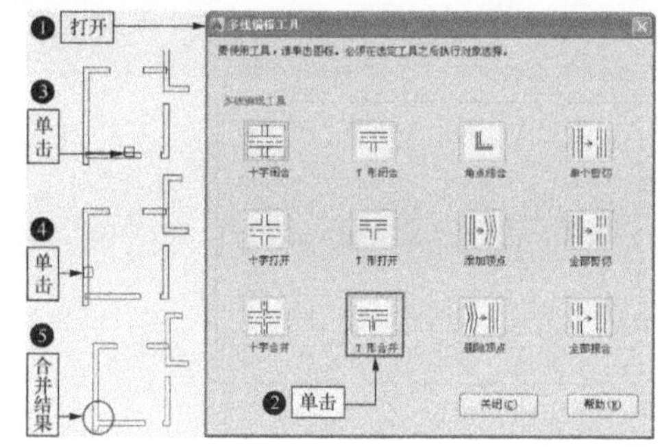

图 11-19

2. 合并十字形相交的墙线

Step 01 ▶ 按 Enter 键，再次打开【多线编辑工具】对话框。

Step 02 ▶ 单击"十字合并"按钮。

Step 03 ▶ 返回绘图区，单击水平墙线。

Step 04 ▶ 单击垂直墙线。

Step 05 ▶ 按 Enter 键，十字相交的两条墙线被合并，结果如图 11-20 所示。

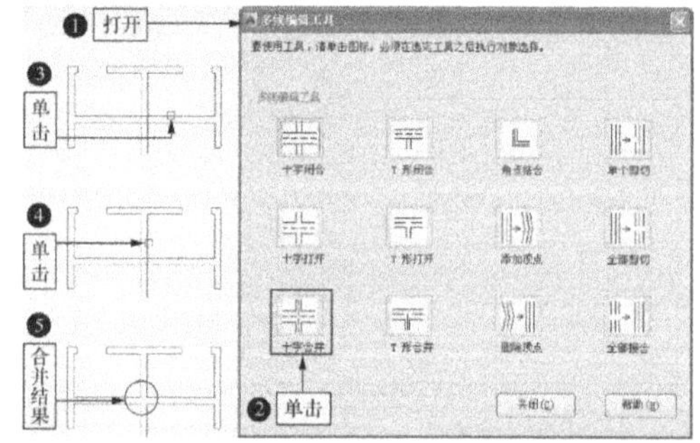

图 11-20

Step 06 ▶ 按 Enter 键，再次打开【多线编辑工具】对话框，单击"十字合并"按钮，然后使用相同的方法，分别对其他十字相交的墙线进行合并，结果如图 11-21 所示。

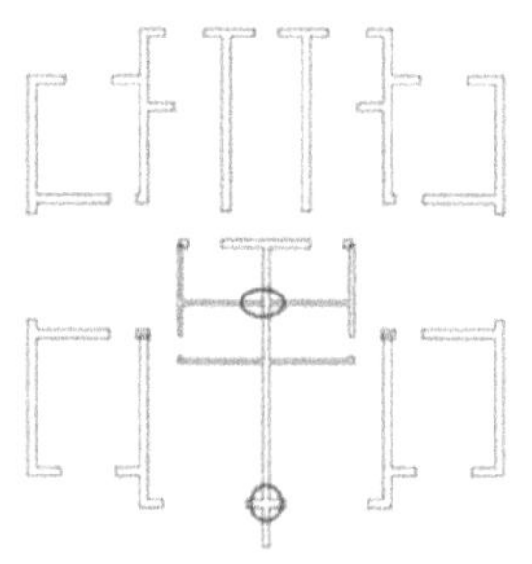

图 11-21

3.　合并角点结合形相交的墙线

Step 01 ▸ 按 Enter 键，再次打开【多线编辑工具】对话框。

Step 02 ▸ 单击"角点结合"按钮 ⌐。

Step 03 ▸ 返回绘图区，单击水平墙线。

Step 04 ▸ 单击垂直墙线。

Step 05 ▸ 按 Enter 键，两条墙线被合并，角点结合结果如图 11-22 所示。

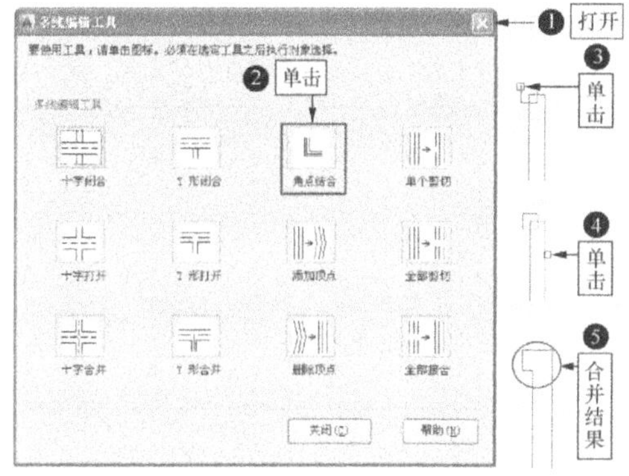

图 11-22

Step 06 ▸ 按 Enter 键，再次打开【多线编辑工具】对话框，单击"角点结合"按钮 ⌐，然后使用相同的方法，对左边另一个角点结合的墙线进行合并，结果如图 11-23 所示。

Step 07 ▸ 至此，建筑平面图的墙线绘制完毕，将该文件重命名并保存为"编辑主次墙线.dwg"。

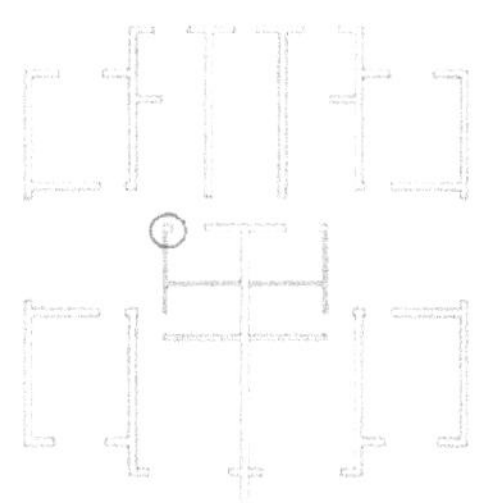

图 11-23

11.3　绘制建筑构件

在建筑设计中，建筑构件包括门、窗以及阳台、楼体、卫生间洁具等，本节就来学习如何绘制这些构件。

11.3.1　绘制平面窗户

打开 11.2.2 节保存的图形文件，在该文件的基础上绘制平面窗户。绘制平面窗户时，需要设置窗线样式，以及窗线样式的比例。

操作步骤

1.　设置当前图层与多线样式

Step 01 ▸ 在"图层"控制下拉列表中，将"门窗层"图层设置为当前图层。

Step 02 ▸ 单击【格式】菜单中的【多线样式】命令，打开【多线样式】对话框。

Step 03 ▸ 选择"窗线样式"，单击 置为当前(U) 按钮，将该样式设置为当前样式。

2.　绘制平面窗

Step 01 ▸ 输入"ML"，按 Enter 键，激活【多线】命令。

Step 02 ▸ 输入"S"，按 Enter 键，激活"比例"选项。

Step 03 ▸ 输入"240"，按 Enter 键，指定多线比例。

Step 04 ▸ 捕捉墙线的中点作为窗线的第 1 点。

Step 05 ▸ 捕捉另一个墙线的中点作为窗线的第 2 点。

Step 06 ▸ 按 Enter 键，绘制结果如图 11-24 所示。

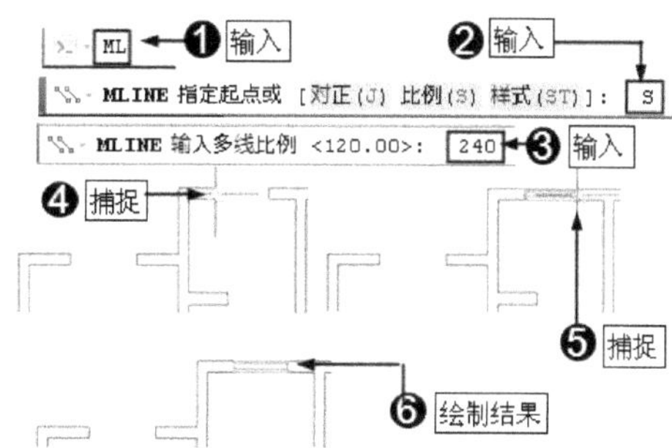

图 11-24

Step 07 ▸ 重复执行【多线】命令，使用相同的设置参数，配合"中点"捕捉功能绘制其他位置的平面窗户，结果如图 11-25 所示。

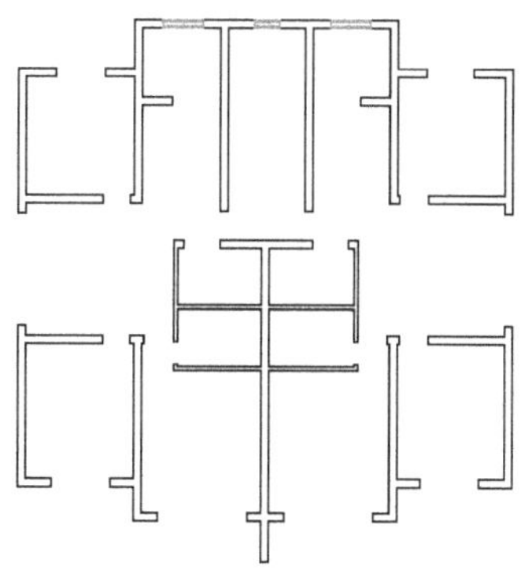

图 11-25

Step 08 ▸ 至此，平面窗户绘制完毕，将该文件重命名并保存为"绘制平面窗户 .dwg"。

11.3.2 绘制凸窗与阳台

打开 11.3.1 节保存的图形文件，在该文件的基础上绘制凸窗和阳台。凸窗和阳台与平面窗不同，凸窗是凸出主墙体的一种窗户，而阳台也是凸出主墙体的，因此，绘制凸窗与阳台时一般使用【多段线】命令来绘制更好。

操作步骤

1. 绘制凸窗线

Step 01 ▸ 输入"PL"，按 Enter 键，激活【多段线】命令。

Step 02 ▸ 捕捉窗洞左侧墙体的上端点。

Step 03 ▸ 输入"@0,240"，按 Enter 键，确定下一端点。

Step 04 ▸ 输入"@1500,0"，按 Enter 键，确定下一端点。

Step 05 ▸ 输入"@0,-240"，按 Enter 键，确定下一端点。

Step 06 ▸ 按 Enter 键，绘制结果如图 11-26 所示。

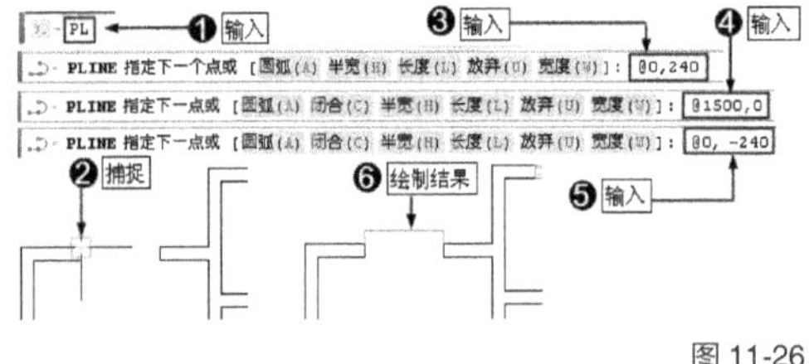

图 11-26

Step 07 ▸ 按 Enter 键，重复执行【多段线】命令。

Step 08 ▸ 捕捉窗洞左侧墙体的下端点。

Step 09 ▸ 捕捉窗洞右侧墙体的下端点。

Step 10 ▸ 按 Enter 键，绘制结果如图 11-27 所示。

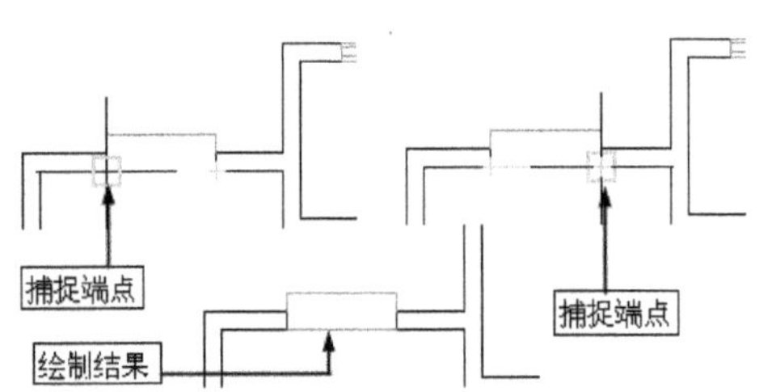

图 11-27

2. 偏移凸窗线

Step 01 ▸ 输入"O"，按 Enter 键，激活【偏移】命令。

Step 02 ▸ 输入"50"，按 Enter 键，指定偏移距离。

Step 03 ▸ 选择绘制的凸窗线。

Step 04 ▸ 在凸窗线的上侧拾取一点。

Step 05 ▸ 按 Enter 键，结束命令，偏移结果如图 11-28 所示。

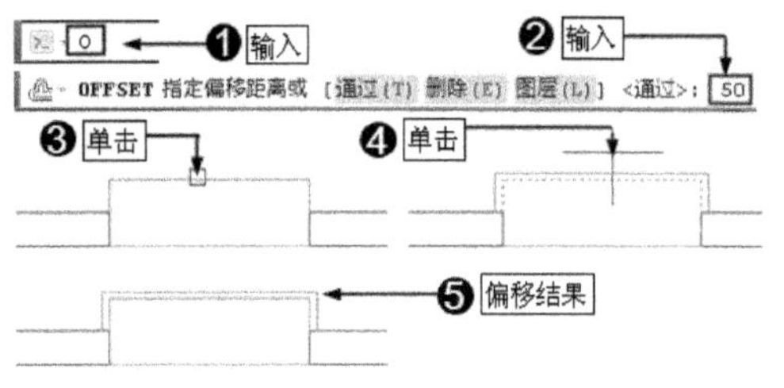

图 11-28

Step 06 ▸ 按 Enter 键，重复执行【偏移】命令，使用相同的方法继续将凸窗线向外偏移 120 个绘图单位，结果如图 11-29 所示。

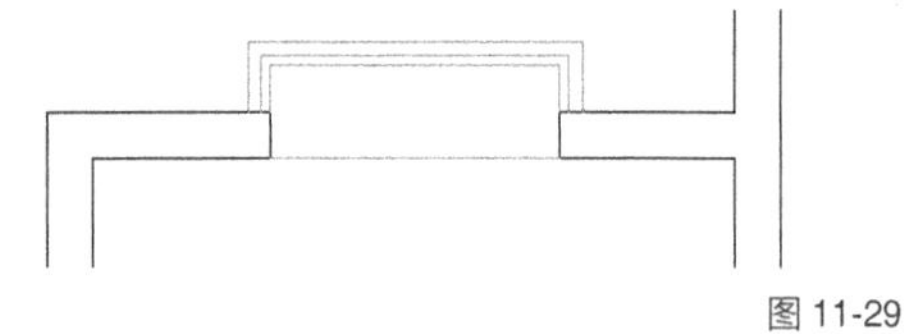

图 11-29

Step 07 ▸ 使用相同的方法，根据图示尺寸，绘制左侧面的凸窗，结果如图 11-30 所示。

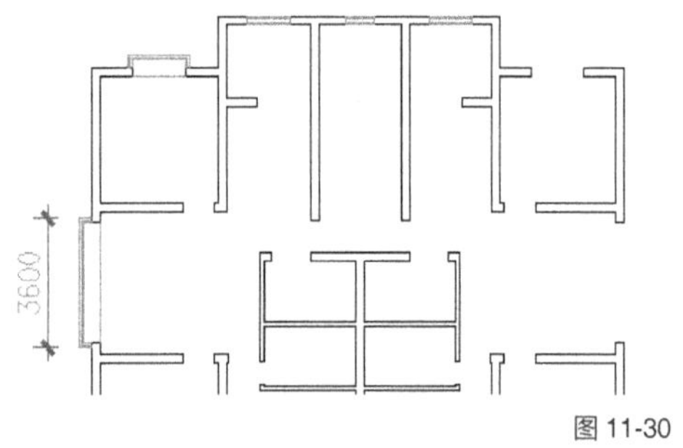

图 11-30

3. 镜像凸窗

Step 01 ▸ 输入"MI"，按 Enter 键，激活【镜像】命令。

Step 02 ▸ 选择上面和侧面的两个凸窗。

Step 03 ▸ 按 Enter 键，然后捕捉中间墙线的中点作为镜像轴的第 1 点。

Step 04 ▶ 输入 "@0,1"，按 Enter 键，指定镜像轴另一点的坐标。

Step 05 ▶ 按 Enter 键，镜像结果如图 11-31 所示。

Step 06 ▶ 按 Enter 键，重复执行【镜像】命令。

Step 07 ▶ 选择上面的两个凸窗，按 Enter 键。

Step 08 ▶ 按住 Shift 键右击，选择【两点之间的中点】命令。

Step 09 ▶ 捕捉上方墙体的端点。

Step 10 ▶ 捕捉下方墙体的端点，以确定镜像轴的第 1 点。

Step 11 ▶ 输入 "@1,0"，按 Enter 键，指定镜像轴另一点的坐标。

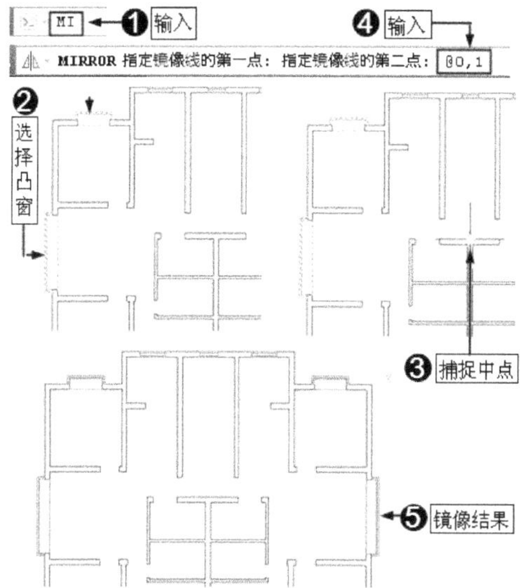

图 11-31

Step 12 ▶ 按 Enter 键，将上面两个凸窗镜像到下方窗洞位置，如图 11-32 所示。

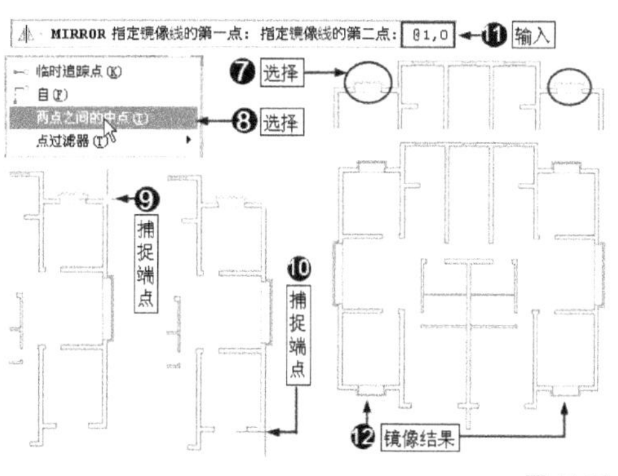

图 11-32

4. 绘制阳台线

Step 01 ▶ 输入 "PL"，按 Enter 键，激活【多段线】命令。

Step 02 ▶ 捕捉下方墙线的端点。

Step 03 ▶ 输入 "@0,-1200"，按 Enter 键，指定下一端点坐标。

Step 04 ▶ 输入 "@6600,0"，按 Enter 键，指定下一端点坐标。

Step 05 ▶ 输入 "@0,1200"，按 Enter 键，指定下一端点坐标。

Step 06 ▶ 按 Enter 键，绘制结果如图 11-33 所示。

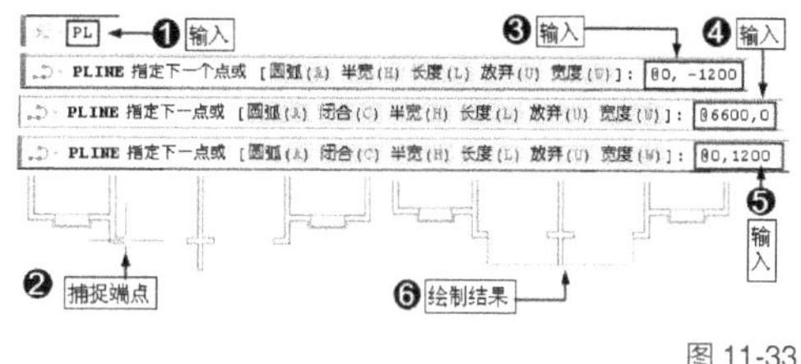

图 11-33

5. 偏移阳台线

Step 01 ▶ 输入 "O"，按 Enter 键，激活【偏移】命令。

Step 02 ▶ 输入 "120"，按 Enter 键，指定偏移距离。

Step 03 ▶ 选择绘制的阳台线。

Step 04 ▶ 在阳台线的下侧拾取一点。

Step 05 ▶ 按 Enter 键，结束命令，偏移结果如图 11-34 所示。

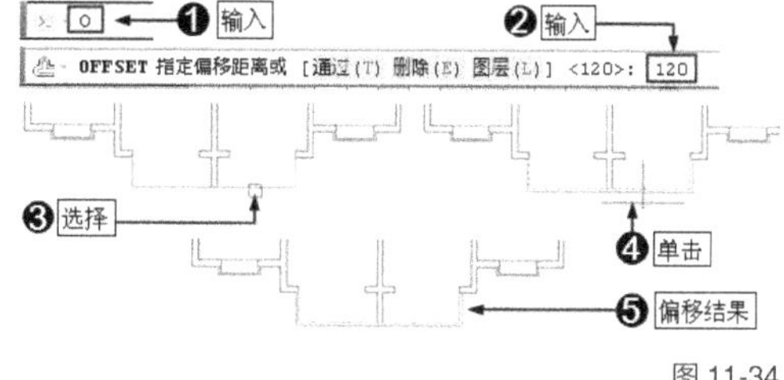

图 11-34

Step 06 ▶ 至此，凸窗与阳台绘制完毕，将该文件重命名并保存为 "绘制凸窗与阳台 .dwg"。

11.3.3 插入门图块

打开 11.3.2 节保存的图形文件，下面向该图形文件中插入 "单开门" 和 "推拉门" 图块。

⚙️ **操作步骤**

1. 插入"单开门"和"推拉门"图块

Step 01 ▸ 在"图层"控制下拉列表中将"图块层"图层设置为当前图层。

Step 02 ▸ 输入"I"，按 Enter 键，激活【插入】命令，打开【插入】对话框。

Step 03 ▸ 单击 浏览(B)... 按钮，选择"图块文件"目录下的"单开门 .dwg"文件。

Step 04 ▸ 采用默认参数设置，单击 确定 按钮返回绘图区。

Step 05 ▸ 捕捉左上角房间的门洞墙线的中点作为插入点，插入结果如图 11-35 所示。

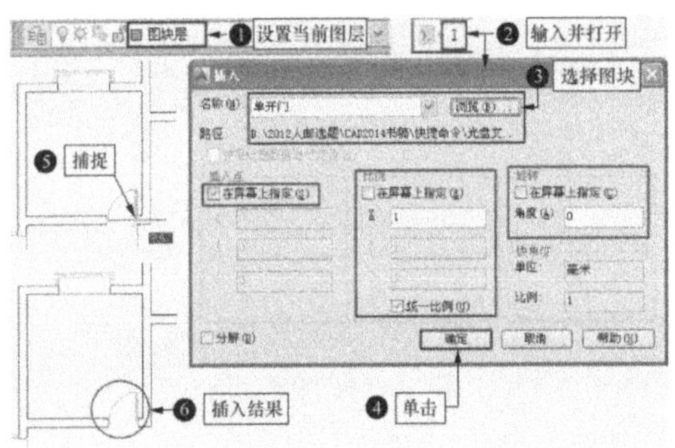

图 11-35

Step 06 ▸ 重复执行【插入块】命，设置块的旋转角度为 -90，其他设置默认，继续插入"单开门"图块，结果如图 11-36 所示。

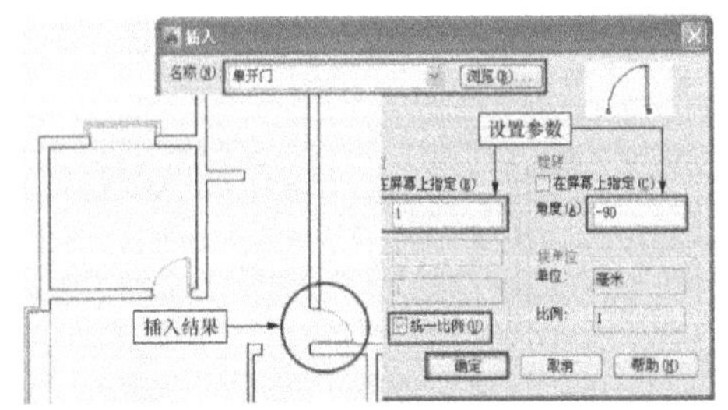

图 11-36

Step 07 ▸ 重复执行【插入】命令，设置比例和旋转角度参数，继续插入"单开门"图块，结果如图 11-37 所示。

Step 08 ▸ 重复执行【插入】命令，设置比例和旋转角度参数，继续插入"单开门"图块，结果如图 11-38 所示。

Step 09 ▸ 重复执行【插入】命令，设置比例和旋转角度参数，继续插入"单开门"图块，

结果如图 11-39 所示。

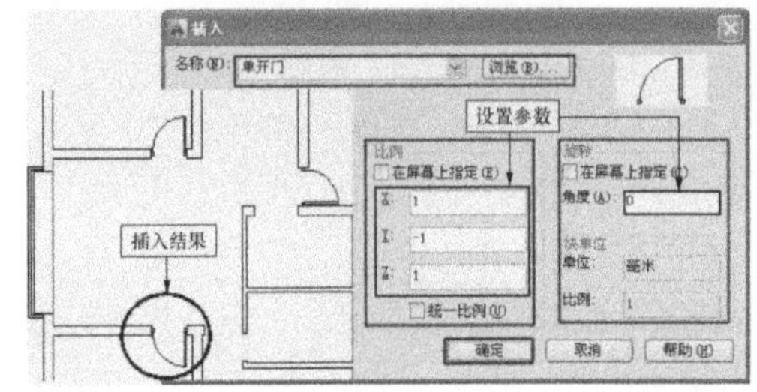

图 11-37

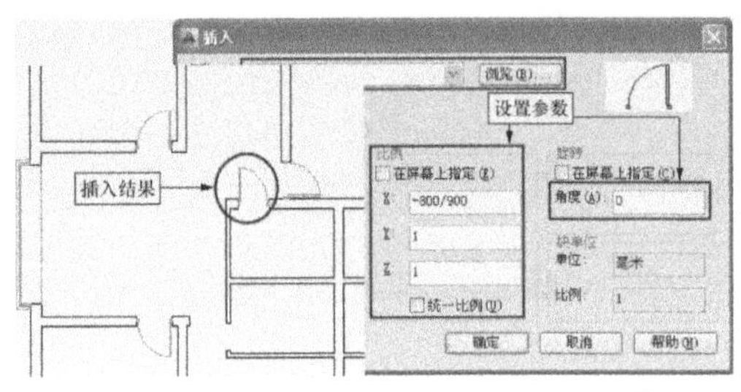

图 11-38

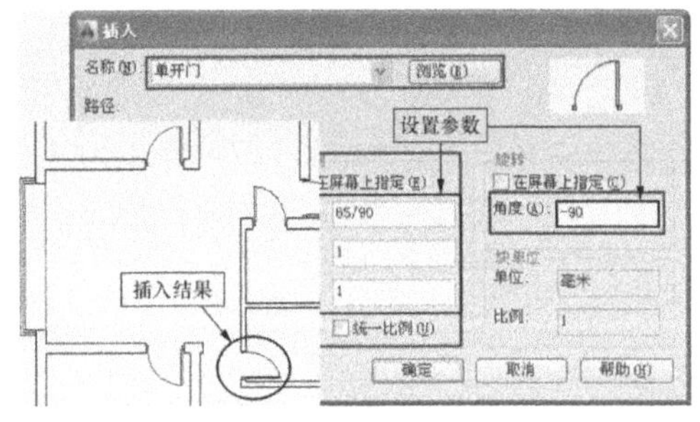

图 11-39

Step 10 ▸ 继续执行【插入块】命令，选择随书光盘"图块文件"目录下的"四扇推拉门 .dwg"文件，采用默认参数将其插入到平面图下方阳台门位置，如图 11-40 所示。

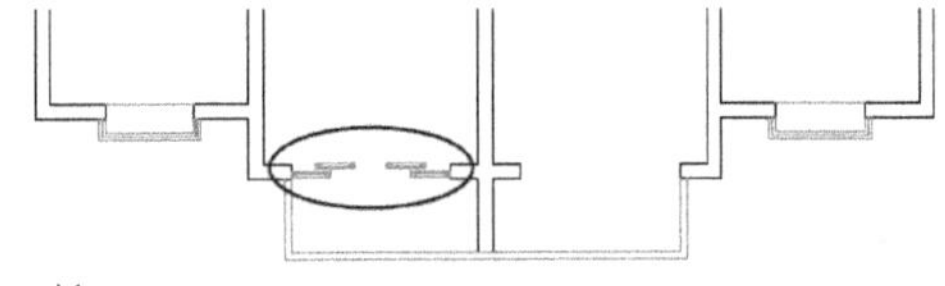

图 11-40

Step 11 ▸ 继续执行【插入块】命令，选择"图块文件"目录下的"双扇推拉门 .dwg"文件，采用默认参数将其插入到平面图上方推拉门位置，如图 11-41 所示。

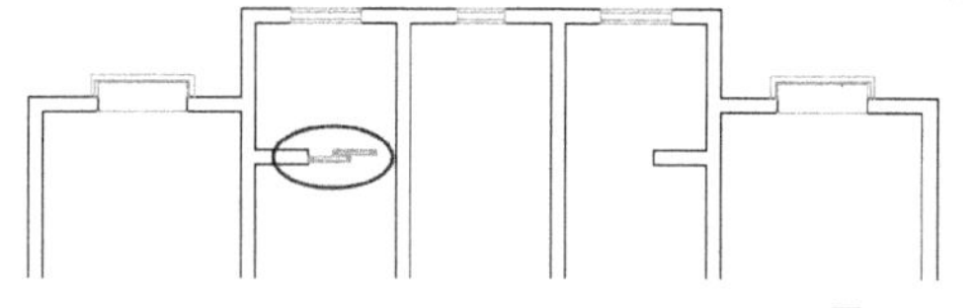

图 11-41

2. 镜像单开门和推拉门

Step 01 ▶ 输入"MI"，按 Enter 键，激活【镜像】命令。

Step 02 ▶ 选择平面图中的所有单开门和推拉门，如图 11-42 所示。

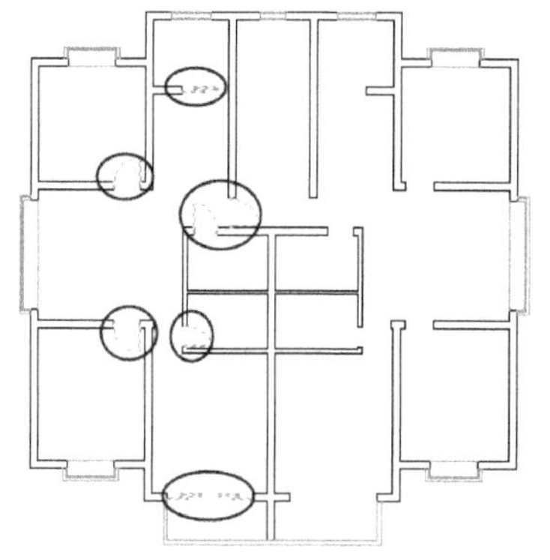

图 11-42

Step 03 ▶ 按 Enter 键，然后捕捉中间墙线的中点作为镜像轴的第 1 点，如图 11-43 所示。

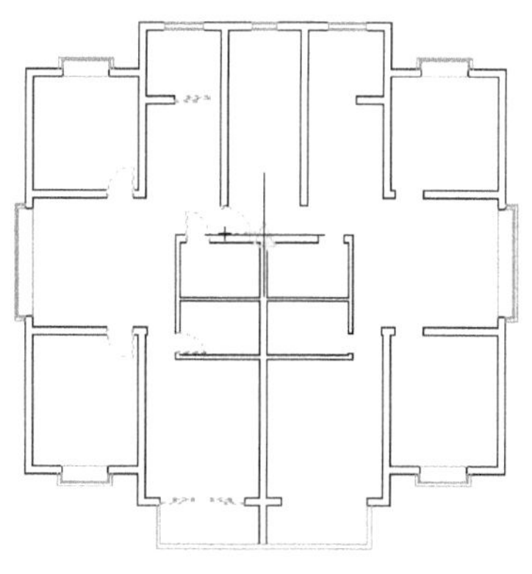

图 11-43

Step 04 ▶ 输入"@0,1"，按 Enter 键，指定镜像轴另一点的坐标，然后按 Enter 键确认，镜像结果如图 11-44 所示。

Step 05 ▶ 至此，平面图中的门图块插入完毕，将该文件重命名并保存为"插入门图块 .dwg"。

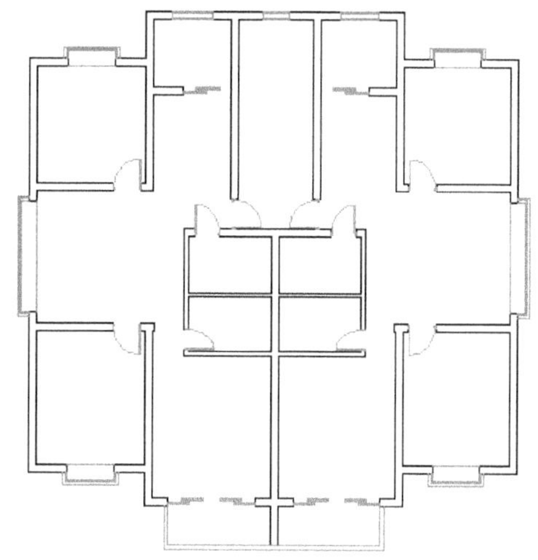

图 11-44

11.3.4　插入卫生间洁具与楼梯

打开 11.3.3 节保存的图形文件，本节向该建筑平面图中插入卫生间洁具与楼梯。卫生间洁具主要有洗脸盆、座便器、洗衣机以及淋浴器等。

🔧 **操作步骤**

1. 插入卫生间洁具图块文件

Step 01 ▶ 按 Ctrl+2 组合键打开【设计中心】对话框。

Step 02 ▶ 在左侧树状列表中选择随书光盘中的"图块文件"文件夹。

Step 03 ▶ 在右侧列表框中选择"洗衣机 .dwg"图块文件。

Step 04 ▶ 按住鼠标左键将"洗衣机 .dwg"拖曳至绘图区，然后采用默认设置将其以图块的形式插入到平面图中的卫生间，如图 11-45 所示。

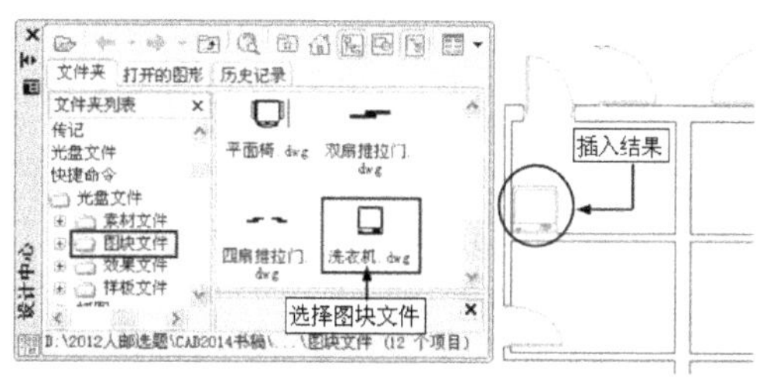

图 11-45

Step 05 ▶ 使用相同的方法，选择"洗脸盆 .dwg"图块文件，按住鼠标左键将其拖曳至绘图区，以图块的形式插入到平面图中的卫生间，结果如图 11-46 所示。

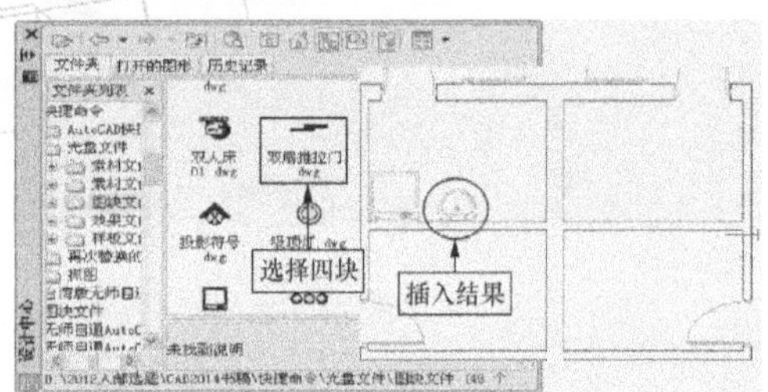

图 11-46

Step 06 ▶ 使用相同的方法，选择"便器二、淋浴器和浴盘"等图块文件，将其以默认的参数设置插入到平面图中的卫生间，结果如图 11-47 所示。

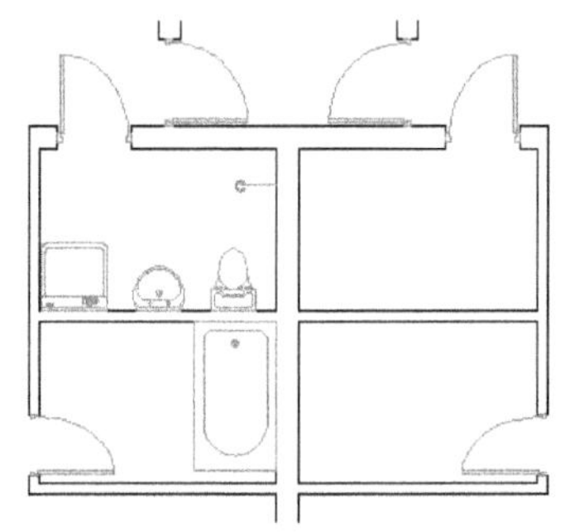

图 11-47

2. 镜像洗脸盆和座便器

Step 01 ▶ 输入"MI"，按 Enter 键，激活【镜像】命令。

Step 02 ▶ 选择洗脸盆和座便器构件，按 Enter 键确认。

Step 03 ▶ 捕捉墙线的右端点。

Step 04 ▶ 捕捉墙线的左端点。

Step 05 ▶ 按 Enter 键，将这两个洁具进行镜像，结果如图 11-48 所示。

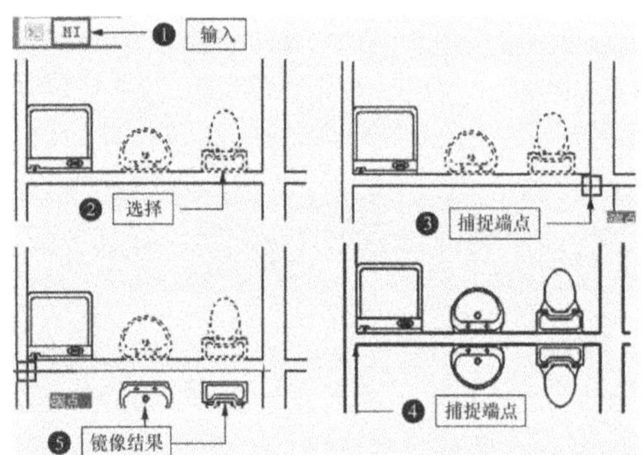

图 11-48

3. 调整洁具的位置

Step 01 ▶ 输入"M"，按 Enter 键，激活【移动】命令。

Step 02 ▶ 选择镜像得到的洗脸盆，按 Enter 键确认。

Step 03 ▶ 捕捉洗脸盆上边线的中点作为基点。

Step 04 ▶ 输入"@-910,-120"，按 Enter 键，指定目标点。

Step 05 ▶ 调整结果如图 11-49 所示。

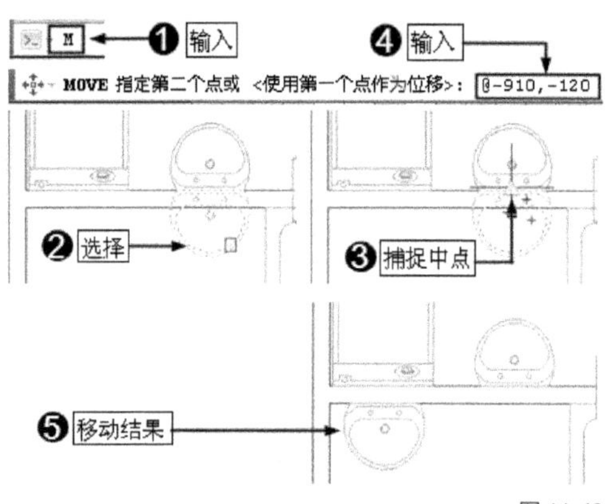

图 11-49

Step 06 ▶ 继续使用【移动】命令，以座便器水箱边线的中点作为基点，以"@-945,-120"为目标点，将其移动到合适位置，结果如图 11-50 所示。

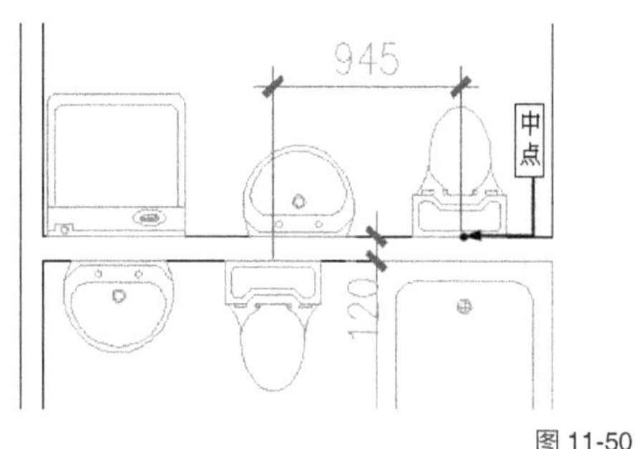

图 11-50

4. 镜像卫生间洁具

Step 01 ▶ 输入"MI"，按 Enter 键，激活【镜像】命令。

Step 02 ▶ 选择卫生间中插入的所有洁具图块，按 Enter 键确认。

Step 03 ▶ 捕捉卫生间墙线的中点作为镜像轴的第 1 点。

Step 04 ▶ 输入"@0,1"，按 Enter 键，指定镜

像轴的另一点坐标。

Step 05 ▶ 按 Enter 键，将所有洁具镜像到另一个卫生间，如图 11-51 所示。

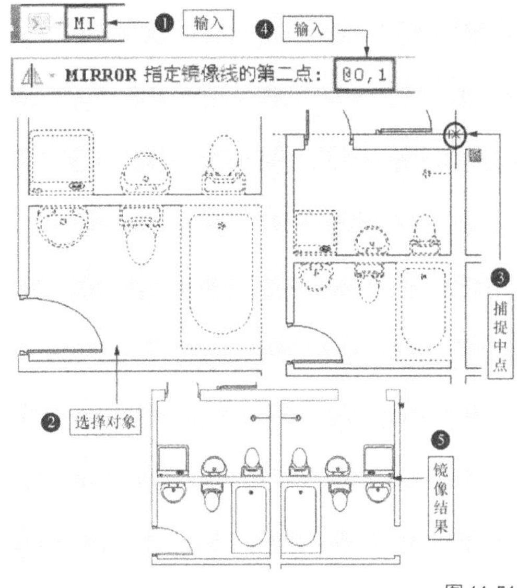

图 11-51

5. 插入楼梯

Step 01 ▶ 在"图层"控制列表中将"楼梯层"图层设置为当前图层。

Step 02 ▶ 输入"I"，按 Enter 键，打开【插入】对话框。

Step 03 ▶ 单击 浏览(B)... 按钮，选择"图块文件"目录下的"楼梯 01.dwg"文件。

Step 04 ▶ 设置各参数，如图 11-52 所示。

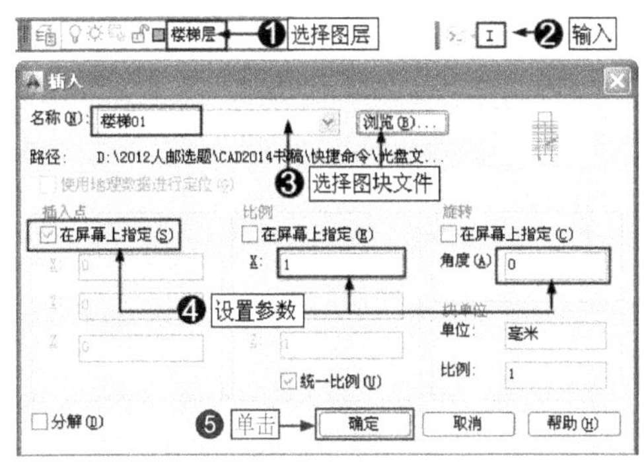

图 11-52

Step 05 ▶ 单击 确定 按钮返回绘图区。

Step 06 ▶ 按住 Shift 键右击，选择【自】命令。

Step 07 ▶ 捕捉左上角墙线的角点作为基点。

Step 08 ▶ 输入"@583,-488"，按 Enter 键，指

定插入的目标点。

Step 09 ▶ 插入结果如图 11-53 所示。

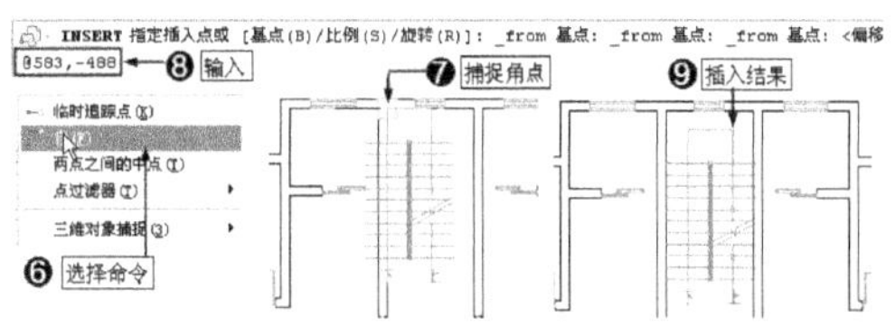

图 11-53

Step 10 ▶ 至此，建筑平面图中的构件插入完毕，将该图形重命名并保存为"插入卫生间洁具与楼梯 .dwg"。

11.4　建筑平面图的标注

标注是建筑设计中不可缺少的操作。标注内容主要有房间功能、面积、平面图尺寸以及轴标号。

11.4.1　标注房间功能

打开 11.3.4 节保存的图形文件，本节就在该文件的基础上标注房间功能。

操作步骤

1. 输入房间功能

Step 01 ▶ 在"图层"控制下拉列表中，将"文本层"图层设置为当前图层。

Step 02 ▶ 在【样式】工具栏中设置"仿宋体"为当前的文字样式。

Step 03 ▶ 单击菜单【绘图】/【文字】/【单行文字】命令。

Step 04 ▶ 在左上角房间内单击拾取一点。

Step 05 ▶ 输入"400"，按 Enter 键，指定文字高度。

Step 06 ▶ 按 Enter 键，采用默认旋转角度，然后输入"卧室"。

Step 07 ▶ 按 2 次 Enter 键，结束操作，标注结果如图 11-54 所示。

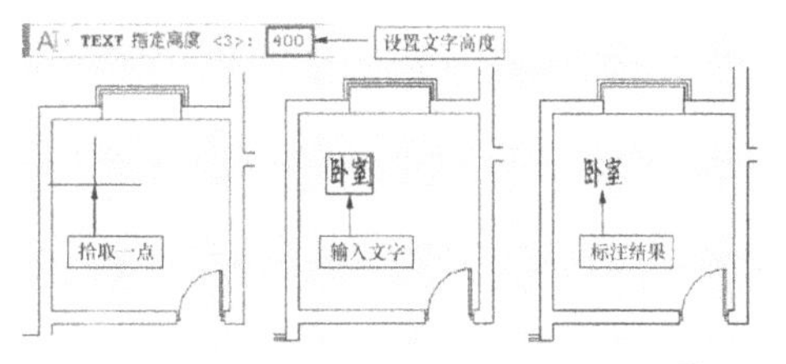

图 11-54

2. 复制房间功能文字

Step 01 ▶ 输入 "CO"，按 Enter 键，激活【复制】命令。

Step 02 ▶ 选择 "卧室" 标注文字，按 Enter 键，然后拾取任意一点。

Step 03 ▶ 在其他各房间内拾取一点，复制结果如图 11-55 所示。

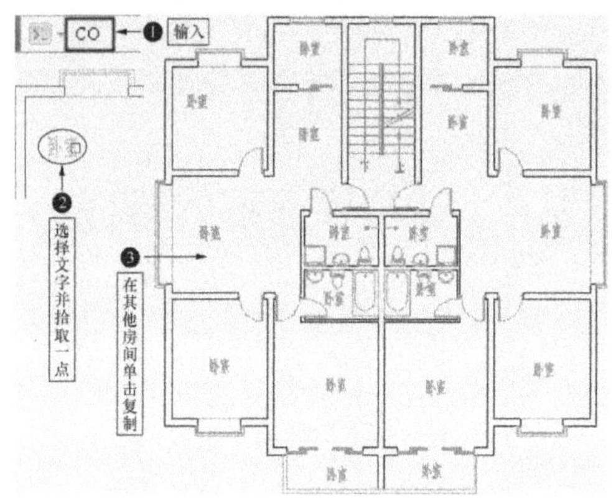

图 11-55

3. 修改房间功能文字注释

Step 01 ▶ 在无任何命令发出的情况下双击楼梯左上方房间的文字注释，此时进入文字编辑状态。

Step 02 ▶ 重新输入新的标注内容 "厨房"。

Step 03 ▶ 按 Enter 键，结束操作，修改结果如图 11-56 所示。

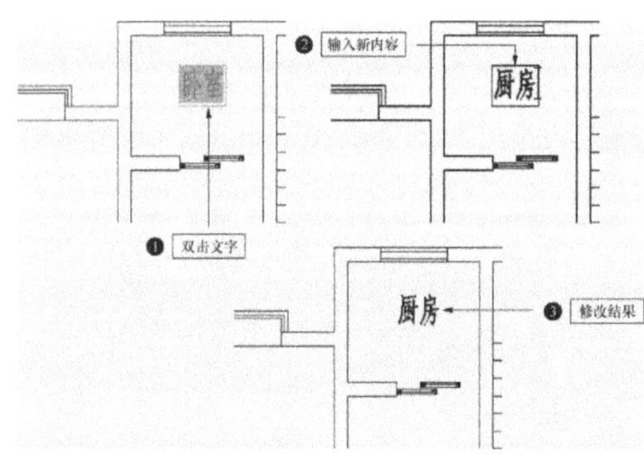

图 11-56

Step 04 ▶ 使用相同的方法，分别修改其他房间中复制得到的文字注释内容，结果如图 11-57 所示。

Step 05 ▶ 至此，建筑平面图房间功能标注完毕，将该图形文件重命名并保存为 "标注房间功能 .dwg"。

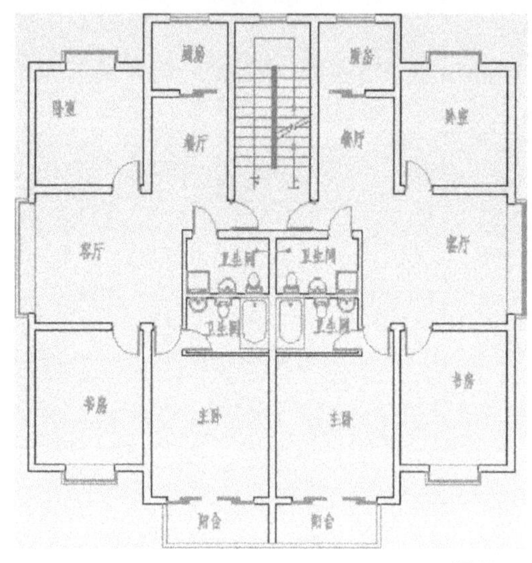

图 11-57

11.4.2　标注房间面积

打开 11.4.1 节保存的图形文件，本节在该图形文件的基础上标注建筑平面图的房间面积。

操作步骤

1. 新建图层并查询房间面积

Step 01 ▶ 输入 "LA"，按 Enter 键，打开【图层特性管理器】对话框。

Step 02 ▶ 新建名为 "面积层" 的新图层，并将此图层设置为当前图层。

Step 03 ▶ 单击【工具】菜单中的【查询】/【面积】命令。

Step 04 ▶ 捕捉左上角卧室的左上角点作为查询的第 1 点。

Step 05 ▶ 捕捉该卧室的左下角点作为查询的第 2 点。

Step 06 ▶ 捕捉该卧室的右下角点作为查询的第 3 点。

Step 07 ▶ 捕捉该卧室的右上角点作为查询的第 4 点。

Step 08 ▶ 按 Enter 键，结束操作，此时在命令行显示查询结果，如图 11-58 所示。

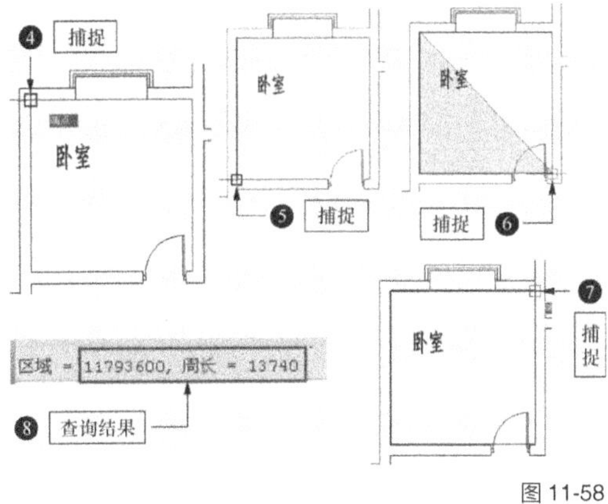

图 11-58

Step 09 ▶ 使用相同的方法，分别查询其他房间的面积。

2. 新建文字样式并标注面积

Step 01 ▶ 输入"ST"，按 Enter 键，打开【文字样式】对话框。

Step 02 ▶ 新建名为"面积"的文字样式，并设置文字字体以及其他参数，如图 11-59 所示。

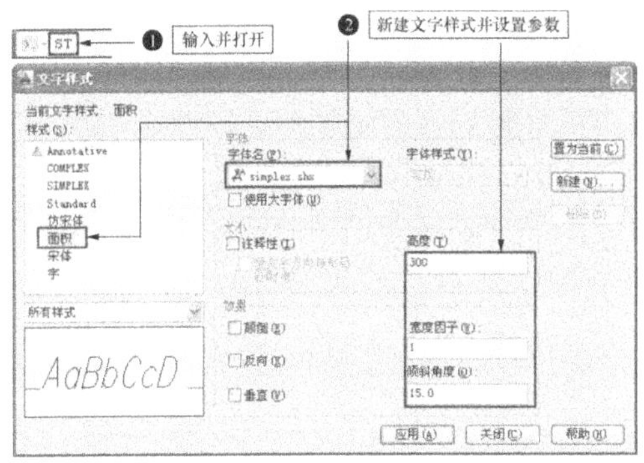

图 11-59

Step 03 ▶ 输入"T"，按 Enter 键，激活【多行文字】命令。

Step 04 ▶ 在左上角"卧室"字样的下侧拖曳鼠标指针，打开【文字格式】编辑器。

Step 05 ▶ 设置对正方式为"正中"方式，然后输入查询得到的面积值"11.79m2^"，如图 11-60 所示。

图 11-60

Step 06 ▶ 在文本编辑框中选择"2^"字样，使其反白显示，然后单击编辑器工具栏中的"堆叠"按钮 使其堆叠，单击 确定 按钮，标注结果如图 11-61 所示。

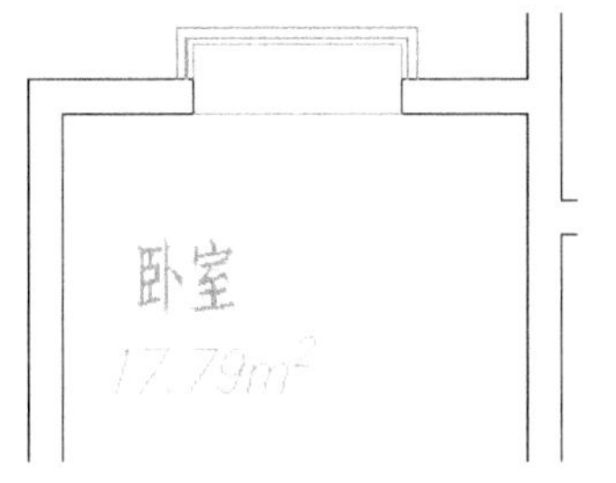

图 11-61

Step 07 ▶ 输入"CO"，按 Enter 键，激活【复制】命令，选择刚标注的面积参数，将其复制到其他房间内，并适当调整各文字的位置，结果如图 11-62 所示。

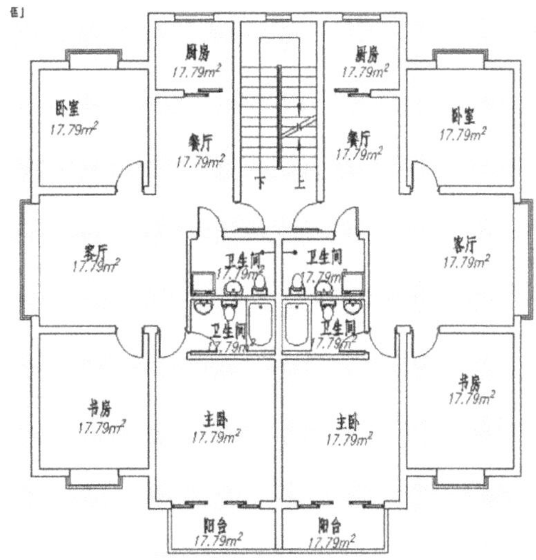

图 11-62

3. 修改面积参数

Step 01 ▶ 双击左上角"厨房"内的标注面积，打开【文字格式】编辑器。

Step 02 ▶ 选择标注的面积参数，修改其内容为查询得到的实际面积参数"4.88"，如图 11-63 所示。

Step 03 ▶ 单击 确定 按钮完成修改操作。

Step 04 ▶ 使用相同的方法继续对其他房间的面积进行修改，结果如图 11-64 所示。

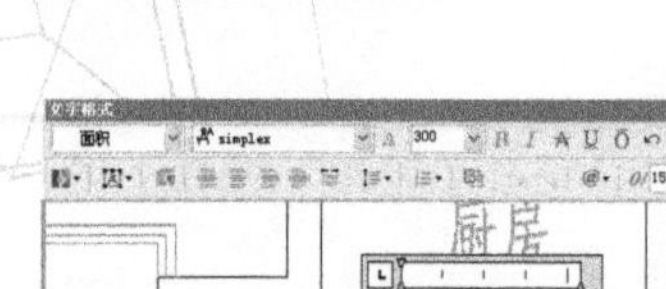

图 11-63

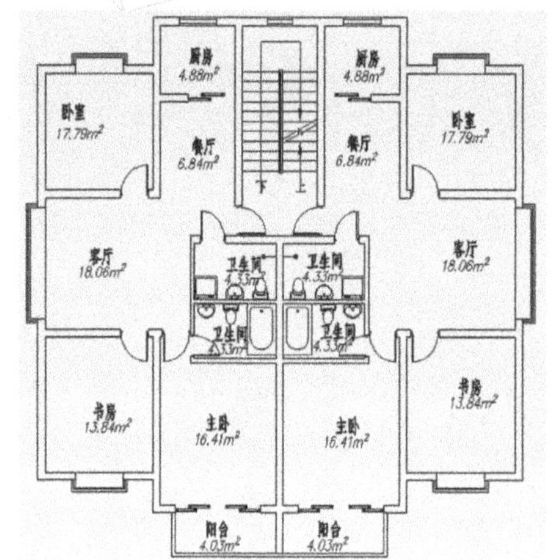

图 11-64

Step 05 ▶ 这样，房间面积标注完毕，将该图形重命名并保存为"标注房间面积 .dwg"。

11.4.3 标注建筑平面图细部尺寸

打开 11.4.2 节保存的文件，本节继续在该文件的基础上标注建筑平面图的细部尺寸。

操作步骤

1. 绘制尺寸定位辅助线并设置标注样式

Step 01 ▶ 在"图层"控制列表中打开被隐藏的"轴线层"图层，然后冻结"面积层"图层、"图块块"图层和"文本层"图层，并将"尺寸层"图层设置为当前图层。

Step 02 ▶ 使用快捷键"XL"激活【构造线】命令。

Step 03 ▶ 配合"端点"捕捉功能，在平面图外侧绘制 4 条构造线作为尺寸定位辅助线。辅助线距离图形为 800 个绘图单位，如图 11-65 所示。

Step 04 ▶ 输入"D"，按 Enter 键，打开【标注样式管理器】对话框。

Step 05 ▶ 设置"建筑标注"为当前样式，并修改当前尺寸样式的比例为 100。

2. 标注线型尺寸

Step 01 ▶ 输入"DLI"，按 Enter，激活【线性】命令。

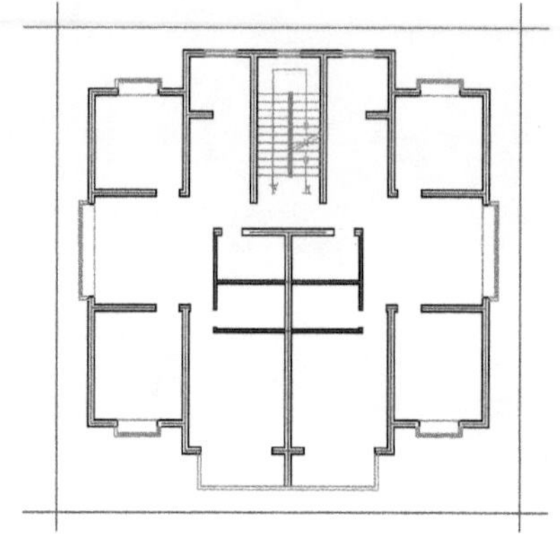

图 11-65

Step 02 ▶ 由书房左墙体定位轴线下端点向下引出垂直追踪虚线，捕捉追踪虚线与辅助线的交点作为线性标注的第 1 条标注界线的起点。

Step 03 ▶ 继续由书房窗户左端点向下引出追踪虚线，捕捉追踪线与辅助线的交点作为第 2 条标注界线的起点。

Step 04 ▶ 向下引导光标，输入"1000"，按 Enter 键，设置尺寸线的位置，结果如图 11-66 所示。

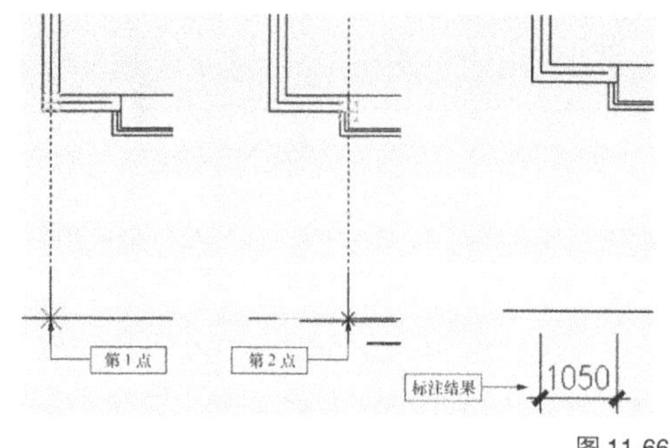

图 11-66

3. 标注下方细部尺寸

Step 01 ▶ 输入"DCO"，按 Enter 键，激活【连续】命令。

Step 02 ▶ 由书房窗户右侧墙线的端点向下引出追踪线，捕捉追踪线与辅助线的交点，如图 11-67 所示。

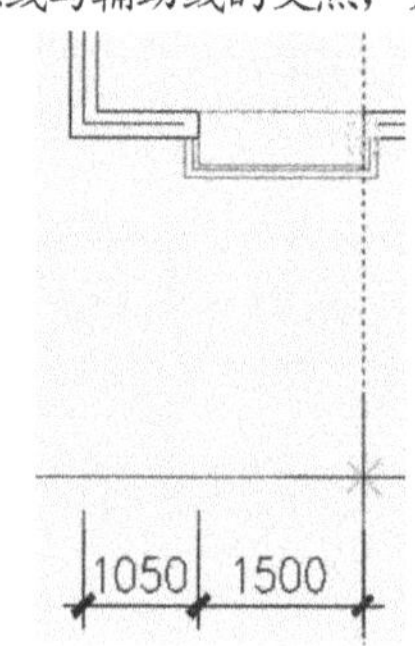

图 11-67

Step 03 ▶ 由书房右侧定位线的端点向下引出追踪线，捕捉追踪线与辅助线的交点，如图 11-68 所示。

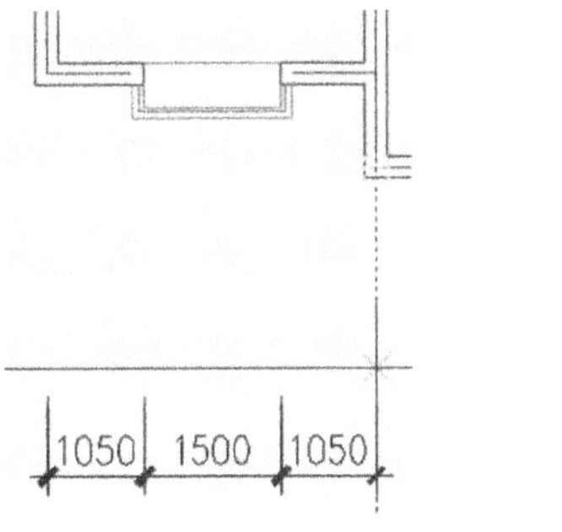

图 11-68

Step 04 ▶ 由主卧窗户左侧墙线的端点向下引出追踪线，捕捉追踪线与辅助线的交点，如图 11-69 所示。

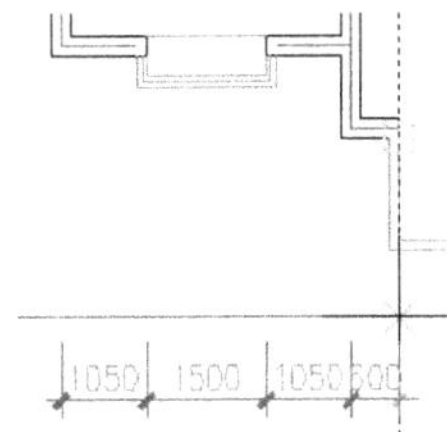

图 11-69

Step 05 ▶ 由主卧窗户右侧墙线的端点向下引出追踪线，捕捉追踪线与辅助线的交点，如图 11-70 所示。

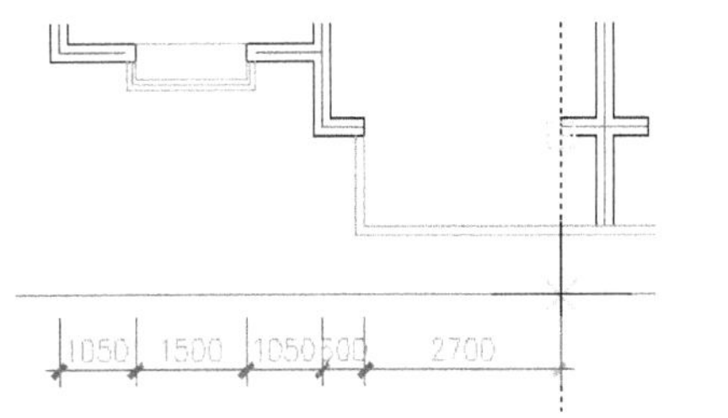

图 11-70

Step 06 ▶ 由主卧右侧定位线的端点向下引出追踪线，捕捉追踪线与辅助线的交点，如图 11-71 所示。

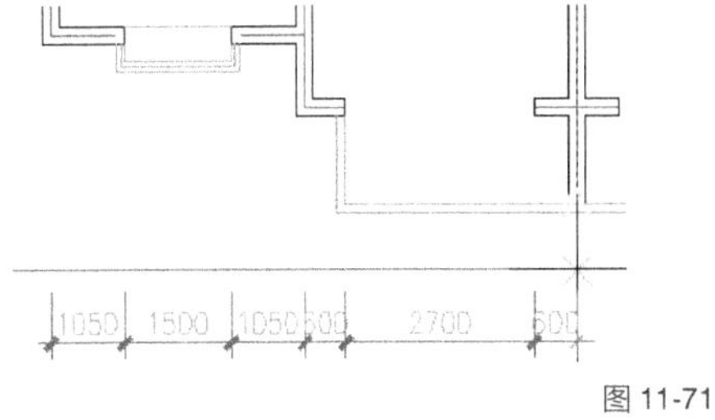

图 11-71

4. 镜像细部尺寸

Step 01 ▶ 输入"MI"，按 Enter 键，激活【镜像】命令。

Step 02 ▶ 选择所有尺寸标注，按 Enter 键确认。

Step 03 ▶ 捕捉定位轴线的交点作为镜像轴的第 1 点。

Step 04 ▶ 输入"@0,1"，按 Enter 键，指定镜像轴的第 2 点。

Step 05 ▶ 按 Enter 键，镜像结果如图 11-72 所示。

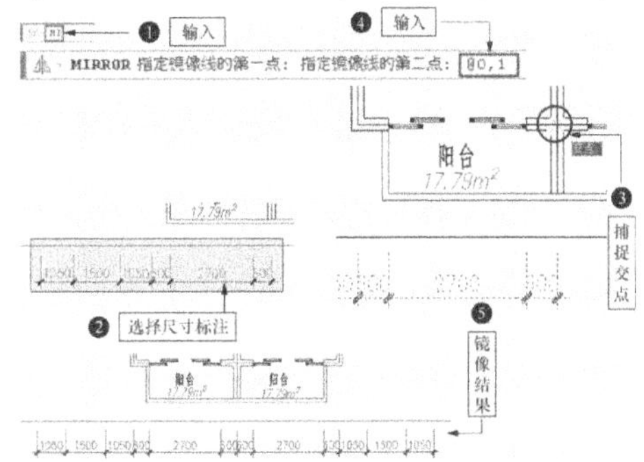

图 11-72

5. 编辑尺寸标注

Step 01 ▶ 输入"DIMTEDIT"，按 Enter 键，激活【编辑标注文字】命令。

Step 02 ▶ 单击尺寸为 600 的标注。

Step 03 ▶ 将其移动到尺寸标注线的下方位置，效果如图 11-73 所示。

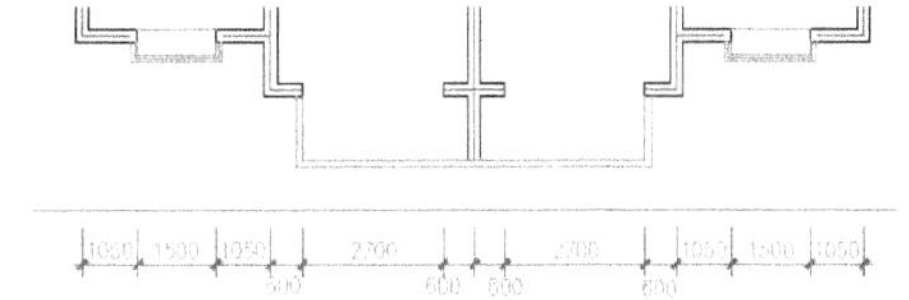

图 11-73

Step 04 ▶ 使用相同的方法，继续标注左、右和上面细部尺寸，并对标注的尺寸进行调整，结果如图 11-74 所示。

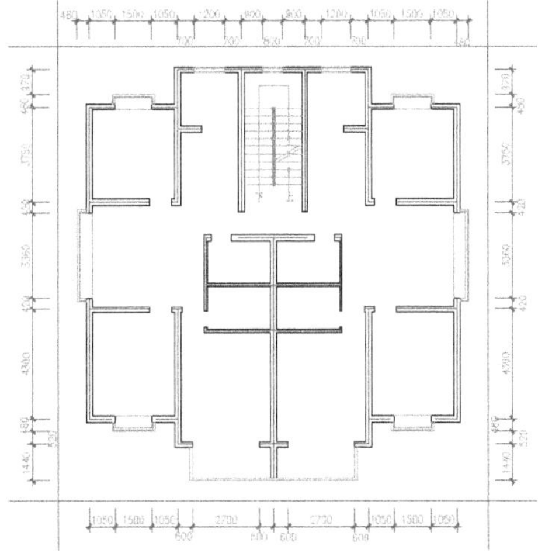

图 11-74

Step 05 ▶ 至此，建筑平面图细部尺寸标注完毕，将该图形重命名并保存为"标注建筑平面图细部尺寸 .dwg"。

11.4.4 标注建筑平面图轴线尺寸与总尺寸

打开 11.4.3 节保存的图形文件，本节在该文件的基础上标注建筑平面图的轴线尺寸和总尺寸。

操作步骤

1. 标注轴线尺寸

Step 01 ▶ 在"图层"控制列表中将"墙线层"图层、"门窗层"图层以及"楼梯层"图层暂时隐藏，只保留定位轴线。

Step 02 ▶ 输入"QD"，按 Enter 键，激活【快速标注】命令。

Step 03 ▶ 使用"窗交"方式选择左边的 3 条垂直轴线。

Step 04 ▶ 按 Enter 键，向下引导光标，在细部尺寸下方的合适位置单击确定轴线尺寸的标注位置。

Step 05 ▶ 标注效果如图 11-75 所示。

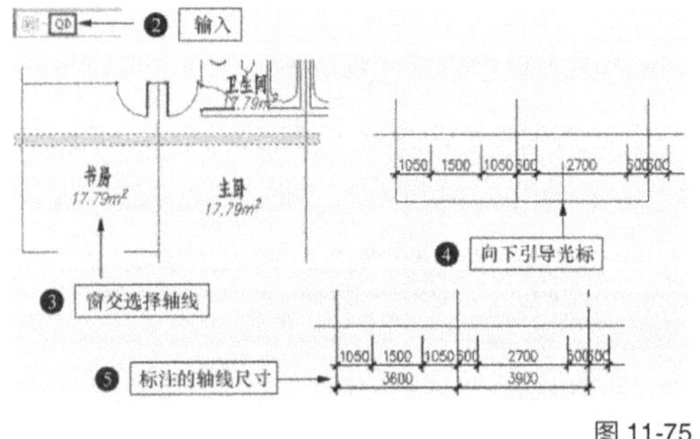

图 11-75

2. 编辑轴线尺寸

Step 01 ▶ 在未执行任何命令的前提下单击标注的轴线尺寸，使其呈现夹点显示。

Step 02 ▶ 选择最上侧的一个夹点，将其变为夹基点（夹点显示为红色）。

Step 03 ▶ 向下移动光标，捕捉定位辅助线的交点。

Step 04 ▶ 将该夹点移动到尺寸定位辅助线上，如图 11-76 所示。

Step 05 ▶ 使用相同的方法，继续对其他夹点进行编辑，最后按 Esc 键取消夹点显示，效果如图 11-77 所示。

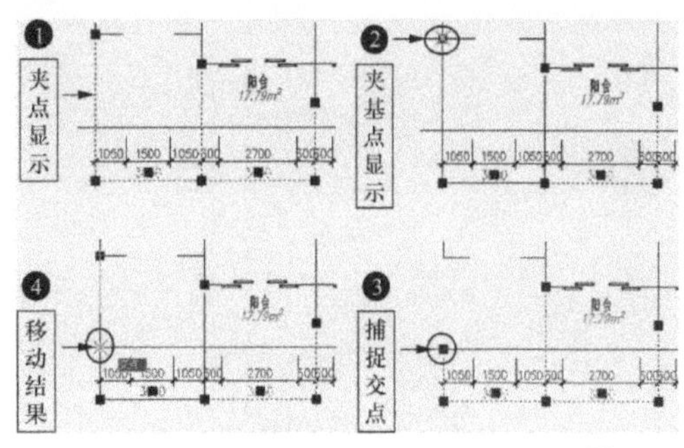

图 11-76

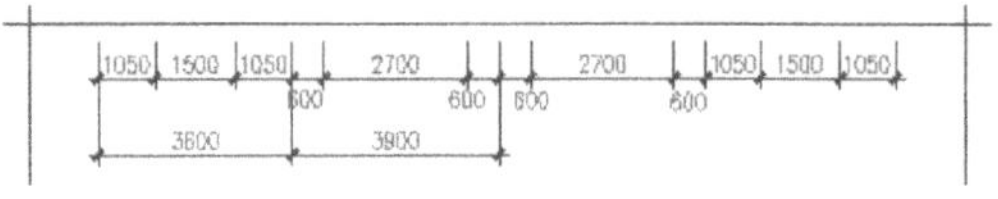

图 11-77

3. 镜像轴线尺寸

Step 01 ▶ 输入"MI"，按 Enter 键，激活【镜像】命令。

Step 02 ▶ 使用"窗交"方式选择轴线尺寸。

Step 03 ▶ 按 Enter 键，捕捉轴线下端点作为镜像轴的第 1 点。

Step 04 ▶ 输入"@0,1"，按 Enter 键，指定镜像轴的另一点坐标。

Step 05 ▶ 按 Enter 键，镜像结果如图 11-78 所示。

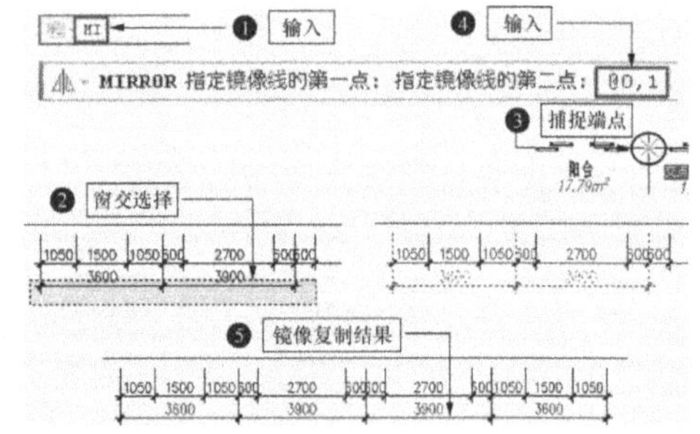

图 11-78

Step 06 ▶ 使用相同的方法，继续标注其他轴线尺寸。

4. 标注总尺寸

Step 01 ▶ 显示被隐藏的图层。

Step 02 ▶ 输入"DLI"，按 Enter 键，激活【线性】命令。

Step 03 ▶ 依照前面标注细部尺寸的方法，标注建筑平面图上、下、左、右的总尺寸，最后选择 4 条尺寸定位辅助线并将其删除，结果如图 11-79 所示。

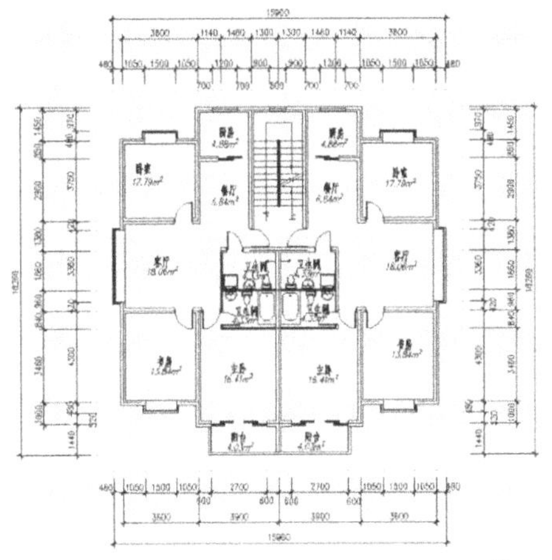

图 11-79

Step 04 ▶ 至此，建筑平面图细部尺寸标注完毕，将该图形重命名并保存为"标注建筑平面图轴线尺寸与总尺寸 .dwg"。

11.4.5　标注建筑平面图轴标号

"轴标号"也称为"墙体序号"，是建筑施工的重要依据。本节就来标注建筑平面图中的轴标号。

操作步骤

1. 创建轴标号指示线

Step 01 ▶ 在"图层"控制下拉列表中，将"其他层"图层设置为当前图层。

Step 02 ▶ 设置捕捉模式为"端点"捕捉、"象限点"捕捉和"圆心"捕捉。

Step 03 ▶ 在未执行任何命令的前提下选择平面图下方的一个轴线尺寸，使其夹点显示。

Step 04 ▶ 按下 Ctrl+1 组合键打开【特性】对话框，修改尺寸界线超出尺寸线的长度参数。

Step 05 ▶ 按 Enter 键，然后按 Esc 键取消夹点显示，轴线尺寸的尺寸界限超出了尺寸线，如图 11-80 所示。

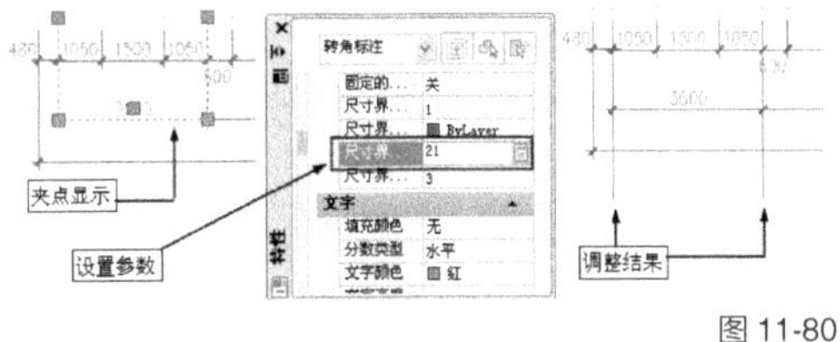

图 11-80

2. 创建其他轴标号指示线

Step 01 ▶ 输入"MA"，按 Enter 键，激活【特性匹配】命令。

Step 02 ▶ 选择被延长的轴线尺寸作为源对象。

Step 03 ▶ 分别单击其他轴线尺寸，将特性匹配给其他轴线尺寸。

3. 插入轴标号

Step 01 ▶ 输入"I"，按 Enter，打开【插入】对话框。

Step 02 ▶ 单击 浏览(B)... 按钮，选择"图块文件"目录下的"轴标号 .dwg"文件。

Step 03 ▶ 设置参数，然后单击 确定 按钮返回绘图区。

Step 04 ▶ 捕捉左下角的轴标号指示线的端点作为插入点。

Step 05 ▶ 插入结果如图 11-81 所示。

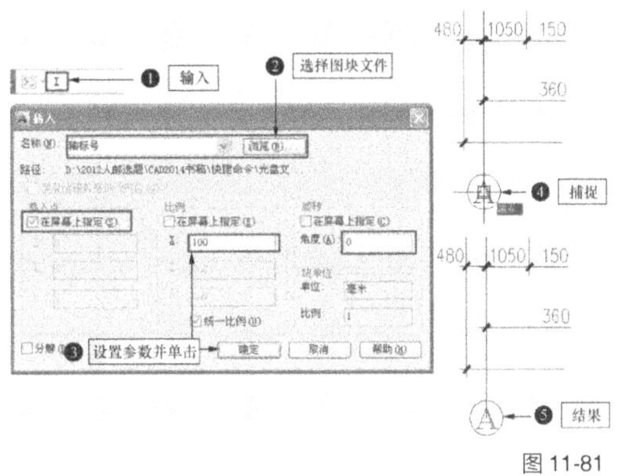

图 11-81

4. 复制轴标号

Step 01 ▶ 输入"CO"，按 Enter 键，激活【复制】命令。

Step 02 ▶ 选择插入的轴标号，以轴标号的圆心作为基点，以其他轴标号指示线的端点作为目标点，将其复制到其他轴标号指示线上，如图 11-82 所示。

5. 修改轴标号的属性

Step 01 ▶ 双击左下方的轴标号，打开【增强属性编辑器】对话框。

Step 02 ▶ 进入"属性"选项卡，然后修改"值"为 1。此时轴标号的属性被改变，如图 11-83 所示。

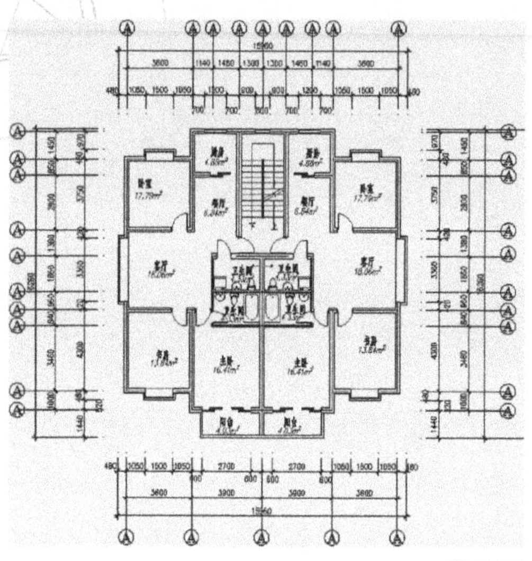

图 11-82

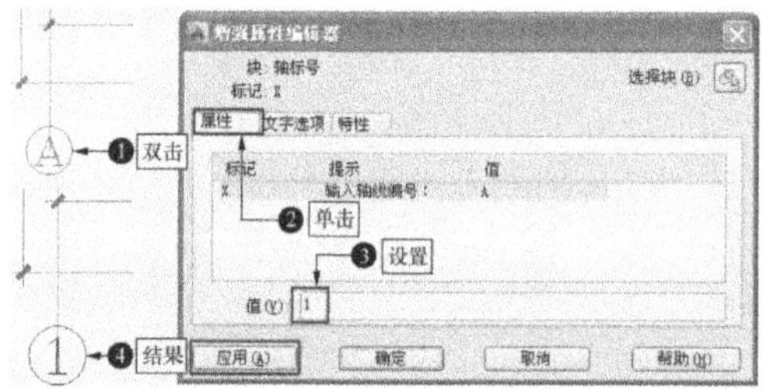

图 11-83

Step 03 ▶ 单击【增强属性编辑器】对话框右上角的"选择块"按钮，返回绘图区。

Step 04 ▶ 分别选择其他位置的轴线编号并修改，结果如图 11-84 所示。

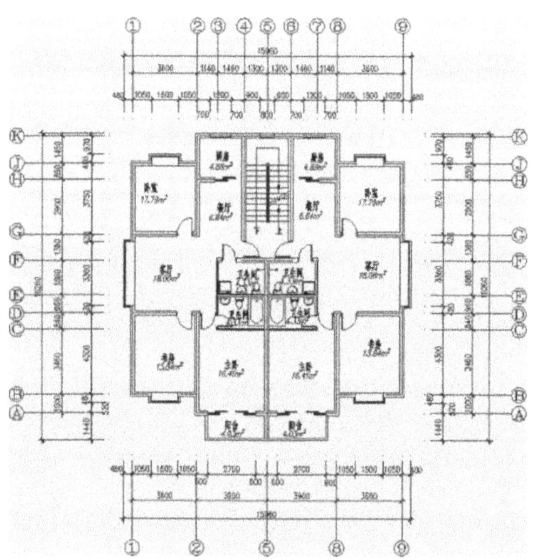

图 11-84

6. 调整轴标号的位置。

Step 01 ▶ 输入"M"，按 Enter 键，激活【移动】命令。

Step 02 ▶ 使用"窗口"方式选择下方的轴标号，按 Enter 键。

Step 03 ▶ 捕捉轴标号圆的象限点作为基点。

Step 04 ▶ 捕捉轴标号指示线的端点作为目标点将轴标号外移，移动结果如图 11-85 所示。

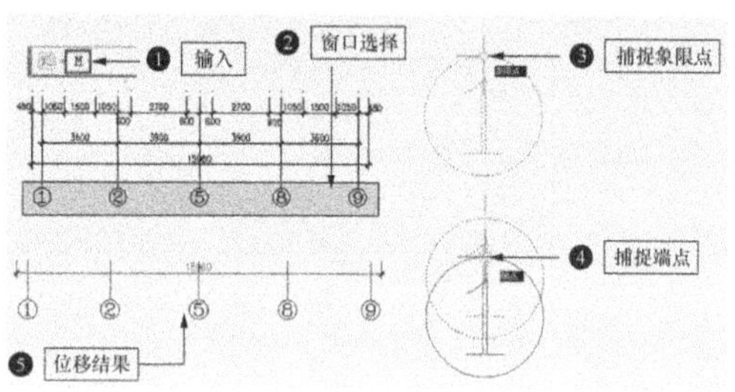

图 11-85

Step 05 ▶ 使用相同的方法，调整其他轴标号的位置，结果如图 11-86 所示。

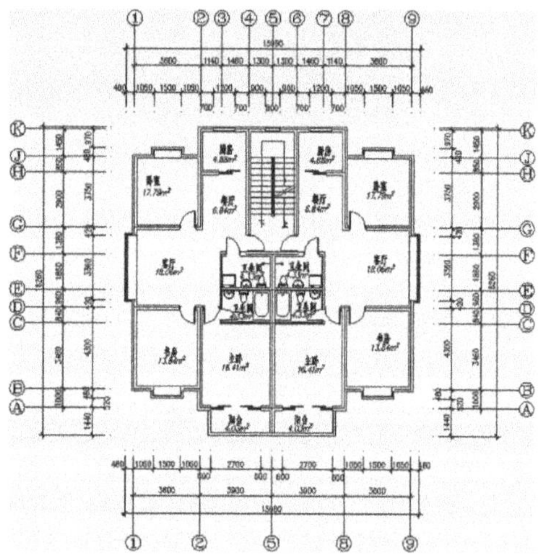

图 11-86

Step 06 ▶ 至此，建筑平面图轴标号标注完毕，最后将该图形重命名并保存。

第 12 章
综合实例——机械设计

AutoCAD 强大的设计功能不仅应用在建筑设计中，在机械设计中同样有出色的表现，本章就来绘制机械零件图。

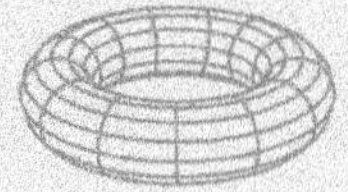

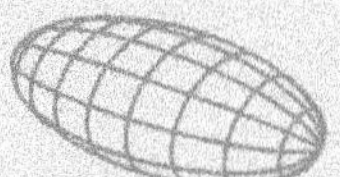

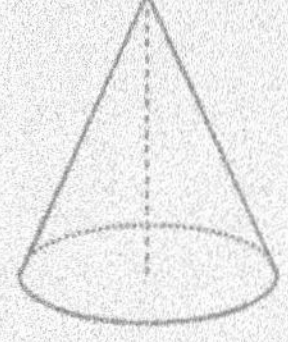

本实例综合运用前面所学的知识，绘制图 12-1 所示的零件图

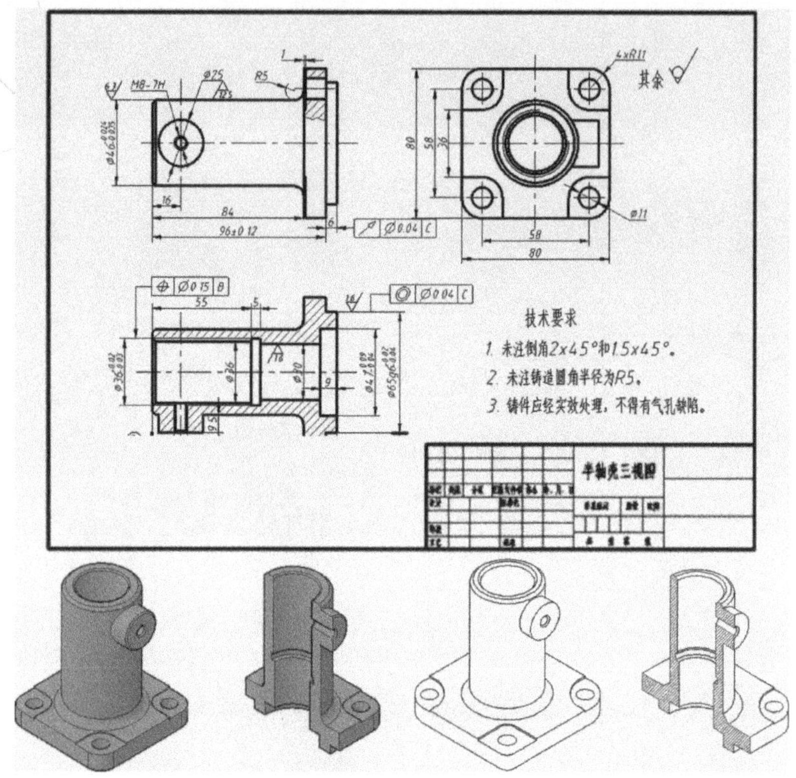

图 12-1

12.1　绘制机械零件三视图

在机械设计中，为了能准确表达机械零件的内、外部结构特征，同时方便零件的加工制造，工程上一般多采用三面正投影图来准确表达物体的形状。三面正投影图又称为三视图，即"主视图""俯视图"和"左视图"。本节就来绘制半轴壳机械零件三视图，并为该零件标注尺寸、公差以及技术要求等。

12.1.1　绘制半轴壳零件左视图

左视图一般指由机械零件左边向右边做正投影得到的视图，简单地说，就是从机械零件左边向右边所看到的视图。左视图能反映机械左边的形状。本节首先来绘制半轴壳零件的左视图。

操作步骤

1. 设置绘图环境

Step 01 ▶ 执行【新建】命令，以"样板文件"文件目录下的"机械样板 .dwt"作为基础样板，新建空白文件。

Step 02 ▶ 输入"LTS"，按 Enter 键，激活【线型】命令。

Step 03 ▶ 输入线型比例"0.8"，按 Enter 键，完成线型比例的设置。

Step 04 ▶ 分别按 F3 键和 F10 键，打开状栏上的"捕捉"和"追踪"功能。

Step 05 ▶ 在"图层"控制下拉列表中，将"轮廓线"设置为当前图层。

2. 绘制圆角矩形

Step 01 ▶ 输入"REC"，按 Enter 键，激活【矩形】命令。

Step 02 ▶ 输入"F"，按 Enter 键，激活"圆角"选项。

Step 03 ▶ 输入"11"，按Enter键，确定圆角半径。

Step 04 ▶ 在绘图区拾取一点作为矩形的第1点。

Step 05 ▶ 输入"@80,80"，按 Enter 键，绘制矩形，结果如图 12-2 所示。

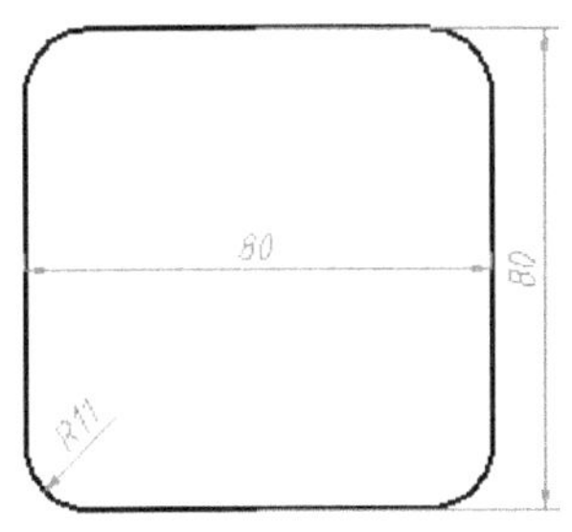

图 12-2

3. 绘制中心线

Step 01 ▶ 在"图层"控制下拉列表中，将"中心线"设置为当前图层。

Step 02 ▶ 输入"XL"，按 Enter 键，激活【构造线】命令。

Step 03 ▶ 配合"中点"捕捉功能，绘制矩形的水平和垂直中心线，如图 12-3 所示。

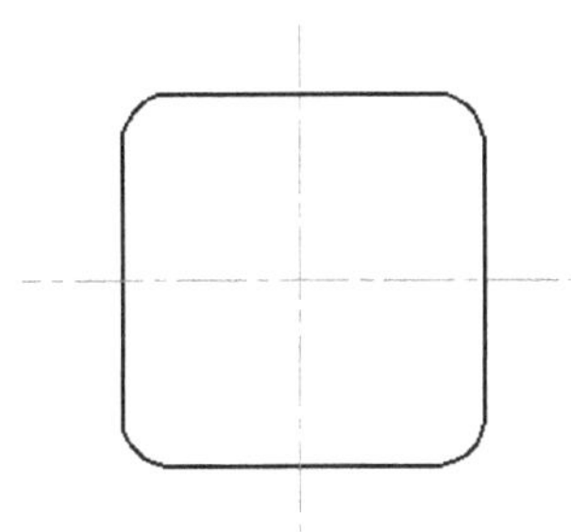

图 12-3

4. 绘制内部圆

Step 01 ▶ 在"图层"控制列表中将"轮廓线"设置为当前图层。

Step 02 ▶ 输入"C"，按Enter键，激活【圆】命令。

Step 03 ▶ 以构造线交点为圆心，绘制直径为 33 的轮廓圆，如图 12-4 所示。

Step 04 ▶ 按 Enter 键，重复执行【圆】命令，配合"圆心"捕捉功能继续绘制半径为 15、18、21 和 23 的同心圆，如图 12-5 所示。

5. 编辑内部圆

Step 01 ▶ 输入"BR"，按 Enter 键，激活【打断】命令。

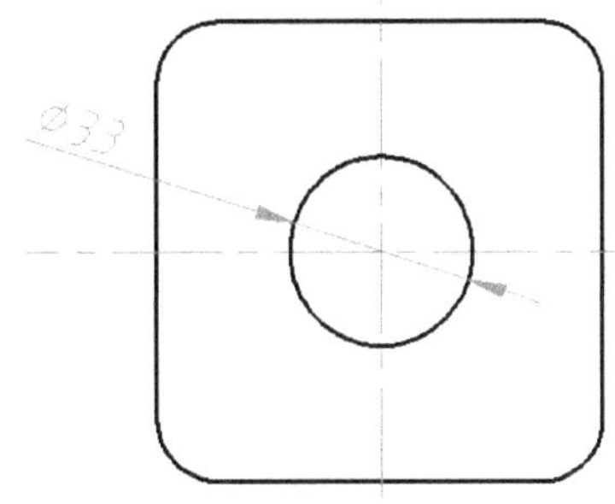

图 12-4

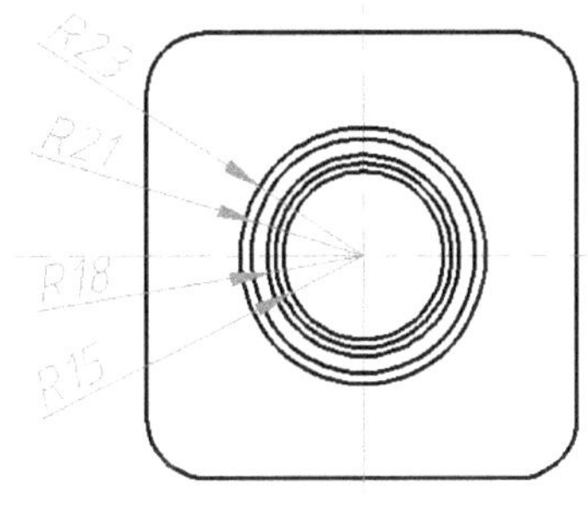

图 12-5

Step 02 ▶ 选择半径为 18 的圆。

Step 03 ▶ 输入"F"，按 Enter 键，激活"第 1 点"选项。

Step 04 ▶ 捕捉圆与水平辅助线的交点作为打断的第 1 点。

Step 05 ▶ 捕捉圆与垂直辅助线的交点作为打断的第 2 点，打断结果如图 12-6 所示。

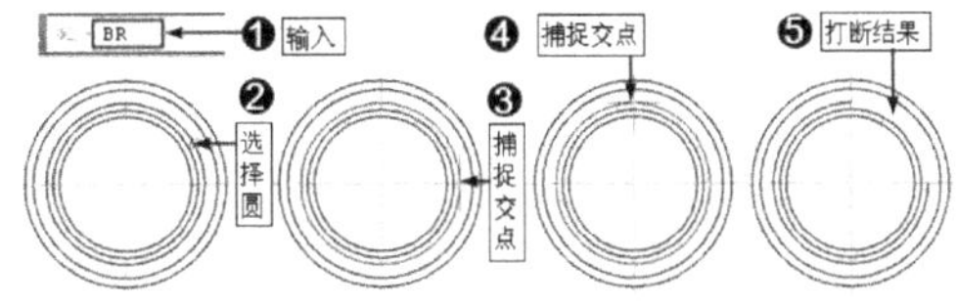

图 12-6

Step 06 ▶ 在无命令执行的前提下单击打断后的圆弧，将其调整到"细实线"图层上，结果如图 12-7 所示。

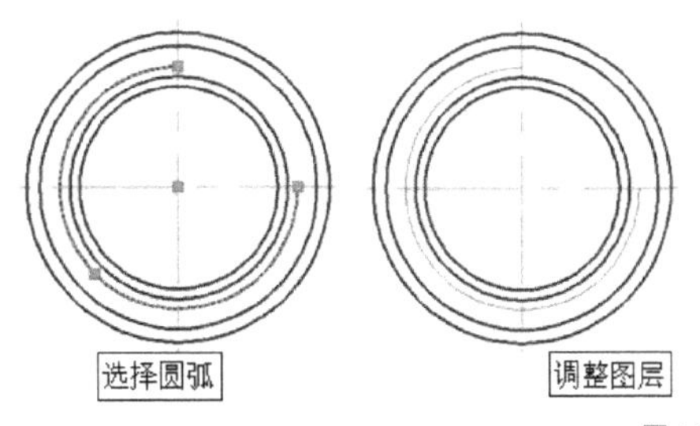

图 12-7

6. 偏移创建构造线

Step 01 ▶ 输入"XL"，按 Enter 键，激活【构造线】命令。

Step 02 ▶ 输入"O"，按 Enter 键，激活"偏移"选项。

Step 03 ▶ 输入"18"，按 Enter 键，确定偏移距离。

Step 04 ▶ 选择水平构造线，并在水平构造线的上、下两侧各拾取 1 点。

Step 05 ▶ 选择垂直构造线，并在垂直构造线的左、右两侧各拾取 1 点。

Step 06 ▶ 按 Enter 键，偏移结果如图 12-8 所示。

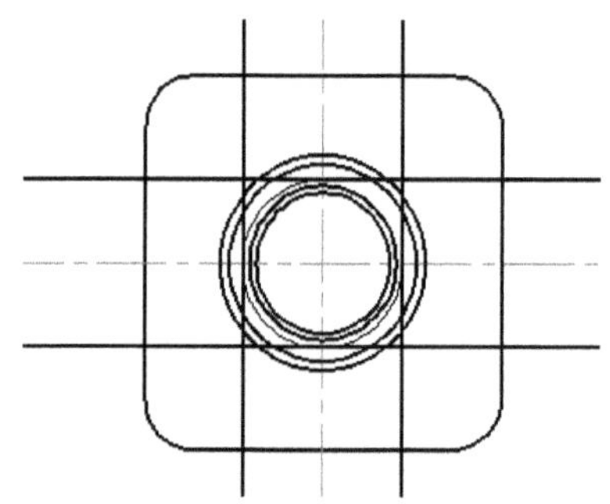

图 12-8

7. 绘制同心圆并进行编辑

Step 01 ▶ 输入"C"，按 Enter 键，激活【圆】命令。

Step 02 ▶ 配合"圆心"捕捉功能，在圆角矩形的 4 个角绘制 4 组同心圆，圆的半径分别为 5.5 和 11，绘制结果如图 12-9 所示。

Step 03 ▶ 输入"TR"，按 Enter 键，激活【修剪】命令。

Step 04 ▶ 以偏移的 4 条构造线作为边界，对半径为 11 的 4 个同心圆进行修剪，结果如图 12-10 所示。

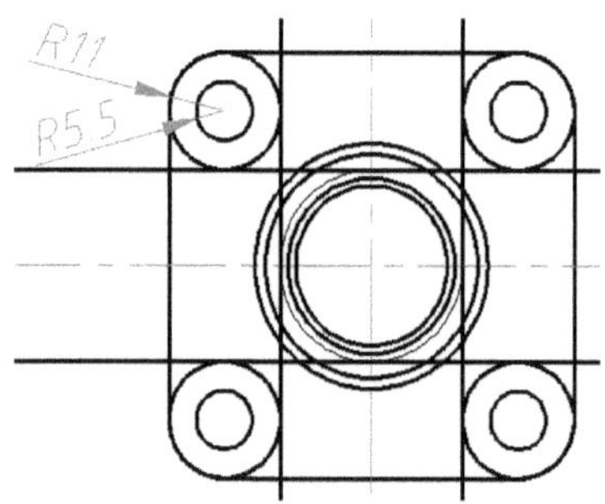

图 12-9

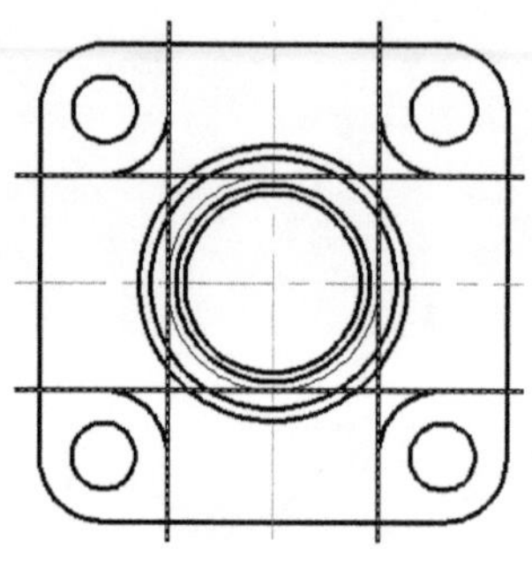

图 12-10

Step 05 ▶ 重复执行【修剪】命令，以修剪后的 4 条圆弧和圆角矩形作为边界，对偏移的 4 条构造线进行修剪，结果如图 12-11 所示。

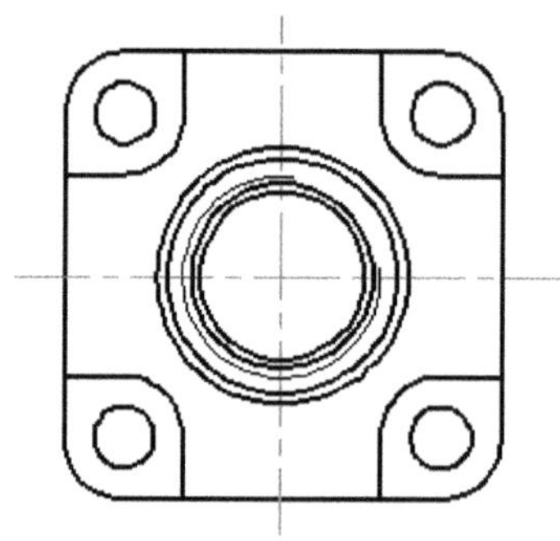

图 12-11

8. 绘制中心线

Step 01 ▶ 在"图层"控制列表中将"中心线"图层设置为当前图层。

Step 02 ▶ 输入"L"，按 Enter 键，激活【直线】命令。

Step 03 ▶ 配合"捕捉"与"追踪"功能，绘制半径为 5.5 的 4 个圆的中心线，结果如图 12-12 所示。

9. 补绘轮廓线

Step 01 ▶ 在"图层"控制列表中将"轮廓线"图层设置为当前图层。

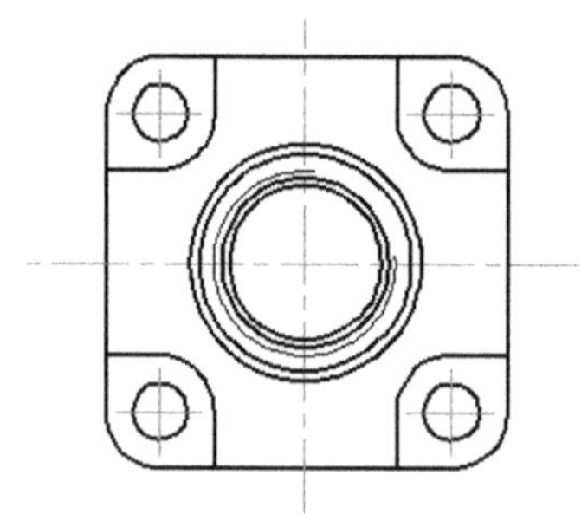

图 12-12

Step 02 ▶ 输入"XL"，按 Enter 键，激活【构造线】命令。

Step 03 ▶ 配合【构造线】命令中的"偏移"选项，将水平中心线向上、下对称偏移 12.5，将垂直中心线向右偏移 34，如图 12-13 所示。

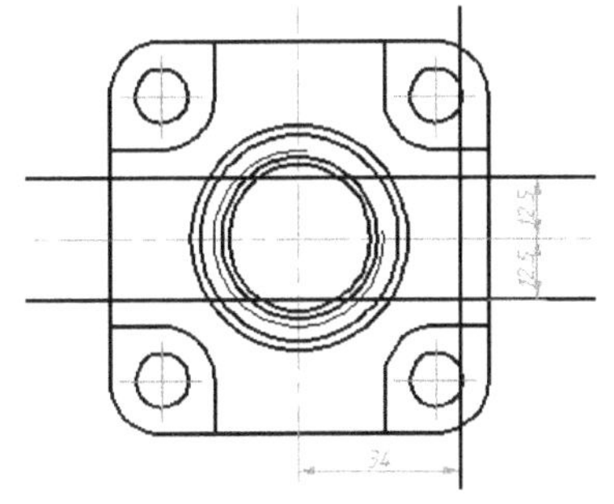

图 12-13

Step 04 ▶ 输入"TR"，按 Enter 键，激活【修剪】命令。

Step 05 ▶ 对偏移出的垂直构造线和水平构造线进行修剪，将其转化为图形轮廓线，结果如图 12-14 所示。

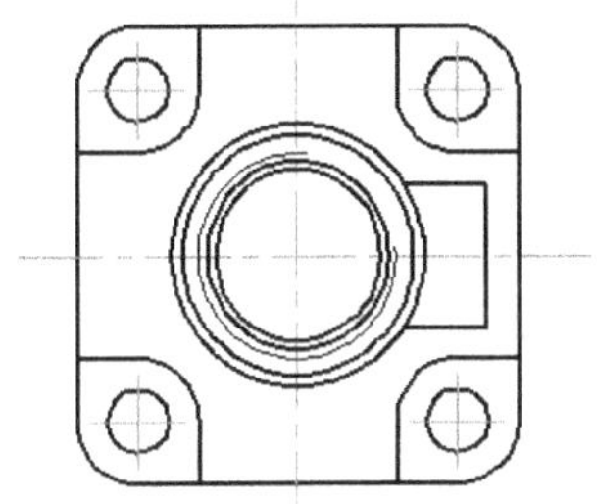

图 12-14

Step 06 ▶ 至此，半轴壳零件左视图绘制完毕，将该图形命名并存储为"绘制半轴壳零件左视图 .dwg"文件。

12.1.2　绘制半轴壳零件主视图

本节来绘制半轴壳零件主视图。在绘制主视图时，可以根据视图间的对正关系来绘制，最后对主视图进行局部剖视处理，以表达该零件的内部结构特征。

操作步骤

1．绘制主视图外部结构

Step 01 ▶ 以 12.1.1 节存储的"绘制半轴壳零件左视图 .dwg"作为当前文件。

Step 02 ▶ 将"轮廓线"图层设置为当前图层。

Step 03 ▶ 输入"XL"，按 Enter 键，激活【构造线】命令。

Step 04 ▶ 在左视图的左侧绘制一条垂直构造线，然后将该构造线向左偏移 6、18 和 102 个绘图单位，以定位主视图，如图 12-15 所示。

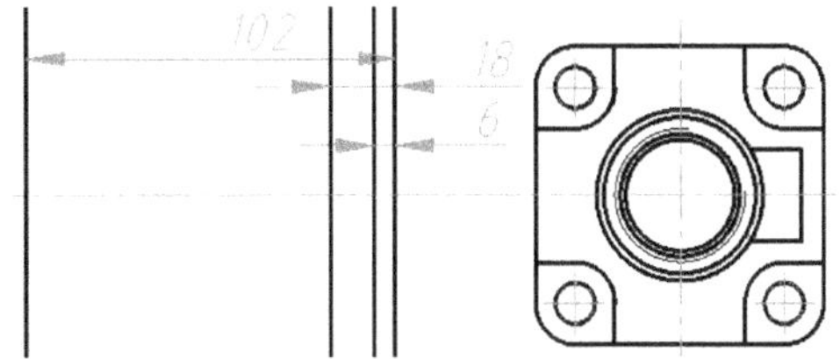

图 12-15

Step 05 ▶ 重复执行【构造线】命令，根据视图间的对正关系，配合"对象捕捉"功能绘制水平构造线，如图 12-16 所示。

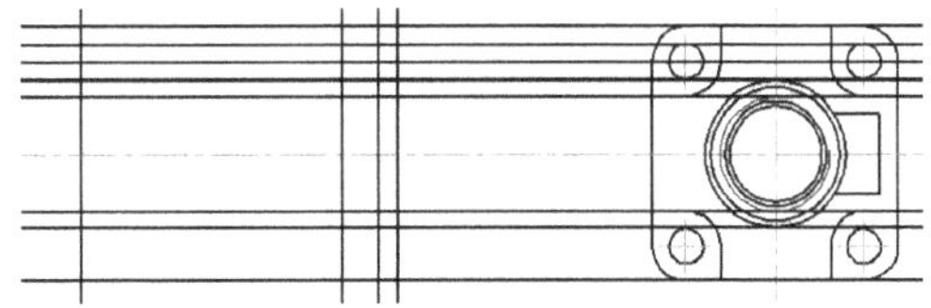

图 12-16

Step 06 ▶ 继续执行【构造线】命令，配合其"偏移"选项，将水平中心线对称偏移 32.5 个绘图单位，结果如图 12-17 所示。

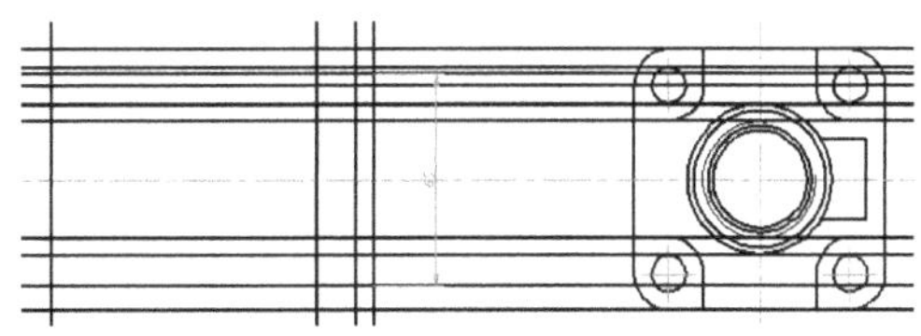

图 12-17

Step 07 ▶ 输入"TR"，按 Enter 键，激活【修剪】命令。

Step 08 ▶ 对各构造线进行修剪，编辑出主视图轮廓，结果如图 12-18 所示。

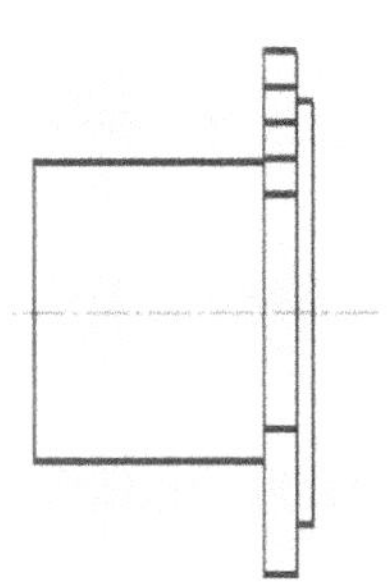

图 12-18

2. 绘制主视图其他结构

Step 01 ▶ 继续执行【构造线】命令，使用命令中的"偏移"选项，根据图示尺寸，将主视图左侧的垂直轮廓线向右偏移 16 个绘图单位，将第 2 条垂直轮廓线向右偏移 1 个绘图单位，创建两条垂直构造线，如图 12-19 所示。

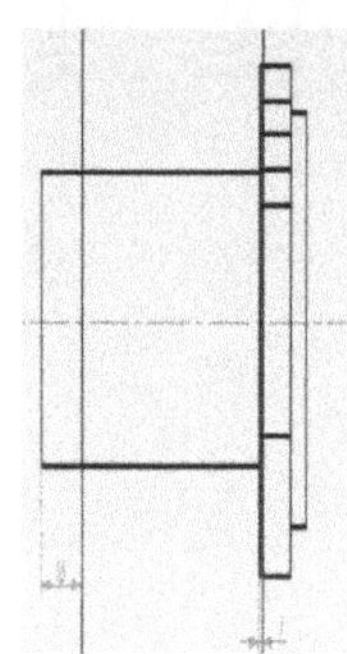

图 12-19

Step 02 ▶ 输入"TR"，按 Enter 键，激活【修剪】命令。

Step 03 ▶ 选择右侧的 4 条水平轮廓线作为修剪边界，对偏移的垂直构造线进行修剪，然后删除中间两条垂直轮廓线，效果如图 12-20 所示。

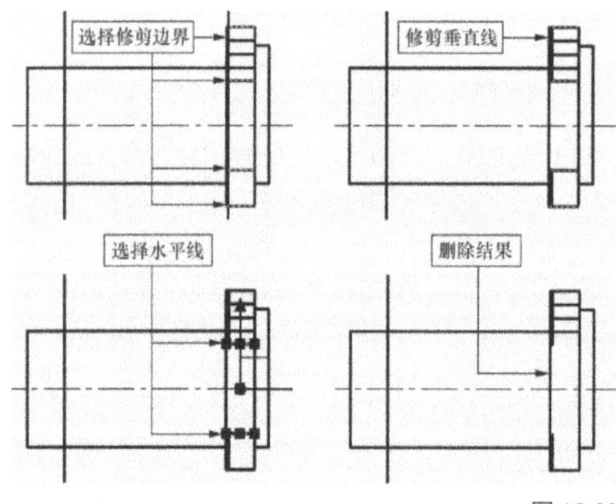

图 12-20

Step 04 ▶ 在无任何命令执行的前提下，夹点显示如图 12-21 所示的两条图线，将其调整到"中心线"图层。

Step 05 ▶ 输入"C"，按 Enter 键，激活【圆】命令。

Step 06 ▶ 配合"交点"捕捉功能绘制 3 个同心圆，圆的半径分别为 3、4 和 12.5 个绘图单位。

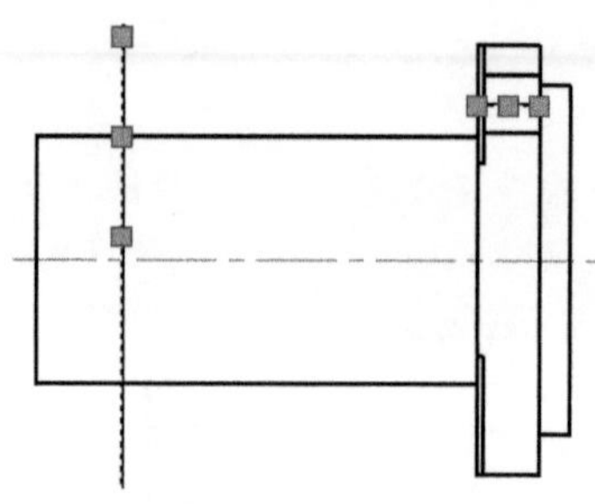

图 12-21

Step 07 ▶ 使用快捷键"BR"激活【打断】命令，对半径为 4 的圆进行打断，并将其调整到"细实线"图层上，结果如图 12-22 所示。

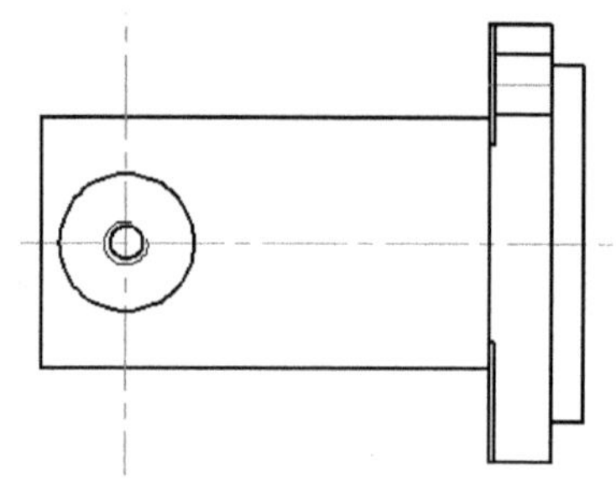

图 12-22

3. 绘制主视图倒角结构

Step 01 ▶ 输入"CHA"，按 Enter 键，激活【倒角】命令。

Step 02 ▶ 输入"A"，按 Enter 键，激活"角度"选项。

Step 03 ▶ 输入"2"，按 Enter 键，指定第 1 条直线的倒角长度。

Step 04 ▶ 输入"45"，按 Enter 键，指定第 2 条直线的倒角角度。

Step 05 ▶ 输入"M"，按 Enter 键，激活"多个"选项。

Step 06 ▶ 在主视图的上水平轮廓线的左端单击。

Step 07 ▶ 在垂直轮廓线的上端单击。

Step 08 ▶ 在下水平轮廓线的左端单击。

Step 09 ▶ 在垂直轮廓线的下端单击。

Step 10 ▶ 按 Enter 键，倒角结果如图 12-23 所示。

Step 11 ▶ 输入"L"，按 Enter 键，激活【直线】命令，配合"端点"捕捉功能，在主视图左边倒角位置补绘垂直轮廓线。

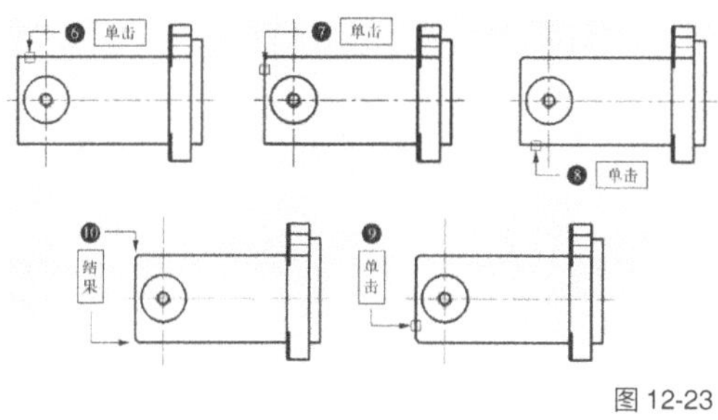

图 12-23

4. 绘制主视图的圆角结构

Step 01 ▸ 输入"F"，按 Enter 键，激活【圆角】命令。

Step 02 ▸ 输入"R"，按 Enter 键，激活"半径"选项。

Step 03 ▸ 输入"5"，按 Enter 键，指定圆角半径。

Step 04 ▸ 输入"T"，按 Enter 键，激活"修剪"选项。

Step 05 ▸ 输入"N"，按 Enter 键，设置不修剪模式。

Step 06 ▸ 输入"M"，按 Enter 键，激活"多个"选项。

Step 07 ▸ 在主视图的上水平轮廓线的右端单击。

Step 08 ▸ 在垂直轮廓线的上端单击。

Step 09 ▸ 在下水平轮廓线的右端单击。

Step 10 ▸ 在垂直轮廓线的下端单击。

Step 11 ▸ 按 Enter 键，圆角结果如图 12-24 所示。

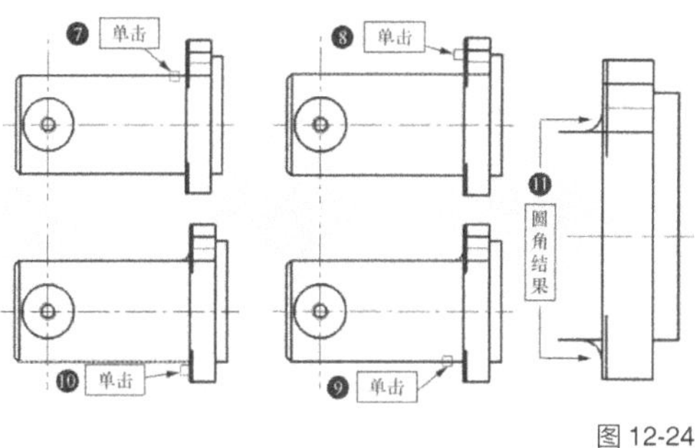

图 12-24

Step 12 ▸ 执行【修剪】命令，以圆角后产生的两条圆弧作为边界，对两条水平轮廓线进行修剪，结果如图 12-25 所示。

5. 填充剖面线

Step 01 ▸ 在"图层"控制下拉列表中将"波浪线"图层设置为当前图层。

Step 02 ▸ 输入"SPL"，按 Enter 键，激活【样条曲线】命令。

Step 03 ▸ 配合"最近点"捕捉功能，在主视图右侧位置绘制样条曲线作为填充边界线，如图 12-26 所示。

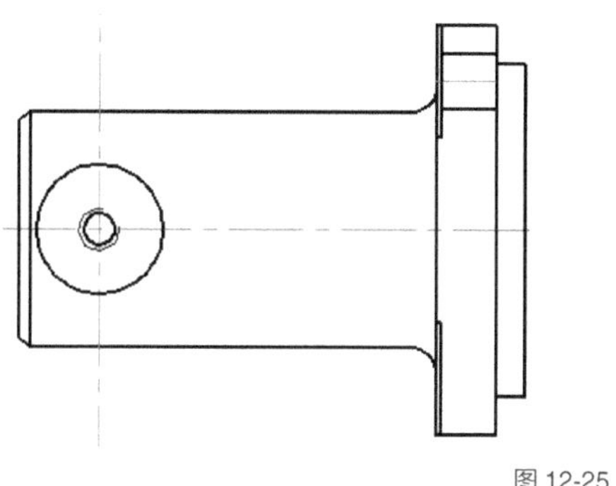

图 12-25

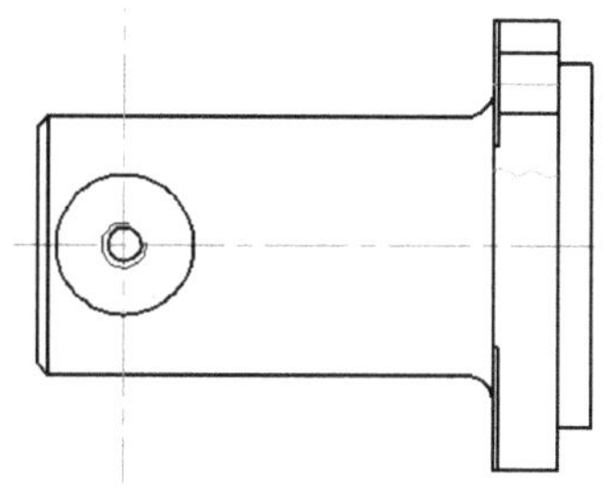

图 12-26

Step 04 ▸ 继续在"图层"控制下拉列表中，将"剖面线"图层设置为当前图层。

Step 05 ▸ 输入"H"，按 Enter 键，打开【图案填充与渐变色】对话框，选择"ANSI31"的填充图案，采用默认参数对主视图进行填充，结果如图 12-27 所示。

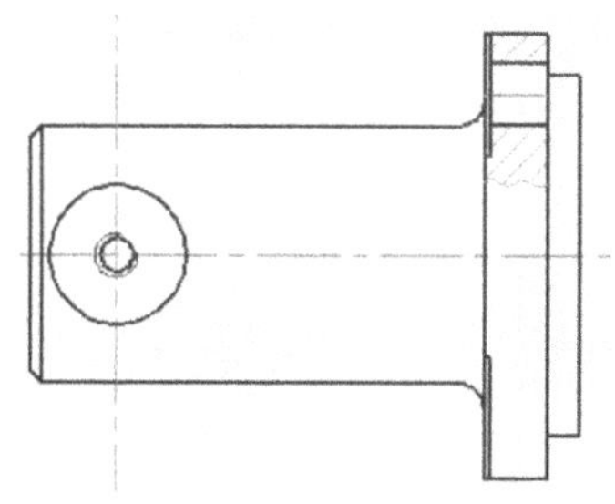

图 12-27

Step 06 ▸ 至此，半轴壳主视图绘制完毕，将图形命名并存储为"绘制半轴壳零件主视图.dwg"文件。

12.1.3　绘制半轴壳零件俯视图

本节绘制半轴壳零件俯视图。在具体的

绘制过程中，可以参照主视图，根据视图间的对正关系来绘制，最后使用【图案填充】命令对剖视部分进行填充。

⚙ 操作步骤

1. 绘制俯视图主体结构

Step 01 ▶ 以 12.1.2 节存储的"绘制半轴壳零件主视图 .dwg"作为当前文件。

Step 02 ▶ 在"图层"控制列表中将"轮廓线"图层设置为当前图层。

Step 03 ▶ 输入"XL"，按 Enter 键，激活【构造线】命令。

Step 04 ▶ 根据视图间的对正关系，配合"对象捕捉"功能，绘制 10 条垂直构造线，如图 12-28 所示。

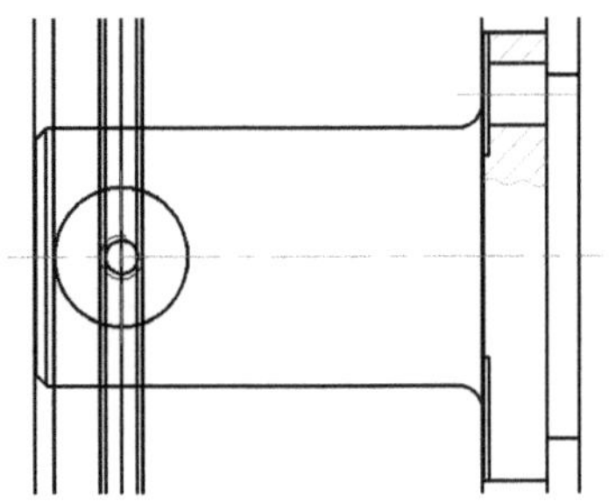

图 12-28

Step 05 ▶ 重复执行【构造线】命令，配合其"偏移"选项，将最左侧的垂直构造线向右偏移 55 和 60 个绘图单位；将最右侧的垂直构造线向左偏移 9 个绘图单位，如图 12-29 所示。

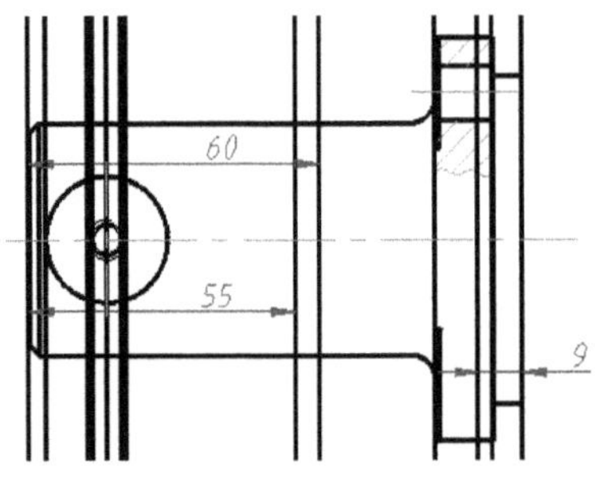

图 12-29

Step 06 ▶ 继续在主视图下方的合适位置绘制一条水平构造线，然后配合其"偏移"选项，将水平构造线进行对称偏移 15、16.5、18、23、23.5、32.5 和 40 个绘图单位，效果如图 12-30 所示。

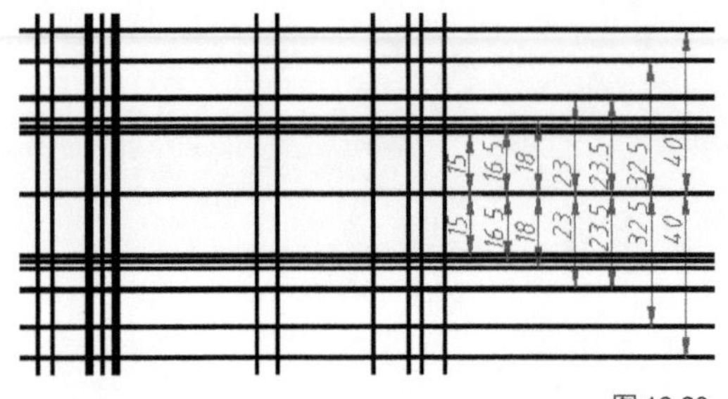

图 12-30

Step 07 ▶ 输入"TR"，按 Enter 键，激活【修剪】命令，对构造线进行修剪，编辑出俯视图轮廓，结果如图 12-31 所示。

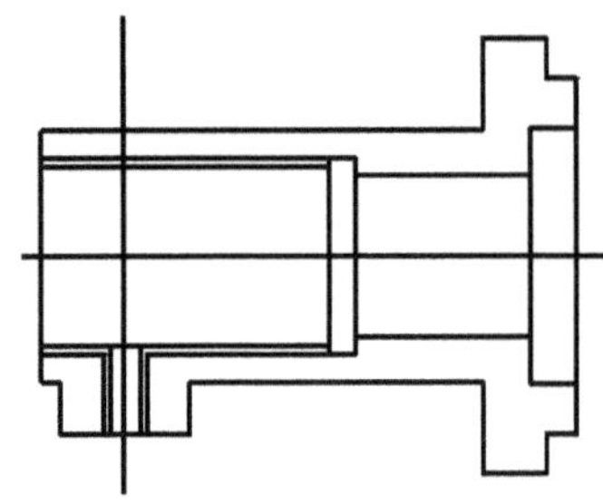

图 12-31

Step 08 ▶ 在无任何命令执行的前提下单击如图 12-32 所示的轮廓线，使其夹点显示。

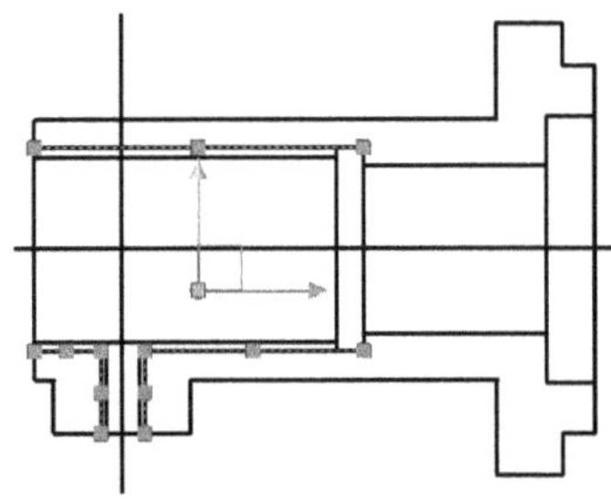

图 12-32

Step 09 ▶ 在"图层"控制下拉列表中选择"细实线"图层，将其调整到"细实线"图层。

Step 10 ▶ 使用相同的方法，将左侧的垂直构造线、水平构造线和水平中心线调整到"中心线"图层，结果如图 12-33 所示。

2. 创建俯视图圆角结构

Step 01 ▶ 输入"F"，按 Enter 键，激活【圆角】命令。

Step 02 ▶ 输入"R"，按 Enter 键，激活"半径"选项。

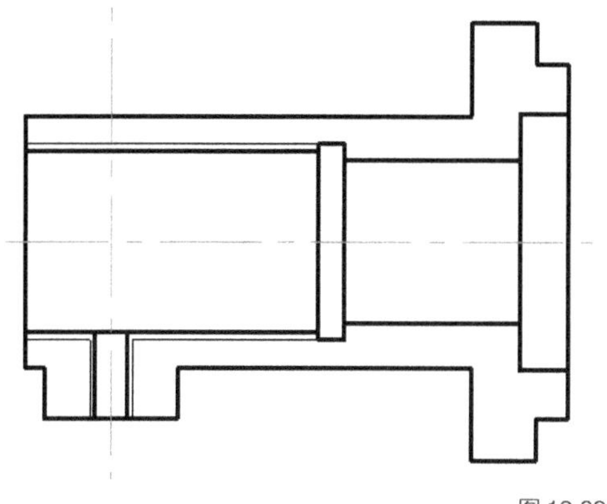

图 12-33

Step 03 ▶ 输入"5"，按 Enter 键，指定圆角半径。

Step 04 ▶ 输入"T"，按 Enter 键，"激活"修剪"选项。

Step 05 ▶ 输入"T"，按 Enter 键，设置修剪模式。

Step 06 ▶ 输入"M"，按 Enter 键，激活"多个"选项。

Step 07 ▶ 在俯视图的上水平轮廓线的右端单击。

Step 08 ▶ 在右垂直轮廓线的上端单击。

Step 09 ▶ 在下水平轮廓线的右端单击。

Step 10 ▶ 在右垂直轮廓线的下端单击。

Step 11 ▶ 按 Enter 键，圆角结果如图 12-34 所示。

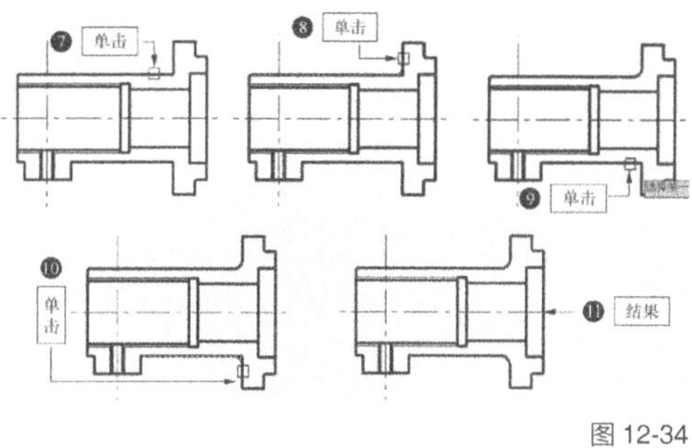

图 12-34

3. 创建俯视图倒角结构

Step 01 ▶ 输入"CHA"，按 Enter 键，激活【倒角】命令。

Step 02 ▶ 输入"A"，按 Enter 键，激活"角度"选项。

Step 03 ▶ 输入"2"，按 Enter 键，指定第 1 条直线的倒角长度。

Step 04 ▶ 输入"45"，按 Enter 键，指定第 1 条直线的倒角角度。

Step 05 ▶ 输入"M"，按 Enter 键，激活"多个"选项。

Step 06 ▶ 在俯视图的上水平轮廓线的左端单击。

Step 07 ▶ 在左垂直轮廓线的上端单击。

Step 08 ▶ 在下水平轮廓线的左端单击。

Step 09 ▶ 在垂直轮廓线的下端单击。

Step 10 ▶ 按 Enter 键，倒角结果如图 12-35 所示。

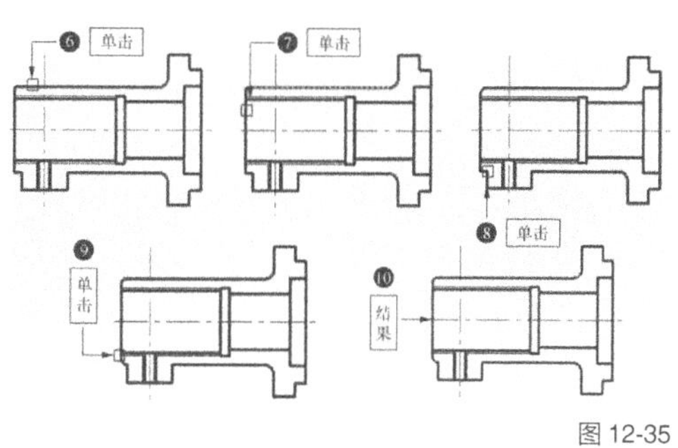

图 12-35

Step 11 ▶ 重复执行【倒角】命令，在不修剪模式下对俯视图中左侧的内部结构进行倒角，倒角长度分别为 1 和 1.5 个绘图单位，倒角角度为 45°，效果如图 12-36 所示。

Step 12 ▶ 输入"TR"，按 Enter 键，激活【修剪】命令，对倒角后的图线进行修剪，效果如图 12-37 所示。

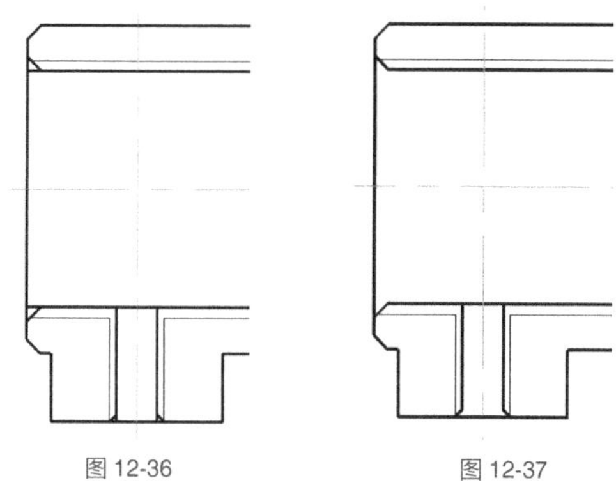

图 12-36　　　　　　　　图 12-37

Step 13 ▶ 输入"L"，按 Enter 键，激活【直线】命令，配合"端点"捕捉功能补绘其他图线，效果如图 12-38 所示。

4. 绘制剖面线和中心线

Step 01 ▶ 在"图层"控制下拉列表中，将"剖面线"图层设置为当前图层。

Step 02 ▶ 输入"H"，按 Enter 键，打开【图案填充和渐变色】对话框，选择与主视图相同的填充图案和参数对俯视图剖视部分进行填充，填充效果如图 12-39 所示。

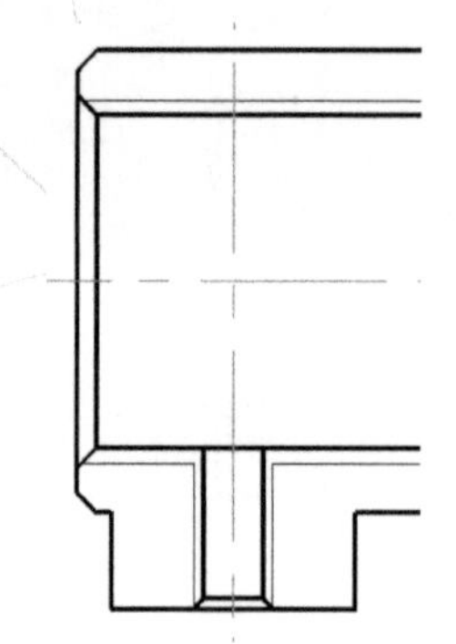

图 12-38

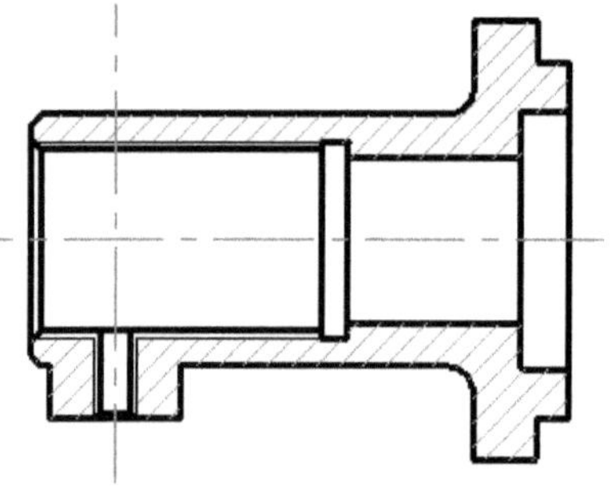

图 12-39

Step 03 ▶ 至此，半轴壳零件俯视图绘制完毕，将图形命名并存储为"绘制半轴壳零件俯视图 .dwg"文件。

12.2　标注半轴壳零件图

　　该半轴壳零件的结构比较复杂，尺寸较多，尺寸精度也要求较高，因此在标注尺寸时要注意长、宽、高 3 个方向的基准，然后确定各定位尺寸和定形尺寸的总格局。另外，还要标注粗糙度以及公差、技术要求等，以便于零件的加工制造。

12.2.1　标注零件图尺寸

　　尺寸是零件加工的重要依据，尺寸标注一定要准确和规范，本节就来标注零件图尺寸。

⚙ 操作步骤

1. 设置当前标注样式与图层

Step 01 ▶ 以 12.1.3 节存储的"绘制半轴壳零件俯视图 .dwg"作为当前文件。

Step 02 ▶ 在"图层"控制下拉列表中，将"标注线"图层设置为当前图层。

Step 03 ▶ 按下 F3 功能键，打开状态栏上的"对象捕捉"功能。

Step 04 ▶ 使用快捷键"D"打开【标注样式管理器】对话框，将"机械样式"设置为当前标注样式，同时修改标注比例为 1.4。

2. 标注直线型尺寸

Step 01 ▶ 使用快捷键"DLI"激活【线性】命令。

Step 02 ▶ 捕捉主视图的左上端点。

Step 03 ▶ 捕捉主视图的左下端点。

Step 04 ▶ 输入"T"，按 Enter 键，激活"文字"选项。

Step 05 ▶ 输入标注文字"%%C46"，按 Enter 键。

Step 06 ▶ 向左引导光标，在适当位置单击定位尺寸线的位置，以便标注直径尺寸。

Step 07 ▶ 标注结果如图 12-40 所示。

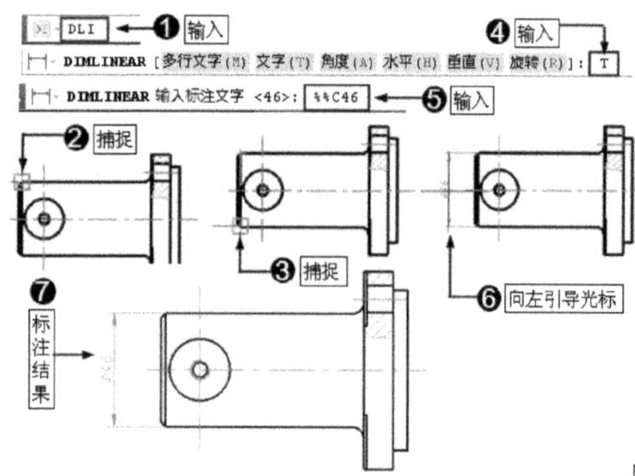

图 12-40

Step 08 ▶ 按 Enter 键，重复执行【线性】命令，配合"交点"捕捉功能或"端点"捕捉功能，分别标注零件图其他位置的尺寸，标注结果如图 12-41 所示。

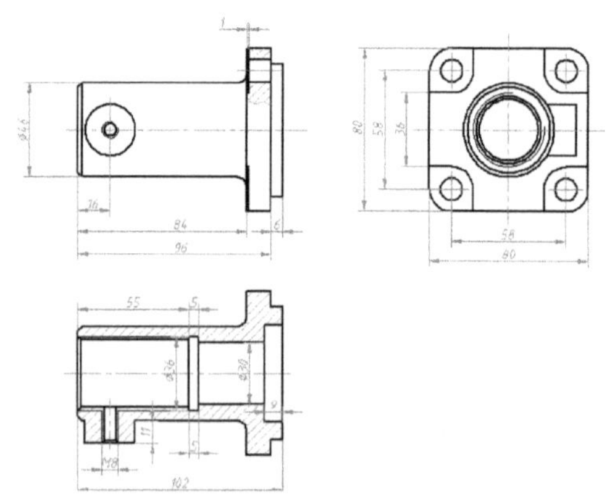

图 12-41

3. 标注半径尺寸和直径尺寸

Step 01 ▸ 使用快捷键"D"打开【标注样式管理器】对话框。

Step 02 ▸ 将"角度标注"设置为当前标注样式，同时修改标注比例为 1.4。

Step 03 ▸ 使用快捷键"DRA"激活【半径】命令。

Step 04 ▸ 选择左视图右上角的圆弧。

Step 05 ▸ 输入"T"，按 Enter 键，激活"文字"选项。

Step 06 ▸ 输入标注文字"4xR11"，按 Enter 键。

Step 07 ▸ 向右上方移动光标，在合适位置单击指定尺寸的位置。

Step 08 ▸ 标注结果如图 12-42 所示。

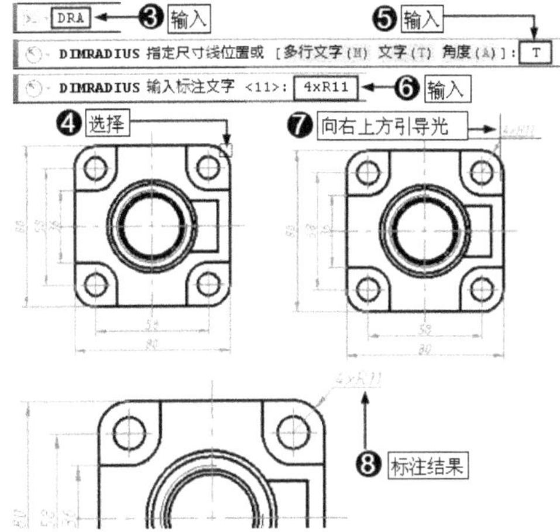

图 12-42

Step 09 ▸ 使用快捷键"DDI"激活【直径】命令。

Step 10 ▸ 依照相同的方法，为该圆标注"M8-7H"的文字注释，如图 12-43 所示。

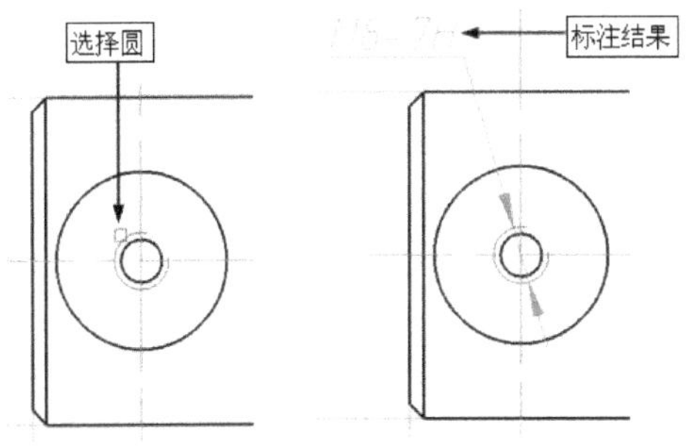

图 12-43

Step 11 ▸ 重复执行【半径】和【直径】命令，分别标注其他位置的半径尺寸和直径尺寸，

标注结果如图 12-44 所示。

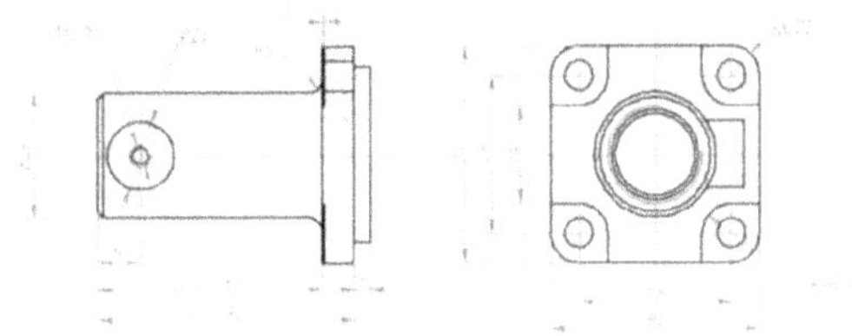

图 12-44

Step 12 ▸ 至此，机械零件三视图尺寸标注完毕，执行【另存为】命令将图形另名存储为"标注半轴壳零件图尺寸 .dwg"文件。

12.2.2　标注半轴壳零件图公差

本节标注半轴壳零件图尺寸公差与形位公差，对零件图继续完善。

操作步骤

1. 标注尺寸公差

Step 01 ▸ 以 12.2.1 节存储的"标注半轴壳零件图尺寸 .dwg"作为当前文件。

Step 02 ▸ 使用快捷键"DLI"激活【线性】命令。

Step 03 ▸ 捕捉俯视图的右上端点。

Step 04 ▸ 捕捉俯视图的右下端点。

Step 05 ▸ 输入"M"，按 Enter 键，激活"多行文字"选项。

Step 06 ▸ 在打开的【文字格式】编辑器中，设置文字大小等参数。

Step 07 ▸ 将光标移至标注文字前，为其添加直径符号，然后将光标移动到标注文字之后，为标注文字添加直径前缀和尺寸公差后缀，如图 12-45 所示。

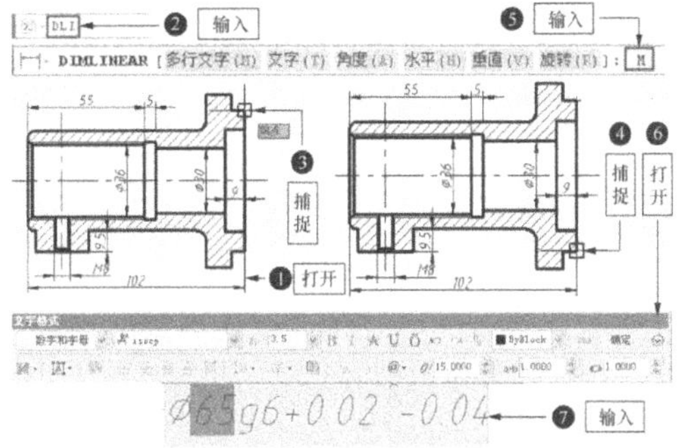

图 12-45

Step 08 ▸ 选择输入的公差后缀，单击"堆叠"按钮进行堆叠。

Step 09 ▶ 单击 确定 按钮返回绘图区，向右引导光标，在合适位置指定尺寸线位置，标注结果如图 12-46 所示。

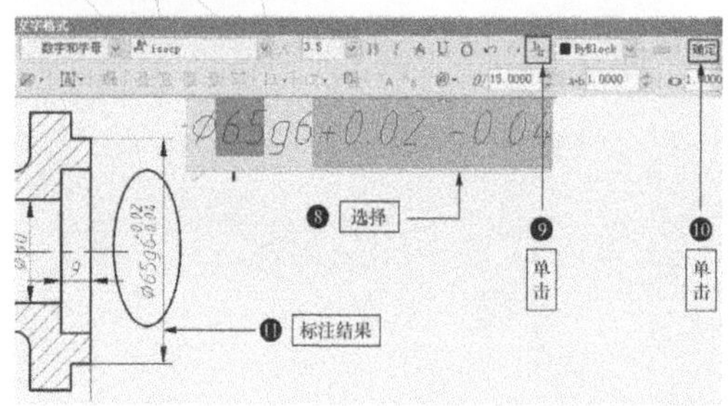

图 12-46

Step 10 ▶ 重复执行【线性】命令，依照相同的方法，继续标注左视图左右两端的其他尺寸公差，标注结果如图 12-47 所示。

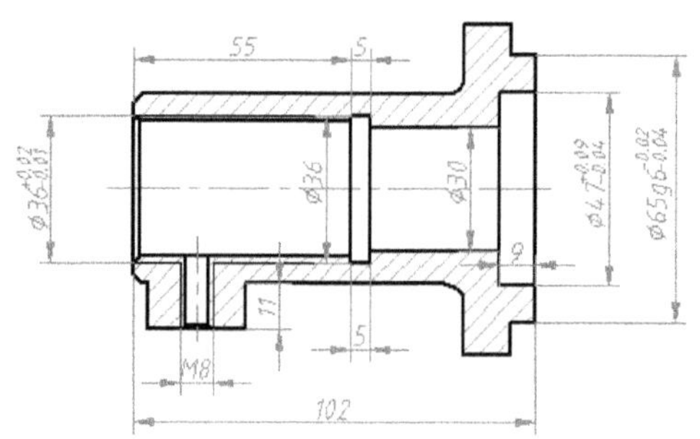

图 12-47

2. 编辑尺寸公差

Step 01 ▶ 使用快捷键 "DED" 激活【编辑标注】命令。

Step 02 ▶ 输入 "N"，按 Enter 键，激活 "新建" 选项，打开【文字格式】编辑器。

Step 03 ▶ 将光标移至标注文字前，添加直径符号，然后将光标移动到标注文字后，添加尺寸后缀，如图 12-48 所示。

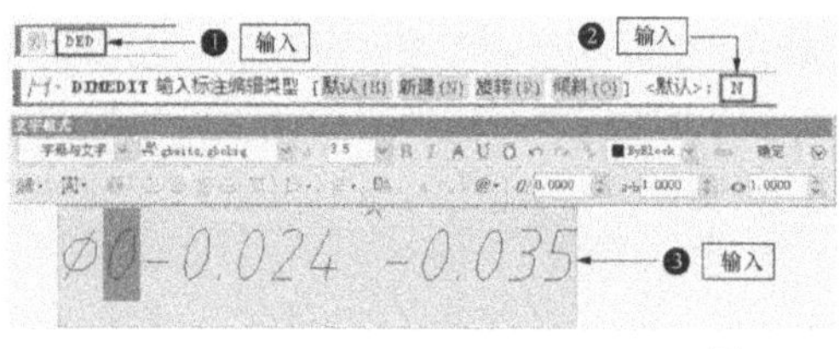

图 12-48

Step 04 ▶ 将输入的尺寸公差进行堆叠。

Step 05 ▶ 单击 确定 按钮返回绘图区。

Step 06 ▶ 选择主视图左侧的直径尺寸，为其添加尺寸后缀，结果如图 12-49 所示。

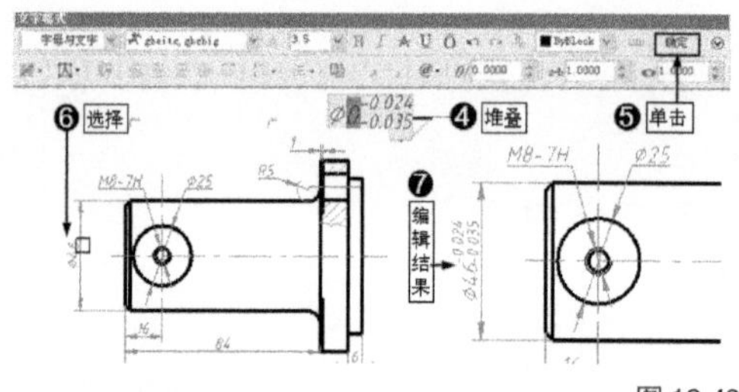

图 12-49

Step 07 ▶ 参照上述方法，继续对主视图的下方尺寸添加公差，结果如图 12-50 所示。

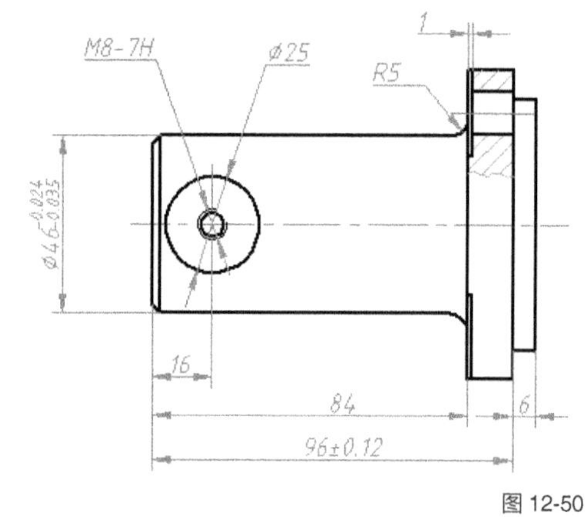

图 12-50

3. 标注形位公差

Step 01 ▶ 使用快捷键 "LE" 激活【快速引线】命令。

Step 02 ▶ 输入 "S"，按 Enter 键，激活 "设置" 选项。

Step 03 ▶ 在打开的【引线设置】对话框，进入 "注释" 选项卡，设置引线注释类型为 "公差"。

Step 04 ▶ 进入 "引线和箭头" 选项卡，设置其他参数，如图 12-51 所示。

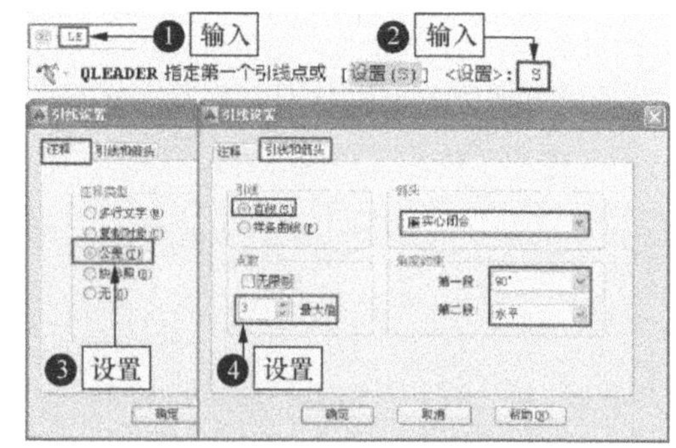

图 12-51

Step 05 ▶ 单击 确定 按钮，返回绘图区，在俯视图的右侧尺寸标注线上指定第 1 个引线点。

Step 06 ▶ 向上引导光标，在适当位置指定第 2 点。

Step 07 ▶ 向右引导光标，在适当位置指定第 3 点，如图 12-52 所示。

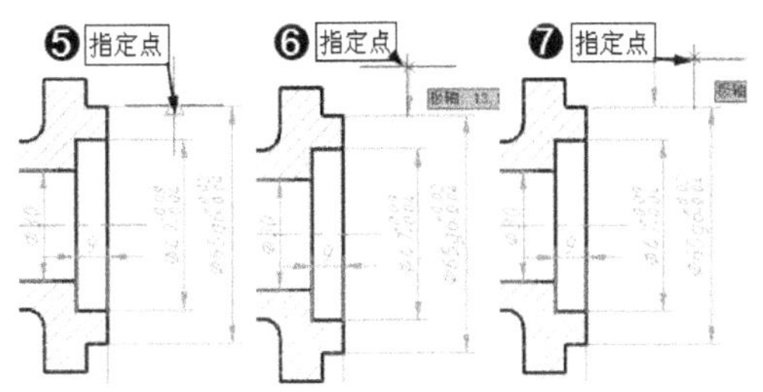

图 12-52

Step 08 ▶ 打开【形位公差】对话框，在【符号】颜色块上单击。

Step 09 ▶ 打开【特征符号】对话框，在公差符号上单击。

Step 10 ▶ 添加公差符号。

Step 11 ▶ 输入公差 1 的值及基准代号，如图 12-53 所示。

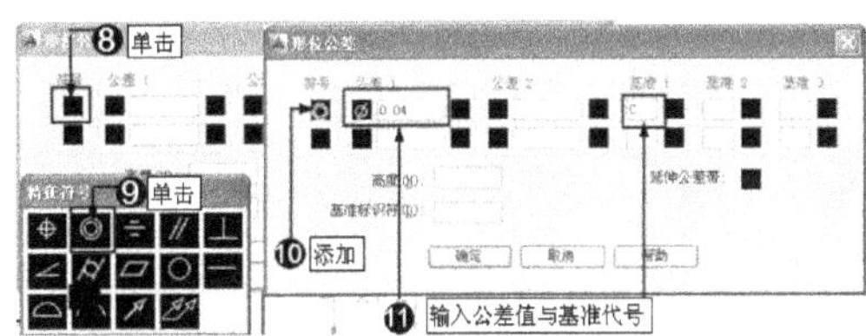

图 12-53

Step 12 ▶ 单击 确定 按钮，标注结果如图 12-54 所示。

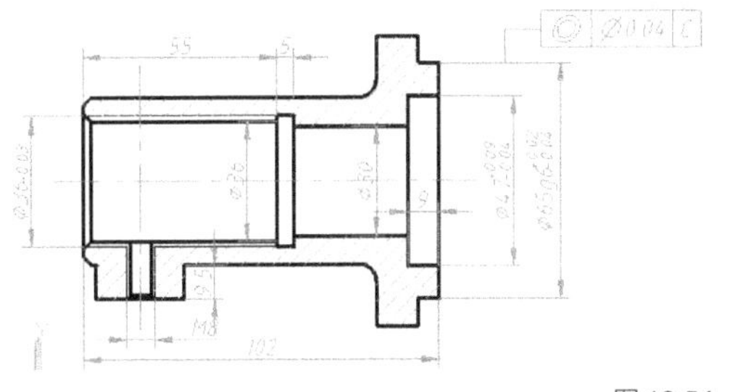

图 12-54

Step 13 ▶ 参照上述方法，继续标注主视图左侧的形位公差，结果如图 12-55 所示。

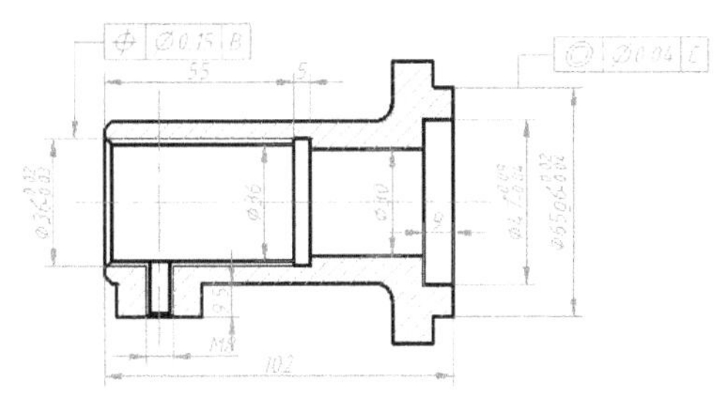

图 12-55

Step 14 ▶ 重复执行【快速引线】命令，设置引线和箭头参数，如图 12-56 所示。

Step 15 ▶ 确认返回绘图区，依照前面的操作，在主视图右下方标注形位公差，如图 12-57 所示。

图 12-56

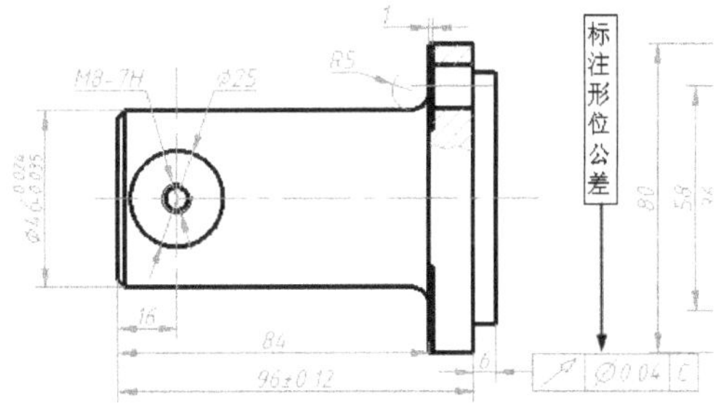

图 12-57

Step 16 ▶ 至此，半轴壳零件公差标注完毕，将图形另名存储为"标注半轴壳零件图公差 .dwg"文件。

12.2.3　标注半轴壳零件粗糙度、基面代号与技术要求

本节标注半轴壳零件的表面粗糙度、基面代号、技术要求等内容。

操作步骤

1. 标注主视图粗糙度

Step 01 ▶ 以 12.2.2 节存储的"标注半轴壳零件

公差 .dwg" 作为当前文件。

Step 02 ▶ 在"图层"控制下拉列表中，将"细实线"图层设置为当前图层。

Step 03 ▶ 使用快捷键"I"打开【插入】对话框。

Step 04 ▶ 选择"图块文件"目录下的"粗糙度 .dwg"属性块。

Step 05 ▶ 设置相关参数，然后确认返回绘图区。

Step 06 ▶ 在主视图的左侧水平尺寸线上单击。

Step 07 ▶ 按 Enter 键，插入结果如图 12-58 所示。

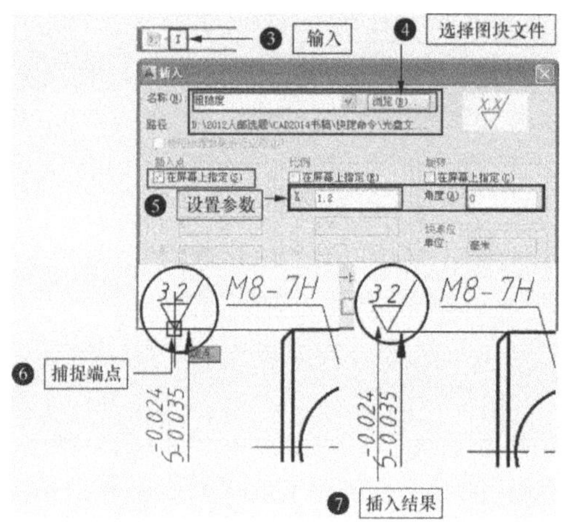

图 12-58

2. 镜像编辑粗糙度

Step 01 ▶ 使用快捷键"MI"激活【镜像】命令。

Step 02 ▶ 选择插入的粗糙度符号，按 Enter 键确认。

Step 03 ▶ 捕捉粗糙度下端点作为镜像线的第 1 点。

Step 04 ▶ 输入"@1,0"，按 Enter 键，指定镜像轴的第 2 点。

Step 05 ▶ 按 Enter 键，镜像结果如图 12-59 所示。

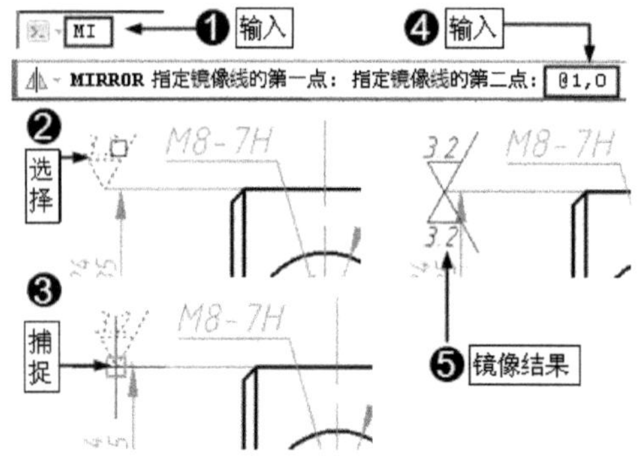

图 12-59

Step 06 ▶ 按 Enter 键，重复执行【镜像】命令。

Step 07 ▶ 选择镜像后的粗糙度符号，按 Enter 键确认。

Step 08 ▶ 捕捉粗糙度下端点作为镜像轴的第 1 点。

Step 09 ▶ 输入"@0,1"，按 Enter 键，指定镜像轴的第 1 点。

Step 10 ▶ 输入"Y"，按 Enter 键，激活"是"选项。

Step 11 ▶ 删除源对象进行镜像，结果如图 12-60 所示。

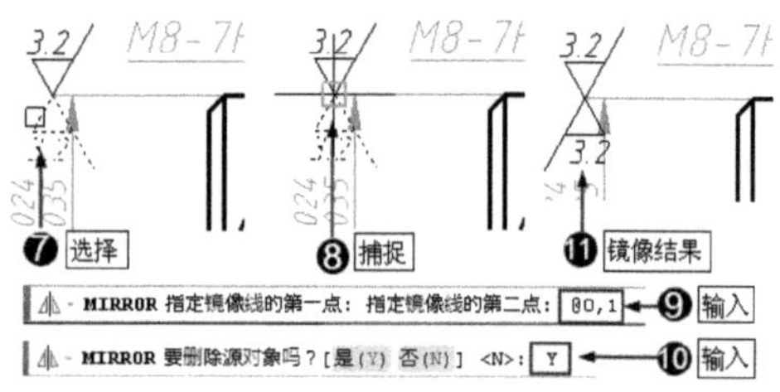

图 12-60

3. 调整粗糙度属性值

Step 01 ▶ 输入"M"，按 Enter 键，激活【移动】命令。

Step 02 ▶ 将镜像出的粗糙度移到直径为 25 的尺寸标注上。

Step 03 ▶ 在镜像出的粗糙度属性块上双击，打开【增强属性编辑器】对话框，修改属性值为 12.5，如图 12-61 所示。

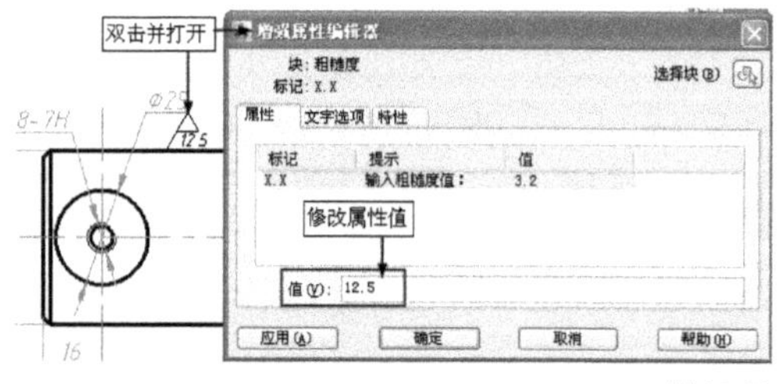

图 12-61

Step 04 ▶ 使用快捷键"CO"激活【复制】命令，将主视图中的两个粗糙度分别复制到左视图中，然后依照前面的操作方法，修改其属性值，效果如图 12-62 所示。

Step 05 ▶ 使用快捷键"RO"激活【旋转】命令。

Step 06 ▶ 选择俯视图下侧的 1.6 粗糙度，按 Enter 键确认。

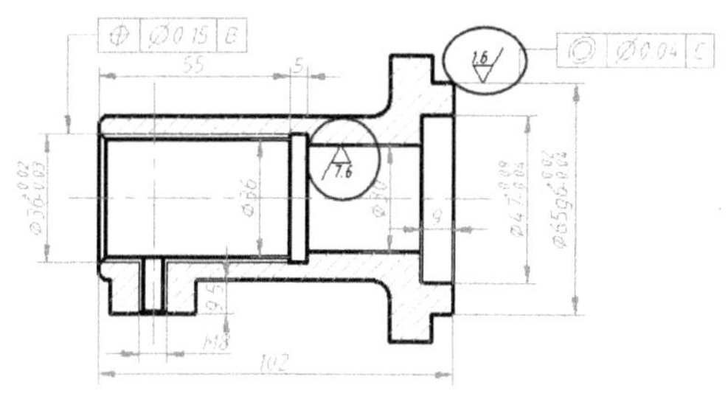

图 12-62

Step 07 ▶ 捕捉粗糙度上端点。

Step 08 ▶ 输入"C"，按 Enter 键，激活"复制"选项。

Step 09 ▶ 输入"90"，按 Enter 键，指定旋转角度。

Step 10 ▶ 按 Enter 键，效果如图 12-63 所示。

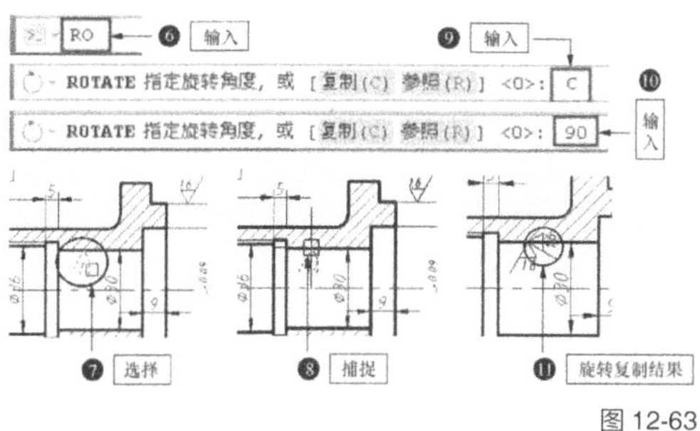

图 12-63

Step 11 ▶ 使用快捷键"M"激活【移动】命令，将旋转复制的粗糙度符号移动到俯视图右下方位置。

Step 12 ▶ 重复执行【旋转】命令，将上侧的 1.6 粗糙度旋转 90°，然后对旋转得到的粗糙度以删除源对象的方式进行垂直镜像，并将镜像出的粗糙度移至俯视图左下方位置，如图 12-64 所示。

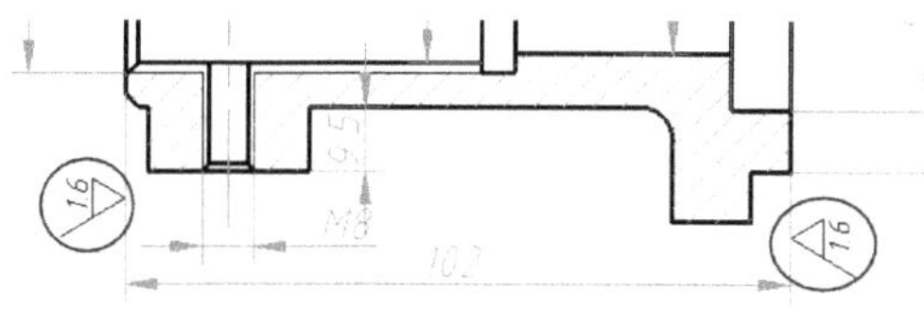

图 12-64

Step 13 ▶ 继续执行【编辑属性】命令，修改右下方旋转得到的粗糙度的属性值为 6.3。

Step 14 ▶ 使用相同的方法，继续修改其他粗糙度属性值，然后重复执行【插入块】命令，

以 2 倍的等比缩放比例，在左视图右上侧位置插入"图块文件"目录下的"粗糙度 02.dwg"属性块。

4. 标注零件图技术要求

Step 01 ▶ 使用快捷键"ST"激活【文字样式】命令，将"字母与文字"设置为当前文字样式。

Step 02 ▶ 使用快捷键"T"激活【多行文字】命令，在俯视图右侧标注技术要求标题，其中字体高度为 10。

Step 03 ▶ 按 Enter 键换行，然后修改文字高度为 9，继续标注技术要求的内容，如图 12-65 所示。

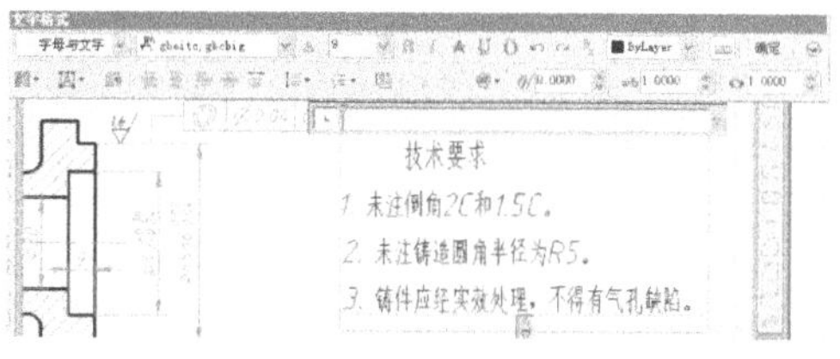

图 12-65

Step 04 ▶ 确认完成零件图技术要求的标注。重复执行【多行文字】命令，在左视图右上侧粗糙度符号位置标注文字高度为 10 的"其余"字样，完成技术要求的标注，效果如图 12-66 所示。

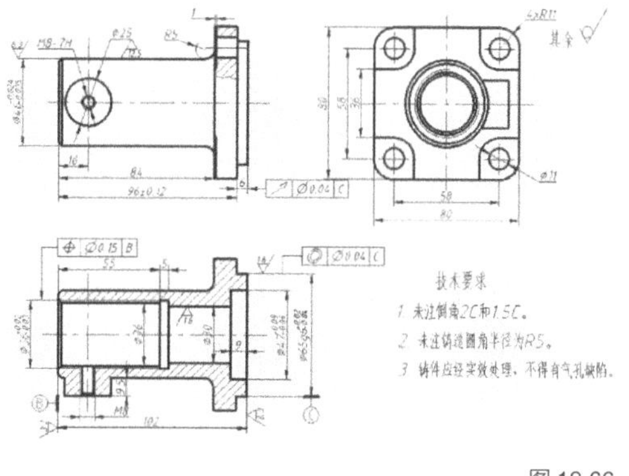

图 12-66

5. 标注基面代号并配置图框

Step 01 ▶ 使用快捷键"I"激活【插入块】命令，选择"图块文件"目录下的"基面代号 .dwg"文件，并设置相关参数。

Step 02 ▶ 确认返回绘图区，将其插入到俯视图左下角相关位置，如图 12-67 所示。

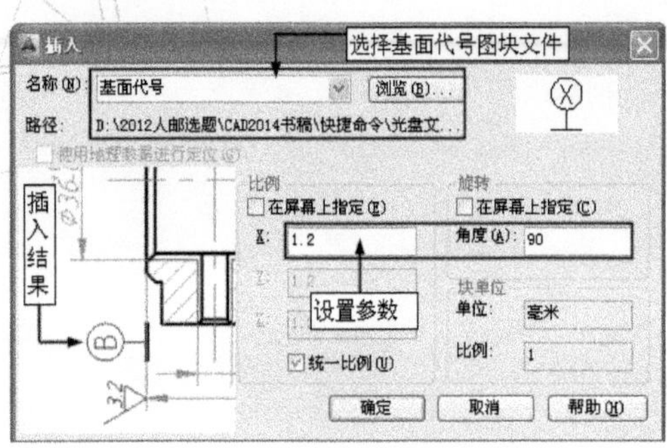

图 12-67

Step 03 ▶ 在插入的基面代号属性块上双击左键，打开【增强属性编辑器】对话框，进入"文字选项"选项卡，修改属性的旋转角度为0，如图 12-68 所示。

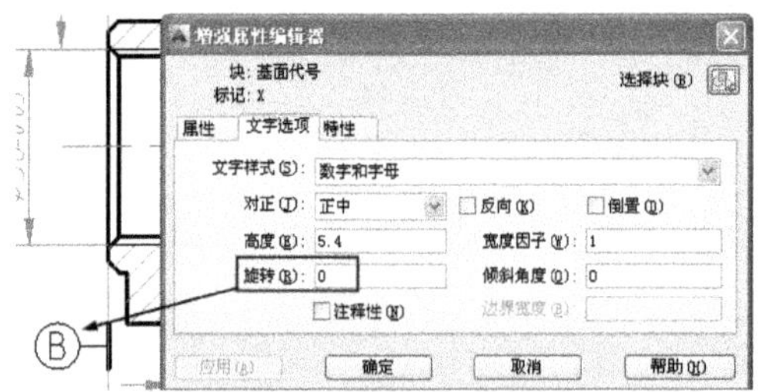

图 12-68

Step 04 ▶ 依照前面的操作，将该基面代号进行旋转复制，然后将其移动到俯视图右侧尺寸标注线的下方位置，并修改其属性值为 C，结果如图 12-69 所示。

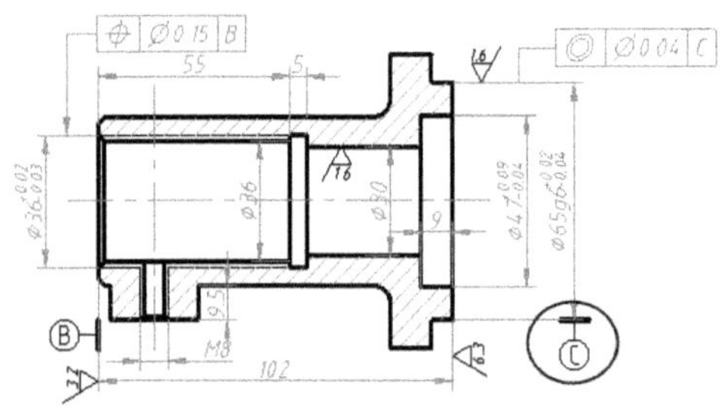

图 12-69

Step 05 ▶ 使用快捷键"I"激活【插入块】命令，以默认参数插入"图块文件"目录下的"A3-H.dwg"图块文件，并适当调整图框位置。

Step 06 ▶ 执行【多行文字】命令，为标题栏填充图名，其中字体样式为"仿宋"，高度为 7，最终结果如图 12-70 所示。

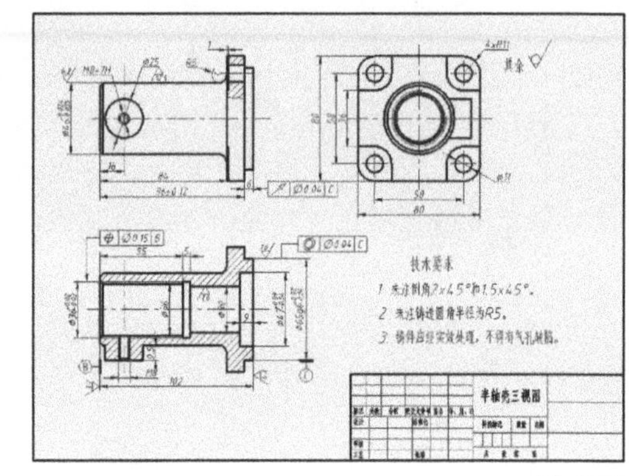

图 12-70

Step 07 ▶ 至此，半轴壳三视图绘制完毕，将图形另名存储。

12.3　绘制机械零件三维模型

本节绘制半轴壳零件的三维模型。在绘制该三维模型时，可以调用前面小节中绘制的该零件的平面图纸，在平面图纸的基础上绘制其三维模型，这样更方便。

操作步骤

1. 设置系统变量

在创建三维模型前，需要设置系统变量。

Step 01 ▶ 打开 12.1.1 节保存的"绘制半轴壳零件左视图 .dwg"文件"。

Step 02 ▶ 输入"ISOLINES"，按 Enter 键确认。

Step 03 ▶ 输入 12，按 Enter 键确认。

Step 04 ▶ 输入"FACETRES"，按 Enter 键确认。

Step 05 ▶ 输入"10"，按 Enter 键确认。

Step 06 ▶ 执行【另存为】命令，将当前文件另名存储为"绘制半轴壳零件三维模型 .dwg"文件。

2. 编辑二维图形

Step 01 ▶ 输入"E"，按 Enter 键，激活【删除】命令。

Step 02 ▶ 选择除外侧圆角矩形、中间同心圆以及左下角的圆弧和圆之外的其他所有图线，效果如图 12-71 所示。

Step 03 ▶ 输入"J"，按 Enter 键，激活【合并】命令。

Step 04 ▶ 选择中间的圆弧，按 Enter 键确认。

Step 05 ▶ 输入"L"，激活"合并"选项。

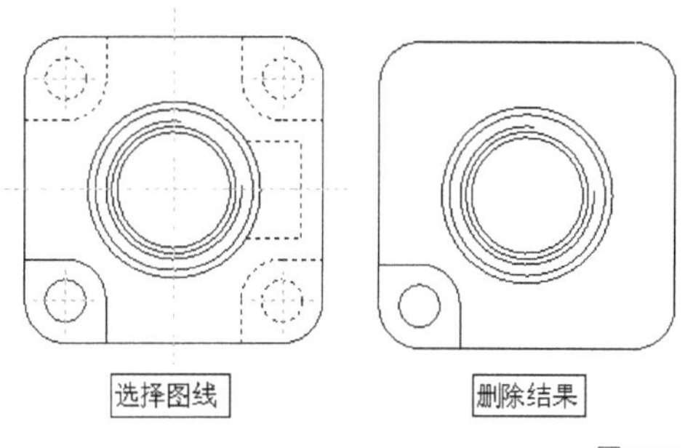

图 12-71

Step 06 ▸ 按 Enter 键，将圆弧合并为圆，如图 12-72 所示。

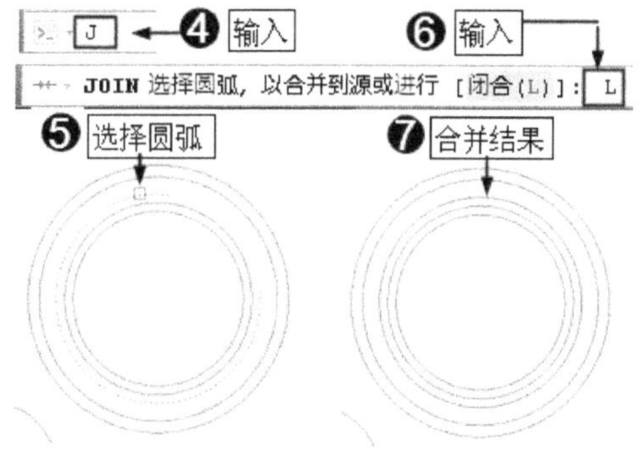

图 12-72

3. 创建边界

Step 01 ▸ 使用快捷键"BO"打开【创建边界】对话框。

Step 02 ▸ 设置对象类型为"多段线"。

Step 03 ▸ 单击"拾取点"按钮 返回绘图区。

Step 04 ▸ 在图形左下角空白区域单击拾取点。

Step 05 ▸ 按 Enter 键，创建边界图形，如图 12-73 所示。

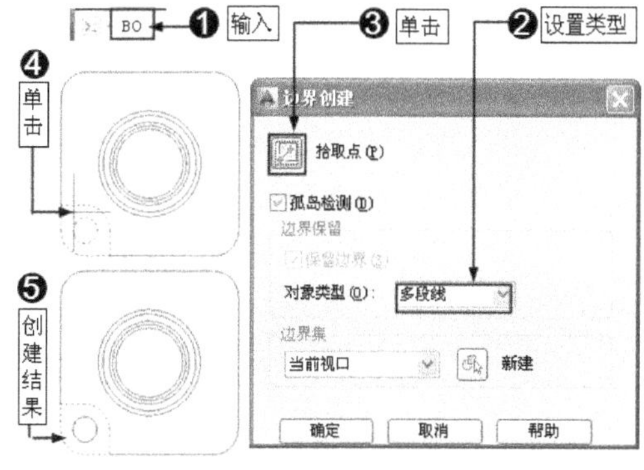

图 12-73

Step 06 ▸ 使用快捷键"PE"激活【编辑多段线】命令。

Step 07 ▸ 输入"M"，按 Enter 键，激活"多条"选项。

Step 08 ▸ 单击选择外侧圆角矩形轮廓线。

Step 09 ▸ 按 Enter 键，激活"是"选项，将非多段线转化为多段线。

Step 10 ▸ 输入"J"，按 Enter 键，激活"合并"选项。

Step 11 ▸ 按 2 次 Enter 键，将外侧的圆角矩形编辑为闭合的多段线，如图 12-74 所示。

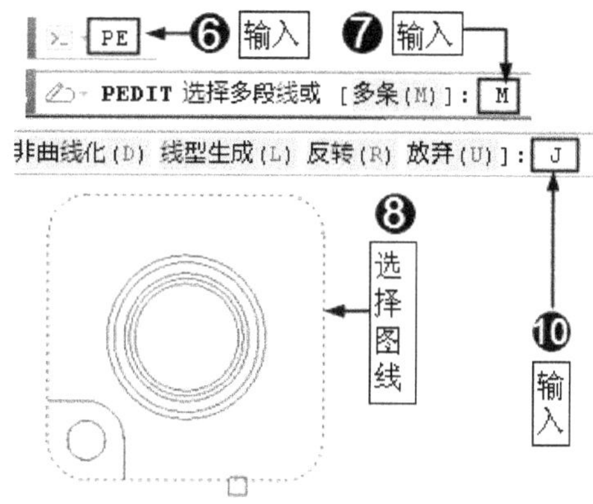

图 12-74

4. 拉伸外轮廓

Step 01 ▸ 输入"EXT"，按 Enter 键，激活【拉伸】命令。

Step 02 ▸ 选择外轮廓线，按 Enter 键。

Step 03 ▸ 输入"-12"，按 Enter 键，指定拉伸高度及方向。

Step 04 ▸ 单击【视图】工具栏上的"西南等轴测"按钮 ，将当前视图切换到西南视图，结果如图 12-75 所示。

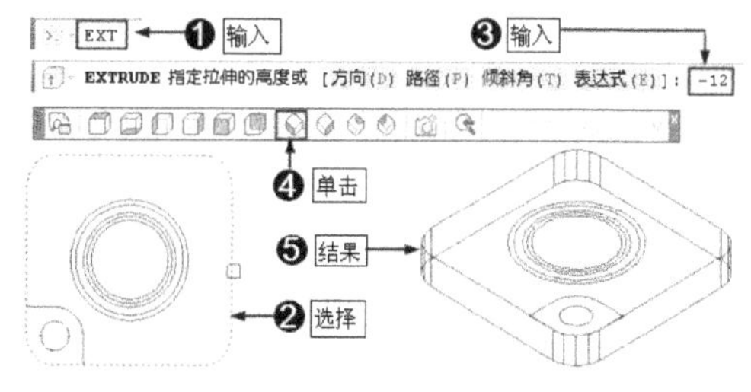

图 12-75

5. 调整模型位置

Step 01 ▸ 输入"3M"，按 Enter 键，激活【三

维移动】命令。

Step 02 ▶ 选择拉伸模型以及下方图线和内部的圆，按 Enter 键确认。

Step 03 ▶ 捕捉拉伸模型下端点作为基点。

Step 04 ▶ 输入 "@0,0,9"，按 Enter 键，位移结果如图 12-76 所示。

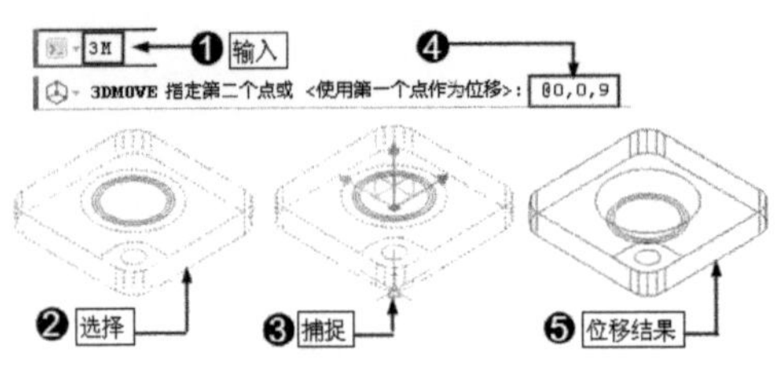

图 12-76

6. 拉伸创建圆柱体

Step 01 ▶ 输入 "EXT"，按 Enter 键，激活【拉伸】命令。

Step 02 ▶ 选择最内侧的圆，按 Enter 键确认。

Step 03 ▶ 输入 "33"，按 Enter 键，指定拉伸高度及方向，拉伸结果如图 12-77 所示。

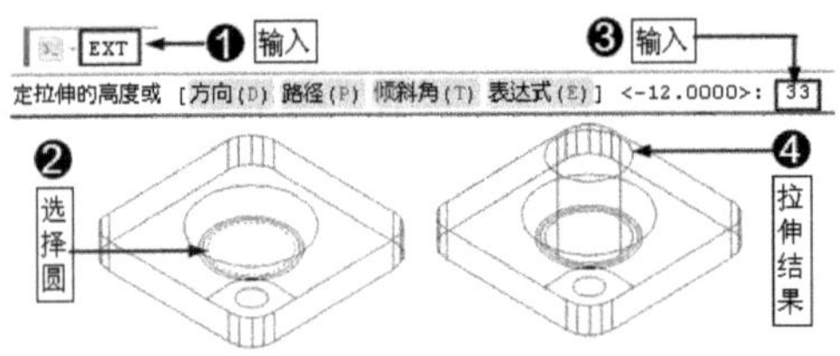

图 12-77

Step 04 ▶ 使用相同的方法，继续将内部第 2 个圆拉伸 5 个绘图单位；将第 3 个圆拉伸 55 个绘图单位，效果如图 12-78 所示。

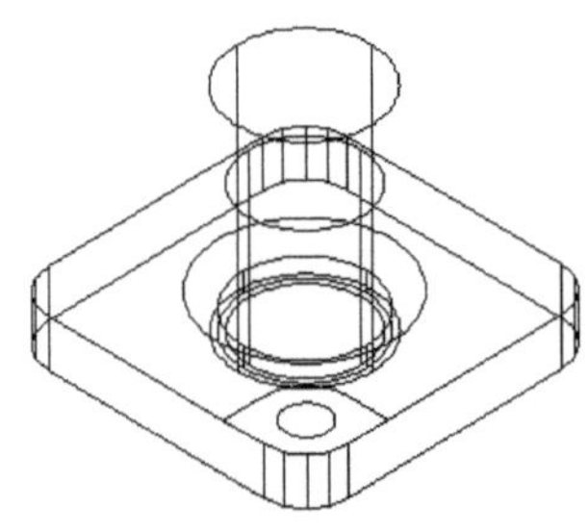

图 12-78

7. 调整模型位置

Step 01 ▶ 输入 "3M"，按 Enter 键，激活【三维移动】命令。

Step 02 ▶ 选择拉伸高度为 55 的模型。

Step 03 ▶ 捕捉圆心作为基点。

Step 04 ▶ 输入 "@0,0,38"，按 Enter 键，位移结果如图 12-79 所示。

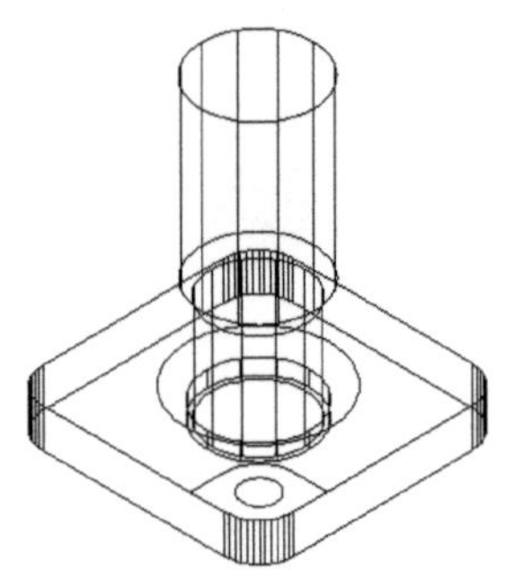

图 12-79

Step 05 ▶ 继续使用【三维移动】命令，将拉伸高度为 5 的圆柱体沿 Z 轴正方向位移 33 个绘图单位，效果如图 12-80 所示。

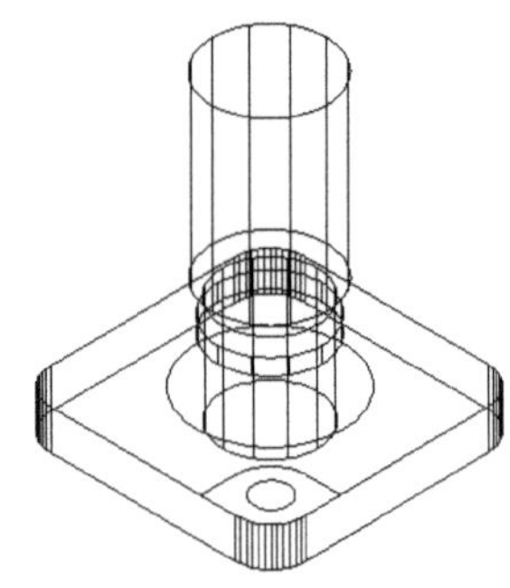

图 12-80

8. 创建圆柱体模型

Step 01 ▶ 输入 "CYL"，按 Enter 键，激活【圆柱体】命令。

Step 02 ▶ 捕捉底面圆的圆心。

Step 03 ▶ 输入 "D"，按 Enter 键，激活 "直径" 选项。

Step 04 ▶ 输入 "47"，按 Enter 键，指定直径。

Step 05 ▶ 输入 "-9"，按 Enter 键，指定高度。

Step 06 ▶ 绘制圆柱体，如图 12-81 所示。

Step 07 ▶ 继续以创建的圆柱体的下底面圆心作为圆心，创建直径为 65、高度为 6 的另一个圆柱体，效果如图 12-82 所示。

9. 布尔运算

Step 01 ▶ 输入 "UNI"，按 Enter 键，激活【并集】命令。

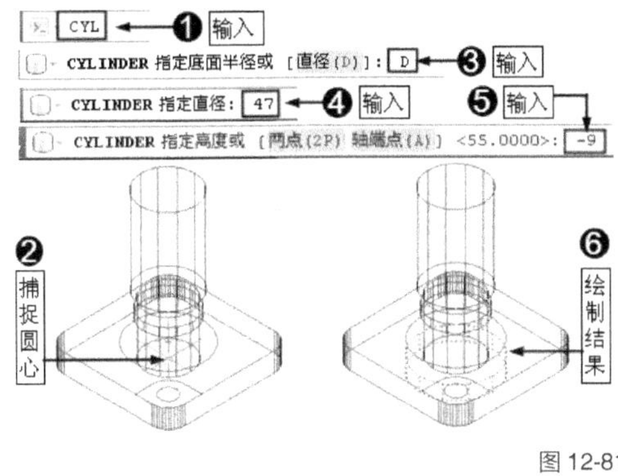

图 12-81

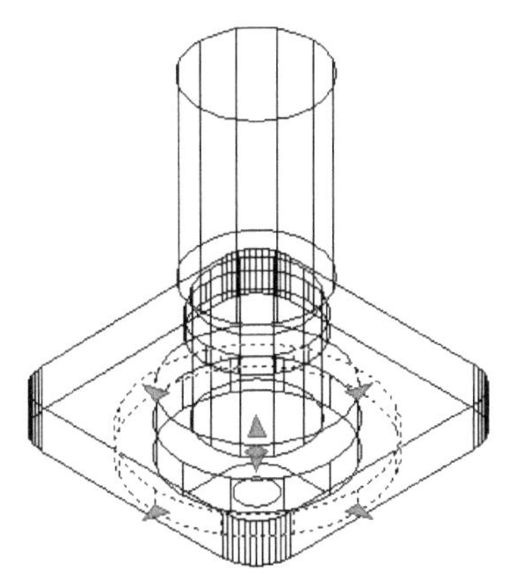

图 12-82

Step 02 ▸ 选择上方的 4 个圆柱体。

Step 03 ▸ 按 Enter 键，将其并集，结果如图 12-83 所示。

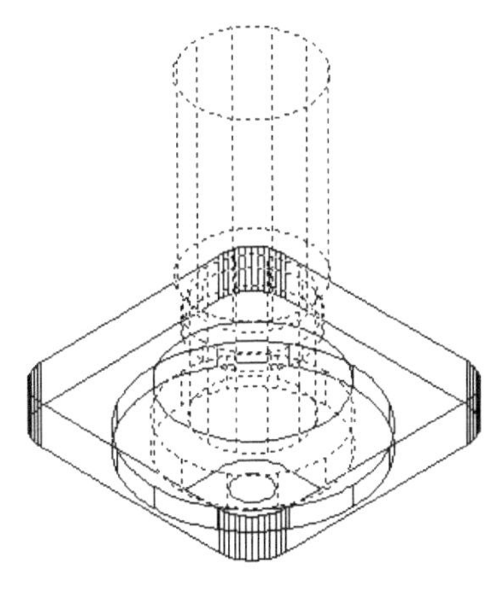

图 12-83

10. 制作其他结构

Step 01 ▸ 输入"EXT"，按 Enter 键，激活【拉伸】命令。

Step 02 ▸ 选择另一个圆，将其拉伸 84 个绘图单位，效果如图 12-84 所示。

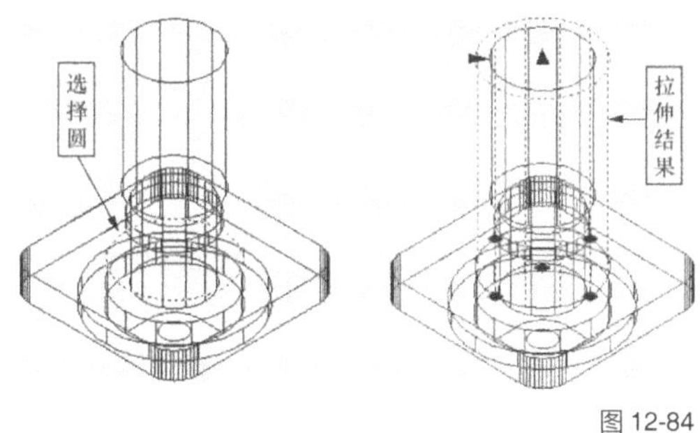

图 12-84

Step 03 ▸ 继续使用【拉伸】命令，将下方的边界图形拉伸 -1 个绘图单位，效果如图 12-85 所示。

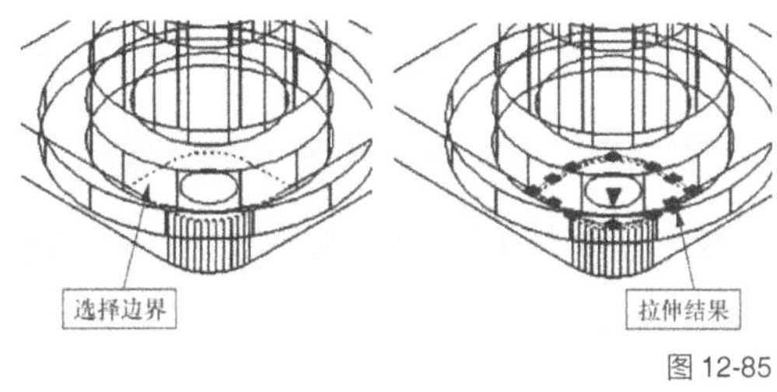

图 12-85

Step 04 ▸ 继续使用【拉伸】命令，将下方的圆图形拉伸 -12 个绘图单位，效果如图 12-86 所示。

11. 三维阵列模型

Step 01 ▸ 输入"3A"，按 Enter 键，激活【三维阵列】命令。

Step 02 ▸ 选择下方的两个拉伸实体，按 Enter 键。

Step 03 ▸ 输入"P"，按 Enter 键，激活"环形"选项。

Step 04 ▸ 输入"4"，按 Enter 键，指定阵列中的项目数目。

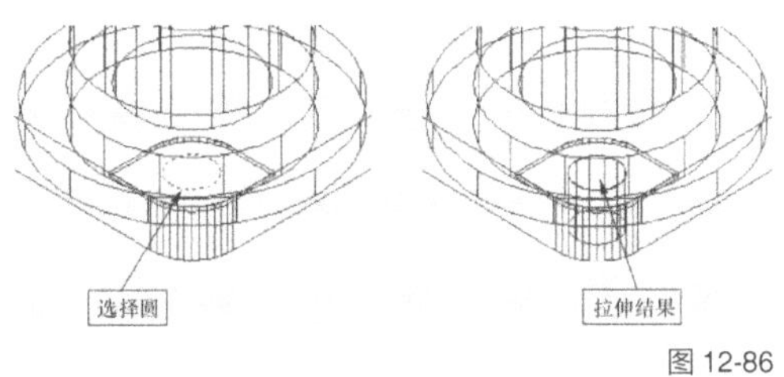

图 12-86

Step 05 ▸ 按 Enter 键，采用默认的填充角度。

Step 06 ▸ 按 Enter 键，捕捉内部圆心作为阵列中心的第 1 点。

Step 07 ▶ 输入"@0,0,-1",按 Enter 键,输入阵列轴上的第 2 点。阵列结果如图 12-87 所示。

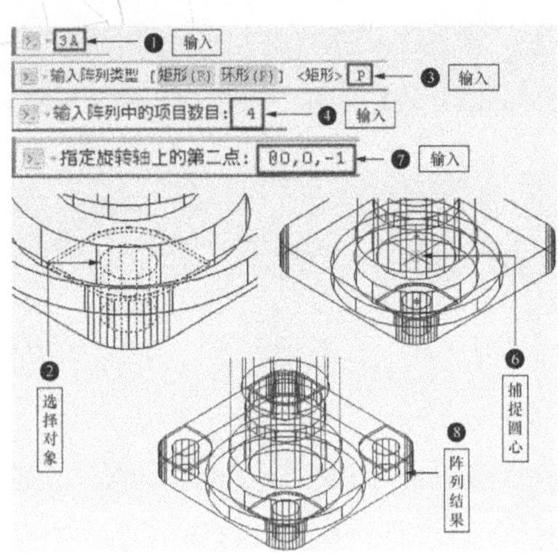

图 12-87

12. 定义用户坐标系

Step 01 ▶ 输入"UCS",按 Enter 键,激活用户坐标系。

Step 02 ▶ 捕捉圆柱体的上表面圆心,按 Enter 键。

Step 03 ▶ 按 Enter 键,重复执行【UCS】命令。

Step 04 ▶ 输入"0,0,-16",按 Enter 键。

Step 05 ▶ 按 Enter 键,结束命令,定义的用户坐标系如图 12-88 所示。

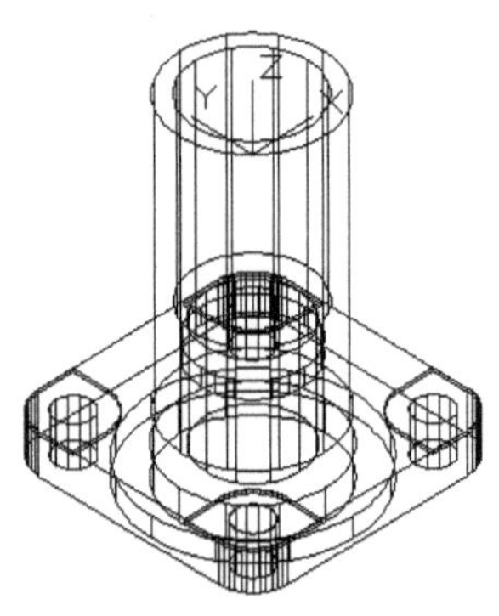

图 12-88

Step 06 ▶ 按 Enter 键,重复执行【UCS】命令。

Step 07 ▶ 输入"X",按 Enter 键。

Step 08 ▶ 输入"90",按 Enter 键,结果如图 12-89 所示。

13. 创建圆柱体

Step 01 ▶ 输入"CYL",按 Enter 键,激活【圆柱体】命令。

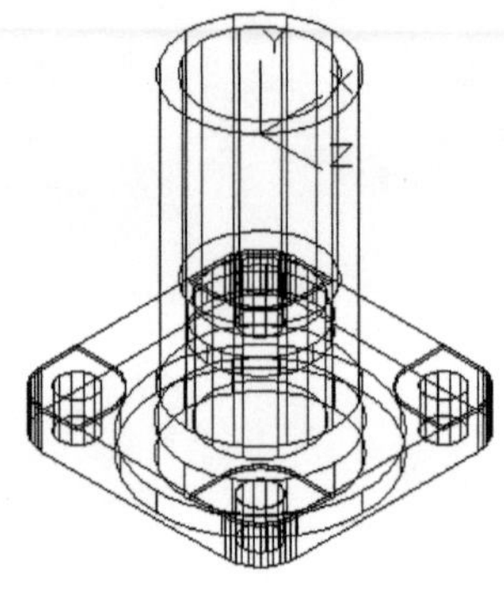

图 12-89

Step 02 ▶ 输入"0,0",按 Enter 键,指定圆心。

Step 03 ▶ 输入"D",按 Enter 键,激活"直径"选项。

Step 04 ▶ 输入"6",按 Enter 键,指定直径。

Step 05 ▶ 输入"34",按 Enter 键,指定高度。

Step 06 ▶ 按 Enter 键,重复执行【圆柱体】命令。

Step 07 ▶ 输入"D",按 Enter 键,激活"直径"选项。

Step 08 ▶ 输入"25",按 Enter 键,指定直径。

Step 09 ▶ 输入"34",按 Enter 键,指定高度。

Step 10 ▶ 创建结果如图 12-90 所示。

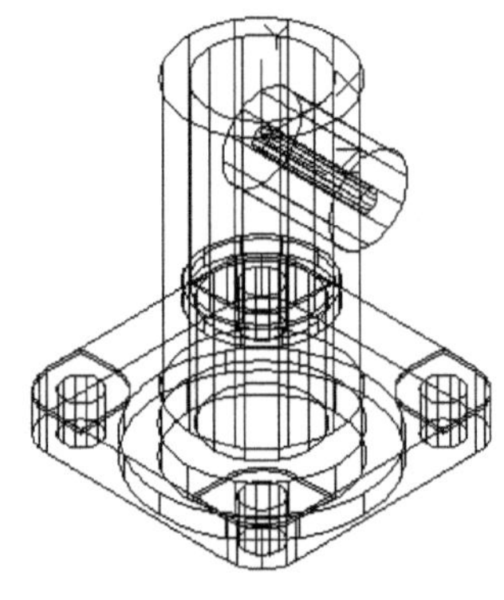

图 12-90

14. 布尔运算三维模型

Step 01 ▶ 输入"UNI",按 Enter 键,激活【并集】命令。

Step 02 ▶ 选择 4 个三维模型,然后按 Enter 键将其并集,如图 12-91 所示。

Step 03 ▶ 输入"SU",按 Enter 键,激活【差集】命令。

Step 04 ▶ 选择并集后的实体作为差集对象,按 Enter 键。

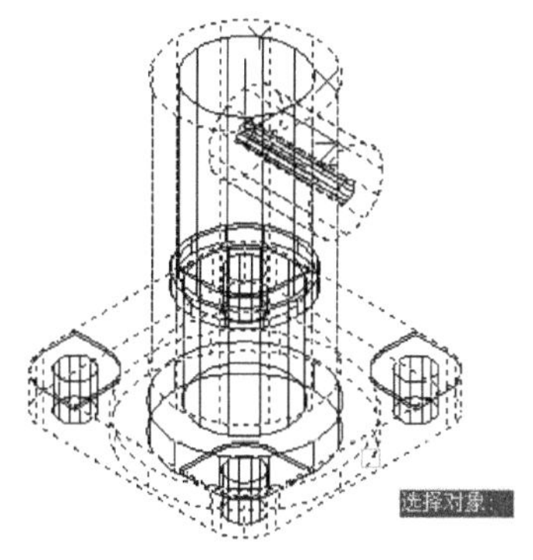

图 12-91

Step 05 ▸ 选择其他实体作为被差集对象。

Step 06 ▸ 按 Enter 键，差集运算，效果如图 12-92 所示。

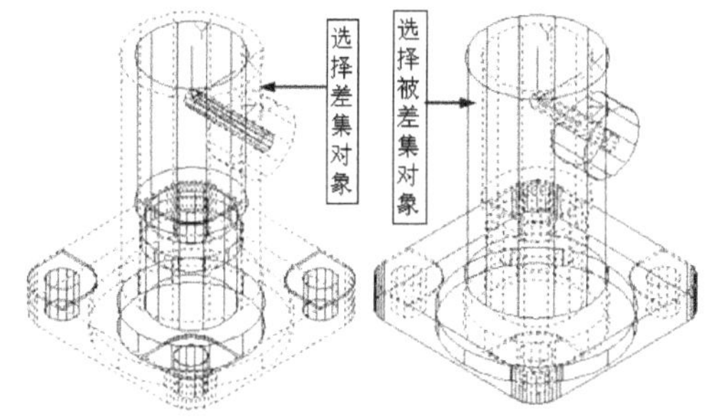

图 12-92

15. 编辑细化三维模型

Step 01 ▸ 单击【实体编辑】工具栏上的"倒角边"按钮。

Step 02 ▸ 选择圆柱上方的边。

Step 03 ▸ 输入"D"，按 Enter 键，激活"距离"选项。

Step 04 ▸ 输入"2"，按 Enter 键，设置距离 1。

Step 05 ▸ 输入"2"，按 Enter 键，设置距离 2。

Step 06 ▸ 按 2 次 Enter 键，倒角结果如图 12-93 所示。

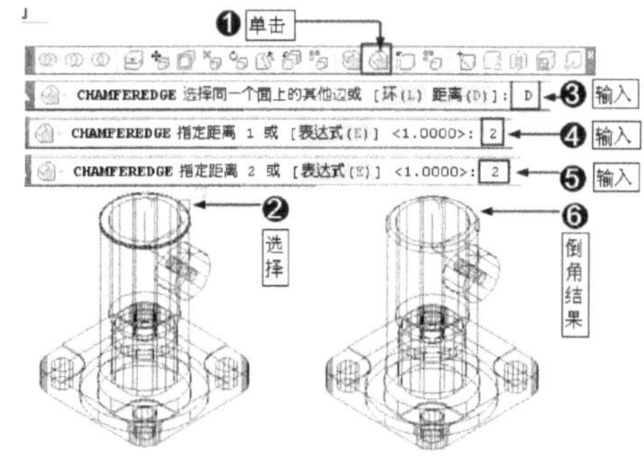

图 12-93

Step 07 ▸ 继续使用相同的方法，对水平方向上的圆柱体的边倒角，倒角距离为 1，效果如图 12-94 所示。

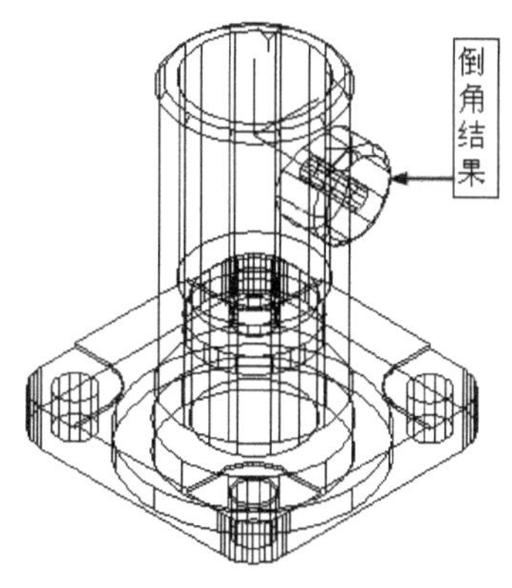

图 12-94

Step 08 ▸ 单击【实体编辑】工具栏上的"圆角边"按钮。

Step 09 ▸ 设置圆角半径为 5 个绘图单位，对模型圆柱体与长方体相交的边进行圆角处理，效果如图 12-95 所示。

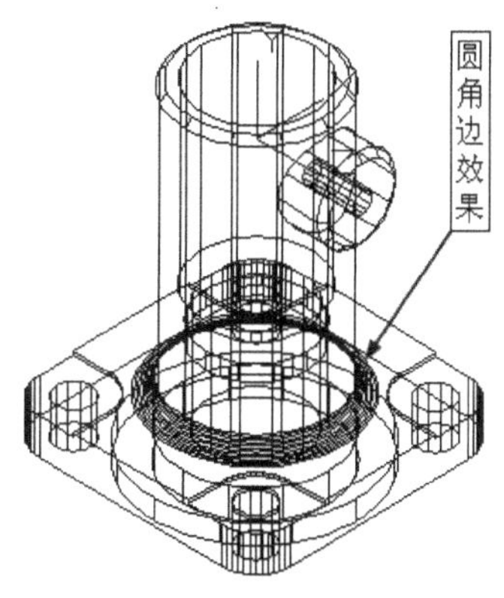

图 12-95

16. 创建三维模型剖视图

Step 01 ▸ 执行【视图】/【视觉样式】/【概念】命令，设置视觉样式为概念模式。

Step 02 ▸ 输入"CO"，按 Enter 键，激活【复制】命令，将创建的三维模型复制。

Step 03 ▸ 执行菜单栏中的【修改】/【三维操作】/【剖切】命令。

Step 04 ▸ 选择复制得到的三维模型，按 Enter 键。

Step 05 ▸ 输入"YZ"，按 Enter 键，指定剖切面。

Step 06 ▶ 捕捉圆柱体上圆心。

Step 07 ▶ 捕捉圆柱体的右象限点，剖切结果如图 12-96 所示。

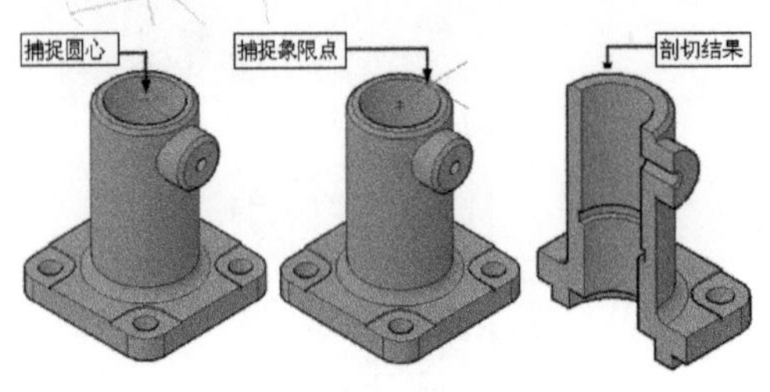

图 12-96

17. 保存模型

Step 01 ▶ 至此，半轴壳零件三维模型和三维剖

视图绘制完毕，调整视图查看效果，结果如图 12-97 所示。

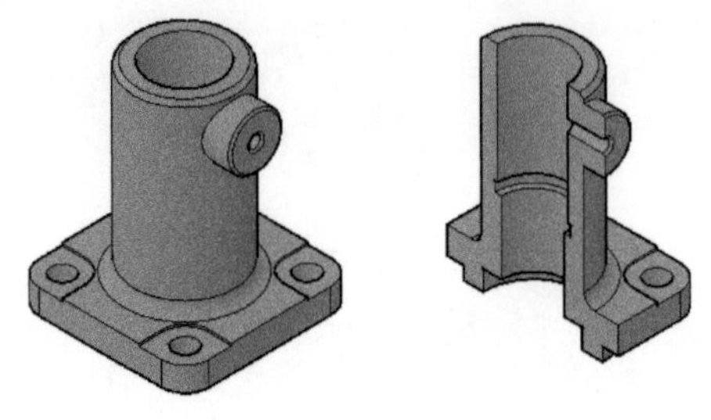

图 12-97

Step 02 ▶ 执行【保存】命令，将模型命名存储。